Akademie
der Wissenschaften
der DDR

Institut
für Geographie
und Geoökologie

Beiträge zur Geographie

BAND 31

Herausgegeben von Prof. Dr. sc. nat. Heinz Lüdemann

unter Mitwirkung von
Prof. Dr. phil. habil. Dr.-Ing. E. h. Edgar Lehmann
Prof. Dr. rer. nat. habil. Günter Haase
Prof. Dr. sc. nat. Rudolf Krönert
Prof. Dr. sc. nat. Gerhard Mohs

Geographie und Territorialstruktur in der DDR

Analysen, Trends, Orientierungen

Mit 19 Abbildungen, 38 Tabellen und 2 Beilagen

Wissenschaftliche Bearbeitung:
Prof. Dr. sc. nat. Gerhard Mohs
Dr. sc. nat. Frankdieter Grimm

AKADEMIE-VERLAG · BERLIN 1983

Band 31 (bis Band 27/28 Wissenschaftliche Veröffentlichungen des Geographischen Instituts der Deutschen Akademie der Wissenschaften bzw. des Deutschen Instituts für Länderkunde)

Redaktion: Dr. rer. nat. Jutta Haase
Redaktionsschluß: 15. 3. 1981

ISSN 0138-4422

Erschienen im Akademie-Verlag, DDR-1086 Berlin, Leipziger Straße 3—4

Lizenznummer: 202 · 100/506/83
D 135/83; VLN 1001, K 2/64-E 21/79 (7713)
Printed in the German Democratic Republic
Gesamtherstellung: VEB Druckhaus „Maxim Gorki“, 7400 Altenburg
Umschlaggestaltung: Rolf Kunze
LSV 5015
Bestellnummer: 763 061 6 (2154/31)
04000

Inhaltsverzeichnis

Vorwort

Mit dem Band 31 der „Beiträge zur Geographie" wird eine Sammlung thematisch verschiedenartiger Beiträge vorgelegt, die im Verlaufe eines Jahrzehnts entstanden sind. Durch ihre Zusammenfassung unter dem Titel „Geographie und Territorialstruktur — Analysen, Trends, Orientierungen" bekunden die Herausgeber die Absicht, einen bestimmten Entwicklungsabschnitt der Geographie — insbesondere der Ökonomischen Geographie — in der DDR zu dokumentieren. Dazu wurden einerseits Arbeiten aufgenommen, die die in den sechziger Jahren breit entwickelten und für die gesellschaftliche Praxis bedeutungsvollen geographischen Forschungen zum Problem der Ballungsgebiete in der DDR widerspiegeln. Andererseits zeugen eine Reihe von Beiträgen von der Entwicklung siedlungs- und bevölkerungsgeographischer Ansätze, die in den siebziger Jahren vor allem am Institut für Geographie und Geoökologie einen Schwerpunkt der geographischen Forschung bildeten und im Konzept der Stadt-Umland-Regionen eine für die Leitung und Planung der Siedlungsstrukturentwicklung in der DDR relevante Zusammenführung fanden. Schließlich werden mit dem Beitrag von H. Lüdemann wesentliche Ziele für die Entwicklung der Geographie in der DDR an der Schwelle der achtziger Jahre abgesteckt.

Die Herausgeber hoffen, daß auf der Grundlage dieser Konzeption der vorliegende Band das Interesse sowohl von Geographen als auch von Territorial- oder Regionalplanern, Städteplanern, Ökonomen und Vertretern anderer Disziplinen finden wird.

Leipzig, März 1981

Die Herausgeber

Beiträge zur Geographie	Bd. 31	S. 9—91	Berlin 1983

Entwicklungsprobleme der geographischen Forschung in der DDR

Von Heinz Lüdemann

Inhalt

1. Einleitung

Im Verlauf der vergangenen drei Jahrzehnte hat sich die Geographie in der Deutschen Demokratischen Republik zu einer wissenschaftlichen Disziplin entwickelt, die auf der Grundlage des Marxismus-Leninismus wachsende gesellschaftliche Wirksamkeit erlangte. In der Forschung konnte sie in zunehmendem Maße wissenschaftliche Ergebnisse erzielen, die in verschiedenen Bereichen der gesellschaftlichen Praxis Anwendung fanden, und zu einem anerkannten Partner anderer Wissenschaften bei gemeinsamen Forschungsaufgaben werden. In der Lehre nahm die Geographie ihre Aufgabe immer besser wahr, wissenschaftlich begründete geographische Kenntnisse, Theorien und Methoden zu vermitteln und dabei die weltanschaulichen Potenzen des Faches für die Ausbildung und Erziehung der Studenten zur Wirkung zu bringen. In diesem Prozeß erwarben sich die Geographen der DDR gleichzeitig in der internationalen Zusammenarbeit mit anderen sozialistischen Staaten, insbesondere mit der UdSSR, und in der Internationalen Geographischen Union wachsende wissenschaftliche Autorität.

Wichtige Voraussetzungen für diese positive Entwicklung wurden mit der gemeinsamen Erarbeitung langfristiger Orientierungen durch verschiedene wissenschaftliche Gremien der Geographie unseres Landes geschaffen. Von großer Bedeutung dafür waren bereits in einem frühen Stadium die Tätigkeit der Sektion Geographie bei der Akademie der Wissenschaften und wissenschaftlich-konzeptionelle Arbeiten des Beirates für Geographie beim damaligen Staatssekretariat für Hoch- und Fachschulwesen. Auf eine neue Grundlage wurde die langfristige konzeptionelle Arbeit in der Geographie 1973/74 durch die Erarbeitung von Forschungsprogrammen der Grundlagenforschung gestellt, mit der die Akademie der Wissenschaften der DDR und das Ministerium für Hoch- und Fachschulwesen gemeinsam betraut wurden. Als Bestandteil des Forschungsprogrammes Geo- und Kosmoswissenschaften wurden im Rahmen der Hauptforschungsrichtung Geographie/Hydrologie/Meteorologie in intensiver Gemeinschaftsarbeit von Akademie- und Hochschuleinrichtungen langfristige konzeptionelle Grundlagen der geographischen Forschung erarbeitet.

Darin wurden Grundrichtungen der geographischen Forschung für eine lange Periode abgesteckt, ohne künftig mögliche und gegebenenfalls notwendige Modifikationen auszuschließen. Wesentliche Ausgangspunkte dafür waren und sind gesellschaftliche Erfordernisse in Gegenwart und Zukunft und bisher erzielte Forschungsergebnisse, ihre theoretischen Erkenntnisse, Methoden und Verfahren. Davon ausgehend werden langfristig vor allem *vier wissenschaftliche Aufgabenbereiche* im Mittelpunkt *geographischer Forschungen* in der DDR stehen, die untereinander enge wissenschaftliche Beziehungen aufweisen:

— Erforschung der Struktur und Entwicklungstendenzen von Landschaftsräumen und Geosystemen, die durch die Gesellschaft nachhaltig beeinflußt sind;
— Erforschung gesellschaftlich determinierter Teilstrukturen und Komponenten des Territoriums sowie ihrer Dynamik;
— Untersuchungen zum Zusammenwirken gesellschaftlicher und natürlicher Komponenten der Gebietsentwicklung;
— methodisch orientierte Forschungen, insbesondere zur integrierten Luft- und Satellitenbildinterpretation und zum Einsatz thematischer Karten als Forschungsmittel.

Diese Hauptrichtungen der geographischen Forschung werden vornehmlich in enger Gemeinschaftsarbeit verschiedener wissenschaftlicher Einrichtungen arbeitsteilig untersucht. Eine solche Konzentration der Forschung auf wenige Grundrichtungen, die gleichzeitig eine größere thematische Vielfalt anstrebt, schließt weder die Klärung der wissenschaftlichen Tragfähigkeit neuer Problemstellungen noch eine Verfolgungsforschung über Richtungen in der internationalen Geographie, zu denen in der DDR nicht gearbeitet wird, aus. Gleichzeitig weisen die bisherigen Erfahrungen auf die Notwendigkeit hin, einigen Aufgabengebieten, die in der jüngsten Vergangenheit nicht in ausreichendem Maße bearbeitet werden konnten, in der Forschung wieder *mehr Aufmerksamkeit* zu widmen. Dazu gehören geographische *Auslandsforschungen*, Untersuchungen zu *Theorie* und *Methodologie der Geographie* und ihrer natur- und gesellschaftswissenschaftlichen Zweige, Arbeiten zur *Geschichte der deutschen Geographie* und künftig auch zur *Geschichte der Geographie in der DDR*.

Entwicklungsprobleme der geographischen Forschung haben vor allem forschungsstrategischen Charakter und berühren Fragen nach den langfristig anzustrebenden wissenschaftlichen Zielen der Forschung, die aus gesellschaftlichen Bedürfnissen und der Wissenschaftsentwicklung selbst abgeleitet sind, und den zu ihrer Verwirklichung notwendigen theoretischen und methodischen, aber auch technischen und organisatorischen Voraussetzungen.

Bei den bisherigen konzeptionellen Arbeiten über langfristige Grundrichtungen der geographischen Forschung stand die thematische Orientierung im Vordergrund. Die Erfahrungen dieser Arbeit machen deutlich, daß die dabei gewonnenen Ergebnisse durch die Klärung theoretischer, methodischer und ideologischer Probleme der geographischen Forschung und der Geographie als Wissenschaftsdisziplin weiter vertieft werden müssen. Die vorliegende Arbeit wurde mit dem Ziel verfaßt, zur Klärung einiger dieser Probleme beizutragen und die Diskussion anzuregen.

2. Zum Entwicklungsprozeß der geographischen Forschung in der DDR

Die grundlegenden gesellschaftlichen Veränderungen, die während mehr als drei Jahrzehnten in der Deutschen Demokratischen Republik unter Führung der Arbeiterklasse und ihrer marxistisch-leninistischen Partei in einem revolutionären Prozeß herbeigeführt wurden, waren auch für die Geographie höchst bedeutsam. Sie bildeten die entscheidende Grundlage dafür, daß sich diese Disziplin in einem längeren *Prozeß intensiver wissenschaftlicher und ideologischer Auseinandersetzungen auf marxistisch-leninistischer Grundlage* erneuerte. Dabei wurden die wissenschaftlichen und humanistischen Traditionen der deutschen Geographie bewahrt und weitergeführt. Dieser Prozeß hatte fundamentale Bedeutung für die Gesamtentwicklung der Geographie, für ihre Aufgaben in Forschung, Lehre und Erziehung, für ihre Wirksamkeit in den verschiedensten Gebieten des gesellschaftlichen Lebens. Auf diesen Grundlagen konnten die Geographen der DDR sowohl die Erkenntnis- als auch die Bildungs- und Erziehungsfunktion der Geographie immer besser ausprägen. Mit wissenschaftlichen Ergebnissen, die für die Planung und Prognose gesellschaftlicher Prozesse wie auch für die allseitige Entwicklung sozialistischer Persönlichkeiten zunehmend wirksamer geworden sind, trugen die Geographen ihrerseits dazu bei, dem gesellschaftlichen Fortschritt in der DDR zum Durchbruch zu verhelfen.

Diese Entwicklung der Geographie in der DDR wurde nachhaltig durch die *sowjetische Geographie* unterstützt. Beginnend in den fünfziger Jahren haben namhafte sowjetische Geographen und Kartographen mit theoretischen und methodischen Beiträgen, durch Vorlesungen und eine Vielzahl wissenschaftlicher Diskussionen den Geographen der DDR stets eine ganz wesentliche Hilfe und Unterstützung gegeben, wie zum Beispiel I. P. Gerasimov, I. M. Maergoiz, K. A. Sališčev und M. M. Žirmunskij. Gleichzeitig nutzen Geographen der DDR immer umfassender wissenschaftliche Erfahrungen der sowjetischen Geographie, darunter nicht zuletzt diejenigen, die seit der Ausarbeitung des GOERLO-Planes im Hinblick auf die Praxiswirksamkeit geographischer Forschungsergebnisse gewonnen wurden.

Die wachsenden gesellschaftlichen Ansprüche an wissenschaftliche Vorlauferkenntnisse, die auch Probleme der Geographie immer stärker betrafen, und die allmählich zunehmende wissenschaftliche Leistungsfähigkeit dieser Disziplin ließen in einem längeren Prozeß, der etwa 1950 einsetzte, Bedingungen heranreifen, die auch in diesem Fachgebiet *forschungsstrategische Arbeiten* nicht nur möglich, sondern *notwendig* machten.

In der Periode der antifaschistisch-demokratischen Umwälzung und während des Aufbaues der Grundlagen des Sozialismus in der DDR wurde in unserem Lande geographische *Forschung* fast ausschließlich *an Universitäts- und Hochschulinstituten* betrieben. Die wissenschaftlichen Interessen und Erfahrungen der Institutsdirektoren und der Lehrstuhlinhaber sowie Erfordernisse der Lehre prägten in bedeutendem Maße das Profil der geographischen Forschungen in den einzelnen Instituten. Neben dem beträchtlichen Anteil, den die wenigen erfahrenen Wissenschaftler hatten, wurde die Forschung vor allem durch Qualifikationsarbeiten des damaligen wissenschaftlichen Nachwuchses getragen; darüber hinaus wirkte eine wachsende Zahl von Studenten an wissenschaftlichen Untersuchungen mit. An den zwar in der Regel personell kleinen, aber dennoch zunehmend wissenschaftlich leistungsfähigeren Universitäts- und Hochschulinstituten vollzog sich unter diesen Bedingungen die Forschungsarbeit vornehmlich *in individueller Form.* Forschungsstrategische Überlegungen blieben überwiegend im Rahmen der Institute und dienten individuellen Arbeiten als Orientierung. Besonders die wissenschaftlichen Kolloquien der Universitätsinstitute trugen maßgeblich zur Profilierung der Forschung bei.

Darüber hinaus gingen auch von *Leitlinien für die Lehre*, die durch den *Beirat für Geographie* beim damaligen Staatssekretariat für Hoch- und Fachschulwesen erarbeitet wurden, gewisse Impulse für die Forschung an den Universitätseinrichtungen aus. Gleichzeitig bemühte sich die *Geographische Gesellschaft der DDR* seit ihrer Gründung im Jahre 1953, vor allem ihre *Arbeitskreise*, die späteren Fachsektionen, in Tagungen und Seminaren Wissenschaftler verschiedener Einrichtungen zur Diskussion wichtiger Probleme der Geographie und ihrer Zweige zusammenzuführen und nahm dadurch indirekt Einfluß auf die Orientierung der geographischen Forschung über die einzelnen Institute hinaus.

Bereits in dieser Periode, die bis in den Anfang der sechziger Jahre hineinreichte, wurden bemerkenswerte wissenschaftliche Ergebnisse erzielt, von denen eine Reihe größerer *Publikationen* Zeugnis ablegt, wie zum Beispiel die von BARTHEL (1962), GELLERT (1959), HAEFKE (1959), HURTIG (1957), KOHL (1954 und 1961), MOHS (1962), NEEF (1956), SANKE (1952), SCHMIDT-RENNER (1961) und ZIMM (1959 und 1961). Daneben erschienen in den Fachzeitschriften eine beträchtliche Zahl wissenschaftlicher Beiträge, die nicht nur der Darstellung von Ergebnissen geographischer Analysen, sondern vor allem auch theoretischen, methodologischen und ideologischen Grundfragen der Entwicklung der Geographie gewidmet waren. Das resultierte aus der Notwendigkeit, alle progressiven wissenschaftlichen Traditionen der deutschen Geographie zu bewahren und weiterzuführen, pseudowissenschaftliche Auffassungen in der Geographie, die im imperialistischen Deutschland Bestandteil der ideologischen Kriegsvorbereitung waren, konsequent zu überwinden und ein wissenschaftliches Konzept der Geographie als Wissenschaftsdisziplin auszuarbeiten, das den neuen gesellschaftlichen Bedingungen in der DDR entsprach.

Die Geographie erlangte allmählich größere wissenschaftliche Leistungsfähigkeit und zunehmend auch *gesellschaftliche Anerkennung*, zunächst vor allem *als Bildungs- und Erziehungsfach.* Gleichzeitig bildeten sich aber in dieser Periode erste Ansätze für die Wirksamkeit geographischer Forschungsergebnisse im Interesse der Leitung, Planung und Prognose gesellschaftlicher Prozesse, insbesondere solcher der *Volkswirtschaft*, heraus. Eine Reihe von *industriegeographischen Arbeiten*, zum Beispiel die von G. JACOB zur Ziegelindustrie, von G. MOHS über den Bezirk Frankfurt und von A. ZIMM über den Industriestandort Berlin, von Untersuchungen zur Hochseefischerei, die H. KOHL durchführte, von Forschungen zu Braunkohlentagebauen und *Rekultivierungsproblemen*, zum Beispiel von H. BARTHEL und E. NEEF, sowie Ergebnisse der *Küstenforschung* wurden über ihre Publikation hinaus auch in der gesellschaftlichen Praxis ausgewertet und genutzt. Außerdem waren Geographen als Konsultanten für Planungs- und Leitungsorgane tätig.

Im Ergebnis des bis dahin erreichten Entwicklungsstandes der Geographie wurde 1959 das *Nationalkomitee der Geographen der DDR* bei der Akademie der Wissenschaften gebildet. Als eine der ersten Internationalen Wissenschaftlichen Unionen nahm die *Internationale Geographien-Union* (*IGU*) bereits 1960 die Wissenschaftler der DDR als gleichberechtigtes Mitglied auf (Gellert 1961, S. 140).

Ausgehend von der politisch-ideologischen und methodologischen Neuorientierung der Geographie in der DDR und ihrer wissenschaftlichen Konsolidierung, die hier nur kurz berührt werden konnten, vollzogen sich in den sechziger Jahren Veränderungen, die von bedeutendem Einfluß auf die weitere Entwicklung der Geographie, vor allem auch ihrer Forschung, waren. Die Geographen der DDR wurden sich immer mehr der Notwendigkeit bewußt, Forschungsschwerpunkte auszuarbeiten, die Forschungsaufgaben aus grundlegenden gesellschaftlichen Erfordernissen abzuleiten und die Gemeinschaftsarbeit innerhalb der Geographie und mit anderen Disziplinen zu entwickeln. Das steht in einem engen Zusammenhang mit der Tatsache, daß nunmehr die sozialistischen Produktionsverhältnisse in der DDR gesiegt hatten und der Übergang zum umfassenden Aufbau des Sozialismus begann. Diese neue Etappe der gesellschaftlichen Entwicklung in unserem Lande erforderte eine verstärkte wissenschaftliche Fundierung der Leitung, Planung und Prognose gesellschaftlicher Prozesse, darunter auch der Standortverteilung der Produktivkräfte und der territorialen Entwicklung. Wenn die geographische Forschung dazu nennenswert beitragen wollte, wofür das wissenschaftliche Profil der Geographie günstige Voraussetzungen bot, mußte sie *längerfristige Zielstellungen* ausarbeiten und zu *neuen Formen der Forschung* übergehen.

Für die Gesamtentwicklung der Geographie war auch weiterhin der schon erwähnte Beirat ein sehr wesentliches wissenschaftliches Gremium, insbesondere im Hinblick auf Ausbildung und Erziehung. In bezug auf die Forschung kam aber nunmehr der *Sektion Geographie bei der Akademie der Wissenschaften* eine grundlegende Bedeutung zu. Sie wurde auf Beschluß des Akademiepräsidiums im Januar 1962 gegründet (vgl. Kohl 1962; Lehmann 1964) und wirkte mehr als sechs Jahre. Derartige Sektionen waren schon im vorhergehenden Jahrzehnt für andere Wissenschaften gebildet worden. Sie hatten die Aufgabe, die Entwicklung des jeweiligen Fachgebietes zu verfolgen, Diskussionen zu wissenschaftlichen Problemen zu führen und als Gutachtergremien zu fungieren. Darüber hinaus nahmen sie in einigen Disziplinen Koordinierungsaufgaben für die Forschung in der DDR wahr (Hartkopf 1975, S. 182—183).

Gründung und Entwicklung der Sektion Geographie wurden in starkem Maße durch zwei Mitglieder der Akademie, E. Lehmann und H. Sanke, angeregt und geprägt. Unter ihrer Leitung stellte sich die Sektion von Anfang an das Ziel, nicht nur wissenschaftliche Diskussionen zu führen, sondern vor allem zentrale Forschungsvorhaben zu initiieren, in bestimmtem Maße zu planen und durch das Wirken ihrer Mitglieder, die die meisten wissenschaftlichen Einrichtungen der Geographie sowie einiger Nachbardisziplinen repräsentierten, in die Tat umzusetzen. Diese Aufgaben entsprachen nicht nur dem generellen Erfordernis nach einer größeren Wirksamkeit der Forschung, insbesondere der Grundlagenforschung, sondern resultierten auch aus der fachspezifischen Situation der Geographie: Forschung wurde nach wie vor nur an Universitäten und Hochschulen betrieben; die Mehrzahl der Forscher, vor allem die erfahrenen Hochschullehrer, waren durch die Lehre stark in Anspruch genommen; das Forschungspotential der Geographie war insgesamt gering.

Unter diesen Bedingungen konnten *umfangreichere Forschungsvorhaben mit* beträchtlicher *gesellschaftlicher Relevanz* zunächst *nur durch* eine *Koordinierung* der bis dahin weitgehend unabhängig voneinander forschenden geographischen Einrichtungen an Universitäten und Hochschulen angegangen werden. G. Jacob hatte schon 1957 darauf hingewiesen, „... daß die Forschungsarbeiten in der Ökonomischen Geographie noch völlig ungenügend koordiniert sind" (Jacob 1957, S. 16); eine Feststellung, die gleichermaßen auch für die Physische Geographie oder die Thematische Kartographie hätte getroffen werden können. Die Tätigkeit der Sektion Geographie war deshalb ein erster bedeutungsvoller Schritt, in der Forschung bestimmte Schwerpunkte zu setzen und anzustreben, die Zersplitterung und Vereinzelung der Forschung durch Gemeinschaftsarbeit, wissenschaftliche Arbeitsteilung und Koordinierung zu vermindern, möglichst zu überwinden.

Das *wichtigste Ergebnis* der Tätigkeit der Sektion Geographie bei der Akademie der Wissenschaften war die *Vorbereitung eines Atlaswerkes* über die *Deutsche Demokratische Republik.* Es zeugt vom Weitblick der Mitglieder dieser Sektion, insbesondere ihres Vorsitzenden, wenn die Anregung für die Schaffung eines solchen Kartenwerkes durch die Sektion aufgegriffen und in konkrete Schritte der Realisierung umgesetzt wurde, bis eine spezielle Kommission zur Herausgabe des „Atlas Deutsche Demokratische Republik" bei der Akademie die Leitung dieses bedeutenden wissenschaftlichen Unternehmens übernahm. Damit wurde das *erste große Gemeinschaftswerk* von Geographen verschiedener Spezialrichtungen, von Kartographen und Vertretern anderer Wissenschaftsgebiete begonnen, das 1981 mit der Herausgabe des „Atlas Deutsche Demokratische Republik" seinen Abschluß fand.

Daneben spielten auch andere von der Sektion Geographie initiierte Schwerpunktaufgaben der ökonomisch-geographischen und der physisch-geographischen Forschung (vgl. Lehmann 1964; Neef 1965) eine nicht unbeträchtliche orientierende Rolle. Trotz dieser bemerkenswerten Fortschritte war die Sektion als wissenschaftlich zwar sehr kompetentes, aber ehrenamtliches Gremium nur bedingt in der Lage, den beträchtlichen wissenschaftlich-organisatorischen Aufwand mit Erfolg zu bewältigen, der mit einer koordinierten Forschung zwangsläufig verbunden ist. Insbesondere mangelte es als Basis einer solchen Tätigkeit noch an einer *leistungsfähigen Forschungseinrichtung.*

Wenn auch ein bedeutender Teil des Forschungspotentials auf wissenschaftliche Vorarbeiten für den „Atlas DDR" und auf Lehraufgaben konzentriert war, so wurden gleichzeitig in zunehmendem Maße sowohl im naturwissenschaftlichen als auch im gesellschaftswissenschaftlichen Zweig der Geographie Forschungsergebnisse erzielt, die in der gesellschaftlichen Praxis unmittelbar wirksam wurden. In den *landschaftsökologisch orientierten Forschungen der Physischen Geographie* wurden die Arbeiten über die *Landschaftsdynamik in Braunkohlenrevieren* der DDR weitergeführt und gleichzeitig Forschungsergebnisse gewonnen, die vor allem in theoretischer und methodischer Hinsicht für Aufgaben der *Land- und Forstwirtschaft* praxisrelevant waren. Darüber hinaus hatten Vertreter der Physischen Geographie beträchtlichen Anteil an der wissenschaftlichen Fundierung der *Landeskultur* in der DDR.

Wesentlich für die geographische *Forschung* in der DDR, insbesondere für die *auf ökonomisch-geographischem Gebiet,* war ein Impuls, der aus der gesellschaftlichen Praxis selbst, also zunächst von außerhalb der Geographie kam. Am *Ökonomischen Forschungsinstitut der Staatlichen Plankommission* war 1963 eine Abteilung *Territoriale Planung* gebildet worden. Neben eigenen Forschungsarbeiten zu Problemen der Territorialstruktur, der Territorialökonomie und -planung (vgl. Lüdemann 1969) und in enger

Verbindung damit bemühte sich diese unter Leitung von H. Roos stehende Abteilung von Anfang an um eine enge Zusammenarbeit mit wissenschaftlichen Einrichtungen der Geographie, der Territorialökonomie und anderer Wissenschaftsgebiete an Universitäten und Hochschulen.

Besonderes Gewicht erhielt diese beginnende wissenschaftliche Gemeinschaftsarbeit mit der Bildung eines „*Arbeitskreises zur Ausarbeitung der Grundfragen der optimalen Standortverteilung und der rationellsten Formen der territorialen Organisation*" des Beirates für ökonomische Forschung bei der Leitung der Staatlichen Plankommission 1965. Durch den Vorsitzenden der Staatlichen Plankommission wurden neben Vertretern anderer Disziplinen und leitenden Mitarbeitern der Organe der Territorialplanung auch namhafte Geographen zu Mitgliedern dieses Gremiums berufen. Geographen von wissenschaftlichen Einrichtungen an Universitäten und Hochschulen waren damit erstmals in der Geschichte der Geographie auf deutschem Boden unmittelbar vor die Aufgabe gestellt, im Rahmen einer Gemeinschaftsarbeit zur Schaffung von wissenschaftlichem Vorlauf für die *planmäßige Gestaltung der Territorialstruktur im eigenen Lande* wesentlich beizutragen. Dafür gab es zunächst nur geringe wissenschaftliche und praktische Erfahrungen, die im Prozeß der Forschungsarbeit erweitert werden mußten. Trotz dieser Schwierigkeiten widmete sich eine große Zahl von Geographen dieser Aufgabe, unter denen hier nur W. Elbertzhagen, H.-J. Kramm, G. Mohs und D. Scholz genannt werden sollen, die ihrerseits eine Vielzahl jüngerer Wissenschaftler in die Forschungen einbezogen.

Unter den Beiträgen der geographischen Forschung zur Schaffung von wissenschaftlichem Vorlauf für die Territorialplanung seien aus dieser Zeit die *Untersuchungen zu den Ballungsgebieten* in der DDR hervorgehoben, die seit 1960 vorzugsweise am Geographischen Institut der Karl-Marx-Universität Leipzig betrieben und seit 1969 an der Sektion Geographie der Martin-Luther-Universität Halle—Wittenberg weitergeführt wurden. Weit über diese wissenschaftlichen Einrichtungen hinaus wirkten in einer unter Leitung von G. Mohs stehenden Forschungsgemeinschaft seit 1964 Geographen, Ökonomen, Vertreter anderer Wissenschaftsgebiete und der Planungspraxis zusammen. Es ist als eine der bedeutendsten Leistungen einer praxisorientierten geographischen Forschung in dieser Zeit anzusehen, wenn es bis zum Ende der sechziger Jahre gelang, zunehmend besser nachzuweisen, daß eine territoriale Deglomerationspolitik großen Stils unter den Bedingungen in der DDR theoretisch unhaltbar und praktisch undurchführbar ist, die Hypothese von der *volkswirtschaftlichen Effektivität der Ballungsgebiete* auszuarbeiten, daraus die *Notwendigkeit ihrer planmäßigen qualitativen Weiterentwicklung* abzuleiten und Empfehlungen für die künftige Gestaltung dieses Gebietstyps zu geben (Mohs u. a. 1974, S. 187). Diese Untersuchungen wurden in den folgenden Jahren systematisch weitergeführt, so daß sie neben dem „Atlas DDR" als eines der ersten Beispiele für langfristige orientierte Forschungsprojekte der Geographie in der DDR gelten können.

Die wissenschaftliche Tragfähigkeit dieser *Ballungsgebietsforschungen* ergab sich vor allem daraus, daß ein *grundlegendes Problem der Territorialentwicklung* in der DDR aufgegriffen wurde, welches zugleich in Wissenschaft und Praxis der sozialistischen Staaten und kapitalistischen Industrieländer von Bedeutung war und zu erheblichen Diskussionen geführt hatte; gerade die Kombination von universellem Charakter des Problems und DDR-spezifischer Bearbeitung erwies sich als günstig für den Erkenntnisgehalt der Forschungsergebnisse von G. Mohs, D. Scholz und anderen.

Diese Untersuchungen ermöglichten auch, *wissenschaftliche Veranstaltungen* mit einer beachtlichen Resonanz durchzuführen, wie zum Beispiel das Symposium über Probleme der Rekonstruktion und Entwicklung von städtischen Agglomerationen und Ballungsgebieten beim Aufbau des Sozialismus (1964) oder das I. Bilaterale Geographische Seminar Volksrepublik Polen/DDR zur Ballungsproblematik (1968). Die in enger Verbindung zur Ballungsgebietsforschung aufgenommenen Untersuchungen zu den territorialen Anforderungen und Auswirkungen des wissenschaftlich-technischen Fortschritts konnten damals nicht zu einem ähnlich langfristigen Forschungsprojekt entwickelt werden. Dieses Vorhaben führte jedoch zu einer noch heute bemerkenswerten Publikation (vgl. MOHS 1968).

In dieser Periode entwickelte und festigte sich die enge *Zusammenarbeit* der geographischen Forschung *mit zentralen* und *bezirklichen Organen der Territorialplanung* weiter. Ein wichtiger Ausdruck dafür war die unmittelbare Mitwirkung einer Reihe von Geographen in der unter Leitung der Staatlichen Plankommission stehenden Prognosegruppe „Rationelle Standortverteilung der Produktivkräfte in der DDR". Gleichzeitig bildeten sich in den sechziger Jahren noch engere Beziehungen zwischen wissenschaftlichen Einrichtungen der Geographie und bezirklichen Organen, vor allem solchen der Territorialplanung (insbesondere den Bezirksplankommissionen und ihren Büros für Territorialplanung) heraus, wie in der Hauptstadt Berlin und in den Bezirken Leipzig, Halle, Dresden sowie Rostock. Teilweise wurden daraus direkt auch Forschungsaufgaben abgeleitet.

So erarbeitete zum Beispiel die *Sektion Geographie der Humboldt-Universität* zu Berlin seit Ende der sechziger Jahre ein *Modell optimaler räumlicher Beziehungen* zwischen Arbeiten, Wohnen und Naherholung in der Agglomeration der Hauptstadt Berlin, wobei eine günstige Verknüpfung von Grundlagenforschung und angewandter Forschung, von Ökonomischer und Physischer Geographie angestrebt wurde (vgl. SANKE und ZIMM 1974, S. 170). Dennoch zeigten die bei diesen und ähnlichen Untersuchungen gewonnenen Erfahrungen, daß Forschungen, die vorwiegend von aktuellen Problemen einzelner Bezirke ausgehen, die Gefahr einer bestimmten Enge des Forschungsansatzes in sich bergen. Als günstiger erwies es sich demgegenüber, grundlegende wissenschaftliche Probleme in den Mittelpunkt zu stellen und dabei gegebenenfalls spezifische regionale Aspekte in Zusammenarbeit mit bezirklichen Organen zu berücksichtigen.

Die engere Zusammenarbeit von ökonomisch-geographischer Forschung und Organen der Territorialplanung, die sich besonders seit 1964 herausbildete, bewirkte für die Geographie vor allem, daß sie noch besser als zuvor ihre praktisch-produktive Funktion ausbildete und umfassender zur Wirkung bringen konnte. Diese Erkenntnisse und Erfahrungen sind von bleibendem Wert für die Entwicklung der Geographie in der DDR

Ohne die positiven Wirkungen dieser Gemeinschaftsarbeit einzuschränken oder abzuwerten, muß aber angemerkt werden, daß damit auch einige Probleme für die Disziplinentwicklung verbunden waren, die teilweise bis in die Gegenwart hinein wirken. So war in die Forschungen, die im Interesse des wissenschaftlichen Vorlaufes für die Territorialplanung durchgeführt wurden, fast ausschließlich der gesellschaftswissenschaftliche Zweig der Geographie, die Ökonomische Geographie, einbezogen. Ihr naturwissenschaftlicher Zweig, die Physische Geographie, kam zwar auf anderen Wegen auch zu bemerkenswerten wissenschaftlichen Ergebnissen, hatte aber in ihren Untersuchungen kaum Verbindungen mit der ökonomisch-geographischen Forschung. Dadurch konnte in dieser Periode kein wesentlicher Fortschritt in der Richtung erzielt werden, die potentiellen Vorzüge, die sich aus einer engen Zusammenarbeit von Physischer und Ökonomischer Geographie bei der Bearbeitung bestimmter Forschungssthemen ergeben, zur Wirkung zu bringen. Vielmehr verstärkte sich die Tendenz zu einer Verselbständigung beider geographischer Disziplinen auf dem Gebiet der Forschung.

Die *zweckmäßige Verknüpfung der disziplinären Entwicklung der Geographie* zur Wahrnehmung ihrer vielfältigen Aufgaben in unserer sozialistischen Gesellschaft mit den spezifischen Anforderungen, die sich aus der *Mitwirkung an interdisziplinären Aufgaben* zur Schaffung des wissenschaftlichen Vorlaufes für die Territorialplanung ergaben, war noch nicht genügend ausgeprägt. So kam es mitunter zu Widersprüchen zwischen der sich verstärkenden praktisch-produktiven Funktion der Geographie und ihrer Bildungs- und Erziehungsfunktion, da letztere ein breiteres Spektrum neuer wissenschaftlicher Erkenntnisse erforderten, als es durch Forschungen zu erzielen möglich war, deren Orientierung vornehmlich aus Bedürfnissen der Territorialplanung nach wissenschaftlichen Ergebnissen abgeleitet wurde.

In den *wissenschaftlichen Zeitschriftenpublikationen* jener Zeit wurden in Arbeiten aller Zweige der Geographie neue Ansätze der geographischen Forschung sichtbar, mit ihren Ergebnissen in verschiedenenen Bereichen des gesellschaftlichen Lebens wirksam zu werden. Davon und von dem beträchtlichen wissenschaftlichen Niveau der gewonnenen Erkenntnisse zeugen insbesondere auch größere wissenschaftliche Publikationen, von denen hier als wichtige Beispiele die von H. Kohl (1966), E. Neef (1967), A. Zimm (1963 und 1969) sowie die Gemeinschaftswerke unter Herausgeberschaft von H. Kohl (1969), G. Mohs (1968) und H. Richter (1970) genannt werden sollen. Die wissenschaftlichen Hauptversammlungen der Geographischen Gesellschaft der DDR, insbesondere auch die vielfältigen wissenschaftlichen Veranstaltungen ihrer Fachsektionen und Fachverbände, lassen in diesem Jahrzehnt die Entwicklung eines regen wissenschaftlichen Lebens erkennen.

Das 1959 gegründete Nationalkomitee der Geographen der DDR bei der Akademie der Wissenschaften wurde 1969 in ein *Nationalkomitee für Geographie und Kartographie* umgebildet und vertrat die DDR nicht nur in der Internationalen Geographischen Union, sondern auch in der Internationalen Kartographischen Vereinigung (vgl. Jacob 1969). 1965 wurde ferner das *Quartärkomitee der DDR* bei der Akademie der Wissenschaften gegründet, das die DDR seither bei der Internationalen Union für Quartärforschung (INQUA) vertritt, in dem neben Fachvertretern der Geologie, der Vor- und Frühgeschichte sowie der Bodenkunde auch namhafte Geographen mitwirken. Die wachsenden internationalen wissenschaftlichen Beziehungen wurden unter anderem in der Mitwirkung von Geographen der DDR an der Arbeit des XXI. Internationalen Geographischen Kongresses in New Delhi (vgl. Gellert 1969) und ihrer Wahl zu Mitgliedern von IGU-Kommissionen deutlich.

Ende der sechziger Jahre wurde eine weitere Phase der Entwicklung der Geographie, vor allem auch ihrer Forschung eingeleitet, die sich in den siebziger Jahren immer mehr ausprägte. Wichtige Voraussetzungen dafür wurden durch die Bildung von Sektionen für Geographie im Rahmen der 3. Hochschulreform und durch die Gründung des Geographischen Instituts der Akademie der Wissenschaften geschaffen.

Die Bildung von *Sektionen für Geographie* an den Universitäten *Berlin, Greifswald* und *Halle* schränkte zwar die Zahl der wissenschaftlichen Einrichtungen der Geographie an Universitäten ein, führte aber zugleich zur Herausbildung leistungsfähiger Institutionen mit beachtlichem Potential in Lehre und Forschung. Daneben bildeten auch weiterhin die geographischen Einrichtungen an den *Pädagogischen Hochschulen* in *Potsdam* und *Dresden* sowie spezialisierte Kollektive von Geographen an Universitäten und Fachhochschulen einen wichtigen Bestandteil der Geographie im Hochschulbereich (vgl. Mohs 1974, S. 161/162). Die seither von Geographen an Universitäten und Hochschulen erzielten Forschungsergebnisse, eine Vielzahl von wissenschaftlichen Publikationen und die hohe Qualität, mit der die umfangreichen Lehr- und Erziehungsaufgaben der Geographie wahrgenommen werden, zeugen davon, daß von der Sektionsbildung im Hochschulbereich außerordentlich wichtige Impulse für die gesamte Entwicklung der Geographie in unserem Lande und die weitere Erhöhung ihrer gesellschaftlichen Wirksamkeit ausgingen. Die Integration des traditionsreichen Geographischen Instituts der Karl-Marx-Universität in die neu gebildete Sektion Geographie der Martin-Luther-Universität Halle—Wittenberg hatte jedoch auch einen ungünstigen Nebeneffekt, da die Möglichkeit einer engen wissenschaftlichen Zusammenarbeit in Forschung und Lehre mit dem zur gleichen Zeit in Leipzig entstehenden Geographischen Institut der Akademie der Wissenschaften insofern erschwert wurde, als zum Beispiel nunmehr dafür in beiden Einrichtungen erhöhte Zeitaufwendungen entstanden und die potentiellen Vorzüge einer gemeinsamen gerätetechnischen Basis der Forschung nicht realisiert werden konnten.

Ausgehend von den wachsenden gesellschaftlichen Anforderungen beim Aufbau der sozialistischen Gesellschaft in der DDR hatten namhafte Fachvertreter schon seit längerer Zeit auf die Notwendigkeit und Zweckmäßigkeit hingewiesen, nach dem Vorbild der anderen sozialistischen Staaten, insbesondere auch der UdSSR, in der DDR ein Forschungsinstitut für Geographie zu gründen, das neben der eigenen Forschung auf ausgewählten Gebieten gleichzeitig auch eine institutionelle Basis für die wissenschaftliche Zusammenarbeit und die Forschungskoordinierung bilden konnte. So schrieb zum Beispiel G. Jacob schon 1957:

> „Während die Akademie-Institute in vielen anderen Disziplinen eine Koordinierung der Forschungsarbeiten der Universitäts- und sonstigen Institute des entsprechenden Fachgebietes vornehmen, fehlt bekanntlich ein solches Akademie-Institut für die geographischen Disziplinen noch immer. Ich bin zwar nicht der Meinung, daß unter den gegebenen Umständen ein Akademie-Institut eine sofortige wesentliche Veränderung hinsichtlich der Aufgabenstellung und Koordinierung der geographischen Forschungsarbeiten herbeiführen kann, jedoch würde ich mir von der Errichtung eines methodischen Kabinetts ... eine Verbesserung der gesamten Lehr- und Forschungstätigkeit versprechen“ (Jacob 1957, S. 16).

Da 1957 noch keine realen Voraussetzungen bestanden, ein Akademie-Institut für Geographie zu gründen, sah G. Jacob einen möglichen Schritt in einem methodischen Kabinett, von ihm zunächst für die Ökonomische Geographie vorgeschlagen, das Forschung und Lehre beträchtlich fördern könnte.

Mehr als ein Jahrzehnt später waren die Bedingungen für die *Gründung eines Akademie-Instituts für Geographie* herangereift. Gestützt auf die „Begründung der Beschlußvorlage zur Bildung des Instituts für Geographie der DAW“ deutete H. Sanke künftige Aufgaben an, wenn er unter anderem ausführte:

> „Eine zentrale Institution wie ggf. das Institut für Geographie der DAW zu Berlin wirkt ... als Forschungsleitinstitut für alle geographischen Sektionen und Institutionen des Hochschulwesens“ (Sanke 1968, S. 30).

Das steckte einen wichtigen Schwerpunkt der künftigen Entwicklung des Geographischen Instituts der Akademie ab. Die darüber hinaus damals in Erwägung gezogene

Übertragung von Leitfunktionen an ein Akademie-Institut für die gesamte Territorialforschung (a. a. O.), die weit über die Geographie hinausgegangen wäre, erwies sich im weiteren Verlauf der Entwicklung als nicht zweckmäßig. Seit Beginn der siebziger Jahre wird diese Aufgabe von der Forschungsleitstelle für Territorialplanung bei der Staatlichen Plankommission wahrgenommen, mit der seither auch wissenschaftliche Einrichtungen der Geographie eng zusammenarbeiten.

In den Jahren 1968/69 vollzog sich der Gründungsprozeß des Geographischen Instituts der Akademie, dem mehrjährige Vorbereitungen vorangegangen waren. Dieses Institut ging aus dem von dem Geographen und Vulkanologen A. STÜBEL 1892 gegründeten *Museum für Länderkunde*, dem späteren *Deutschen Institut für Länderkunde*, hervor, das 1968 aus dem Verantwortungsbereich des Ministeriums für Hoch- und Fachschulwesen in den der Akademie der Wissenschaften überging. Auf Anweisung des Akademiepräsidenten H. KLARE wurde das Institut mit Wirkung vom 1. Mai 1969 n *Geographisches Institut* umbenannt und dem Forschungsbereich Kosmische Physik — heute Forschungsbereich Geo- und Kosmoswissenschaften — *der Akademie* zugeordnet (Mitteilungen der DAW, 1968, S. 28). Sowohl E. LEHMANN, langjähriger Direktor des Instituts für Länderkunde und erster Direktor des Geographischen Instituts, als auch der Verfasser ließen sich davon leiten, die Potenzen des Vorläuferinstituts für die künftige Entwicklung zu nutzen und seine Traditionen zu bewahren (vgl. LEHMANN 1973a; LÜDEMANN 1974).

Die neue Etappe der gesellschaftlichen Entwicklung in der DDR, die in dieser Zeit eingeleitet wurde — der Übergang zur Gestaltung der entwickelten sozialistischen Gesellschaft — hatte auch tiefgreifende Wirkungen für die Wissenschaft. So wurden der Akademie der Wissenschaften größere Aufgaben und eine höhere Verantwortung, insbesondere auf dem Gebiet der Grundlagenforschung, übertragen. Das neue Institut mußte folglich den erhöhten Ansprüchen der Gesellschaft an wissenschaftliche Erkenntnisse und der wachsenden Verantwortung der Akademie Rechnung tragen. Dazu galt es, wissenschaftliche, personelle, gerätetechnische und organisatorische Grundlagen eines modernen Forschungsinstituts der Geographie zu konzipieren und in den folgenden Jahren zielstrebig zu verwirklichen.

Insofern wurden im Rahmen des kontinuierlichen Übergangs vom Institut für Länderkunde zum Geographischen Institut gleichzeitig *qualitative Veränderungen* eingeleitet. Das war für alle beteiligten Wissenschaftler, vor allem für die leitenden, eine schwierige Aufgabe, gab es doch auf diesem Gebiet in der Geographie der DDR dafür keine entsprechenden Erfahrungen. Vor der Zerschlagung des Faschismus hat es in Deutschland keine wissenschaftliche Einrichtung der Geographie gegeben, deren Aufgabe vornehmlich Forschung, insbesondere Grundlagenforschung, war.

Solche Institute hatten sich in anderen Wissenschaftsgebieten jedoch bereits zu Beginn unseres Jahrhunderts herausgebildet. Neben der auch weiterhin bedeutenden Forschung an Universitäten und Hochschulen waren entsprechend den Interessen der deutschen Großbourgeoisie im Rahmen der „Kaiser-Wilhelm-Gesellschaft zur Förderung der Wissenschaft" (KWG) schon seit 1911 eine Vielzahl spezieller Forschungsinstitute geschaffen worden (vgl. WENDEL 1975). Ihre Zahl wuchs von 7 am Vorabend des ersten Weltkrieges auf 31 Ende der zwanziger Jahre an. Es handelte sich dabei weitaus überwiegend um naturwissenschaftliche Institute. Nach der Wiedereröffnung der Akademie am 1. Juli 1946 wurden von ihr auf dem Territorium der DDR vorhandene Institute — darunter auch solche der KWG — übernommen und neue Institute und Einrichtungen der Akademie gegründet. Bereits Ende 1948 gehörten zur Akademie ca. 25 Institute und Forschungsstellen, deren Zahl bis 1958 auf etwa 50 angewachsen war (vgl. Dunken 1958 und Hartkopf 1975). Somit wurde in der Geographie erst relativ spät ein Prozeß eingeleitet, der in anderen Wissenschaften schon Jahrzehnte zuvor, auf einigen Gebieten, wie zum Beispiel der Astronomie und Astrophysik, der Geodäsie und der Geomagnetik, noch weit früher begonnen hatte.

Als Resultat der bis dahin schon anerkannten Beiträge von Forschungen des gesellschaftlichen Zweiges der Geographie zum wissenschaftlichen Vorlauf für die Territorialplanung waren neben Wissenschaftlern aus dem Hochschulbereich auch Vertreter der Staatlichen Plankommission, insbesondere H. Roos, nachdrücklich für die Gründung des Geographischen Instituts der Akademie der Wissenschaften eingetreten; erwarteten sie doch davon einen weiteren Fortschritt der Wirksamkeit der geographischen Forschung für die Volkswirtschaftsplanung. Dieses Anliegen entsprach weitgehend den Auffassungen in der Akademie und denen des ersten Direktors des Instituts, E. Lehmann, wenngleich von Anfang an betont wurde, daß das wissenschaftliche Profil des Instituts nicht auf Forschungen der gesellschaftswissenschaftlichen Zweige der Geographie zu begrenzen ist (vgl. Lehmann 1973; Lüdemann 1973). Gleichzeitig orientierte die Akademie entsprechend ihrer Aufgabe, vorrangig gezielte Grundlagenforschung zu betreiben, nachdrücklich darauf, Forschungen des Geographischen Instituts anzustreben, die in theoretischer und methodischer Hinsicht ein hohes wissenschaftliches Niveau und dadurch beträchtliche gesellschaftliche Wirksamkeit aufweisen.

Davon ausgehend wurde Ende 1969 durch E. Lehmann, unterstützt von G. Haase und vom Verfasser, eine *Konzeption der Forschungsaufgaben des Geographischen Instituts* erarbeitet. Auch aus heutiger Sicht ist ihre generelle wissenschaftliche Orientierung trotz mancher Details, die heute anders gesehen werden, tragfähig und richtungweisend (vgl. Konzeption 1969). Einige *Aspekte* dieser Konzeption seien hier hervorgehoben, weil sie auch in Gegenwart und Zukunft aktuell sind:

— als Forschungsschwerpunkte wurden der Flächennutzung und der rationellen Organisation des Territoriums besondere Bedeutung beigemessen;
— dabei sollten vorwiegend komplexe Untersuchungen durchgeführt werden, die eine verstärkte Integration der verschiedenen Teildisziplinen der Geographie im Forschungsprozeß erfordern;
— bei der Durchführung der Forschungsarbeiten wurde auf neue theoretische und methodische Erkenntnisse orientiert, die nicht nur mit den bisher angewandten Forschungsmethoden der Geographie erzielt werden können, sondern vor allem auch die Anwendung der Systemanalyse und der Modellbildung erfordern;
— besondere Beachtung wurde Untersuchungen in Beispielsgebieten gewidmet, die als Prüf- und Experimentierfeld für theoretisch und methodologisch orientierte Untersuchungen, insbesondere für die Ausarbeitung von Modellen, dienen sollten;
— schließlich wurde auch auf die befruchtende Funktion des Instituts und seiner Forschungen für die geographischen Sektionen an Universitäten und Hochschulen und für die Geographische Gesellschaft der DDR hingewiesen.

Diese Konzeption der Forschungsaufgaben des Geographischen Instituts wurde in der Folgezeit in einigen Punkten modifiziert. Ausgehend von Anforderungen der weiteren Gestaltung der entwickelten sozialistischen Gesellschaft in der DDR, insbesondere der Durchsetzung des Grundsatzes der Einheit von Wirtschafts- und Sozialpolitik, erlangte die Schaffung *wissenschaftlicher Grundlagen für die Gestaltung der Siedlungsstruktur in der DDR* erhöhtes Gewicht. Das Geographische Institut widmete sich in Erkenntnis der gesellschaftlichen Bedeutung verstärkt diesem Problemkreis und stellte zunächst *Untersuchungen zur Flächennutzung*, die jedoch nichts an ihrer grundsätzlichen Bedeutung verloren haben, zurück. Gleichzeitig konnten physisch-geographische Forschungen am Institut in dieser Anfangsperiode nur begrenzt durchgeführt werden. Durch diese Bedingungen bestanden kaum Voraussetzungen, komplexere Forschungsaufgaben, besonders solche, die die Vorzüge der Zusammenarbeit von Physischer und Ökonomischer Geographie hätten zur Wirkung bringen können, aufzunehmen. Wesentlich *schwieriger* und *langfristiger* als ursprünglich vorhergesehen, erwies sich außerdem die Schaffung der wissenschaftlichen und personellen *Voraussetzungen für* die verstärkte Anwendung von *Systemanalyse, Modellierung und Geofernerkundung* in der geographischen Forschung, die bis in die Gegenwart trotz vieler Fortschritte noch nicht abgeschlossen ist.

Unter diesen Bedingungen konzentrierten sich die Forschungen des Geographischen Instituts bzw. des Bereiches Geographie im heutigen Institut für Geographie und Geoökologie in der zurückliegenden Zeit vor allem auf *drei Hauptgebiete*, zu denen Forschungsberichte und eine Vielzahl von Publikationen erarbeitet wurden:

- *Geographische Siedlungsstrukturforschung*, insbesondere zu den Beziehungen zwischen den Städten und ihrem Umland (vgl. z. B. Grimm 1974, 1977; Grimm u. a. 1972, 1974, 1975, 1976; Heinzmann u. a. 1975; Krönert 1976, 1977; Krönert u. a. 1974).
- *Geographische Landschaftsforschung*, insbesondere unter geoökologischen Aspekten (vgl. z. B. Haase 1973, 1976, 1977; Haase u. a. 1973; Hubrich 1974, 1976; Neumeister 1975, 1976, 1977; Schlüter 1975).
- *Thematische Kartographie*, insbesondere wissenschaftliche Arbeiten am „Atlas DDR“ und Untersuchungen zum Einsatz thematischer Karten als Forschungs- und Planungsmittel (vgl. z. B. Benedict 1976, 1977; Friedlein 1976; Lehmann 1970, 1973, 1974, 1975).

Bei der Durchführung dieser Untersuchungen, vor allem der geographischen Siedlungsstrukturforschung, wurden gleichzeitig Fortschritte in der Anwendung mathematischer Methoden, insbesondere mathematisch-statistischer Verfahren, erzielt, die von G. Schmidt maßgeblich gefördert wurden.

Die wissenschaftlichen Ergebnisse dieser Forschungen wurden in verschiedenen Bereichen der gesellschaftlichen Praxis zur Wirkung gebracht, vor allem in der Territorialplanung auf zentraler und bezirklicher Ebene, beim Umweltschutz und der Umweltgestaltung, in der Verkehrsplanung und auf anderen Gebieten. Zum beträchtlichen Teil haben sie auch im Ausland Resonanz und Anerkennung gefunden.

Die bisherige Entwicklung des Instituts, seine Forschungsergebnisse und die gesellschaftliche Wirksamkeit können deshalb insgesamt positiv beurteilt werden, auch wenn einige der ursprünglich konzipierten Aufgaben, die für Gegenwart und Zukunft Bedeutung behalten, noch nicht in vollem Umfang verwirklicht werden konnten. Zu diesen Fortschritten trug die Vergrößerung und qualitative Verbesserung des Forschungspotentials des Instituts bei, die in den vergangenen Jahren möglich war. Gleichzeitig wurden Fortschritte dabei erzielt, eine moderne gerätetechnische Basis der Forschung zu schaffen, die im Vorläuferinstitut mit seinen anders gearteten wissenschaftlichen Aufgaben noch nicht entwickelt war.

Aufgabenstellung und Potential des Instituts wurden 1976 deutlich erweitert. Seither trägt es den Namen „Institut für Geographie und Geoökologie“.

Durch die Gründung und die wissenschaftlichen Ergebnisse des Geographischen Instituts der Akademie der Wissenschaften konnte in enger Gemeinschaftsarbeit mit den wissenschaftlichen Einrichtungen an Universitäten und Hochschulen die gesamte Entwicklung der Geographie als Wissenschaftsdisziplin in der DDR positiv beeinflußt werden.

Die wissenschaftliche Zusammenarbeit zwischen den geographischen Einrichtungen wurde gegenüber der Situation in den sechziger Jahren auf eine neue Grundlage gestellt und in ihrem Einzugsbereich teilweise erheblich erweitert.

Nachdem bereits 1971/1972 die wissenschaftliche Zusammenarbeit zwischen Hochschuleinrichtungen und dem Geographischen Institut der Akademie begonnen hatte, erhielt sie mit den Beschlüssen von Partei und Regierung über die Ausarbeitung gemeinsamer Forschungsprogramme der Grundlagenforschung der Akademie der Wissenschaften der DDR und des Ministeriums für Hoch- und Fachschulwesen neue Voraussetzungen. Erstmals in ihrer Geschichte begann 1973 ein Prozeß der *Integration der geographischen Forschung* der DDR *in* ein zentrales Programm der Grundlagenforschung, das *Forschungsprogramm Geo- und Kosmoswissenschaften.* Im Wissenschaftlichen Rat der *Hauptforschungsrichtung Geographie/Hydrologie/Meteorologie* bildete sich ein kompetentes wissenschaftliches Gremium heraus, das für die konzeptionelle Arbeit, für die wissenschaftliche Beurteilung wichtiger Forschungsergebnisse und für die gesellschaftliche Wirksamkeit der Forschungen im Aufgabenbereich dieser drei Disziplinen die Verantwortung trägt.

In diesem Rat, wie auch im Wissenschaftlichen Rat des Forschungsprogramms Geo- und Kosmoswissenschaften, erhielt die Geographie durch ihre berufenen Mitglieder die Möglichkeit, aktiv an der Gesamttätigkeit mitzuwirken, zugleich aber auch Konzeptionen der geographischen Forschung und wichtige Forschungsergebnisse einer sachkundigen Beurteilung und der Kritik durch diese interdisziplinären Gremien zu stellen. Innerhalb der Geographie wurden wissenschaftliche Beratungsgruppen für Physische Geographie, Ökonomische Geographie und Thematische Kartographie sowie für spezielle Forschungsprobleme geschaffen, dei eine enge Zusammenarbeit von Wissenschaftlern verschiedener Einrichtungen im Forschungsprozeß gewährleisten.

Zu den Fortschritten der wissenschaftlichen Entwicklung der Geographie in der DDR haben alle beteiligten Einrichtungen und Gremien, vor allem aus dem Bereich des Ministeriums für Hoch- und Fachschulwesen, des Ministeriums für Volksbildung, der Akademie der Wissenschaften der DDR und der Sächsischen Akademie der Wissenschaften zu Leipzig, in beträchtlichem Umfang mit eigenständigen wissenschaftlichen Leistungen, konzeptionellen Arbeiten und Forschungsergebnissen beigetragen. Besonderes Gewicht kam dabei der *sich festigenden Zusammenarbeit* zwischen dem Beirat für Geographie, dem Hauptvorstand der Geographischen Gesellschaft, dem Nationalkomitee für Geographie und Kartographie und dem Akademieinstitut zu.

Über den Aufgabenbereich des Forschungsprogrammes Geo- und Kosmoswissenschaften hinaus entwickelte die Geographie seit Beginn der siebziger Jahre verstärkt die *interdisziplinäre Zusammenarbeit im Forschungsprozeß,* zum Beispiel mit Biowissenschaften, mit Landwirtschaftswissenschaften, Territorialökonomie, Verkehrsforschung, Soziologie sowie Städtebau. Darüber hinaus wirken Geographen *aktiv in interdisziplinären Gremien* mit, wie der Klasse „Umweltschutz und Umweltgestaltung“ der Akademie, im Komitee für Angewandte Systemanalyse bei der AdW der DDR und im Nationalkomitee für das Wissenschaftliche Komitee für Umweltprobleme (SCOPE) des ICSU.

Schließlich festigte sich auch die *Zusammenarbeit mit* Organen der zentralen *Territorialplanung,* insbesondere repräsentiert durch die Forschungsleitstelle für Territorialplanung der SPK, mit dem Ministerium für Umweltschutz und Wasserwirtschaft sowie anderen *zentralen und bezirklichen Organen* und Einrichtungen. Geographen arbeiten in Gremien zentraler und bezirklicher Organe mit, wie auch umgekehrt Vertreter der gesellschaftlichen Praxis in die oben genannten Wissenschaftlichen Räte berufen wurden bzw. in anderen wissenschaftlichen Gremien mitwirken.

Durch diese Entwicklung der *nationalen Forschungskooperation* wurden wichtige Voraussetzungen dafür geschaffen, künftig noch stärker die Gesamtentwicklung der Geographie zu beeinflussen, ein abgewogenes Verhältnis zwischen den spezifischen Anforderungen verschiedener Bereiche des gesellschaftlichen Lebens an Vorlauferkenntnisse aus der geographischen Forschung herbeizuführen und die Überführung der Forschungsergebnisse umfassender und in kürzeren Fristen zu gewährleisten.

Die *internationale wissenschaftliche Zusammenarbeit* wurde gegenüber den sechziger Jahren wesentlich *erweitert* und *vertieft.* Bereits seit dem Beginn der fünfziger Jahre hatten sich enge wissenschaftliche Beziehungen mit der Geographie der UdSSR und der anderen sozialistischen Staaten herausgebildet, vor allem durch gegenseitige Besuche wissenschaftlicher Veranstaltungen, Studienreisen, Fachexkursionen und den Austausch wissenschaftlicher Publikationen. Überwiegend erfolgte das im Rahmen der Freundschaftsverträge von Universitäten in sozialistischen Staaten und durch die immer enger werdenden Beziehungen zwischen den Geographischen Gesellschaften.

Seit der Gründung des Geographischen Instituts der Akademie der Wissenschaften der DDR wurden diese bewährten Formen durch eine enge wissenschaftliche *Zusammenarbeit mit* den *Akademieinstituten,* vor allem der *UdSSR* (Moskau und Irkutsk), der *ČSSR* (Brno und Bratislava) und der *VR Polen* (Warschau) ergänzt. Die besondere Bedeutung dieser wissenschaftlichen Zusammenarbeit ergibt sich daraus, daß *auf* der *Grundlage bilateraler Vereinbarungen* gemeinsam interessierende Forschungsschwerpunkte der jeweiligen Partner im Mittelpunkt der wissenschaftlichen Zusammenarbeit stehen, unter anderem Probleme der Urbanisierung und der Entwicklung der Siedlungsstruktur, der Geosystemforschung, kartographischer Darstellungsmethoden, terminologische und eine Reihe weiterer Fragen. Infolgedessen wirkt sich diese Art der wissenschaftlichen Zusammenarbeit in beträchtlichem Maße unmittelbar auf die Forschungsansätze und -ergebnisse — vor allem in theoretischer und methodischer Hinsicht — positiv aus und trägt zur Effektivitätssteigerung der Forschung bei.

Eine neue *Phase* der wissenschaftlichen Zusammenarbeit wurde durch die *Beteiligung von Geographen* am umfassenden *RGW-Programm „Schutz und Gestaltung der Umwelt und der damit verbundenen rationellen Nutzung der natürlichen Ressourcen"* eingeleitet. 1972 begann die Mitwirkung des Geographischen Instituts der Akademie der Wissenschaften der DDR und hat sich seither bei wachsender Beteiligung von Geographen der Universitäten und Hochschulen erheblich ausgeweitet. Diese Mitwirkung im Rahmen von Aufgaben des RGW ist auf das engste mit den zuvor genannten bilateralen Formen der internationalen wissenschaftlichen Zusammenarbeit verknüpft, da die Geographischen Akademieinstitute der sozialistischen Staaten fast ausnahmslos an RGW-Problemen beteiligt sind und zum Teil auf internationaler oder auf nationaler Ebene Leitfunktionen innehaben. Damit ist die *Geographie in den siebziger Jahren* über Vorlesungen und Publikationen zu geographischen Problemen der sozialistischen ökonomischen Integration hinaus auch *unmittelbar* an der Lösung von Aufgaben dieser *Integration beteiligt.*

Schließlich sind die Bedingungen herangereift, daß Geographen der DDR künftig neben der Wissenschaftskooperation mit den sozialistischen Staaten in der internationalen wissenschaftlichen Zusammenarbeit noch wirksamer werden können. Entscheidende Grundlagen dafür waren die in einem jahrzehntelangen politischen Kampf errungene Aufnahme der Deutschen Demokratischen Republik in die Organisation der Vereinten Nationen, die weltweite diplomatische Anerkennung unseres Staates und die bisherigen Ergebnisse der Politik der friedlichen Koexistenz und für internationale Entspannung. Arbeiteten die Geographen der DDR seit den sechziger Jahren schon erfolgreich in der IGU und anderen wissenschaftlichen Unionen (z. B. der INQUA) mit, so bildeten sich in der Gegenwart allmählich Bedingungen heraus, auf ausgewählten Gebieten auch in Forschungsprogrammen internationaler zwischenstaatlicher und nichtstaatlicher Organisationen wirksam zu werden.

Die internationale wissenschaftliche Zusammenarbeit, insbesondere die wachsende Wissenschaftskooperation mit der UdSSR und den anderen sozialistischen Staaten, erfordert und ermöglicht eine umfassende Entwicklung der geographischen Forschung in der DDR und von vornherein die stärkere Beachtung grundlegender internationaler Entwicklungsprobleme und -tendenzen im Aufgabenbereich geographischer Forschung. Dadurch wird die Qualität der Forschungsergebnisse und ihre Wirksamkeit für die gesellschaftliche Praxis in der DDR nicht gemindert, sondern durch die Nutzung neuester Erkenntnisse, Theorien, Methoden und Verfahren, die auf internationaler Ebene gewonnen wurden, weiter erhöht.

Neben wissenschaftlichen Beiträgen in Fachzeitschriften der Geographie, zunehmend auch in solchen von Nachbardisziplinen und fachübergreifenden Publikationsorganen, neben einer beträchtlichen Anzahl von Forschungsberichten aller wissenschaftlichen Einrichtungen der Geographie zeugen auch *größere wissenschaftliche Arbeiten*, die in den vergangenen Jahren entstanden, von der wachsenden Leistungsfähigkeit der geographischen Forschung in der DDR. Als Beispiele seien hier die von HARKE/DISCHEREIT (1976), MARCINEK/NITZ (1973), MARCINEK (1976), MOHS/JACOB (1977), SCHOLZ u. a. (1976), WEBER/BENTHIEN (1976) sowie die Gemeinschaftswerke unter Herausgeberschaft von KOHL (1974), LEHMANN (1976) und RICHTER (1972, 1975, 1976) genannt. Darüber hinaus legten die Wissenschaftlichen Hauptversammlungen der Geographischen Gesellschaft bzw. seit 1975 die *Geographenkongresse* der DDR von der Entwicklung der Geographie in der DDR Zeugnis ab. Eine Vielzahl von *wissenschaftlichen Veranstaltungen* der Fachsektionen und Fachverbände der Geographischen Gesellschaft der DDR, der Universitäts- und Hochschulsektionen für Geographie, des Geographischen Instituts bzw. des Instituts für Geographie und Geoökologie und anderer Einrichtungen trugen zur Entwicklung des wissenschaftlichen Lebens in der DDR bei und waren von unmittelbarem Nutzen für Forschung und Lehre.

Geographen der DDR nahmen ferner an den Internationalen Geographischen Kongressen 1972 in Montreal (vgl. JACOB 1973) und 1976 in Moskau (vgl. HÖNSCH/KOHL 1977) und anderen internationalen wissenschaftlichen Veranstaltungen teil. Die *aktive Mitwirkung von DDR-Geographen in IGU-Kommissionen und Arbeitsgruppen als Ordentliche oder Korrespondierende Mitglieder* wurde verstärkt fortgesetzt, wie das auch in der Durchführung einer Sitzung der IGU-Kommission „National- und Regionalatlanten“

1974 in Leipzig sowie der IGU-Kommission „Transportgeographie" 1979 in Dresden zum Ausdruck kam.

Die Entwicklung der Geographie in der DDR in den siebziger Jahren, insbesondere der geographischen Forschung, läßt weitere bemerkenswerte Fortschritte gegenüber den vorhergehenden Zeiträumen erkennen. Sie ist aber gleichzeitig dadurch gekennzeichnet, daß eine Reihe von *Problemen* noch nicht genügend bewältigt ist. Unter ihnen möchte der Verfasser vor allem folgende hervorheben:

— Die Grundrichtungen der Forschung werden noch nicht in ausreichendem Maße durch langfristige Forschungsprojekte komplexer Art bestimmt, die je nach ihrem Gegenstand vorwiegend innerhalb des naturwissenschaftlichen bzw. gesellschaftswissenschaftlichen Zweiges der Geographie oder überwiegend in Gemeinschaftsarbeit zwischen ihnen betrachtet werden.
— Trotz deutlicher Fortschritte in der Anwendung moderner Forschungsmethoden besteht auf diesem Gebiet noch ein nicht zu unterschätzender Rückstand gegenüber dem international fortgeschrittenen Niveau. Das gilt insbesondere für eine breite Anwendung von Systemanalyse, Modellbildung und Mathematik sowie von Methoden der Fernerkundung der Erde mit aerokosmischen Mitteln bei allen geeigneten Forschungsaufgaben.
— Die verschiedenen Aufgaben, die die Geographie in unserer sozialistischen Gesellschaft wahrzunehmen hat, waren in Lehre und Forschung häufig nicht genügend aufeinander abgestimmt; es entwickelten sich mitunter Widersprüche zwischen ihnen, die sowohl im Interesse der gesellschaftlichen Wirksamkeit als auch der weiteren Entwicklung der Disziplin überwunden werden müssen. Das betrifft die bessere Verknüpfung von Erkenntnis- und Bildungsfunktion der Geographie, von Arbeit auf dem Staatsterritorium der DDR mit der Entwicklung der Auslandsgeographie, von naturgemäß den Schwerpunkt bildenden Forschungen zu aktuellen und heranreifenden Problemen mit disziplingeschichtlichen Untersuchungen und eine Reihe anderer.

Derartige Probleme müssen von den Geographen unseres Landes selbst bewältigt werden. Dafür werden Erkenntnisse und Erfahrungen der Geographie der UdSSR und anderer sozialistischer Staaten umfassend auszuwerten und gleichzeitig auch geeignete Ergebnisse der Geographie in kapitalistischen Staaten zu berücksichtigen sein. Es sind Probleme des Fortschritts und der Entwicklung der Geographie in der DDR, die von solchen der Stagnation und eventuell sogar des Rückschrittes sehr verschieden sind, wie sie in der noch nicht völlig überwundenen Diskussion um die „Krise der Geographie" in einer Reihe kapitalistischer Staaten verschiedentlich deutlich wurden.

In jüngster Zeit sind in der BRD Werke erschienen, die sich mit der Geographie in der Deutschen Demokratischen Republik (Sperling 1977) bzw. mit der Geographie im „deutschsprachigen Raum" (Hard 1973) beschäftigen. Dabei kommt W. Sperling trotz des beachtlichen wissenschaftlichen Niveaus der Geographie und der gestiegenen Zahl der geographischen Hochschuleinrichtungen in der BRD in einer Gegenüberstellung zur Entwicklung in der Deutschen Demokratischen Republik zu einer bemerkenswerten Aussage:

„Als sehr schmerzlich muß ... empfunden werden, daß es bei uns keine zentrale Institution oder Organisation gibt, welche ausschließlich geographische Forschung betreibt oder solche koordiniert, wie dies beim Institut für Geographie und Geoökologie der Akademie der Wissenschaften der DDR der Fall ist ... Die Mitglieder unseres Nationalkomitees der Geographen sind kaum dem Namen nach bekannt und treten fast nur außerhalb der Grenzen der Bundesrepublik in Erscheinung. Desgleichen fehlt den Geographen bei uns, trotz mehrerer rühriger Fachverbände, eine allen gemeinsame Organisation, welche ihre Interessen öffentlichkeitswirksam vortragen könnte" (Sperling 1977, S. 49).

Die oben zitierten Ausführungen von W. Sperling können in einem gewissen Zusammenhang mit solchen von G. Hard betrachtet werden. Die Schrift von G. Hard wurde durch E. Neef trotz mancher interessanter Ideen wegen ihres destruktiven Charakters, der in subjektiv-idealistischen Positionen wurzelt, und wegen ihres Anspruchs, für die „deutschsprachige" Geographie zu sprechen, einer prinzipiellen Kritik unterzogen (Neef 1977). Der Verfasser braucht dem hier nichts hinzuzufügen. Eine Aussage von G. Hard erscheint aber im Zusammenhang mit dem Thema des vorliegenden Beitrages interessant: G. Hard meint, daß Entscheidungen über die Zukunft der Geographie

„... im wesentlichen von drei Dingen abhängen: Erstens davon, ob ein respektabler interner Erkenntnisfortschritt sichergestellt werden kann, und das heißt: ob die Disziplinpolitik in Bälde zu einer Konzentration auf einige wenige (sagen wir ein bis drei) gut umrissene Forschungsperspektiven und Problemkreise führt ... Zweitens davon, ob die betreffenden geographischen Forschungsansätze und ihre Ergebnisse auch bei den angesehensten Nachbarwissenschaften auf Interesse und Relevanzempfinden stoßen werden. Drittens ... davon, ob die gesellschaftlich führenden und tonangebenden Gruppen Grund zu der Annahme haben werden, daß diese Arbeitsrichtungen irgend etwas dazu beitragen werden, den ‚brennenden Problemen' der gegenwärtigen Welt zu begegnen ... Das relative Gewicht dieser Bedingungen ist schwer abzuschätzen; die beiden ersten sollten jedenfalls nicht unterschätzt werden" (Hard 1973, S. 253–254).

Das sind in der Tat wichtige Bedingungen für eine ergebnisreiche Entwicklung der Geographie, wie in anderen Staaten, so auch in der DDR. In einem drei Jahrzehnte währenden Entwicklungsprozeß wurden hier Bedingungen geschaffen und Resultate erzielt, die es heute ermöglichen, derartige Fragen, wie sie G. Hard aufwirft, im wesentlichen positiv zu beantworten, auch wenn immer wieder neue Probleme auftreten und gelöst werden müssen, wie das im wissenschaftlichen Entwicklungsprozeß notwendig und völlig normal ist. Die Fortschritte der Geographie als Wissenschaftsdisziplin in unserem Lande sind letztlich nicht allein in den Erkenntnisfortschritten und der Initiative der Geographen begründet. Wesentlich dafür sind vielmehr die grundlegenden gesellschaftlichen Umwälzungen, die in der DDR unter tätiger Mitwirkung der Geographen verwirklicht wurden. In unserer sozialistischen Gesellschaft wird allen Wissenschaften, auch der Geographie, Fürsorge und Unterstützung zuteil, die wachsende Anforderungen und Erwartungen an die Ergebnisse von Forschung und Lehre einschließen. Gerade an den zitierten Äußerungen von G. Hard, deren Aussagen auf die Geographie in der DDR im Prinzip nicht mehr zutreffen, wird deutlich, wie absurd sein Anspruch ist, in der angeführten Schrift die Geographie des „deutschsprachigen Raumes" im Blick zu haben.

3. Wirkungsfelder geographischer Forschungen in der sozialistischen Gesellschaft

Im Prozeß der bisherigen Entwicklung unserer sozialistischen Gesellschaft hat sich in der Wissenschaft die Überzeugung durchgesetzt, daß sich die Forschung, auch langfristig angelegte Grundlagenforschung, bei der Ausarbeitung ihrer Vorhaben und Ziele vor allem an Erfordernissen der weiteren Gestaltung der entwickelten sozialistischen

Gesellschaft orientieren muß. Das widerspiegelt den bewußten Beitrag der Wissenschaft zur Verwirklichung des grundlegenden Zieles der weiteren gesellschaftlichen Entwicklung in der DDR (vgl. Programm der SED 1976).

Mit besonderer Prägnanz kommt das in der „*Konzeption der langfristigen Entwicklung der naturwissenschaftlichen und mathematischen Grundlagenforschung sowie der Grundlagenforschung ausgewählter technischer Richtungen bis zum Jahre 1990*" zum Ausdruck, die gemeinsam von der Akademie der Wissenschaften und dem Ministerium für Hoch- und Fachschulwesen ausgearbeitet und im Jaher 1974 durch das Politbüro des ZK der SED und die Regierung der DDR beraten und bestätigt wurde. In der sozialistischen Gesellschaft findet damit jener Prozeß, der sich in vorsozialistischen Gesellschaftsformationen mehr oder weniger spontan vollzog, bewußte, planvolle Anwendung, der von J. D. BERNAL mit den Worten charakterisiert wurde:

„Der allgemeine Fortschritt der Wissenschaft hat sich ... dadurch ergeben, daß in erster Linie die Lösung solcher Probleme angestrebt wurde, die sich aus aktuellen ökonomischen Bedürfnissen ergeben, und erst in zweiter Linie die Lösung solcher Probleme, die früheren wissenschaftlichen Gedankengängen entsprangen" (BERNAL 1961, S. 28).

In bezug auf die einzelnen Wissenschaftsgebiete betonte U. HOFMANN, die Erfahrungen bei der Ausarbeitung dieser Konzeption zusammenfassend:

„Wirksame Höchstleistungen erbringen die Disziplinen in der Regel dann, wenn sie langfristig auf grundlegende gesellschaftliche Bedürfnisse ausgerichtet sind" (HOFMANN 1974, S. 7).

Die Auffassung, daß auch die *geographische Forschung* in der DDR ihre *wichtigsten Impulse aus gesellschaftlichen Erfordernissen* erhält, ist heute unter den Geographen der DDR anerkannt und bedarf in dieser allgemeinen Form keiner Diskussion. Nur soviel sei dazu kurz zusammengefaßt ausgeführt: In Übereinstimmung mit führenden Geographen des sozialistischen Auslandes (vgl. GERASIMOV 1969; ISAČENKO 1971) wurde auch in der DDR herausgearbeitet, daß die Geographie in ihrer Wissenschaftsgeschichte die wichtigsten Anstöße für Wandlungen ihres Gegenstandes, ihrer Aufgaben und Methoden aus Bedingungen und Erfordernissen der gesellschaftlichen Entwicklung erhielt (vgl. z. B. SANKE 1956, S. 9; GELLERT 1967, S. 109; NEEF 1967a, S. 9–10).

Die *sowjetische Geographie* ging in ihren Forschungen bereits in den ersten Jahren nach dem Sieg der Großen Sozialistischen Oktoberrevolution, unter noch äußerst schwierigen Bedingungen, bewußt und planmäßig von Bedürfnissen des beginnenden sozialistischen Aufbaues aus. So waren Geographen, vor allem im Rahmen des schon im Mai 1918 gegründeten Industriegeographischen Instituts der Akademie der Wissenschaften, *an der Ausarbeitung des GOELRO-Planes beteiligt* (vgl. GERASIMOV 1975, S. 110ff.). Beginnend im Jahre 1925, wurden durch die Akademie der Wissenschaften Komplexexpeditionen in vielen Teilen des Landes, in Sibirien und dem Fernen Osten, in Mittelasien und Kasachstan, in Transkaukasien und Karelien, durchgeführt (a. a. O., S. 15).

„Der enorme praktische Beitrag, den sowjetische Geographen zur Industrialisierung des Landes, zur sozialistischen Umgestaltung der Landwirtschaft und für die Erweiterung und Modernisierung aller Arten der Kommunikation geleistet haben, spielte eine große Rolle für die erfolgreiche Entwicklung der sowjetischen geographischen Wissenschaft" (a. a. O., S. 15, Übersetzung vom Verfasser).

Ein solches Herangehen ist bis in die Gegenwart für die geographische Forschung in der UdSSR charakteristisch und kommt heute vor allem in der Auffassung von der *konstruktiven Geographie*, die maßgeblich durch I. P. GERASIMOV ausgearbeitet wurde, zum Ausdruck (vgl. GERASIMOV 1969, 1970; GERASIMOV u. a. 1975). Auch in einem in der DDR erschienenen Werk von J. G. SAUSCHKIN wird auf den bedeutenden Beitrag, den geographische Forschungen zur Lösung gesellschaftlicher Probleme leisten, hingewiesen und werden mögliche Perspektiven der Geographie diskutiert (SAUSCHKIN 1978, S. 258ff.).

In Auswertung dieser Erfahrungen der sowjetischen Geographie und von Erkenntnissen aus der Entwicklung der Geographie in der DDR wurde auch bei uns mehrfach hervorgehoben, daß *langfristig angelegte Forschungen bewußt* von Erfordernissen des Sozialismus ausgehen und dabei die *spezifischen Bedingungen*, unter denen sich die Gestaltung der entwickelten sozialistischen Gesellschaft in unserem Lande vollzieht, *berücksichtigen* müssen (vgl. z. B. SANKE 1968, S. 10ff.; LEHMANN 1973a, S. 10ff.; LÜDEMANN 1973, S. 23ff.; ZIMM/HÖNSCH 1975, S. 257ff.). Hinter dieser allgemein anerkannten Position verbergen sich jedoch eine Vielzahl von Problemen, die herangereift sind und zu einer Lösung drängen, sobald es um die Auswahl langfristiger Forschungsvorhaben, um die Ausarbeitung der angestrebten Forschungsziele und erfolgversprechender Methoden ihrer Realisierung, um die Beziehungen zwischen geographischer Forschung und anderen Aufgaben der Geographie, zum Beispiel der Lehre, geht.

Bliebe man bei einem zu allgemeinen Bezug zwischen geographischer Forschung und gesellschaftlichen Erfordernissen, so ergäben sich in zweierlei Richtung Gefahren: Entweder ist die orientierende Wirkung für die Forschung nicht hinreichend konkret, dann könnte das zu einer nicht ausreichenden gesellschaftlichen Wirksamkeit der Forschungsergebnisse führen. Oder es lassen sich nahezu beliebig viele Ansatzpunkte für Forschungen formulieren, die in diesem oder jenem Grade alle dem Anspruch genügen, gesellschaftlichen Erfordernissen Rechnung zu tragen (solche der Territorialplanung, der Umweltgestaltung und des Umweltschutzes, der Landwirtschaft, des Verkehrswesens, des Bildungs- und Erholungswesens und viele andere). Das könnte zur Verstärkung divergierender Tendenzen in der Geographie, gegebenenfalls auch zur Zersplitterung ihrer Forschung führen, hätte tiefreichende Konsequenzen für die Disziplinentwicklung und würde letztlich auch die gesellschaftliche Wirksamkeit der Forschungsergebnisse insgesamt einschränken, auch wenn sie in diesem oder jenem speziellen Gebiet beträchtlich wäre.

Auf starke *„zentrifugale Tendenzen“* der Geographie in der DDR wies H. KOHL schon vor mehr als einem Jahrzehnt eindringlich hin und versuchte, Lösungsrichtungen aufzuzeigen (KOHL 1968). Diese bemerkenswerte Initiative blieb aber weitgehend ohne Widerhall, löste — zumindest in der wissenschaftlichen Öffentlichkeit — kaum Diskussionen aus und hatte in der Forschung keine spürbare Wirkung. Es wurden Fortschritte zwar dabei erreicht, den Hauptteil der geographischen Forschung auf einige Gebiete zu konzentrieren, die arbeitsteilig und kooperativ bearbeitet werden. Die „zentrifugalen Tendenzen“ konnten bisher aber noch nicht überwunden werden. H. KOHL argumentierte aus der Sicht der inneren Probleme des Faches, seines Gegenstandes, der Aufgaben seiner Teildisziplinen und anderen Aspekten dagegen und kam zu dem Schluß:

„Der zu Spezialisierungen drängende Differenzierungsprozeß der Geographie ist im Sinne der arbeitsteiligen Aufschlüsselung des Arbeitsobjektes ‚Raum‘ zu verstehen, mit dem zwangsläufig alle Teildisziplinen und speziellen Arbeitsrichtungen verbunden bleiben. Die von ihnen gelieferten Ergebnisse setzen sich mosaikartig im Erfassen des Arbeitsobjektes und seiner gesetzmäßigen Aussagen und Strukturen zusammen und vermitteln kollektiv die zum Handeln befähigende geographische Erkenntnis“ (KOHL 1968, S. 6).

Der von H. Kohl gewählte Ansatz, zu diesen Problemen aus der Sicht der disziplinären Entwicklung Stellung zu nehmen, ist berechtigt und wesentlich. Zunächst jedoch soll an dieser Stelle ein anderer Problembereich erörtert werden: die wichtigsten *Wirkungsfelder geographischer Forschungen, ihre Spezifik* und *ihre Beziehungen* untereinander.

Gesellschaftliche Erfordernisse als entscheidende Ausgangs- und Zielpunkte langfristig angelegter Grundlagenforschungen sind eine sehr komplexe Kategorie. Bei der weiteren Gestaltung der entwickelten sozialistischen Gesellschaft muß eine harmonische, proportionale und damit bewußte *Gesamtentwicklung aller Lebensbereiche der Gesellschaft* gewährleistet werden (vgl. Hager 1974, S. 31), wie das im Programm der SED, besonders prägnant zum Ausdruck kommt:

„Die Gestaltung der entwickelten sozialistischen Gesellschaft macht es notwendig, alle Vorzüge und Triebkräfte, alle Seiten und Bereiche des gesellschaftlichen Lebens, die Produktivkräfte und Produktionsverhältnisse, die sozialen und politischen Beziehungen, die Wissenschaft und das Bildungswesen, die sozialistische Ideologie und Kultur, die Gesamtheit der Arbeits- und Lebensbedingungen sowie die Landesverteidigung auf hohem Niveau zu entwickeln“ (Programm der SED, S. 19).

Wissenschaftlichen Vorlauf für die Gesamtentwicklung aller Lebensbereiche der Gesellschaft zu schaffen, ist eine umfassende Aufgabe der Wissenschaft als Ganzes. Die einzelnen Wissenschaften tragen mit Forschungsergebnissen entsprechend ihren fachspezifischen Möglichkeiten dazu bei, durch neue Erkenntnisse, Theorien, Methoden und Verfahren sowie durch Ergebnisse analytischer Arbeiten Grundlagen für die Lösung bestehender und neu heranreifender Probleme der gesellschaftlichen Entwicklung zu schaffen. Das gilt auch für die Geographie. Es besteht weitgehende Übereinstimmung vieler Fachwissenschaftler der DDR (vgl. u. a. Gellert 1967; Kohl 1968; Sanke 1968; Lehmann 1973; Scherf 1973) darin, daß es als Hauptbereich geographischer Forschungen angesehen wird, Untersuchungen zu Struktur, Funktion und Dynamik territorialer Systeme in Natur und Gesellschaft durchzuführen und deren Entwicklungsgesetzmäßigkeiten aufzudecken. In einer neueren Arbeit hat der sowjetische Geograph J. G. Sauschkin (Ju. G. Saučkin) die *Geographie* (das System geographischer Wissenschaften) zusammenfassend *definiert* als

„... *Wissenschaft von den Entwicklungsgesetzen territorialer (räumlicher) Systeme, die sich an der Erdoberfläche im Prozeß der Wechselwirkungen der Natur und Gesellschaft bilden, und über die Regelung und Steuerung dieser Systeme* ...“ (Sauschkin 1978, S. 15).

Nachdem J. G. Sauschkin Beispiele für physisch-geographische Systeme und sozialökonomische territoriale Systeme gegeben hat, fährt er fort:

„Heute kann nicht ein einziges dieser Systeme durch die geographischen Disziplinen außerhalb des Prozesses der Wechselwirkungen zwischen Natur und Gesellschaft untersucht werden. In einem von ihnen ist eine solche Wechselwirkung stärker, in einem anderen schwächer, gleichviel bildet sie einen wesentlichen Kern jeder beliebigen geographischen Disziplin“ (Ebenda).

Diese weitgehend übereinstimmenden Auffassungen zum Gegenstandsbereich der Geographie erfordern in bezug auf geographische Forschungen ein dialektisches Herangehen an natur- und gesellschaftswissenschaftliche Fragestellungen: einerseits sind darin Spezifik und relative Selbständigkeit des naturwissenschaftlichen und des gesellschaftswissenschaftlichen Zweiges der Geographie begründet, andererseits ebenso die Notwendigkeit ihrer zunehmend engeren Zusammenarbeit im Forschungsprozeß. Damit ist gleichzeitig der spezifische Aufgabenbereich der Geographie und ihrer Forschungen umrissen, in dem sie Beiträge zur Schaffung wissenschaftlicher Grundlagen für die Lösung gesellschaftlicher Probleme zu leisten vermag.

Die gesellschaftlichen Erfordernisse selbst treten nicht undifferenziert in Erscheinung. Es existieren vielmehr *relativ* selbständige Bereiche der gesellschaftlichen Wirklichkeit, aus denen die Forschungen wichtige Orientierungen ableiten und in denen ihre Ergebnisse in spezifischer Weise zur Wirkung kommen. Aus der Sicht der aktiven gesellschaftlichen Funktion der Wissenschaft kann man sie als Wirkungsfelder der Forschung bezeichnen.

3.1. Spezifik und Zusammenhang verschiedener Wirkungsfelder

Für die Geographie, insbesondere die geographische Forschung, sind vor allem *vier* derartige *Wirkungsfelder* zu beachten, die — wenn auch in unterschiedlicher Dominanz — ebenfalls für andere Wissenschaften charakteristisch sind:

1. Prognose und langfristige Planung territorialer Strukturen und Prozesse in der sozialistischen Gesellschaft

Aufgabe der geographischen Forschung ist es hier, mit fachspezifischen Mitteln zur Schaffung wissenschaftlicher Grundlagen für die langfristige planmäßige Herausbildung und Entwicklung solcher territorialer Organisationsformen der Gesellschaft beizutragen, die in allen Regionen des Landes möglichst günstige Voraussetzungen für weiteres Wirtschaftswachstum, für die Verbesserung der Lebensbedingungen der Menschen und für die Sicherung ökologisch begründeter Reproduktionsbedingungen des Naturhaushaltes harmonisch miteinander verknüpfen. In diesem Wirkungsfeld geographischer Forschungen kommt die *praktisch-produktive Funktion der Geographie* am deutlichsten zum Ausdruck, die sich in den vergangenen drei Jahrzehnten herausgebildet und immer stärker ausgeprägt hat, so daß die Geographie auf diesem Gebiet bereits über beträchtliche Erfahrungen und Leistungsfähigkeit verfügt. Die Ergebnisse geographischer Forschungen werden in erster Linie im Hinblick auf langfristige Prozesse wirksam, so in der prognostischen Arbeit und als eine der Grundlagen für die langfristige Planung. Unter diesem Gesichtspunkt leistet die geographische Forschung *Beiträge zur wissenschaftlichen Fundierung* verschiedener Bereiche der gesellschaftlichen Praxis, insbesondere von:

— *Territorialplanung:* Geographische Forschung kommt hier besonders zur Wirkung, wenn sie natur- und gesellschaftsbedingte Faktoren territorialer Strukturen in ihrem dialektischen Zusammenhang untersucht (vgl. BÖNISCH u. a. 1976, S. 280) und sich hauptsächlich komplexen Problemen (vgl. SCHERF 1973, S. 301) territorialer Systeme in Gesellschaft und Natur widmet.

— *Umweltgestaltung* und *Umweltschutz:* Der Schwerpunkt der Wirksamkeit geographischer Forschungen liegt hier in der Erkundung der Naturraumstruktur und der im Naturraum ablaufenden Prozesse, die in stark industrialisierten und urbanisierten Ländern wie der DDR durch anthropogene Wirkungen unter dem Einfluß der gegebenen territorialen Produktions- und Siedlungsstruktur nachhaltig mit geprägt werden. Die geographische Forschung trägt damit zur Herausbildung und wissenschaftlichen Fundierung der Landschaftsplanung, einem künftig unerläßlichen Instrument der Umweltgestaltung, bei.

— Außerdem kommen geographische Forschungsergebnisse auch in anderen Bereichen der gesellschaftlichen Praxis zur Wirkung, wie zum Beispiel im *Verkehrswesen*, in der *Land-* und *Forstwirtschaft*, im *Erholungswesen* und der *Stadtplanung*.

2. Bildung und Erziehung im Interesse der allseitigen Entwicklung sozialistischer Persönlichkeiten

In diesem Wirkungsfeld geographischer Forschungen kommt ihr Beitrag zur Bildungs- und Erziehungsfunktion der Geographie zum Ausdruck. Das erfolgt vor allem durch die Schaffung von Grundlagen für die Vermittlung wissenschaftlich begründeter geographischer Kenntnisse, Fähigkeiten und Fertigkeiten (vgl. Barth/Schlimme 1975, S. 17), für die Vertiefung geographischer Erkenntnisse auf der Grundlage des dialektischen und historischen Materialismus (vgl. Schulz 1978) und zur Herausbildung sozialistischer Überzeugungen, wie proletarischer Internationalismus, sozialistischer Patriotismus und Heimatliebe (vgl. ebenda und Kinzel 1976, S. 30ff.). Besondere Bedeutung hat in diesem Wirkungsfeld die systematische, verallgemeinerte Darstellung neuer Erkenntnisse der Forschung, wissenschaftlich begründeter Kenntnisse über Komponenten, Struktur, Funktion und Dynamik territorialer Systeme sowie über Staaten bzw. Staatengruppen und natürliche geographische Regionen (Zonen) bei der Ausbildung von Diplomgeographen und Diplomlehrern für Geographie. Dieses Wirkungsfeld geographischer Forschungen erstreckt sich darüber hinaus auf die Allgemeinbildung in der sozialistischen Schule (vgl. Barth/Schlimme 1976) und die Verbreitung populärwissenschaftlicher Kenntnisse, die jedoch hier außer Betracht bleiben sollen.

Auf diesem Gebiet verfügt die Geographie in der DDR seit drei Jahrzehnten über umfangreiche Erfahrungen, die in Ausbildung und Erziehung an Universitäten und Hochschulen und weit darüber hinaus zur Wirkung kommen. Wichtige Aufgabenbereiche liegen dabei — die Forschungen zur Methodik des Geographieunterrichts sollen hier unberücksichtigt bleiben — vor allem in der Ausarbeitung

— von größeren wissenschaftlichen Beiträgen mit Lehrbuchcharakter für die Ausbildung von Diplomgeographen und Diplomlehrern für Geographie, die neue Forschungsergebnisse mit einem bestimmten Reifegrad systematisch verallgemeinernd darstellen und
— von Lehr- und Studienbüchern zu den Komplexen des Studienprogrammes „Geographie", wie das durch verschiedene Werke, die in den vergangenen Jahren publiziert wurden, vor allem aber durch die neue „Studienbücherei Geographie für Lehrer" deutlich wird. Besonderes Gewicht kommt dabei wissenschaftlichen Darstellungen der Geographie der DDR und des Auslandes zu.

3. Mitwirkung in internationalen wissenschaftlichen Organisationen

Diese Funktion der geographischen Forschung wird bis zu ihrer vollen Ausprägung noch längerer Zeit bedürfen, da bisher auf diesem Gebiet insgesamt noch relativ wenig Erfahrungen vorliegen. Ungeachtet dessen steht auch vor der Geographie in der DDR die wichtige Aufgabe, Forschungen so anzulegen, daß geeignete Ergebnisse verstärkt für eine aktive Beteiligung der DDR in internationalen wissenschaftlichen Organisationen ausgewertet und in der Klassenauseinandersetzung mit dem Imperialismus zur Wirkung gebracht werden können. Das ergibt sich auf dem Fachgebiet der Geographie auch daraus, daß mit Fortschritten in der Durchsetzung der Politik der friedlichen Koexistenz zwischen Staaten verschiedener Gesellschaftsordnung und mit Ergebnissen der Entspannungspolitik Wissenschaft und Ideologie beträchtlich an Gewicht gewinnen.

Von Ausnahmen abgesehen, hat sich die Geographie in der DDR *bisher vornehmlich* auf eine *Mitarbeit in der Internationalen Geographischen Union* konzentriert. Dabei wurde vor allem in IGU-Kommissionen und Arbeitsgruppen eine wertvolle Arbeit geleistet. Dennoch kann nicht übersehen werden, daß grundlegende Probleme der internationalen Wissenschaftsentwicklung heute vor allem in interdisziplinären, aktionsorientierten Forschungsprogrammen nicht-staatlicher und zwischenstaatlicher internationaler Organisationen bearbeitet werden und dort auch ideologische und politische Auseinandersetzungen ein beachtliches Gewicht haben. Auf diesem Gebiet hat die Geographie der DDR bisher nur geringe Erfahrungen. Über die Weiterführung einer aktiven Mitwirkung in der IGU hinaus sollte allmählich angestrebt werden, geeignete Forschungsergebnisse, vor allem neue Erkenntnisse theoretischer und methodischer Art, in Forschungsprogrammen internationaler Organisationen zur Wirkung zu bringen. Wissenschaftliche Voraussetzungen, die die Geographie in ihren Forschungen selbst schaffen muß, sind dafür vor allem die

— Erlangung von Kenntnissen über Inhalt und Probleme geeigneter Projekte in internationalen wissenschaftlichen Programmen und Auswertung bzw. Berücksichtigung für damit in Beziehung stehenden Forschungsvorhaben der Geographie in der DDR;
— stärkere Verknüpfung der Forschungsarbeiten zu Struktur, Funktion und Dynamik territorialer Systeme mit theoretischen und ideologischen Auseinandersetzungen.

4. Wissenschaftsentwicklung der Geographie

In der sozialistischen Gesellschaft verläuft „... die Wissenschaftsentwicklung nicht in einem ihr gleichsam äußerlich auferlegten gesellschaftlichen Bezugsrahmen ..., sondern ...“ ist „... untrennbarer Bestandteil der sozialistischen Gesellschaftsentwicklung ...“ (KRÖBER 1973, S. 20). Deshalb wird unter diesen Bedingungen die Wissenschaftsentwicklung selbst zu einem gesellschaftlichen Erfordernis und ist nicht nur das interne Problem derjenigen, die Wissenschaft betreiben.

Für die Geographie gilt das nicht minder als für alle anderen Disziplinen und die Wissenschaft insgesamt. Trotz mancher Fortschritte, die auf diesem Gebiet während der letzten Jahre in der Geographie der DDR erreicht wurden, ist der reale Erkenntnisfortschritt doch bescheiden; die Konzentration der Forschung auf ausgewählte Gebiete ist noch nicht in genügendem Maße dafür wirksam geworden, sondern hat manchmal eher bremsend als fördernd gewirkt. Wichtige *Aufgabenbereiche künftiger geographischer Forschungen* liegen hier vor allem in folgendem:

— Weitere Ausarbeitung von Theorie, Methodologie und konkreten Methoden der Geographie und ihrer natur- bzw. gesellschaftswissenschaftlichen Zweige. Das muß auf der Grundlage des dialektischen und historischen Materialismus durch spezielle theoretisch-methodologisch orientierte Forschungen sowie durch Verallgemeinerung von Forschungsergebnissen erfolgen und schließt die Auswertung internationaler Erfahrungen und die Auseinandersetzung mit feindlichen Ideologien auf dem Fachgebiet ein.
— Vorbereitung von theoretisch und methodisch orientierten Beiträgen zur weiteren Entwicklung der Geographie, die auf internationaler Ebene — vor allem in der IGU — zur Diskussion aktueller wissenschaftlicher Fragen der Disziplinentwicklung konstruktiv beitragen.

— Allmählich verstärkte Forschungen zur Geschichte der deutschen Geographie, zu ihren positiven Traditionen, aber auch ihren wissenschaftlichen und politischen Problemen und Widersprüchen sowie künftig auch zur Geschichte der Geographie in der Deutschen Demokratischen Republik.

Diese verschiedenen Wirkungsfelder der geographischen Forschung sind in spezifischen gesellschaftlichen Erfordernissen objektiv begründet. Die Geographie kann ihren Verpflichtungen gegenüber der Gesellschaft nur gerecht werden, wenn sie auf längere Sicht keines dieser vier Wirkungsfelder vernachlässigt, sondern nach Wegen sucht, wie die Forschung ihnen Rechnung tragen kann. Das ist besonders deshalb erforderlich, weil in den vergangenen zwei Jahrzehnten Widersprüche, mitunter sogar Gegensätze, zwischen den verschiedenenen Wirkungsfeldern auftraten. Deshalb ist es eine der Kernfragen der künftigen Entwicklung der Geographie, wie sie gewährleisten kann, daß unter Beibehaltung der Konzentration auf wenige ausgewählte Forschungsgebiete in größerem Maße wissenschaftlich anspruchsvolle und gesellschaftlich wirksame Beiträge für alle vier Wirkungsfelder erbracht werden können.

In Diskussionen, die in den vergangenen Jahren in verschiedenen wissenschaftlichen Gremien zu diesem Problemkreis geführt wurden, war vor allem folgende Tendenz zu beobachten:

Häufig standen Diskussionen im Vordergrund, die auf das *insgesamt nicht umfangreiche Forschungspotential der Geographie* hinwiesen, wodurch den wachsenden Anforderungen und Erwartungen verschiedener Bereiche des gesellschaftlichen Lebens an geographische Forschungsergebnisse nicht voll entsprochen werden könne. Das ist ohne Zweifel ein reales Problem, wird dadurch doch die Möglichkeit eingeschränkt, Forschungsergebnisse, die in den verschiedenen Wirkungsfeldern nutzbar werden, zu gewinnen. Am Institut für Geographie und Geoökologie hat sich das geographische Forschungspotential seit 1969 zwar vergrößert, doch sind seine Aufgaben in dieser Zeit mindestens gleichermaßen angewachsen. An Universitäten und Hochschulen vollzogen sich in dieser Hinsicht nur unwesentliche Veränderungen. Dort ist das Forschungspotential überdies infolge der Bedeutung, die der Lehre und der Erziehung beigemessen werden muß, auf eine relativ große Anzahl von Wissenschaftlern verteilt; die Forschung erfolgt zum beträchtlichen Teil im Rahmen von Qualifikationsarbeiten des wissenschaftlichen Nachwuchses, und nur in bestimmtem Umfang ist die Einbeziehung von Studenten in den Forschungsprozeß möglich.

Ohne Potentialfragen zu unterschätzen, müssen zunächst die Hauptursachen der bestehenden Probleme auf diesem Gebiet geklärt werden, wenn eine Lösungsrichtung gefunden werden soll. Innerhalb der Geographie hat sich eine Art „additiver“ Auffassung über geographische Forschungsaufgaben ausgebildet und ist nicht gering verbreitet. Sie ist etwa dadurch charakterisiert, daß zur Wahrnehmung der wissenschaftlichen Verpflichtungen in den verschiedenen Wirkungsfeldern, die zum Teil nicht von vornherein übereinstimmende Anforderungen stellen, in der Regel auch verschiedene Forschungsthemen bearbeitet werden müssen. Das ist der Klarheit wegen hier etwas zugespitzt formuliert. Außerhalb der Geographie liegende Ursachen, die die fachinternen gefördert haben, sind vor allem darin zu sehen, daß Partner der geographischen Forschung in der gesellschaftlichen Praxis mitunter nur an Forschungsergebnissen, die für ihren unmittelbaren Verantwortungsbereich relevant sind, Interesse zeigen, nicht genügend aufgeschlossen dafür sind, daß die Geographie im Forschungsprozeß auch andere gesellschaftliche Erfordernisse im Auge haben muß, und die Forschungspotentiale, die die entsprechenden Themen bearbeiten, in einem zu unmittelbaren Sinne als „ihr" wissenschaftliches Hinterland betrachten.

Eine Lösung dieses durchaus schwierigen Problems scheint in der Richtung zu liegen, daß bei Dominanz eines Wirkungsfeldes geographischer Forschungen eine multivalente Nutzung der gewonnenen Erkenntnisse in anderen angestrebt werden muß. Diese allgemeine Aussage ist aber nicht konkret genug, wenn sie nicht mit einer zweiten verbunden wird: Möglichkeiten der multivalenten Nutzung von Forschungsergebnissen stellen sich in der Regel nicht im Selbstlauf ein, sondern müssen bereits bei der wissenschaftlichen Problemstellung und der Ausarbeitung der konzeptionellen Grundlagen möglichst genau geplant und im gesamten Prozeß der Forschung bis zur Überführung ihrer Ergebnisse gebührend berücksichtigt werden.

Die Erfahrungen der Entwicklung des Instituts für Geographie und Geoökologie stützen diese Auffassung: Auf einigen Gebieten, insbesondere bei solchen, die auf die Schaffung von wissenschaftlichen Grundlagen für volkswirtschaftliche Probleme gerichtet sind, wurden beachtliche Erkenntnisfortschritte erzielt und Forschungsergebnisse gewonnen, die mit anerkannter Qualität in die gesellschaftliche Praxis, zum Beispiel in die langfristige Planung der Territorialstruktur, überführt wurden. Dennoch kann nicht übersehen werden, daß aus diesen Untersuchungen nur in bescheidenem Maße — mehr oder weniger zufällig und nicht organisch aus dem Forschungsprozeß herauswachsend — Ergebnisse hervorgingen, die gleichzeitig auch für andere Wirkungsfelder relevant waren. Als ein Beispiel dafür mag gelten, daß die ergebnisreichen Forschungen zur Siedlungsstruktur am IGG, die seit einer Reihe von Jahren betrieben werden, noch unzureichend Beiträge von nennenswertem Gewicht für Theorie und Methodologie der Ökonomischen Geographie insgesamt oder gar für die Geographie als Wissenschaftsdisziplin erbrachten, wenn von sehr wertvollen, aber speziell auf die Thematik gerichteten theoretischen Verallgemeinerungen und Arbeitsmethoden abgesehen wird. Für die Lehre waren die Ergebnisse nur begrenzt nutzbar, weil im Forschungsansatz von spezifischen Problemen der DDR ausgegangen wurde, ohne gleichzeitig eine Einordnung der untersuchten Fragen in weltweite Probleme, zum Beispiel der Urbanisierung, in ausreichendem Maße vorzunehmen.

Diese Darlegungen sind keineswegs eine rückwärts gerichtete Kritik an den Wissenschaftlern des IGG, die diese Forschungen leiteten und durchführten. Es gilt vielmehr, die Erfahrungen auszuwerten und Schlußfolgerungen für die Zukunft zu ziehen. Das *Hauptproblem* ist nach den Erfahrungen des IGG in der *Auswahl und* der *Anlage langfristiger Forschungsvorhaben* zu sehen. Es erwies sich bisher trotz intensiver Bemühungen und mancher Fortschritte im Prinzip als nicht durchführbar, wissenschaftliche Ergebnisse von genügender Tiefe *für mehrere Wirkungsfelder* geographischer Forschungen zu gewinnen, wenn bei der Auswahl der Forschungsprobleme und der konzeptionellen Anlage ihrer Bearbeitung im wesentlichen nur von einem Wirkungsfeld, in diesem Fall der Schaffung wissenschaftlicher Grundlagen für die langfristige Planung auf dem Gebiet der Siedlungsstruktur, ausgegangen wird. Das wirkte sich auf die Etappen der Forschung, die Auswahl der Forschungsmethoden und die vorgesehenen Überführungsleistungen aus.

Eine Lösungsrichtung des hier erörterten Problems liegt vor allem darin, an die Bearbeitung langfristiger Forschungsvorhaben der Geographie komplexer als bisher heranzugehen. „*Komplex*" heißt im Zusammenhang mit den hier diskutierten Fragen insbesondere weit vorausschauende Beachtung mehrerer, möglichst aller Wirkungsfelder der geographischen Forschung, von der Ausarbeitung der Konzeption bis zur Überführung der Forschungsergebnisse. Das bedeutet vor allem:

— *Problemwahl*, angestrebte *Forschungsziele*, Auswahl erfolgversprechender *Forschungsmethoden* und vorgesehene *Überführungsleistungen* müssen von vornherein *verschiedene Wirkungsfelder* geographischer Forschungen *berücksichtigen* und nicht allein aus einem abgeleitet werden. In der Regel wird dabei ein Wirkungsfeld im Vordergrund stehen, sehr häufig die Aufgabe, mit den Forschungsergebnissen zur Schaffung wissenschaftlicher Grundlagen für die Prognose und langfristige Planung territorialer Strukturen und Prozesse in unserer Gesellschaft fachspezifisch beizutragen. Die anderen Wirkungsfelder der Geographie sind jedoch nicht als mehr oder weniger nebensächlich aufzufassen, die nur berücksichtigt werden, wenn Forschungszeit „erübrigt" werden kann, sondern als nicht zu vernachlässigende Bestandteile der Forschung und der Überführung ihrer Ergebnisse.

— Die *multivalente Nutzung von Forschungsergebnissen* sollte Inhalt und Herangehen an das betreffende Forschungsvorhaben von Anfang an mit prägen, langfristig konzeptionell im wissenschaftlichen Arbeitsprozeß berücksichtigt werden und kann — von Ausnahmen abgesehen — nicht vorwiegend nach seinem Abschluß bzw. mehr oder weniger zufällig realisiert werden. Dadurch ergeben sich günstige Möglichkeiten dafür, langfristige Forschungsaufgaben größerer Kollektive in günstiger Weise mit mittel- und insbesondere kurzfristigen Forschungs- und Überführungsaufgaben kleinerer temporärer Gruppen und mit individuellen wissenschaftlichen Arbeiten zu verbinden. Das setzt eine Vergrößerung der Weite des wissenschaftlichen Horizontes bei jedem beteiligten Wissenschaftler und seine wachsende Bereitschaft voraus, sich bei Anerkennung der notwendigen Spezialisierung flexibler mit neuen Problemen zu beschäftigen. Dafür sind gleichzeitig ein tieferes Eindringen in die Entwicklungsprozesse unserer Gesellschaft, in die internationale Klassenauseinandersetzung sowie in die Probleme der Geographie als Wissenschaftsdisziplin wichtige Voraussetzungen.

— *Langfristige Forschungsvorhaben* der Geographie sollten deshalb in der Regel nicht insgesamt Gegenstand von Vereinbarungen über Ergebnisse von Forschungsarbeiten *mit nur einem gesellschaftlichen Partner* sein. Vielmehr müssen mit den einzelnen Partnern präziser, als das oft bisher erfolgt, die zu untersuchenden Probleme, Arbeitsstufen und Überführungsleistungen, die in dem betreffenden Bereich der gesellschaftlichen Praxis zur Wirkung kommen, beraten und vereinbart werden. Im Forschungsprozeß sollte zu diesen Problemen mit den Partnern, wie bisher schon, eine möglichst enge Zusammenarbeit herbeigeführt werden. Langfristige Forschungsvorhaben berühren in ihrer Gesamtheit jedoch meist verschiedene Bereiche des gesellschaftlichen Lebens. Die Leistungseinschätzung von Forschungsergebnissen muß stärker als gegenwärtig die umfassende gesellschaftliche Wirksamkeit berücksichtigen, dabei aber nach wie vor dem unmittelbaren Nutzen für die Lösung von volkswirtschaftlichen Problemen hohes Gewicht beimessen.

Bei einem solchen Herangehen könnten sich der Grundlagencharakter und andere qualitative Aspekte der geographischen Forschung stärker ausprägen und eine noch umfassendere gesellschaftliche Wirksamkeit der Forschungsergebnisse erreicht werden.

Kommen wir kurz auf die *Potentialfrage* zurück. Durch die starke innere Differenzierung der Geographie und die Vielfalt der möglichen Anforderungen der gesellschaftlichen Praxis, der Lehre und der Entwicklung der Wissenschaft selbst an ihre Forschungen, kann das hier zur Diskussion stehende Problem primär nicht durch Potentialerweiterung gelöst werden, obwohl sie insgesamt vorteilhaft wäre. Ohne die Klärung der Probleme, zu denen versucht wurde, hier einen Beitrag zu leisten, würden die „zentrifugalen Tendenzen" nur in größerem Maßstab reproduziert. Für das hier zur Diskussion stehende Problem sinngemäß abgewandelt, sind die Ausführungen von J. G. Sauschkin bemerkenswert, wenn er schreibt:

„Heutzutage arbeiten Geographen erfolgreich und fruchtbringend in den verschiedensten Bereichen der Praxis. Andererseits sind in einigen Fällen Geographen gezwungen, sich vom Namen der Wissenschaft loszusagen, die sie zur Welt gebracht hat und sich Geologen, Ökonomen, Biologen usw. zu nennen". J. G. Sauschkin führt dann eine Reihe perspektivischer Aufgaben von praktischer Bedeutung an und fährt fort: „Ohne die praktische Bedeutung solcher Untersuchungen, die zweifellos notwendig sind, herabzusetzen, muß die weitaus größere — gesamtstaatliche und in vielen Fällen planetarische — Bedeutung des ganzheitlichen Systems der geographischen Wissenschaften hervorgehoben werden. Es wäre für die Geographen sehr gefährlich, sich künftig nur auf einzelne Vorschläge, Lösungen und Entdeckungen zu beschränken" (Sauschkin 1978, S. 259).

Gewiß hat J. G. Sauschkin hier die überaus leistungsfähige sowjetische Geographie im Auge, doch könnten bei stärkerer Durchsetzung der hier geäußerten Gedanken auch in unseren viel bescheideneren Maßstäben dazu Beiträge geleistet werden.

Die in einer langfristigen Konzeption ausgearbeiteten *Hauptrichtungen der geographischen Forschung in der DDR bis 1995* erlauben grundsätzlich eine solche Verknüpfung verschiedener Wirkungsfelder, wenn bei der detaillierteren Ausarbeitung einzelner Forschungsvorhaben diesen Fragen gebührende Aufmerksamkeit gewidmet wird. Der Verfasser ist sich aber bewußt, daß die hier entwickelten Vorstellungen in erster Linie aus Erfahrungen des Instituts für Geographie und Geoökologie resultieren. Sie erscheinen jedoch auch als ein tragfähiger Ansatz, über das IGG hinaus im Rahmen von gemeinsam durch verschiedene geographische Einrichtungen zu bearbeitenden langfristigen Forschungsvorhaben angewandt zu werden. Ob sie in jeder einzelnen wissenschaftlichen Einrichtung, vor allem in kleineren, sinnvoll sind, müßte geprüft werden.

Das oben vorgeschlagene Herangehen an langfristige geographische Forschungsvorhaben wird nicht auf allen Gebieten ausreichend sein, um den notwendigen wissenschaftlichen Vorlauf zu gewährleisten. *Neben Schwerpunktbereichen* geographischer Forschungen werden künftig *auch Untersuchungen auf anderen Gebieten* erforderlich sein, in denen sich die vorgeschlagene Verfahrensweise nicht oder nur in spezifischer Form anwenden läßt, darunter insbesondere die:

— *Ausarbeitung einer komplexen Darstellung über die Geographie der DDR*, wie das verschiedentlich angeregt wurde. Spezielle Forschungskollektive könnten ein solches Vorhaben kaum realisieren; eine derartige Aufgabe wäre sicher nur in einer Gemeinschaftsarbeit, die einen großen Teil der Geographen der DDR umfaßt, zweckmäßig zu verwirklichen.

— *Erarbeitung wissenschaftlicher geographischer Darstellungen über das Ausland*, einschließlich solcher über die BRD und Westberlin, die vorwiegend der Wahrnehmung der Bildungs- und Erziehungsfunktion der Geographie dienen. Hier wäre die Herausbildung spezialisierter Forschungskollektive von Vorteil, wie das zum Beispiel die Sektion Geographie der Humboldt-Universität zu Berlin begonnen hat (vgl. Sanke 1978). Darüber hinaus können derartige Arbeiten zu einem Teil auch aus der wissenschaftlichen Vorbereitung von Vorlesungen an Universitäten und Hochschulen entwickelt werden. Bemerkenswerte Ansätze dazu wurden in vielen Beiträgen zum Geographenkongreß der DDR 1978 deutlich (vgl. JACOB 1978).

— *Forschungen zur Geschichte der deutschen Geographie und* in Zukunft *zur Geschichte der Geographie in der DDR.* Verdienstvolle Arbeiten haben einzelne Autoren, zum Beispiel H. HARKE, I. HÖNSCH, H. SANKE, H. SCHULZ und B. ZUCKERMANN sowie in jüngster Zeit vor allem der *Arbeitskreis „Geschichte der Geographie"* der Geographischen Gesellschaft der DDR geleistet, der eine Reihe von interessierten und sachkundigen Geographen zusammenführte. Auf längere Sicht lassen sich aber Fortschritte auf diesem Gebiet nur erzielen, wenn neben einer Beschäftigung mit disziplingeschichtlichen Fragen, die einzelne Wissenschaftler an nahezu jeder wissenschaftlichen Einrichtung aus persönlichem Interesse betreiben, in der DDR ein oder zwei kleine, aber wissenschaftlich leistungsfähige Forschungskollektive herausgebildet werden, wofür zum Beispiel an der Sektion Geographie der Martin-Luther-Universität Halle—Wittenberg Voraussetzungen im Entstehen sind.

— *Erkundungsforschungen,* die vorzugsweise der wissenschaftlichen Klärung neu heranreifender Problemstellungen für künftige Forschungsvorhaben der Geographie dienen, und teilweise auch *theoretisch* und *methodologisch orientierte Arbeiten.*

Der Verfasser ist überzeugt, daß langfristige Forschungsvorhaben der Geographie, die sich auf wenige grundlegende Probleme beschränken, von vornherein möglichst komplex angelegt werden und den Schwerpunktbereich der geographischen Forschung ausmachen sowie durch ihre Kombination mit weiteren Forschungsgebieten geringeren Umfangs in der künftigen Entwicklung der Geographie der DDR wissenschaftlich tiefgehende Ergebnisse mit der Sicherung der erforderlichen Breite der Forschung verbinden sollten.

3.2. Grundlagenforschungen zur Verwirklichung der praktisch-produktiven Funktion der Geographie

Im vorhergehenden Abschnitt wurde versucht nachzuweisen, daß bei der Auswahl und der konzeptionellen Anlage langfristiger Forschungsvorhaben der Geographie zunächst keines der Wirkungsfelder geographischer Forschungen vernachlässigt werden darf. Dennoch gebührt *Forschungen zur Schaffung wissenschaftlicher Grundlagen für* die *Prognose* und die *langfristige Planung gesellschaftlicher,* insbesondere *volkswirtschaftlicher Prozesse,* aus mindestens zwei Gründen eine *zentrale Stellung*: Einmal verwirklicht die Geographie dadurch am unmittelbarsten ihre praktisch-produktive Funktion, zum anderen können gerade von neuartigen Forschungsergebnissen, die dem dienen — eine richtige Anlage der Forschungen vorausgesetzt —, gleichzeitig sehr wesentliche wissenschaftliche Impulse für andere Aufgabenbereiche der geographischen Forschung und die Gesamtentwicklung der Wissenschaftsdizsiplin ausgehen.

Im Rahmen einer umfassenden Charakterisierung der entwickelten sozialistischen Gesellschaft wird im Programm der SED festgestellt:

„Entsprechend dem ökonomischen Grundgesetz des Sozialismus besteht die Hauptaufgabe bei der Gestaltung der entwickelten sozialistischen Gesellschaft in der weiteren Erhöhung des materiellen und kulturellen Lebensniveaus des Volkes auf der Grundlage eines hohen Entwicklungstempos der sozialistischen Produktion, der Erhöhung der Effektivität des wissenschaftlich-technischen Fortschritts und des Wachstums der Arbeitsproduktivität" (Programm der SED, 1976, S. 20).

Grundlagenforschungen müssen in bedeutendem Umfang durch neuartige Forschungsergebnisse mit hohem Niveau zur Lösung der Hauptaufgabe beitragen. Geographische Forschungen, die an Einrichtungen des Hochschulwesens und der Akademie betrieben werden, sind insbesondere auf Arbeiten mit Grundlagencharakter orientiert. Dabei sind nach H. KLARE *Grundlagenforschungen durch drei Funktionen charakterisiert,* die — wie er hervorhebt — in ihrer Einheit gesichert werden müssen:

„1. *Untersuchung fundamentaler Probleme* zur Gewinnung neuer Erkenntnisse über grundlegende gesetzmäßige Zusammenhänge in Natur und Gesellschaft ... 2. *Schaffung von wissenschaftlichem Vorlauf* vor allem in perspektivreichen Richtungen der Forschungen, auf dessen Grundlage rechtzeitig Entscheidungen im Hinblick auf die weitere wissenschaftliche und volkswirtschaftliche Entwicklung getroffen werden können ... 3. *Durchführung anwendungsorientierter Grundlagenforschung* unter Nutzung des wissenschaftlichen Vorlaufs zur Lösung konkret vorgegebener volkswirtschaftlicher oder anderer gesellschaftlicher Zielstellungen ...“ (KLARE 1976, S. 9—10).

H. KLARE erläutert dann die *spezifischen Aufgaben der Grundlagenforschung* an der Akademie der Wissenschaften, an Universitäten und Hochschulen:

„Die Verantwortung der Akademie der Wissenschaften und der Universitäten und Hochschulen liegt vor allem auf den beiden erstgenannten Funktionen. Die Akademie der Wissenschaften, die Universitäten und Hochschulen haben sich bei der Bearbeitung von Aufgaben der dritten Funktion im engen Zusammenwirken mit den Nutzern der Ergebnisse vor allem auf solche zu konzentrieren, die unmittelbar an den selbst erarbeiteten Vorlauf anschließen“ (a. a. O.).

In diesem eindeutig umrissenen Sinne ist auch die geographische Forschung in der DDR als Grundlagenforschung zu charakterisieren. Wenn man im Hinblick auf die Geographie eine Wichtung der drei Funktionen der Grundlagenforschung vornehmen will, scheint es berechtigt, die zweite Funktion in den Mittelpunkt zu stellen. *Aufgabe geographischer Grundlagenforschung* ist es dann in erster Linie, *wissenschaftlichen Vorlauf für rechtzeitige Entscheidungen über* die rationelle und weitgehend störungsfreie gesellschaftliche *Nutzung des Naturraumes,* seiner Ressourcen und Potentiale, und die langfristige *Gestaltung der territorialen* Struktur im umfassenden Sinne sowie über die *Entwicklungsperspektiven* wichtiger spezieller *territorialer Organisationsformen* im Staatsgebiet der DDR zu erarbeiten. Davon ausgehend muß gleichzeitig angestrebt werden, neue Erkenntnisse über grundlegende — d. h. in ihrem Aussagebereich nicht auf das Territorium der DDR begrenzte — Zusammenhänge zur Genese, Struktur, Funktion und Dynamik territorialer Systeme in Natur und Gesellschaft zu gewinnen (erste Funktion der Grundlagenforschung). Dadurch gewonnene Erkenntnisse mit Grundlagencharakter werden im Zusammenwirken mit Partnern der gesellschaftlichen Praxis soweit als möglich auch für konkret vorgegebene volkswirtschaftliche Zielstellungen der Naturraumnutzung und der Gestaltung der Territorialstruktur nutzbar gemacht (dritte Funktion der Grundlagenforschung); daraus allein sind jedoch nicht die Hauptrichtungen der geographischen Forschung abzuleiten.

Wenn sich eine solche Orientierung der geographischen Forschung als richtig erweist, kommt der Klärung dessen, was unter wissenschaftlichem Vorlauf zu verstehen ist, eine zentrale Bedeutung zu, weil davon Inhalt und Herangehen bei Forschungen zur Verwirklichung der praktisch-produktiven Funktion der Geographie maßgeblich beeinflußt werden. Eine Hilfe für die Klärung dieses Problems gibt U. HOFMANN, der ausführte:

„Mit dem Wort ‚wissenschaftlicher Vorlauf‘ ist doch nicht mehr und nicht weniger gesagt, als daß die Grundlagenforschung auch im erforderlichen Umfang vorausgeht, das Gelände erkundet, neue

Lösungen erspäht und den ‚nachrückenden Abteilungen' günstige Lösungen zur Erreichung ihrer Ziele anbietet" (HOFMANN 1974, S. 7).

Wenn also der *Vorlaufcharakter der geographischen Forschung* unter Nutzung der bisherigen positiven Erfahrungen *künftig noch umfassender* ausgebildet werden muß, dann heißt es vor allem, langfristige Forschungsvorhaben, die den Schwerpunktbereich geographischer Forschungen darstellen, vorwiegend auf Fragen zu orientieren, die bei der Planung und Prognose volkswirtschaftlicher Probleme heranreifen, um rechtzeitig Theorien, Instrumentarien, Methoden und Verfahren für deren Bewältigung in der Gesellschaft zur Verfügung zu haben.

Mit Recht wiesen namhafte Geographen der DDR in Übereinstimmung mit ausländischen Fachvertretern, insbesondere aus sozialistischen Staaten, vielfach darauf hin, daß die Geographie, seit sie sich mit A. v. HUMBOLDT und C. RITTER als eine moderne Wissenschaft herausgebildet hat, sich in ihren Forschungen stets auch Problemen widmete, die wir heute als *Fragen der Territorialstruktur, einschließlich* der *Beziehungen der Gesellschaft bzw. des Menschen zur natürlichen Umwelt,* bezeichnen würden. Naturgemäß konnten das die führenden Geographen der Vergangenheit nur von ihrem gesellschaftlichen Standort aus und mit den wissenschaftlichen Mitteln ihrer Zeit. E. LEHMANN führte zum Beispiel dazu aus:

„Die Geographie war immer Strukturforschung, seit jenem zurückliegenden Stadium, in dem ein A. v. HUMBOLDT und CARL RITTER mittels der Beschreibung räumliche Zusammenhänge mit den Methoden ihrer Zeit enthüllten, bis in unsere Gegenwart, in der es methodisch überhaupt erst möglich wurde, an die Lösung komplizierter, raumrelevanter Strukturprobleme heranzugehen ..." (LEHMANN 1973, S. 7–8).

Im Verlauf der Wissenschaftsentwicklung der Geographie hat sich diese Disziplin also in ihren Untersuchungen und nicht erst in jüngster Vergangenheit *territorialen Strukturproblemen in Natur und Gesellschaft* zugewandt. Das lag bei aller Weiterentwicklung ihrer Erkenntnisse, ihrer Theorien und Methoden schon seit der Herausbildung der modernen Geographie im 19. Jahrhundert im Aufgabenbereich geographischer Forschungen, so unterschiedlich die speziellen Forschungsgegenstände der verschiedenen Forscher auch gewesen sind. Letztlich drückt sich darin, wenn an dieser Stelle von der politisch-ideologischen Funktion der Geographie in der Herrschaftsperiode des deutschen Imperialismus abgesehen wird, die *relative Stabilität des allgemeinen Aufgabenbereiches geographischer Forschungen* und eine bestimmte *Kontinuität ihrer Entwicklung* aus, die sie bei allen gesellschaftlich und wissenschaftlich bedingten Unterschieden aufweist.

Die *praktisch-produktive Funktion* der Geographie kann sich aber in der sozialistischen Gesellschaft viel umfassender ausprägen, als das im Kapitalismus der Fall ist. Die wichtigste objektive Ursache dafür ist die, daß es die sozialistischen Produktionsverhältnisse erstmals in der Geschichte ermöglichen, die gesamtgesellschaftliche Entwicklung langfristig planvoll zu gestalten. Deshalb besteht ein dringendes gesellschaftliches Interesse an wissenschaftlichen Grundlagenerkenntnissen, darunter auch solchen der Geographie, die unmittelbar in der gesellschaftlichen Praxis wirksam werden. Wenngleich im Sozialismus objektiv besonders günstige Bedingungen für Forschungen bestehen, deren Ergebnisse in der gesellschaftlichen Praxis unmittelbar wirksam werden, sind auch in einer Reihe kapitalistischer Staaten (zum Beispiel in den Niederlanden, in Schweden, Finnland, in Kanada und Japan) Tendenzen zu beobachten, den Anwendungsaspekt geographischer Forschungen zu verstärken. Das erfolgt insgesamt aber noch vereinzelt, mehr oder weniger zufällig und ist von vielen subjektiven Faktoren stark beeinflußt.

Die geographische Forschung in der DDR hat durch Arbeiten, die vorwiegend als Grundlagenforschungen charakterisiert werden können, schon in den vergangenen zwei Jahrzehnten wichtige *Beiträge zur Lösung komplizierter raumrelevanter Strukturprobleme unseres Landes* geleistet und dabei gleichzeitig in bestimmtem Umfang neue Erkenntnisse gewonnen, die auch international anerkannt wurden. Diese Arbeitsergebnisse repräsentieren Fortschritte einer *fachspezifischen Mitwirkung* der Geographie

„... an der wissenschaftlichen Grundlegung der territorialen Planung und Organisation der Produktion der materiellen Güter, der Infrastruktur und der Lebensweise der Bevölkerung, aber auch der Ressourcenwirtschaft usw., in Einheit mit der planvollen Regelung des Naturhaushaltes und der bewußten Umgestaltung der Natur" (Sanke 1968, S. 5–6).

Drei Beispiele dafür sollen hier nochmals hervorgehoben werden, weil sie bereits im Forschungsansatz auf grundlegende Probleme der weiteren Gestaltung der Territorialstruktur orientieren und zugleich *von besonders großer gesellschaftlicher Wirkung* waren und weiterhin noch sind:

— Es ist zu einem bedeutenden Teil geographischen Forschungsergebnissen zu verdanken, daß sich seit Beginn der sechziger Jahre in der Leitung und Planung territorialer Prozesse in der DDR ein *Wandel der Auffassung über die Rolle der Ballungsgebiete in der Territorialstruktur der DDR* durchsetzte. An die Stelle der vordem stark verbreiteten Meinung einer angeblich notwendigen Deglomerationspolitik trat allmählich die Auffassung, die Ballungsgebiete als real existierende und notwendige territoriale Organisationsformen anzuerkennen, deren Vorteile durch umfassende ökonomische, soziale und Flächennutzungsplanung auf längere Sicht bei gleichzeitiger Zurückdrängung und allmählicher Überwindung der in den Ballungsgebieten noch existierenden Nachteile und Probleme voll zur Wirkung gebracht werden müssen (vgl. Mohs 1972; Mohs u. a. 1974, S. 187–189; Scholz 1972).

— Bereits in einem früheren Stadium der Entwicklung der geographischen *Landschaftsforschung* in der DDR wurden die von ihr erarbeiteten theoretischen und methodischen Grundlagen ebenso wie auch Erkenntnisse aus Geländeerkundungen in der Land- und Forstwirtschaft der DDR, insbesondere *bei* der *forstlichen* und *landwirtschaftlichen Standorterkundung angewandt*, die ihrerseits unter praxisrelevanten Kriterien die geotopologische Analyse und Synthese beträchtlich weiterentwickelten. Darüber hinaus wurden durch die geographische Landschaftsforschung auch Erkenntnisse gewonnen, die für die *sozialistische Landeskultur*, vor allem die *Landschaftsplanung*, unmittelbar von Bedeutung sind (vgl. Haase 1977, S. 3–4; Tille 1977).

— Die geographische Forschung hat wesentliche wissenschaftliche Grundlagen für die stärkere Berücksichtigung der Beziehungen zwischen den Städten und ihrem Umland bei der Planung der Territorialstruktur geschaffen. Dabei wurde nachgewiesen, daß die *planmäßige Gestaltung der Stadt-Umland-Beziehungen* ein *wichtiges Instrument zur schnelleren Anpassung der Siedlungsstruktur* an die gesellschaftlichen Erfordernisse im Sozialismus ist, als das allein auf dem Wege nur sehr langfristig möglicher Veränderungen des Siedlungsnetzes selbst erfolgen kann; damit wird gleichzeitig zur Überwindung wesentlicher Unterschiede zwischen Stadt und Land beigetragen. Weiterhin wurde herausgearbeitet, daß die *Siedlungspolitik*, insbesondere auf gesamtstaatlicher Ebene, eine *genügend große Anzahl von Zentren* (Städten) im Auge haben muß, wenn die positiven ökonomischen und sozialen Wirkungen im Umland dieser Städte einem möglichst großen Teil der Bevölkerung der DDR zugute kommen sollen (vgl. GRIMM u. a. 1975; KRÖNERT 1976).

Über diese genannten Beispiele hinausgehend hat die Geographie durch Forschungsergebnisse auch auf vielen anderen Gebieten zur Schaffung wissenschaftlicher Grundlagen für die Lösung volkswirtschaftlicher Probleme beigetragen, so unter anderem im Verkehrswesen, in der Landwirtschaft, in der Wasserwirtschaft, im Erholungswesen sowie auf methodischem Gebiet, insbesondere im Bereich der Kartographie.

Anknüpfend an die bisherigen Erkenntnisse und Erfahrungen werden geographische Forschungen zur Schaffung von Erkenntnisvorlauf für die Prognose und die langfristige Planung territorialer Strukturen und Prozesse in unserer Gesellschaft auch künftig von besonderer Bedeutung sein. In einem ganz spezifischen Sinne kommt ihnen eine zentrale Stellung im Rahmen der gesamten geographischen Forschung zu: *Forschungsergebnisse hoher Qualität,* die auf diesem Gebiet gewonnen werden, haben nicht nur *hohe Praxisrelevanz,* sondern *befruchten* durch neue theoretische und methodische sowie durch analytische Resultate gleichzeitig die geographische *Lehre* maßgeblich; sie sind die wichtigste Voraussetzung, um längerfristig in internationalen Forschungsprogrammen wirksam werden zu können, und bilden eine der *Grundlagen für* die *Weiterentwicklung der Theorie und Methodologie der Geographie.* Damit erhält die Geographie als Wissenschaftsdisziplin überaus wichtige Impulse. Umgekehrt wirken spezielle Untersuchungen zu Theorie und Methodologie der Geographie — zweckmäßigen Inhalt und Anlage der Forschungen vorausgesetzt — fördernd auf die noch bessere Wahrnehmung der praktisch-produktiven Funktion zurück. Trotz des hohen Wertes, den wissenschaftliche Arbeiten haben, die vorwiegend im Interesse der Lehre durchgeführt werden, gehen von ihnen in der Regel nur begrenzt Impulse für Vorlaufforschungen aus, die vorzugsweise der praktisch-produktiven Funktion der Geographie dienen.

Wesentlich für die weitere Ausprägung und die noch bessere Verwirklichung der praktisch-produktiven Funktion der Geographie ist, wie es künftig bei Forschungen auf diesem Gebiet gelingt, stärker in die Prozesse der Veränderung und Entwicklung territorialer Systeme in Natur und Gesellschaft einzudringen und daraus hinreichend gesicherte prognostische Aussagen abzuleiten.

Im Vordergrund geographischer Forschungen stand *bisher hauptsächlich,* die *gegebene Struktur,* die *Funktionen* und die *innere räumliche Differenzierung territorialer Systeme* zu untersuchen; dabei wurden in vielen Arbeiten Probleme der Genese berücksichtigt. *Künftig* muß dieser Aspekt der Forschung, der auch weiterhin Bedeutung behält, durch *Untersuchungen zur Veränderung* und zur *Entwicklung* derartiger territorialer Systeme ergänzt werden. Dazu müssen die wesentlichen Einflußfaktoren, fortschreitend von einer zunächst qualitativen zu einer möglichst quantitativen Erfassung, aufgeklärt und die Wechselwirkungen zwischen verschiedenen Einflußfaktoren ermittelt werden. Dieses Herangehen kann als *geographische Prozeßforschung* bezeichnet werden (vgl. z. B. zur physisch-geographischen Prozeßforschung NEUMEISTER 1978). Sie sollte nicht als ein neues Forschungsgebiet, sondern als ein wissenschaftliches Prinzip aufgefaßt werden, das in möglichst allen Untersuchungen stärker durchgesetzt werden muß.

Auch Ergebnisse geographischer Prozeßforschungen müssen letztlich durch empirische Untersuchungen gesichert sein. Dennoch lassen sich allein mittels vorwiegend empirischer Methoden, die bisher durch die Geographie erfolgreich angewandt wurden, *nur begrenzt Aussagen zur Dynamik* territorialer Systeme gewinnen, insbesondere aus folgenden Gründen:

— Infolge der *Langfristigkeit*, die für Veränderung und Entwicklung territorialer Systeme charakteristisch ist (in der Regel mehrere Jahrzehnte, bei Naturprozessen noch wesentlich länger), würde es mit vorwiegend empirischen Methoden der Forschung allein sehr langer Zeiträume bedürfen, bevor fundierte Aussagen über Kausalbeziehungen und Wechselwirkungen bei der Veränderung und Entwicklung territorialer Systeme möglich sind.

— Auf empirischem Wege können gegenwärtig in der Regel nur für eine *sehr begrenzte Anzahl* wichtiger Einflußfaktoren relevante *Primärinformationen*, vor allem Zeitreihen, durch Untersuchungen im Gelände, durch Nutzung von Daten der amtlichen Statistik, durch Auswertung vorhandener Karten und ähnliche Methoden gewonnen werden.

— Selbst wenn entsprechende Primärinformationen zur Verfügung stehen, liegen sie *nur selten „flächendeckend"* vor, sondern überwiegend für bestimmte Punkte im Gelände (z. B. für bestimmte Meßstellen) bzw. für kleinere Areale innerhalb eines territorialen Systems, oder ihre räumliche Bezugsbasis ist zu weitmaschig.

Mittels vorwiegend empirischer Methoden ist die Forschung folglich nur begrenzt in der Lage, in den Fristen, die selbst Prognose und langfristige Planung erlauben, Aussagen über dynamische Probleme zu gewinnen. Die geographische Forschung muß deshalb die begonnenen Bemühungen um die *verstärkte Anwendung* theoretischer Methoden in der Forschung, wie es *Modellbildung* und *Modellexperiment* sind, die sich auf die Anwendung der Systemanalyse gründen (vgl. PESCHEL 1978, S. 71ff.), intensiv weiterbetreiben. Sie ersetzen nicht die bisher vorwiegend angewandten empirischen Methoden, denen weiterhin große Beachtung gebührt, sondern ergänzen sie. Dabei werden vorwiegend zielorientierte Modelle zur Anwendung kommen müssen, da es nicht möglich ist, in einem Untersuchungsgang territoriale Systeme unter allen beliebigen, sondern nur unter bestimmten Fragestellungen in ihrer Veränderung und Entwicklung zu untersuchen. M. PESCHEL schreibt zu *zielorientierten Modellen* unter anderem:

„Ein Modell wird häufig auf ein bestimmtes Ziel hin gebildet. Das Ziel hat Einfluß darauf, wie die Schnittstelle von Wesentlichem und Unwesentlichem gelegt wird, d. h. welche Züge der objektiven Erscheinung als wesentlich in das Modell Eingang finden. Ein zielorientiertes Modell ist gleichsam eine Projektion einer Erscheinung der objektiven Realität aus einem bestimmten Blickwinkel heraus" (Ebenda, S. 17).

Wie bei jeglicher Anwendung der Modellmethode, so müssen auch in der Geographie erarbeitete Modelle in bezug auf das zu untersuchende Problem eine Analogie zu einem Original darstellen. Nach den bisherigen Erfahrungen der Forschungsarbeiten in einer Reihe von sozialistischen Ländern ist es zweckmäßig, nicht das gesamte Staatsterritorium, sondern bevorzugt bestimmte *Modellgebiete* für derartige Untersuchungen zu wählen. Sie dienen als Original für die Untersuchung möglichst klar umrissener Probleme der Veränderung und Entwicklung territorialer Systeme. Eine solche Funktion kann zum Beispiel in der DDR künftig das Modellgebiet Dessau—Bitterfeld—Wittenberg, in dem Forschungen des IGG durchgeführt werden, ausüben.

Modelle, die unter bestimmten Aspekten dem Original, zum Beispiel einem Modellgebiet, adäquat sind, gestatten es, Aufgaben zu lösen, deren Durchführung mittels direkter Operationen am Original nicht möglich oder zu aufwendig ist (Modellexperiment). Infolgedessen können auch bei lückenhaften Primärinformationen (z. B. in bezug auf einzelne Komponenten, den zeitlichen oder räumlichen Aspekt) mit Hilfe von *Modellexperimenten* Erkenntnisse über Kausalbeziehungen und Wechselwirkungen, Veränderung und Entwicklung territorialer Systeme gewonnen werden. Teilweise müssen dabei zunächst fehlende Primärinformationen durch wissenschaftlich begründete Annahmen ersetzt werden. Die Ergebnisse derartiger Modellexperimente sind naturgemäß wiederum am Original zu überprüfen. Bei künftigen geographischen Untersuchungen zur Veränderung und zur Entwicklung territorialer Systeme und den sie bedingenden Einflußfaktoren sollte wieder größeres Augenmerk auf den wissenschaftlich-technischen Fortschritt gerichtet werden. Damit würde die Geographie in der DDR unter neuen Fragestellungen wieder wissenschaftliche Probleme aufgreifen, bei deren Bearbeitung sie vor mehr als einem Jahrzehnt erste Ergebnisse erzielt hat (vgl. Mohs 1968).

Untersuchungsergebnisse über Kausalbeziehungen und Wechselwirkungen in territorialen Systemen und den daraus resultierenden Veränderungen und Entwicklungen sind eine wesentliche Voraussetzung für *hinreichend gesicherte prognostische Aussagen* in geographischen Forschungsergebnissen. Solche prognostischen Aussagen entsprechen in besonderem Maße den von U. Hofmann formulierten Charakteristika der Vorlaufforschung und sind von höchstem Interesse für die Praxis der langfristigen Gestaltung der Territorialstruktur im umfassenden Sinne des Wortes. Gegenwärtig ist die Geographie aber nur sehr begrenzt zu prognostischen Aussagen in der Lage.

J. G. Sauschkin hat sich ausführlich mit dem Problem geographischer Prognosen beschäftigt (vgl. Sauschkin 1978, insbesondere S. 244–257). Dabei stellt er einige allgemeine Prinzipien solcher Prognosen heraus und widmet sich insbesondere *Methoden der Prognosebildung*. Die Ausführungen zu diesen Problemen sind für künftige Arbeiten in der DDR anregend, können aber hier im einzelnen nicht dargestellt werden. Einige allgemeine Aspekte seien kurz zusammenfassend hervorgehoben:

- Prognosen in der Geographie müssen in der Regel *lange Zeiträume* umfassen (Sauschkin meint sogar, daß sie in ihrem Zeithorizont über sozialökonomische Prognosen hinausgehen sollten).
- Infolge der Langfristigkeit und der Komplexität von Entwicklungsprozessen in territorialen Systemen wird es in der Regel notwendig sein, *verschiedene Varianten* auszuarbeiten.
- Prognosen in der Geographie haben eine große praktische Bedeutung für die Ausarbeitung von *Strategien* für territoriale Entwicklungsprozesse im Maßstab eines Landes und in seinen Regionen.
- Insbesondere *thematische Karten* sind wichtige Forschungs- und Darstellungsmittel für prognostische Aussagen der geographischen Forschung.

In der UdSSR wurden, wie J. G. Sauschkin ausführt, erste Schritte zur geographischen Prognosebildung gemacht. Es wird ein Schwerpunkt der weiteren Entwicklung der geographischen Forschung in der DDR sein müssen, in der kommenden Periode diesem Problem ebenfalls große Aufmerksamkeit zu widmen. Auch für die Geographie in unserem Lande gilt die Aussage:

„Die Bestimmung der Entwicklungsperspektiven der geographischen Wissenschaft ist ... untrennbar mit der geographischen Prognosebildung verbunden. Die Bedeutung geographischer Prognosen wird ständig zunehmen, und die Anforderungen an ihre Qualität — Genauigkeit, Breite, Komplexität — werden steigen“ (Ebenda, S. 258).

Unmittelbarer Bestandteil der geographischen Forschung, besonders aber der Arbeiten zur Schaffung von wissenschaftlichem Vorlauf für die Prognose und planmäßige Gestaltung territorialer Strukturen und Prozesse, ist die *multilaterale* und *bilaterale Zusammenarbeit* mit wissenschaftlichen Einrichtungen in anderen Staaten der sozialistischen Gemeinschaft. Die objektive Grundlage dafür hat E. Honecker mit den Worten begründet:

„Das sichere Fundament unseres Voranschreitens beim sozialistischen Aufbau und unseres internationalen Wirkens ist und bleibt unser unzerstörbarer Bruderbund mit der Sowjetunion, die feste Verankerung unserer Republik in der Gemeinschaft der sozialistischen Staaten. Unser sozialistisches Bündnis ist von völlig neuem Typ. Es beruht auf gleichartigen sozial-ökonomischen und politischen Grundlagen, auf der einheitlichen marxistisch-leninistischen Ideologie, auf der Gemeinsamkeit der kommunistischen Ziele, auf dem proletarischen Internationalismus" (Honecker, Bericht des ZK der SED 1976, S. 11).

Auf dem Gebiet der *internationalen sozialistischen Forschungskooperation* hat die Geographie in der DDR im vergangenen Jahrzehnt beträchtliche Fortschritte erzielt. Die internationale Zusammenarbeit mit wissenschaftlichen Einrichtungen anderer sozialistischer Staaten umfaßt alle Aufgabenbereiche der Geographie einschließlich der Lehre und der Weiterentwicklung der Wissenschaftsdisziplin. Dennoch ist sie bei geographischen Forschungen, die der Schaffung von wissenschaftlichem Vorlauf für die Planung und Prognose volkswirtschaftlicher Prozesse dienen, insofern von besonderem Gewicht, als sie direkt dazu beiträgt, gemeinsame *volkswirtschaftliche Aufgaben der sozialistischen Staatengemeinschaft wissenschaftlich* zu *fundieren.* Gerade auf diesem Gebiet ist die internationale Forschungskooperation nicht nur eine notwendige Form, Forschungsergebnisse, die in der DDR gewonnen wurden, international bekanntzumachen; Aufgaben, die sich daraus ableiten, sind selbst von beachtlichem Einfluß auf die Profilbestimmung langfristiger Forschungsvorhaben der Geographie in der DDR und durchdringen zunehmend den gesamten Forschungsprozeß. Insofern besteht ein prinzipieller Unterschied zu den wissenschaftlichen Beziehungen, die die Geographie im Rahmen der IGU und anderer internationaler Organisationen pflegt und weiterentwickeln muß.

Für die Verwirklichung der praktisch-produktiven Funktion kommt seit einigen Jahren der *Mitwirkung* von Geographen der DDR an der Bearbeitung von Aufgaben der *RGW-Programmes* „Schutz und Gestaltung der Umwelt und der damit verbundenen rationellen Nutzung der natürlichen Ressourcen" besondere Bedeutung zu. Entsprechend den fachspezifischen Möglichkeiten und in Übereinstimmung mit geographischen Einrichtungen anderer sozialistischer Staaten *konzentriert* sich die Geographie dabei auf die aktive Beteiligung *an zwei Problemen dieses Programmes:*

— Die gemeinsame Erarbeitung einer *„Methodik zur ökonomischen und außerökonomischen Bewertung des Einflusses der Gesellschaft auf die Natur."* Die Arbeiten an diesem Problem des RGW-Programmes wurden von vornherein als interdisziplinäre Forschungsaufgabe angesehen, vor allem im Zusammenwirken von Natur- und Gesellschaftswissenschaftlern verschiedener Disziplinen auf internationaler Ebene. Innerhalb der DDR haben sich in den vergangenen Jahren zwar auch interdisziplinäre Kontakte herausgebildet, zum Beispiel zwischen Geographen und Ökonomen, doch sind sie gegenwärtig noch nicht so weit entwickelt, daß die Mitwirkung an Aufgaben dieses RGW-Problems durch gemeinsame Forschungen in der DDR selbst genügend untersetzt wird. An den Arbeiten zu diesem RGW-Problem nehmen Fachvertreter des naturwissenschaftlichen und des gesellschaftswissenschaftlichen Zweiges der Geographie in der DDR zunehmend auch in engem gegenseitigem Zusammenwirken aktiv teil, doch sollten Forschungsaufgaben der Ökonomischen Geographie, die für das genannte RGW-Problem relevant sind, weiter verstärkt bzw. die vorhandenen Forschungsaufgaben dieses Zweiges der Geographie so angelegt und ausgewertet werden, daß daraus noch wirksamere Beiträge zu diesem RGW-Problem abgeleitet werden können.

— Ein zweites RGW-Problem, an dem Geographen aktiv mitwirken, ist „*Geographisch-ökologischen Grundlagen der Planung und Entwicklung von Landschaftsstrukturen*" gewidmet. Die Forschungen zu diesem Problem sind gegenwärtig überwiegend naturwissenschaftlich orientiert und vereinen Vertreter verschiedener Disziplinen (gegenwärtig vor allem ökologisch orientierte Biowissenschaftler und Vertreter der Physischen Geographie). In dem Maße aber, wie bei Untersuchungen zu Struktur, Funktion und Dynamik von Geosystemen bzw. Landschaften anthropogene Einflüsse berücksichtigt und künftig Probleme der Planung und Entwicklung von Landschaftsstrukturen verstärkt bearbeitet werden, ist auch auf diesem Gebiet die Einbeziehung von Vertretern verschiedener Gesellschaftswissenschaften unumgänglich.

Die bisherigen Erfahrungen dieser internationalen Zusammenarbeit beweisen den hohen wissenschaftlichen Wert von Untersuchungen in bestimmten Modellgebieten, die den systematischen Aufbau stationärer Meßstationen einschließen. Derartige *Testgebietsuntersuchungen* sind der Hauptweg, in die Prozesse einzudringen, die sich in Geosystemen, vor allem auch unter dem Einfluß der Gesellschaft, vollziehen. Sie ermöglichen und erfordern besser, als es gegenwärtig bekannt ist, das Zusammenwirken von ökonomischen, sozialen und Naturfaktoren bei der Entwicklung von Regionen durch langfristig angelegte Forschungen aufzuklären. Ein beträchtlicher Vorzug dieser Gemeinschaftsarbeit ist, daß durch die Ausarbeitung von *Fallstudien für Modellgebiete verschiedener sozialistischer Staaten*, durch die Diskussion und den Vergleich der Ergebnisse in internationalen wissenschaftlichen Gremien sowie die gemeinsame Erarbeitung theoretischer und methodischer Erkenntnisse auf der Grundlage dieser Fallstudien eine relativ hohe Sicherheit in bezug auf die Allgemeingültigkeit der gewonnenen Erkenntnisse erreicht werden kann. Derartigen Modellgebietsuntersuchungen wird die Geographie in der DDR bei ihren Forschungsvorhaben und bei der Gestaltung der nationalen Forschungskooperation mit anderen Wissenschaften auch künftig größte Aufmerksamkeit widmen müssen.

Über diese Zusammenarbeit im Rahmen des RGW hinaus spielt gegenwärtig wie künftig die im Inhalt sehr differenzierte und in der Form verschiedene *bilaterale Zusammenarbeit* von Akademie- und Hochschuleinrichtungen der DDR *mit* solchen des *sozialistischen Auslandes* eine beträchtliche Rolle für den wissenschaftlichen Erkenntnisstand. Zum Teil mit den RGW-Arbeiten in inhaltlicher Beziehung stehend, sind die bilateralen Kontakte vor allem auf theoretische und methodische Aspekte der geographischen Forschung orientiert. Von hohem wissenschaftlichen Erkenntniswert sind in ihrem Rahmen durchgeführte gemeinsame wissenschaftliche Veranstaltungen. Auf die Verwirklichung der praktisch-produktiven Funktion geographischer Forschungen wirkt gegenwärtig die bilaterale Zusammenarbeit vorwiegend indirekt über den Austausch und die gemeinsame Diskussion theoretischer und methodischer Probleme.

Auswahl, Konzipierung und Realisierung langfristiger Forschungsvorhaben der Geographie, die Vorlauferkenntnisse für die Prognose und die langfristige Planung territorialer Strukturen und Prozesse in der sozialistischen Gesellschaft schaffen sollen, bedürfen auch künftig einer *engen Zusammenarbeit mit Institutionen der gesellschaftlichen Praxis.* Seit Jahren sind Geographen aktive Partner der Praxis (z. B. der Staatlichen Plankommission (SPK), der Bezirksplankommission, des Ministeriums für Umweltschutz und Wasserwirtschaft, des Ministeriums für Verkehrswesen). Zugleich vertieften und erweiterten sich die wissenschaftlichen Beziehungen zu Forschungs- und Projektierungseinrichtungen, wie der Forschungsleitstelle für Territorialplanung bei der SPK, der Bauakademie, der Akademie für Landwirtschaftswissenschaften, dem Zentralen Institut für Verkehrswesen und den Büros für Territorialplanung verschiedener Bezirke der DDR.

Insbesondere bei der Erarbeitung der Problemstellungen wichtiger Forschungsvorhaben und bei der Überführung ihrer Ergebnisse muß diese Zusammenarbeit künftig noch wirksamer gestaltet werden. In bezug auf die Problemstellungen größerer Forschungsvorhaben sollte angestrebt werden, von der Aussage, daß Forschungen über diesen oder jenen Fragenkreis der territorialen Struktur durchgeführt werden, zu solchen vordringen, die bereits in den ersten Phasen der Forschung das zu untersuchende Problem genauer charakterisieren, zu dessen Lösung Forschungsergebnisse mit hinreichender Wahrscheinlichkeit erwartet werden können. Das muß zwar von den grundsätzlichen Erfordernissen unserer weiteren gesellschaftlichen Entwicklung ausgehen (z. B. Fragen der Überwindung wesentlicher Unterschiede zwischen Stadt und Land oder Sicherung ökologisch begründeter Bedingungen für die Reproduktion des Naturhaushaltes in Gebieten), darf aber nicht auf einer im Verhältnis zum Inhalt des Forschungsvorhabens zu stark generalisierten Ebene betrachtet werden. Eine *stärker* als bisher *problemorientierte Anlage von Forschungsaufgaben* der Geographie und eine möglichst *genaue Ausarbeitung von Varianten für Teilziele* und *erfolgversprechende Methoden der Bearbeitung* in den ersten Phasen eines Forschungsvorhabens ist sowohl für die wissenschaftliche Tiefe der Untersuchungsergebnisse als auch für ihre gesellschaftliche Wirksamkeit von großem Vorteil; ein derartiges Vorgehen weist jedoch einen hohen Schwierigkeitsgrad und beträchtliche Risiken auf. Hierbei gilt wohl auch für die Geographie, was J. D. Bernal allgemein für die Wissenschaft bemerkte:

„Es ist ... tatsächlich viel schwieriger, ein Problem zu erkennen als seine Lösung zu finden. Ersteres erfordert Phantasie, letzteres nur Scharfsinn" (Bernal 1961, S. 28).

Diese Aufgaben müssen zwar in erster Linie von den Forschern selbst verwirklicht werden, doch sind der enge Kontakt mit der gesellschaftlichen Praxis und das tiefe Eindringen in die gesellschaftlichen Entwicklungsprozesse durch die Wissenschaftler dafür unerläßliche Voraussetzungen.

Im Hinblick auf die *Überführung von Forschungsergebnissen* muß planvoller und systematischer als bisher angestrebt werden, sie in allen geeigneten Bereichen der gesellschaftlichen Praxis bekanntzumachen und in spezifischer Weise zu überführen. Vorwiegend wird das *als multivalente Nutzung* von Forschungsergebnissen erfolgen müssen, die häufig auch eine spezifische Bearbeitung in Form von relativ kurzfristig zu erarbeitenden speziellen Überführungsleistungen erfordern. Ein gutes *Beispiel,* das für viele stehen kann, ist eine Studie, die eine kleine Gruppe des IGG 1973 kurzfristig zu Aufgaben des Verkehrswesens erarbeitete. In ihr wurden die bis dahin gewonnenen Erkenntnisse der Forschungen zu den Stadt-Umland-Beziehungen in der DDR für ein scheinbar völlig anderes Problem, die *künftige Verkehrswegenetzgestaltung,* ausgewertet und in einer der Aufgabe angemessenen spezifischen Art zusammengefaßt (vgl. Stellungnahme zur Verkehrswegenetzgestaltung 1973).

4. Aufgaben komplexen Charakters in geographischen Forschungen

Die zunehmende Dynamik und Komplexität gesellschaftlicher Prozesse und eine harmonische Entwicklung aller Bereiche des gesellschaftlichen Lebens sind kennzeichnend für die entwickelte sozialistische Gesellschaft. Daraus ergeben sich vielfältige neue Anforderungen an die Leitung, Planung und Prognose dieser gesellschaftlichen Entwicklungsprozesse. Bei der Schaffung des dafür notwendigen wissenschaftlichen Erkenntnisvorlaufes muß die Forschung diesen Erfordernissen dadurch Rechnung tragen, daß sie nicht nur Ergebnisse mit großer wissenschaftlicher Tiefe erbringt, sondern gleichzeitig auch angestrebt, Vorlauferkenntnisse zu erarbeiten, die wissenschaftliche Grundlagen für komplexe Lösungen darstellen. Das gilt sowohl bei den Forschungen der einzelnen Disziplinen als auch insbesondere für ihr Zusammenwirken in interdisziplinären Aufgabenbereichen.

Aufgaben komplexen Charakters in geographischen Forschungen sollen hier *auf drei Ebenen* betrachtet werden, die vielfältig miteinander verflochten sind:

- komplexe Forschungsansätze innerhalb des gesellschaftswissenschaftlichen bzw. naturwissenschaftlichen Zweiges der Geographie;
- komplexe Forschungsansätze im Berührungs- und Integrationsfeld beider Zweige der Geographie und
- auf der Ebene interdisziplinärer Aufgabenbereiche, in denen die geographische Forschung mitwirkt.

In der *marxistisch-leninistischen Philosophie* wird der Begriff „*Komplexität*" allgemein wie folgt interpretiert:

„Eigenschaft von Systemen, die durch die Anzahl der Elemente des Systems und der zwischen den Elementen bestehenden Relationen bestimmt wird. Je größer die Zahl der Elemente und der zwischen ihnen bestehenden Relationen ist, desto höher ist der Grad der Komplexität eines Systems. Von der Komplexität unterschieden werden muß die Kompliziertheit des Systems, die sich auf die Zahl qualitativ unterschiedlicher Elemente bezieht" (Klaus/Buhr 1974, Bd. 1, S. 642).

Diese philosophische Interpretation des Begriffes „Komplexität" wird notwendigerweise auf einer hohen Abstraktionsstufe gegeben, um für alle Bereiche der Natur, der Gesellschaft und des Denkens Gültigkeit zu haben. Fragestellungen nach der Komplexität innerhalb des Gegenstandsbereiches von Einzelwissenschaften erhalten damit eine grundsätzliche methodologische Grundlage. Für deren Klärung ist es darüber hinaus aber von wesentlicher Bedeutung, eine Konkretisierung im Hinblick auf die speziellen materiellen oder immateriellen Systeme, die die jeweilige Wissenschaft untersucht, vorzunehmen.

Die geographische Forschung untersucht territoriale Systeme in Natur und Gesellschaft, ihre Genese und Dynamik. Derartige Systeme sind territoriale Produktionskomplexe, industrielle Ballungsgebiete, Siedlungssysteme, naturräumliche Einheiten unterschiedlicher Ausstattung und Dimension, um nur wenige Beispiele zu nennen. Die geographische Forschung ist also *nicht in erster Linie* darauf gerichtet, die *räumliche Verteilung materieller Objekte auf der Erdoberfläche* zu erfassen und zu kennzeichnen, obwohl das häufig ein notwendiger Forschungsschritt ist; sie ist *vielmehr* bestrebt, in die *spezifischen Entwicklungsgesetzmäßigkeiten unterschiedlicher Raumstrukturen* einzudringen.

Territoriale Systeme, für die oben einige Beispiele genannt wurden, sind unter anderem durch folgendes charakterisiert:

- In der Regel haben sie eine *große Zahl von Elementen* (Naturressourcen und spezifische Naturraumausstattung, Siedlungen und die in ihnen lebende und arbeitende Bevölkerung, Produktionsstätten bzw. Produktionsflächen, Kommunikationstrassen u. a.).
- Die *Elemente* derartiger Systeme weisen dadurch *unterschiedliche qualitative Eigenschaften* auf, daß sie der unbelebten und der belebten Natur zugehören, den Menschen als soziales und natürliches Wesen sowie als aktives Element selbst einbeziehen und schließlich auch die vom Menschen im Prozeß der materiellen Produktion geschaffenen Betriebe, Anlagen und Einrichtungen der Produktion sowie der technischen und sozialen Infrastruktur umfassen.
- Zwischen den einzelnen Elementen derartiger Systeme besteht eine außerordentlich *große Zahl von Relationen*, von denen ein Teil durch frühere Forschungen bereits bekannt sind. Auch in einem insgesamt recht gut erkundeten Territorium, wie es das Staatsgebiet der DDR darstellt, sind jedoch eine Vielzahl von Relationen noch ungenügend erforscht; insbesondere betrifft das quantitative Zusammenhänge und die ihnen zugrunde liegenden Gesetzmäßigkeiten.

Territoriale Systeme, deren Struktur, Genese und Dynamik die geographische Forschung untersucht, sind folglich *außerordentlich komplex und kompliziert*. Die objektiv existierende Komplexität derartiger Systeme kann die geographische Forschung stets nur annähernd, ausgehend von bestimmten wissenschaftlichen Problemstellungen, aufdecken und in theoretischen Aussagen und Methoden formulieren, die für die Lösung gesellschaftlicher Probleme nutzbar gemacht werden. Dadurch nähert sie sich zugleich umfassenderen Erkenntnissen über den komplexen Charakter solcher Systeme.

Komplexe Forschungsansätze in der Geographie haben damit zwar in den obengenannten Charakteristika eine ganz wesentliche objektive Grundlage, doch sind sie nicht ausschließlich und direkt daraus abzuleiten. Vielmehr kommt der Problemwahl für die Untersuchungen, die gesellschaftliche Bedürfnisse genügend konkret berücksichtigt, und insbesondere der Art und Weise der Bearbeitung der Forschungsaufgaben große Bedeutung zu.

Einen günstigen Ansatz dafür bieten die in jüngster Zeit präzisierten konzeptionellen Vorstellungen über die langfristigen Grundrichtungen der geographischen Forschung in der DDR, die im Forschungsprozeß künftig verstärkt komplexe Ansätze ihrer Bearbeitung erfordern und ermöglichen.

Unter *komplexen Forschungsansätzen* wird hier zunächst verstanden: Berücksichtigung aller wesentlichen Komponenten (der Elemente und der Relationen, die zwischen ihnen bestehen) bei der Bearbeitung eines bestimmten wissenschaftlichen Problems territorialer Systeme in Natur oder Gesellschaft, wobei die Zielstellung der Forschung und die den Untersuchungsbereich einschränkenden Randbedingungen möglichst genau definiert sein müssen. Die Frage nach komplexen Forschungsansätzen in der Geographie ist in dieser Sicht problemorientiert und kein spezieller Bereich geographischer Untersuchungen.

Diese Auffassung unterscheidet sich im Herangehen etwas von anderen Positionen in der Geographie, wie sie zum Beispiel von D. SCHOLZ geäußert wurden:

„Die komplexe ökonomisch-geographische Analyse zielt auf die gleichzeitige und umfassende Untersuchung der Territorialstruktur in ihrer Gesamtheit, auf die Herausarbeitung ihrer jeweils den

Gesamtcharakter eines Gebietes bestimmenden Elemente, Zusammenhänge und Entwicklungsprozesse" (SCHOLZ u. a. 1976, S. 213–214

Komplexe geographische Untersuchungen allein oder vorrangig so aufzufassen, würde die Gefahr in sich bergen, in naher Zukunft nicht zu komplexeren Forschungsansätzen in der Geographie zu gelangen oder in ihrer Aufgabenstellung zu allgemein zu bleiben. Für den Forschungsprozeß erscheint es dem Verfasser günstiger, *komplexe Ansätze problemorientiert* aufzufassen, weil konkreter und schneller Fortschritte auf diesem Gebiet erwartet werden können. Verschiedene solcher problemorientierten Untersuchungen in einem bestimmten territorialen System bzw. einem bestimmten Typ solcher Systeme können wissenschaftliche Voraussetzungen schaffen, langfristig auch neue Erkenntnisse für Prognose und langfristige Planung über die den „... Gesamtcharakter eines Gebietes bestimmenden Elemente, Zusammenhänge und Entwicklungsprozesse ..." zu gewinnen. Das wird aber in der Regel wiederum problemorientiert erfolgen müssen.

4.1. Komplexe Forschungsansätze innerhalb der Hauptzweige der Geographie, unter besonderer Berücksichtigung der Ökonomischen Geographie

In der Geographie, insbesondere in marxistisch-leninistisch fundierten Auffassungen, hat sich in den letzten Jahrzehnten die übereinstimmende Auffassung herausgebildet, daß sich die Geographie in *zwei Hauptzweige* gliedert, in den *gesellschaftswissenschaftlichen* Zweig (*Ökonomische Geographie*) und in den *naturwissenschaftlichen* Zweig (*Physische Geographie*), die eine relative Selbständigkeit aufweisen. Sie untersuchen jeweils Raumstrukturen, deren Herausbildung und Entwicklung qualitativ verschiedenen Gesetzmäßigkeiten unterliegen, solchen der gesellschaftlichen Entwicklung (Wirtschafts- und Lebensraum bzw. ökonomisch-geographischer Komplex) und Naturgesetzen (Naturraum bzw. physisch-geographischer Komplex). Ebenso besteht weitgehende Übereinstimmung darin, daß beide Hauptzweige der Geographie nicht nebeneinander stehen, sondern in Forschung und Lehre vielfältigere Aufgaben haben, die nur in gemeinsamer Arbeit beider gelöst werden können. Insofern spricht H. SANKE von einem *Zusammenschluß „... der geographischen Wissenschaften auf höherer Ebene ..."* (SANKE 1968, S. 14), der nicht mit der „Einheitsgeographie" bürgerlicher Prägung gleichzusetzen ist.

In der Geographie werden *Teilsysteme des Naturraumes* (des physisch-geographischen Komplexes) und *des Wirtschafts- und Lebensraumes* (des ökonomisch-geographischen Komplexes) als *Komponenten* bezeichnet. Dabei wird zwischen physisch-geographischen Komponenten (Geologie und Geomorphologie, Klima, Hydrologie, Boden und Vegetation) und ökonomisch-geographischen Komponenten (Bevölkerung, Industrie, Landwirtschaft, Verkehr und Siedlungen) unterschieden.

Bei der Ausbildung an Universitäten und Hochschulen spielt die Einführung in Struktur, Genese und Dynamik dieser Komponenten und in die spezifischen Methoden ihrer Untersuchung in wissenschaftlicher und weltanschaulicher Hinsicht eine beträchtliche Rolle. Dieser Ausbildungskomplex wird als Komponentenlehre bezeichnet. Die *Komponentenlehre* ist eine notwendige Voraussetzung für das Verständnis komplexerer und komplizierterer räumlicher Systeme, wie es der Naturraum und der Wirtschafts- und Lebensraum bzw. ihre spezifischen territorialen Organisationsformen sind. Folgerichtig wird *in* der *Ausbildung von* der *Komponentenlehre zur Gebietsanalyse*, die die Landschaftsanalyse und die Analyse des Wirtschafts- und Lebensraumes umfaßt, übergeleitet.

Ob *in* der *Forschung* aber ein solches Fortschreiten von Komponenten zu komplexeren territorialen Strukturen immer auch zweckmäßig ist, kann zumindest bezweifelt werden. Es erscheint durchaus möglich, von vornherein *komplexere Fragen* ins Zentrum der Arbeiten zu stellen, zu deren Lösung in themenspezifischer Weise, die vom jeweiligen Gesamtproblem ausgeht, durch Untersuchungen einzelner Komponenten arbeitsteilig beigetragen wird. Diese Arbeitsweise ist in der geographischen Forschung in der DDR, besonders in der auf ökonomisch-geographischem Gebiet, noch nicht stark ausgeprägt.

Die materiellen Objekte in der Wirklichkeit, die Elemente oder Teilsysteme, die als geographische Komponenten bezeichnet werden (zum Beispiel die Lithosphäre, die Hydrosphäre und der Boden oder Bevölkerung, Siedlungen und Verkehrssysteme), sind nicht a priori „geographisch". Eine Vielzahl wissenschaftlicher Disziplinen erforscht sie unter jeweils besonderer Sicht, darunter auch die Geographie. Eine derartige Situation ist keineswegs geographisch fachspezifisch, sondern ist ein allgemeines Problem der *Spezialisierung* und *Arbeitsteilung im System der Wissenschaften.* M. PESCHEL schreibt zum Beispiel zu dieser Frage im Zusammenhang mit Ausführungen über die Modellbildung:

„Die objektive Realität tritt uns als Ganzes mit einer kaum überschaubaren Fülle von Erscheinungen, Ereignissen, dynamischen Vorgängen entgegen. Wir können Eindrücke davon nur unseren jeweiligen Möglichkeiten und zu erreichenden Zielen entsprechend aufnehmen und verarbeiten. Dabei müssen wir immer Vereinfachungen in Kauf nehmen bzw. planmäßig herbeiführen" (PESCHEL 1978, S. 117).

M. PESCHEL betont, daß das auch für die Fachwissenschaftler der einzelnen Disziplinen gilt und fährt fort:

„So wird z. B. der menschliche Organismus als Untersuchungsgegenstand von den Biologen, den Physikern, den Chemikern in sehr unterschiedlicher, für die jeweilige Fachdisziplin charakteristischen Weise einer Systemanalyse unterzogen" (Ebenda).

In ähnlichem Sinne ist zum Beispiel die Bevölkerung nicht nur Forschungsgegenstand der Geographie, sondern gleichzeitig auch der Demographie, der Soziologie, der Ökonomie, der Medizin und anderer Wissenschaften unter jeweils verschiedenen Fragestellungen; gleiches gilt auch von den Gewässern, an deren Erforschung Vertreter der Physik, der Chemie, der Biologie, der Ingenieurwissenschaften, der Ökonomie, der Geographie und anderer Disziplinen arbeiten.

Zum *Gegenstand geographischer Forschungen* werden Bevölkerung, Siedlungen, Verkehrstrassen, Boden, Gewässer, Klima, Vegetation und die meisten der anderen Komponenten *in fachspezifischer Weise*, nämlich *unter raumstrukturellen Gesichtspunkten.* Dabei muß beachtet werden, daß auch andere der an der Erforschung der Komponenten arbeitenden Wissenschaften unter ihrer fachspezifischen Sicht räumliche Aspekte untersuchen, so zum Beispiel in zunehmendem Maße die Geologie (Territorialgeologie), die Soziologie (territoriale Soziologie), die Medizin (Geomedizin, geographische Pathologie). Insbesondere für die Gewinnung von Forschungsansätzen der Geographie ist es folglich notwendig, präziser zu fassen, was unter *raumstrukturellen Gesichtspunkten* verstanden wird.

Dieses Problem soll am Beispiel des gesellschaftswissenschaftlichen Zweiges der Geographie, der Ökonomischen Geographie, dargestellt werden. In ihr (wie auch innerhalb der Physischen Geographie) haben sich Teildisziplinen herausgebildet, die sich in Forschung und Lehre speziellen Komponenten widmen (Bevölkerungsgeographie, Siedlungsgeographie, Industriegeographie, Agrargeographie, Verkehrsgeographie und einige andere). Sie widerspiegeln zunächst einen notwendigen und für die wissenschaftliche Erkenntnis fruchtbaren Prozeß, nämlich *Spezialisierung* und *Differenzierung* innerhalb *der Ökonomischen Geographie*, der sich auch gegenwärtig weitervollzieht. Bei Forschungen in der DDR hat sich aber, vor allem während des letzen Jahrzehntes, eine Situation herausgebildet, die den *komponentenorientierenden Ansatz* so *weit in den Vordergrund* stellte, daß Gesamtfragen territorialer Systeme, die sozialökonomisch determiniert sind, nur unzureichend untersucht werden. Wenn auch nicht übersehen werden soll, daß eine Periode vorwiegend komponentenorientierter Arbeiten in gewissem Maße notwendig war, um tiefergehende Einsichten in die territoriale Struktur einzelner Komponenten zu gewinnen, muß doch nachdrücklich betont werden, daß die *Ökonomische Geographie vor allem* dann ihre große wissenschaftliche, praktische und politische Bedeutung beweist, wenn bei der wissenschaftlichen Bearbeitung *grundlegender Fragen territorialer Systeme* die Teildisziplinen aus jeweils spezifischer Sicht arbeitsteilig zur Wirkung kommen.

In Darlegungen zum Gegenstand der Teildisziplinen der Ökonomischen Geographie werden in Übereinstimmung mit internationalen wissenschaftlichen Erfahrungen in der Regel *zwei Aspekte* hervorgehoben, denen sich diese Teildisziplinen *in* ihren *Forschungen* zuwenden:

- zum einen *Untersuchungen* der räumlichen Struktur, Genese, Dynamik und Organisation *der Objektklassen selbst,* die die jeweiligen Komponenten charakterisieren (Bevölkerung, Siedlungen, Industrie u. a.);
- zum anderen Untersuchungen der *Stellung und Funktion dieser Objektklassen in komplexeren und komplizierteren räumlichen Systemen.* Dabei steht der Wirtschafts- und Lebensraum einschließlich seiner speziellen territorialen Organisationsformen (zum Beispiel Wirtschaftsgebiete, die unter vorwiegend strukturellen oder unter vorwiegend funktionalen Aspekten ausgegliedert werden, Aktions- und Kommunikationsräume der Bevölkerung) im Vordergrund.

Beide Aspekte werden von den verschiedensten Autoren in der Regel anerkannt; sie kommen auch in neueren Arbeiten von Geographen der DDR — trotz mancher Unterschiede in bezug auf die spezielle Formulierung — zum Ausdrück, so zum Beispiel bei E. Weber und B. Benthien im Hinblick auf die Bevölkerungsgeographie (Weber und Benthien 1976, S. 15), auf die Siedlungsgeographie (Ebenda, S. 117) und bei G. Mohs und G. Jacob in bezug auf die Produktionsgeographie. Zum Beispiel heißt es hier zur Industriegeographie:

„Im Rahmen des Wissenschaftssystems der Geographie wird ihre Aufgabe heute darin gesehen, die Bedeutung der Industrie als Komponente der wirtschaftsräumlichen Entwicklung einzuschätzen, die Regeln und Besonderheiten zu erfassen, nach denen sich die Standortverteilung der Industrie in Ländern und Gebieten entwickelt, die Eigenarten der Herausbildung und Entwicklung von Industriegebieten zu erklären“ (Mohs 1977, S. 20).

Forschungen zu beiden genannten Aspekten im Aufgabenbereich der Teildisziplinen der Ökonomischen Geographie haben ihre Berechtigung, bauen aufeinander auf und sind prinzipiell komplexen Ansätzen im obengenannten Sinne zugänglich. Das Problem besteht darin, zu klären, *welchem Aspekt* im Rahmen langfristiger Orientierungen der Geographie besonderes Augenmerk gewidmet werden, welches die *dominierende Tendenz* sein sollte.

Der Verfasser möchte im folgenden versuchen, dazu einige Thesen zu entwickeln, ohne im Rahmen dieser Arbeit das Problem umfassend behandeln zu können.

In der jüngeren Vergangenheit hat sich die *ökonomisch-geographische Forschung in der DDR* in beträchtlichem Maße *auf siedlungsgeographische Untersuchungen konzentriert.* Das war mit Einschränkungen verbunden, vor allem im Hinblick auf Forschungsarbeiten in anderen Zweigen der Ökonomischen Geographie, Untersuchungen über komplexere territoriale Organisationsformen (zum Beispiel Wirtschaftsgebiete) und theoretisch bzw. methodisch orientierte Arbeiten zu Problemen des gesellschaftswissenschaftlichen Zweiges der Geographie insgesamt. Innerhalb dieser siedlungsgeographischen Forschungen lag die Betonung vor allem auf Untersuchungen zum ersten der genannten Aspekte, der *Struktur und räumlichen Organisation von Siedlungssystemen* selbst, insbesondere solchen *auf regionaler Ebene.* Dabei konnten einige Ansätze zu komplexen Problemstellungen der Forschung gemacht werden (zum Beispiel im Hinblick auf die Zentralität der Zentren in Siedlungssystemen und bei der Analyse von Stadt-Umland-Regionen und ihrer inneren Struktur); komplexe Problemstellungen waren jedoch insgesamt noch nicht umfassend ausgeprägt.

Schließlich wurde *vor allem* die *existierende Siedlungsstruktur in der DDR* untersucht und daraus *Schlußfolgerungen für zukünftige Entwicklungsprobleme bzw. staatliche Entscheidungen* abgeleitet, ohne daß bisher Fragen der Dynamik von Siedlungssystemen und der sie bedingenden wesentlichen Komponenten tiefgründig bearbeitet werden konnten. Diese Konzentration der Forschung resultierte aus spezifischen Anforderungen der gesellschaftlichen Erfahrungen, den Möglichkeiten der Gewinnung der notwendigen Primärdaten und aus Potentialgründen. Sie hatte vor allem dadurch positive Wirkungen, daß mit den Forschungsergebnissen eine beträchtliche *gesellschaftliche Wirksamkeit,* insbesondere *in* der *zentralen* und der *bezirklichen Territorialplanung,* erreicht und auf diesem ausgewählten Gebiet gleichzeitig Erkenntnisse gewonnen wurden, die auch international Anerkennung fanden.

Deshalb ist diese Entwicklung rückblickend keineswegs insgesamt kritisch zu beurteilen. Es ist aber notwendig, aus den in den vergangenen Jahren gewonnenen Erkenntnissen und Erfahrungen solche Orientierungen für die Forschung abzuleiten, die es langfristig gestatten, die in den letzten Jahren zu einseitige Anlage der ökonomisch-geographischen Forschung ohne Nachteile für die Wirksamkeit der Forschungsergebnisse zu überwinden.

Nach den *gegenwärtigen konzeptionellen Vorstellungen* über die langfristige Anlage der Forschungen im gesellschaftswissenschaftlichen Zweig der Geographie werden *in den kommenden Jahren Forschungen zur Siedlungsstruktur, aufbauend auf* den bisherigen *Untersuchungsergebnisse,* noch weiterzuführen sein, wenngleich sie stärker als im abgelaufenen Zeitraum durch Arbeiten zu anderen Problemen zu ergänzen sind, wie zum Beispiel *zu gebietswirtschaftlichen Reproduktionsbedingungen* und *Prozessen der Urbanisierung in Ballungsgebieten* oder zur *Struktur und Entwicklung von Erholungsgebieten.*

Auch wenn anzuerkennen ist, daß Siedlungssysteme in sich einen hohen Komplexitätsgrad aufweisen, wäre eine *weitere vorrangige Orientierung* der ökonomisch-geographischen Forschungskapazitäten *auf siedlungsgeographische Forschungen,* die vor allem auf die Untersuchung von Siedlungen und Siedlungssystemen selbst ausgerichtet sind, für den wissenschaftlichen Erkenntnisgewinn und die gesellschaftliche Wirksamkeit ökonomisch-geographischer Forschungen aus folgenden Gründen *unvorteilhaft:*

- Es könnten nur ungenügend Voraussetzungen dafür geschaffen werden, daß in absehbarer Zeit der gesellschaftswissenschaftliche Zweig der Geographie in der Forschung über Siedlungsprobleme hinausgehende Fragen untersucht.
- Die wissenschaftlichen Kontakte, die für diese Forschungen notwendig sind, liegen in beträchtlichem Umfang außerhalb der Geographie (z. B. Städtebau und Architektur, Territorialökonomie, Soziologie, Demographie); dadurch würde die potentiell sehr produktive wissenschaftliche Zusammenarbeit innerhalb der Ökonomischen Geographie wie gleichermaßen in speziellen Fragen mit der Physischen Geographie auch in den nächsten Jahren nicht gefördert und den „zentrifugalen Tendenzen" in der Geographie nur ungenügend entgegengewirkt.
- Schließlich bestünde die Gefahr, daß die Forschungsergebnisse auch künftig nur begrenzt multivalent genutzt werden können; damit wären die Möglichkeiten zumindest sehr eingeschränkt, sie für alle der vier genannten Wirkungsfelder geographischer Forschungen auszuwerten.

Die Siedlungsgeographie als Teildisziplin der Ökonomischen Geographie wird dennoch auch künftig wesentliche Aufgaben haben, insbesondere dann, wenn sie sich stärker darauf konzentriert, Forschungen zum zweiten der genannten Aspekte in den Mittelpunkt ihrer speziellen Untersuchungen zu stellen und sich zugleich an Aufgaben der Ökonomischen Geographie zu beteiligen, komplexere territoriale Strukturen sowie die Bedingungen ihrer Veränderung und Entwicklung zu untersuchen.

In *ökonomisch-geographischen Forschungen,* die auf Vorlauferkenntnisse für Prognose und langfristige Planung gerichtet sind, sollte das künftige Profil nicht mehr so stark komponentenorientiert sein, sondern sich in erster Linie auf *Probleme der Struktur,* der *Herausbildung, Veränderung* und *Entwicklung des Wirtschafts- und Lebensraumes der Gesellschaft,* beginnend mit spezifischen territorialen Organisationsformen, *konzentrieren.* Die verschiedenen Komponenten sind dabei in Abhängigkeit von der jeweiligen Problemstellung zu berücksichtigen. Ansätze dafür bestehen vor allem in Untersuchungen über Struktur, Veränderung und Entwicklung von Aktions- und Kommunikationsräumen der Bevölkerung, über gebietswirtschaftliche Reproduktionsbedingungen und Urbanisierungsprozesse in Ballungsgebieten und über Struktur und Entwicklung von Erholungsgebieten, die in den kommenden Jahren wahrscheinlich an Gewicht gewinnen werden.

An einem Beispiel soll das verdeutlicht werden. Das *Konzept der Aktions- und Kommunikationsräume der Bevölkerung* wurde wissenschaftlich besonders von R. Krönert inspiriert, zum bedeutenden Teil auch von ihm selbst ausgearbeitet. Aktions- und Kommunikationsräume der Bevölkerung werden als objektiv existierende räumliche Organisationsformen der Gesellschaft aufgefaßt. In einer konzeptionellen Studie, deren Aussagen in jüngster Zeit weitergeführt wurden (vgl. Krönert 1979), wird der Aktions- und Kommunikationsraum der Bevölkerung zunächst hypothetisch unter zwei Aspekten betrachtet:

Zum einen „... als geographischer Raum, in dem die Menschen (Klassen, soziale Gruppen) ihren Lebensprozeß vollziehen ... und in dem sie solche gesellschaftlichen Bedingungen, eine solche gebaute Umwelt ... und eine solche natürliche Umwelt vorfinden, die ihnen eine allseitige Entfaltung ihrer Persönlichkeit gestattet ...", zum anderen „... als geographisches System, das durch Lebensprozesse und die Lebenstätigkeit (Lebensweise) der Menschen bestimmt ist" (Krönert u. a., Forschungsbericht 1977, S. 2).

Aktions- und Kommunikationsräume der Bevölkerung in diesem Sinne sind folglich als komplexe räumliche Organisationsformen der Gesellschaft aufzufassen, die sich von den in der Regel auch größeren Wirtschaftsgebieten dadurch unterscheiden, daß sie nicht in erster Linie durch die materielle Produktion und deren Wechselbeziehungen konstituiert werden, sondern durch die Grundbedürfnisse, die die Menschen in ihrem täglichen Leben befriedigen (Arbeiten, Wohnen, Erholen u. a.), und durch die unmittelbare Kommunikation zwischen Menschen und Menschengruppen.

Wie in der Studie begründet wird (a. a. O., S. 7ff.), kommt der Erforschung der Herausbildung, Veränderung und Entwicklung von Aktions- und Kommunikationsräumen der Bevölkerung gerade unter dem Aspekt der weiteren Verbesserung der Arbeits- und Lebensbedingungen der Menschen, der Überwindung wesentlicher Unterschiede zwischen Stadt und Land und damit der allmählichen *Herausbildung einer neuen Siedlungsweise*, die *der sozialistisch-kommunistischen Gesellschaft* entspricht (vgl. Lenin 1947, S. 31), große wissenschaftliche und praktische Bedeutung zu.

Obwohl die bisher erarbeiteten konzeptionellen Grundlagen der weiteren Diskussion und Präzisierung bedürfen, können gerade derartige Untersuchungen beträchtliche *Vorzüge für die Entwicklung der ökonomisch-geographischen Forschungen in der DDR* haben, wenn der Forschungsansatz nicht zu eng gewählt wird. Die wichtigsten unter ihnen sind wahrscheinlich:

- Infolge der zentralen Stellung, die Siedlungen und die in ihnen lebende Bevölkerung für die Herausbildung von Aktions- und Kommunikationsräumen sowie die sich in ihnen vollziehenden Prozesse haben, können sich die genannten Untersuchungen auf die bisher in den *Forschungen zur Siedlungsstruktur* gewonnenen Erkenntnisse stützen. Damit werden die Vorzüge der Kontinuität im Forschungsprozeß genutzt.
- Indem aber eine spezifische territoriale Organisationsform der Gesellschaft von relativ hoher Komplexität in den Mittelpunkt der Arbeiten gestellt wird, *bereiten* die Forschungen zu diesem Problemkreis gleichzeitig in theoretischer und methodischer Hinsicht *Untersuchungen zu anderen territorialen Organisationsformen* in gewissem Grade *vor* und erleichtern den späteren Übergang zu weiterführenden Arbeiten, zum Beispiel zu Wirtschaftsgebieten.
- Die Untersuchung der Struktur und Dynamik von Aktions- und Kommunikationsräumen der Bevölkerung erfordert, im Hinblick auf das jeweils im Mittelpunkt stehende wissenschaftliche Problem anzustreben, daß die *wesentlichen Wirkungsfaktoren berücksichtigt* werden. Sachlich bedingt das eine dem jeweiligen Problem angemessene Berücksichtigung von territorialen Aspekten der Siedlungs- und Bevölkerungsstruktur, spezifischen Wirkungen der materiellen Produktion (vor allem von Industrie und Landwirtschaft), des Verkehrs- und Verbindungswesens, wesentlichen Umweltbedingungen und anderen Faktoren sowie methodisch einen systemanalytischen Ansatz, der zur Ausarbeitung und Testung von Modellen führt, und eine dynamische Betrachtungsweise.
- Das wiederum ermöglicht und erfordert die jeweils spezifische *Bearbeitung* von Problemen nahezu *aller Teildisziplinen der Ökonomischen Geographie* und schließt gleichzeitig bei speziellen Fragestellungen (z. B. im Zusammenhang mit natürlichen Voraussetzungen für die Rekreation oder Fragen der Flächennutzung) eine *enge* wissen-

schaftliche *Zusammenarbeit mit der Physischen Geographie* ein. Dadurch ist zu erwarten, daß sich die integrativen Tendenzen zumindest innerhalb des gesellschaftswissenschaftlichen Zweiges der Geographie — wahrscheinlich auch über ihn hinaus — verstärken. Zugleich wird die zielgerichtete wissenschaftliche Zusammenarbeit mit Disziplinen außerhalb der Geographie auch weiterhin große Bedeutung haben. Wenn zum Beispiel künftig Aktions- und Kommunikationsräume unter dem Gesichtspunkt der ökonomischen Effektivität und wesentlicher ökologischer Wirkungen in ihnen untersucht werden sollten — und das erscheint dringend notwendig —, dann würde eine verstärkte Zusammenarbeit mit Ökonomen, Vertretern der Physischen Geographie, der Biowissenschaften und gegebenenfalls auch mit Medizinern erhöhte Bedeutung erlangen.

— Schließlich bestehen bei einem solchen Herangehen an die Forschungen wahrscheinlich auch Voraussetzungen, die *Forschungsergebnisse* noch umfassender als bisher *multivalent nutzbar* zu *machen* und insbesondere Teil- und Zwischenergebnisse in verschiedenen Bereichen der gesellschaftlichen Praxis zu nutzen. Derart angelegte Forschungen könnten gleichzeitig die *regionale Geographie* in der DDR in theoretischer und methodischer Hinsicht, gegebenenfalls auch durch analytische Ergebnisse, anregen und *befruchten* (vgl. dazu Sanke 1978, insbesondere S. 25ff.). Das würde dazu beitragen, die Widersprüche zwischen ökonomisch-geographischen Forschungen im Interesse der Leitung, Planung und Prognose volkswirtschaftlicher Prozesse, die in den letzten Jahren vorwiegend komponentenorientiert waren, und regionalgeographischen Aufgaben zu vermindern.

Es sollte geprüft werden, ob analog zu dem hier für die Untersuchung von Aktions- und Kommunikationsräumen der Bevölkerung thesenartig dargestellten Herangehen auch bei anderen ökonomisch-geographischen Forschungen verfahren werden kann.

Im *naturwissenschaftlichen Zweig der Geographie* (*Physische Geographie*) existieren in bezug auf komplexe Forschungsansätze anders geartete Probleme. In einer intensiven Gemeinschaftsarbeit, die die fruchtbare Wissenschaftskooperation mit Einrichtungen der UdSSR und anderer sozialistischer Staaten einschloß, konnte hier ein *relativ geschlossenes Konzept der geographischen Landschaftsforschung* ausgearbeitet werden, das im Forschungsprozeß weiter präzisiert wird (vgl. u. a. Neef 1967b; Haase 1977). In einem gewissen Unterschied zu den Forschungen im gesellschaftswissenschaftlichen Zweig der Geographie in der DDR ermöglicht dieses Konzept von vornherein *komplexe Forschungsansätze*, ohne die Teildisziplinen der Physischen Geographie aufzuheben oder in ihrer Bedeutung einzuschränken, wie H. Schulz mit Recht betont (Schulz 1978, S. 166). Gegenwärtig noch nicht hinreichend geklärt erscheint dem Verfasser hier, wie die äußerst komplexen und komplizierten Systeme des Naturraums (der Landschaft), die theoretisch erkannt wurden, im praktischen Forschungsprozeß durch sinnvolle Aufgabengliederung, die den komplexen Ansatz bewahrt, langfristig bewältigt werden kann. Davon ausgehend muß in der weiteren Arbeit Teil- und Zwischenergebnissen, die in relativ kurzer Zeit überführungsfähig sind, besondere Aufmerksamkeit gewidmet werden.

Ökonomische und Physische Geographie in der DDR nähern sich von unterschiedlichen Seiten, die aus der Spezifik des Gegenstandes und der Entwicklung beider Zweige der Geographie während der letzten Jahrzehnte herrühren, komplexeren Aufgabenstellungen in der Forschung. Es erscheint auch aus diesem Grunde zweckmäßig, weiterhin einen intensiven Meinungsaustausch von Vertretern beider Zweige zu theoretischen und methodischen Problemen komplexer Forschungsansätze zu führen.

4.2. Zusammenarbeit von Physischer und Ökonomischer Geographie im Forschungsprozeß

In einem längeren Prozeß wissenschaftlicher und ideologischer Diskussionen hat sich unter den Geographen der DDR die Auffassung durchgesetzt, daß die *Geographie als Wissenschaftsdisziplin* (das System geographischer Wissenschaften) *nicht nur durch* eine *relative Selbständigkeit ihrer naturwissenschaftlichen und gesellschaftswissenschaftlichen Zweige charakterisiert* ist, *sondern gleichzeitig durch* zwischen ihnen bestehende *Gemeinsamkeiten,* die in Forschung und Lehre zu Aufgaben führen, die in enger Zusammenarbeit zwischen ihnen gelöst werden müssen (vgl. u. a. Gellert 1967; Kohl 1968; Lehmann 1973; Sanke 1956, 1968, 1978; Scherf 1973). Die reichen Erfahrungen bei der Herausbildung und Entwicklung der Geographie auf marxistisch-leninistischer Grundlage in der UdSSR waren auch in dieser Frage eine große Hilfe für die Ausarbeitung eines weitgehend übereinstimmenden Standpunktes in der Geographie der DDR.

In jüngster Zeit äußerte sich H. Sanke erneut zu diesem Problemkreis folgendermaßen:

„Die sich herausbildende Kooperation und die sich verstärkende Integration zwischen der physischen Geographie und der politischen und ökonomischen Geographie führen zwangsläufig zu neuen wissenschaftlichen Fragestellungen, die ebenfalls neue wissenschaftstheoretische Probleme aufwerfen, deren Lösung sich nicht nur förderlich auf die speziellen Forschungsergebnisse, sondern auch auf die Wissenschaftsentwicklung selbst auswirken können und werden" (Sanke 1978, S. 25).

Die oben kurz dargestellte Grundposition, die der Verfasser teilt, kam in der Praxis der geographischen Wissenschaften in der DDR, insbesondere in ihren Forschungen, bisher jedoch nur in geringem Maße zum Ausdruck; auch wenn an den Sektionen für Geographie der Martin-Luther-Universität und der Humboldt-Universität mit derartigen Untersuchungen erste Erfahrungen gesammelt wurden. Die in der engen wissenschaftlichen Verknüpfung und Ergänzung beider Zweige der Geographie liegenden wissenschaftlichen Potenzen kamen insgesamt in neuartigen Forschungsergebnissen bisher nur ungenügend zur Wirkung.

Das *Zusammenwirken von Natur- und Gesellschaftswissenschaften* ist eine komplizierte Aufgabe, vor der gegenwärtig in diesem oder jenem Grade und mit spezifischen Fragestellungen alle Wissenschaften stehen. Die Notwendigkeit dazu resultiert vor allem aus den wachsenden Anforderungen, die die gesellschaftliche Entwicklung an die Wissenschaften stellt. „Der weitere gesellschaftliche Fortschritt verlangt objektiv das enge Zusammenwirken von Natur-, technischen und Gesellschaftswissenschaften" (Programm der SED 1976, S. 47). Philosophisch beruht diese Orientierung auf der marxistisch-leninistischen Auffassung, daß sich die Einheit der Wissenschaften auf die Einheit ihres Gegenstandes gründet: die materielle Welt und ihre Widerspiegelung im Bewußtsein (vgl. Hager 1974, S. 31).

Im *Aufgabenbereich geographischer Forschungen* zeichnet sich immer mehr die Notwendigkeit ab, die *Territorialstruktur der gesellschaftlichen Reproduktion langfristig so* zu *gestalten*, daß eine weitere *dynamische Entwicklung der Produktion gewährleistet* werden kann, die *sozialen Lebensbedingungen* der Menschen in allen Regionen unseres Landes *weiterentwickelt* bzw. ungerechtfertigte regionale Unterschiede überwunden werden und die *ökologischen Bedingungen* für die Reproduktion der natürlichen Produktions- und Lebensgrundlagen der Gesellschaft *erhalten* bleiben bzw. möglichst verbessert werden. Ebenso erfordern Maßnahmen der Umweltgestaltung und des Umweltschutzes künftig verstärkt komplexe Lösungen, die nicht nur auf diese oder jene spezifische Seite (Luft, Boden, Wasser u. a.) orientiert sind. Insbesondere in gebietlichen Einheiten müssen ihre gegenseitigen Überlagerungen, die teilweise bestehenden Verstärkungseffekte anthropogener Einflüsse auf die natürliche Umwelt und deren konkrete räumliche Ausprägung, die sich auch auf spezifische territoriale Bedingungen der Industrialisierung und Urbanisierung gründen, ein wesentlicher Ausgangspunkt von langfristigen Aufgaben der *Umweltgestaltung* und des *Umweltschutzes* sein.

Wie für andere Wissenschaften erwachsen daraus auch für die Geographie neue Probleme der Erforschung territorialer Systeme, vor allem im Grenzbereich von Produktion, sozialen Lebensbedingungen der Menschen sowie ökologischen Bedingungen und Konsequenzen. Gerade dafür aber ist bisher, speziell auch in der Geographie, der Erkenntnisvorlauf, ohne den eine planmäßige Gestaltung derart komplizierter Prozesse nicht möglich ist, unzureichend (vgl. Lüdemann 1973, S. 26, 28; 1974 S. 194).

Soweit die Geographie mit ihren fachspezifischen Mitteln zur Schaffung von Vorlauferkenntnissen auf diesem Gebiet beitragen kann, bedarf es der *engen Zusammenarbeit des gesellschaftswissenschaftlichen und des naturwissenschaftlichen Zweiges der Geographie.* Das setzt mindestens zweierlei voraus:

Zunächst ein *weitgehend übereinstimmendes Untersuchungsgebiet,* in dem die Forschungen vorrangig durchgeführt werden. Das ist eine notwendige Voraussetzung für gemeinsame Forschungsvorhaben, auch wenn Naturräume (Landschaften) und Wirtschafts- und Lebensräume (zum Beispiel Wirtschaftsgebiete) in ihren Abgrenzungskriterien, in ihrer Größe und ihren Grenzen nicht übereinstimmen (vgl. Sanke 1978, S. 26). Da auch naturwissenschaftlich orientierte Forschungsergebnisse, die in einer solchen Gemeinschaftsarbeit gewonnen werden, in erster Linie über die Prognose und die langfristige Planung zu nutzen sind, sollten solche gemeinsamen Untersuchungsgebiete zunächst nach Kriterien der gesellschaftlichen Nutzung und nicht nach naturgesetzlich determinierten Kategorien abgegrenzt werden. Das schließt für spezielle Untersuchungen der Physischen Geographie eine Erweiterung oder Verengung des Untersuchungsraumes nicht aus. Gemeinsames Untersuchungsgebiet heißt folglich, daß für die Forschungen ein *gemeinsamer Kernraum* gewählt wird, aber nicht unbedingt völlige Deckungsgleichheit der Untersuchungsgebiete beider geographischer Disziplinen bestehen muß. Als ein *Beispiel* für einen solchen gemeinsamen Untersuchungsraum kann das *Modellgebiet Dessau—Bitterfeld—Wittenberg* gelten.

Ein *gemeinsames Untersuchungsgebiet allein* ist jedoch noch *keine ausreichende Grundlage für Forschungsaufgaben,* bei deren Lösung Vertreter der Physischen und der Ökonomischen Geographie zusammenwirken. Diese These soll an einem *konstruierten Beispiel* illustriert werden, das sehr vereinfacht ist: Wenn ökonomisch-geographische Forschungen zu regionalen Siedlungssystemen unter dem speziellen Aspekt der Bevölkerungsbewegung (Migration und Pendelwanderung) untersucht werden und im gleichen Untersuchungsgebiet die Physische Geographie Probleme der Struktur des Naturraumes und Fragen der in ihm ablaufenden Prozesse bearbeitet, sind kaum sinnvolle Ansätze für eine Zusammenarbeit beider Disziplinen im Forschungsprozeß zu erwarten. Wenn überhaupt, gibt es zwischen diesen verschiedenen Forschungen nur sehr vermittelte Beziehungen; zum Beispiel können günstige Umweltbedingungen eines der Motive für die Pendelwanderung sein. Sie sind aber für die Forschungen nicht so wesentlich, daß dazu eine enge Gemeinschaftsarbeit notwendig wäre; wissenschaftliche Kontakte würden wahrscheinlich ausreichend sein.

Deshalb muß als eine *zweite Voraussetzung für* ein *Zusammenwirken von Physischer und Ökonomischer Geographie* im Forschungsprozeß ein *wissenschaftliches Problem* formuliert werden, das unter *gemeinsam* angestrebten Zielen *arbeitsteilig und kooperativ* über einen längeren Zeitraum hinweg bearbeitet wird. Diese Problemwahl muß in einer intensiven Arbeit von Vertretern beider geographischer Disziplinen erfolgen. Das erfordert, das Gesamtproblem in parallel zueinander oder in zeitlicher Aufeinanderfolge zu bearbeitende Teilprobleme aufzugliedern und die Bedingungen dafür festzulegen, wann und wie eine Synthese von Teilergebnissen angestrebt werden muß. Infolge des hohen Schwierigkeitsgrades derartiger Untersuchungen, für die es bisher kaum Erfahrungen gibt, sollten sich die erfahrensten Wissenschaftler beider geographischer Disziplinen diesen konzeptionellen Arbeiten widmen. Gleichzeitig müssen entsprechende wissenschaftsorganisatorische Voraussetzungen geschaffen werden, die eine solche gemeinsame Arbeit stimulieren.

Über die bereits dargelegten möglichen Ansätze hinaus erscheinen auf lange Sicht *Untersuchungen zur rationellen und störungsfreien Flächennutzung* als ein besonders *aussichtsreiches Integrationsfeld* von physisch-geographischer und ökonomisch-geographischer Forschung.

Unter den sozialistischen Ländern gibt es in der DDR eine besondere Dringlichkeit, bei der langfristigen planmäßigen Gestaltung der Territorialstruktur einer rationelleren und zugleich intensiveren gesellschaftlichen Inanspruchnahme des zur Verfügung stehenden Flächenfonds Aufmerksamkeit zu widmen. Das gesamte Territorium der DDR ist intensiv in die gesellschaftliche Nutzung einbezogen, zum Beispiel durch Produktionsflächen (Industrie, Land- und Forstwirtschaft), Siedlungsflächen, Flächen für Verkehrstrassen, Erholungsgebiete, Schutz- und Vorbehaltsgebiete und anderes. In vielen Gebieten der DDR besteht eine vielschichtige Mehrfachnutzung der gleichen Flächen durch verschiedene Funktionsträger (vgl. Haase/Lüdemann 1972, S. 17ff.). Daraus folgt, daß die *weitere dynamische Entwicklung* der Produktion, die Verbesserung der Arbeits- und Lebensbedingungen der Menschen im umfassenden Sinne und die Gewährleistung ökologisch begründeter Reproduktionsbedingungen des Naturraumes (der Landschaften) *nur* auf dem Wege einer *rationelleren Flächennutzung, unter Einschluß* einer *störungsfreien Mehrfachnutzung durch verschiedene Funktionsträger* erfolgen kann. Die Einbeziehung bisher nicht genutzter Flächen in den gesellschaftlichen Reproduktionsprozeß, wie das zum Beispiel in der UdSSR, vor allem in Sibirien und dem Fernen Osten, in Mittelasien und Kasachstan, in großen Dimensionen erfolgt, ist in der DDR auch in kleineren Maßstäben nur äußerst begrenzt möglich.

Die *Geographische Gesellschaft der DDR*, insbesondere ihr *Fachverband der Berufsgeographen*, hat schon vor mehreren Jahren in einer Reihe von wissenschaftlichen Veranstaltungen diese Problematik aufgegriffen. Hervorzuheben sind hier das Seminar zu „Tendenzen der Veränderung des Flächenanspruchs und der Flächennutzung durch einzelne Elemente der Territorialstruktur und ihre Einwirkung auf die Organisation von Territorien“ (1970), die Arbeitstagung „Probleme der Flächennutzung bei der Entwicklung der Territorialstruktur" (1971) und die Arbeitstagung „Geographische und ökologische Grundlagen der Landschaftsplanung" (1976). Diese Veranstaltungen und die große Resonanz, die sie nicht nur bei Geographen, sondern auch bei Vertretern vieler anderer wissenschaftlicher Disziplinen aus Forschung, gesellschaftlicher Praxis und Lehre fanden, machten die Dringlichkeit deutlich, der Schaffung von wissenschaftlichem Vorlauf auf diesem Gebiet große Aufmerksamkeit zu widmen.

Unter „*Flächennutzung*" wird seit langem, zunächst vorwiegend in der Stadtplanung, die räumliche und funktionale Zuordnung der in einem Siedlungskörper notwendigen, arbeitsteiligen Nutzungsformen des Stadtgebietes (der Wohnstandorte einschließlich der Einrichtungen zur Versorgung und Betreuung der Bevölkerung, der Industriestandorte, der Trassen des Verkehrs, der Be- und Entwässerung, der Flächen der stadtnahen Landwirtschaft und der Erholungsflächen), teilweise unter Einbeziehung des Umlandes, verstanden. Die Planung der Flächennutzung erfolgt in der DDR durch Generalbebauungspläne, spezielle Flächennutzungspläne und Planungskataster, die sich zu wirksamen Instrumenten der Planung entwickelten. Ähnlich umfassend wird die Flächennutzung auch beim Aufschluß neuer Tagebaue des Braunkohlenbergbaues bzw. bei der Gestaltung komplexer Bergbaufolgelandschaften langfristig bewußt gestaltet (vgl. a. a. O., S. 19). Somit konzentriert sich *gegenwärtig* die *Planung und Gestaltung der Flächennutzung vorrangig auf relativ kleinräumige Gebiete* und wird dort bereits recht gut beherrscht. *Künftig* bedarf es aber vor allem auch langfristiger *Entwicklungsvarianten der Flächennutzung großräumiger Gebiete,* die durch strukturelle oder funktionale Gemeinsamkeiten gekennzeichnet sind (zum Beispiel ganzer Ballungsgebiete, Entwicklungsachsen entlang von Kommunikationstrassen, großräumiger Agrar- oder Erholungsgebiete), ebenso wie *Flächennutzungsstrategien auf gesamtstaatlicher Ebene,* die erst eine sinnvolle Einordnung regionaler Flächennutzungsvarianten in gesamtgesellschaftlichen Orientierungen ermöglichen würden. Gerade dafür liegen nur in geringem Umfang wissenschaftliche Grundlagen vor.

G. Haase und der Verfasser haben bereits vor mehreren Jahren den Versuch gemacht, aus der Sicht der Erforschung von Problemen der Territorialstruktur der gesellschaftlichen Reproduktion einige *Forschungsaufgaben* zu formulieren, die *zum Problemkreis* der *Flächennutzung* bearbeitet und gelöst werden müssen, ohne dabei Vollständigkeit anstreben zu wollen. Sie haben bis heute ihre Aktualität nicht verloren (vgl. Haase und Lüdemann 1972, S. 21ff.). Es handelt sich um folgende:

- Ausarbeitung wissenschaftlicher Grundlagen, Verfahren und Methoden für die Erkundung, Darstellung und Fortschreibung des Standes der Flächennutzung eines bestimmten Territoriums;
- Ermittlung von Tendenzen des Flächenanspruches durch die einzelnen Elemente der Territorialstruktur und ihres dynamischen Wandels unter dem Einfluß des wissenschaftlich-technischen Fortschritts und der sozialen Lebensbedingungen der Menschen;
- komplexe Erkundung der Flächennutzung, insbesondere unter Einschluß der störungsfreien Nutzungsüberlagerung (Mehrfachnutzung) und ihrer planmäßigen Gestaltung;
- Ausarbeitung von Beurteilungs- und Bewertungskriterien für die Rationalisierung und Intensivierung der Flächennutzung unter ökonomischen, sozialen, ökologischen und anderen Aspekten.

Wiederholt wurde darauf hingewiesen, daß *Forschungen zur Flächennutzung* auf wissenschaftliche Beiträge der Geographie nicht verzichten können. Obwohl dieser Aufgabenbereich *günstige Voraussetzungen für* das *Zusammenwirken von naturwissenschaftlich und gesellschaftswissenschaftlich orientierten geographischen Forschungen* bietet, spielt er bis in die Gegenwart eine untergeordnete Rolle. Ausnahmen davon bilden vor allem verdienstvolle Forschungen an der Sektion Geographie der Martin-Luther-Universität Halle—Wittenberg und eine Reihe von vorwiegend naturwissenschaftlich orientierten Arbeiten der Geographie, denen aber die notwendige Ergänzung durch Forschungen des gesellschaftswissenschaftlichen Zweiges der Geographie weitgehend fehlt.

Sowohl im Interesse der Gewinnung neuer wissenschaftlicher Erkenntnisse für die Gestaltung der Territorialstruktur im Grenzbereich von Gesellschaft und Natur als auch im Interesse der weiteren Entwicklung der Wissenschaftsdisziplin Geographie sowie der stärkeren Verflechtung ihrer natur- und gesellschaftswissenschaftlichen Zweige im Forschungsprozeß muß nach Meinung des Verfassers diesen Problemen *in Zukunft* weitaus *größere Aufmerksamkeit* als bisher gewidmet werden.

Nochmals sei darauf hingewiesen, daß in der Konzeption der wissenschaftlichen Aufgaben des damaligen Geographischen Instituts der Akademie der Wissenschaften aus dem Jahre 1969 diesem Aufgabenbereich der Forschung starke Beachtung geschenkt wurde. Wenn in den vergangenen Jahren auch am IGG Probleme der Flächennutzung noch hinter anderen Forschungsaufgaben zurückstanden, dann war das vor allem in der Anfangsphase der Institutsentwicklung, als noch sehr geringe Forschungspotentiale und nur wenige erfahrene Wissenschaftler vorhanden waren, durch die notwendige Konzentration der Forschung im Interesse einer hohen gesellschaftlichen Wirksamkeit verursacht. Hinzu kam, daß in der gesellschaftlichen Praxis häufig anderen Forschungsproblemen eine höhere Priorität eingeräumt wurde, wenngleich bezirkliche Organe der *Flächennutzungsproblematik* große Aufmerksamkeit widmeten. Die in der *Institutskonzeption von 1969* und einer Reihe von Publikationen in den Folgejahren geäußerten Gedanken zu diesem Problemkreis sollten sorgfältig für die künftige Entwicklung geographischer Forschungen ausgewertet, geprüft und in weiter zu präzisierenden Aufgabenstellungen berücksichtigt werden. Das wäre in folgender Hinsicht bedeutsam:

- Die geographische Forschung würde unmittelbar zur Schaffung des *wissenschaftlichen Vorlaufs* für ein gesellschaftlich außerordentlich wichtiges Problem, das im Grenzbereich von Gesellschaft und Natur liegt, beitragen. Forschungsergebnisse auf diesem Gebiet sind insbesondere *für* die *langfristige Gestaltung der Territorialstruktur der gesellschaftlichen Reproduktion* in umfassendem Sinne eine der notwendigen wissenschaftlichen Grundlagen.
- Auf diesem Gebiet ist ein *Hauptfeld für* eine langfristig angelegte *enge Zusammenarbeit von Physischer und Ökonomischer Geographie* im Forschungsprozeß zu sehen; dazu müssen neue konzeptionelle Ansätze und wissenschaftlich-organisatorische Formen des Forschungsprozesses geschaffen werden, die von gemeinsam erarbeiteten Problemstellungen ausgehen und sich nicht darauf beschränken können, Vorstellungen der Physischen und der Ökonomischen Geographie zusammenzufassen. Das wäre zugleich eine Form, den für die wissenschaftliche Entwicklung und gesellschaftliche Wirksamkeit der Geographie abträglichen „zentrifugalen Tendenzen“ wirksam zu begegnen.
- Die *Überführung der* dabei angestrebten wissenschaftlichen *Ergebnisse* (analytischer

Materialien, theoretischer Grundlagen, Methoden und Verfahren) erfolgt *vor allem für* die *Prognose* und die *langfristige Planung territorialer Strukturen und Prozesse.* Deshalb kommt in diesen Forschungen dem gesellschaftswissenschaftlichen Zweig der Geographie, der der Leitung und Planung gesellschaftlicher Prozesse noch näher steht als ihr naturwissenschaftlicher Zweig, eine äußerst aktive Funktion und eine besondere Verantwortung zu.

— Bei geographischen Forschungen zur Flächennutzung ist in besonderem Maße die Möglichkeit und die Notwendigkeit gegeben, die *Methoden der Fernerkundung* der Erde mit aerokosmischen Mitteln, die im Rahmen der Interkosmos-Kooperation sozialistischer Staaten eine äußerst schnelle Entwicklung nimmt, *erfolgreich einzusetzen.* Solange Untersuchungen zur Flächennutzung ausschließlich auf dem Wege von Erkundungen im Gelände möglich waren, die auch noch künftig in bestimmten Maße erforderlich sind, konnten Flächennutzungsprobleme in der regionalen und gesamtstaatlichen Dimension nicht umfassend genug und in vernünftigen Zeiträumen bearbeitet werden. Auf diesem Wege werden gleichzeitig Möglichkeiten erschlossen, Ergebnisse der Fernerkundung auch unter ökonomisch-geographischem Aspekt auszuwerten.

— Schließlich erfordert dieses Aufgabenfeld geographischer Forschungen auch Untersuchungen der Thematischen Kartographie über *neue Darstellungsmethoden,* vor allem im Grenzbereich von naturwissenschaftlichen und gesellschaftswissenschaftlichen Problemstellungen und zu neuen Techniken des Kartenentwurfs und der Kartenherstellung (z. B. Automatenkarten). Dadurch kann die *Thematische Kartographie* in die wissenschaftliche *Zusammenarbeit* von Physischer und Ökonomischer Geographie sinnvoll *einbezogen* werden.

Bei der Vorbereitung von Forschungen zur Flächennutzung muß sorgfältig geprüft werden, auf welche Art und Weise sie betrieben werden sollten, um wissenschaftliche Ergebnisse mit hohem Neuigkeitsgrad zu erzielen, die von beträchtlicher Bedeutung für die gesellschaftliche Praxis sind. Nach Auffassung des Verfassers sollten dabei *verschiedene Formen der Forschung* miteinander *kombiniert* werden. Zum Beispiel könnte *ein* spezielles *langfristiges Forschungsvorhaben vorwiegend auf* Probleme der *Flächennutzung orientiert* werden (z. B. Modellgebietsuntersuchungen); gleichzeitig sollten aber *in* geeigneten *anderen Forschungsthemen* Untersuchungen zur *Flächennutzung als ein Aspekt einbezogen* werden (zum Beispiel bei den Untersuchungen zu den Kommunikations- und Lebensgebieten der Bevölkerung). Auch auf diesem heranreifenden Gebiet der Forschung sollte die Zusammenarbeit von Physischer und Ökonomischer Geographie nicht ausschließlich als eine ständige Arbeit in gemeinsamen Forschungskollektiven aufgefaßt werden. Vorwiegend wird der *sachlich* und *zeitlich abgestimmten arbeitsteiligen Forschung* der *Vorrang* einzuräumen sein, deren Paßfähigkeit aber durch eine gemeinsame Konzeption und enge arbeitsmäßige Kontakte gesichert werden muß.

4.3. Die Mitwirkung der geographischen Forschung in interdisziplinären Aufgabenkomplexen

Wissenschaftlicher Vorlauf für die Befriedigung grundlegender gesellschaftlicher Bedürfnisse, zum Beispiel zur Deckung des Rohstoff-, Energie- und Werkstoffbedarfs, zur Befriedigung der zunehmenden Informations- und Kommunikationsbedürfnisse oder zur

Sicherung optimaler Umweltbedingungen (vgl. HAGER 1974, S. 21), ist vornehmlich Aufgabe großer Forschungskomplexe, in denen die *interdisziplinäre Zusammenarbeit* stark entwickelt ist und zunehmend weiter an Bedeutung gewinnt. Mit der dazu *notwendigen Kooperation der wissenschaftlichen Arbeit* werden

„... historisch entstandene Unterschiede, Grenzen und Barrieren zwischen den traditionellen Einzelwissenschaften schrittweise überwunden ...", erfolgt „... eine Art wissenschaftlicher ‚Brükkenschlag' zwischen ihnen ..." (a. a. O., S. 26).

Im Rechenschaftsbericht an den IX. Parteitag der SED wurden durch ihren Generalsekretär, E. HONECKER, die auf diesem Gebiet liegenden *Aufgaben* richtungweisend wie folgt formuliert:

„Die vor uns stehenden Aufgaben zwingen zu einem noch tieferen Eindringen in die wissenschaftlichen, gesellschaftlichen und sozialen Prozesse. Diese Notwendigkeit und die zunehmende Integration der Wissenschaftsgebiete erfordern das immer engere Zusammenwirken aller Wissenschaftsdisziplinen. In der mathematisch-naturwissenschaftlichen und technischen Forschung ist verstärkt an den Grundlagen und an komplexen Lösungen im Interesse eines langfristigen wissenschaftlichen Vorlaufs zu arbeiten, der gleichzeitig auf die volkswirtschaftlich und gesellschaftlich entscheidenden Prozesse konzentriert ist. Dabei gewinnt auch die Gemeinschaftsarbeit von Gesellschafts- und Naturwissenschaftlern und Vertretern der technischen Wissenschaften größere Bedeutung" (HONECKER, Bericht des ZK der SED 1976, S. 92).

Besonders *in den sozialistischen Staaten* hat die *Geographie* während der vergangenen zwei Jahrzehnte zunehmend aktiv und *konstruktiv an interdisziplinären Aufgabenkomplexen mitgewirkt*, wie es die rationelle Nutzung natürlicher Ressourcen, die langfristige Gestaltung der Territorialstruktur oder Umweltgestaltung und Umweltschutz sind. Dabei bildete sich eine enge Zusammenarbeit mit anderen naturwissenschaftlichen, gesellschaftswissenschaftlichen und technischen Disziplinen heraus. Die *geographische Forschung in der UdSSR* hat zum Beispiel bemerkenswerte Beiträge zur Errichtung der materiell-technischen Basis des Kommunismus, zur Erforschung der Naturressourcen und der Umgestaltung der Natur im Interesse der Gesellschaft ebenso wie für die rationelle Standortverteilung der Produktion geschaffen und dabei die wissenschaftliche Zusammenarbeit mit anderen Wissenschaftsgebieten erweitert und vertieft (vgl. GERASIMOV 1976, S. 156ff.).

In der gleichen Zeit bildeten sich in der Geographie der DDR ähnliche Tendenzen heraus. Dabei waren die fortgeschrittenen sowjetischen Erfahrungen ein wichtiger Ansatz für eigene Überlegungen, die naturgemäß die spezifischen Bedingungen und Probleme unseres Landes sowie den wissenschaftlichen Entwicklungsstand der Geographie, der anderen beteiligten Disziplinen und das Forschungspotential berücksichtigen mußten.

Diese *Mitwirkung der Geographie der DDR in interdisziplinären Aufgabenbereichen* ist folglich eine dritte Ebene, komplexe Forschungsansätze zu bearbeiten bzw. sich daran zu beteiligen. Die geographische Forschung in der DDR leistet gegenwärtig vor allem in *drei großen Aufgabenbereichen* aktive Beiträge, die zum beträchtlichen Teil auf dem Wege interdisziplinärer Zusammenarbeit und in engem Kontakt mit der gesellschaftlichen Praxis bearbeitet werden. Sie können hier lediglich mit Kurzbezeichnungen charakterisiert werden:

1. *Territorialforschung*

Sie schafft durch die Analyse und Prognose territorialer Strukturen, durch Untersuchungen der Rolle der Territorialstruktur im volkswirtschaftlichen Reproduktionsprozeß und durch die Ausarbeitung von Instrumentarien und Methoden der Planung und der ökonomischen Stimulierung für eine rationelle Gestaltung der Territorialstruktur der gesellschaftlichen Reproduktion unmittelbar wissenschaftliche Grundlagen für die Territorialplanung (vgl. Bönisch u. a. 1978, S. 280ff.).

2. *Umweltforschung*

Sie schafft durch Untersuchungen zur rationellen und störungsfreien Nutzung der Naturbedingungen, zu einer gesunden Lebensumwelt des Menschen, durch die Erforschung abproduktarmer bzw. abproduktfreier Technologien, durch neue Lösungen für die Umweltüberwachung sowie durch die Ausarbeitung von Instrumentarien und Methoden der Leitung, Planung und ökonomischen Stimulierung wissenschaftliche Grundlagen für Umweltschutz und Umweltgestaltung.

3. *Fernerkundung*

Sie schafft auf der Grundlage neuer Gerätesysteme, die im Rahmen der Interkosmos-Kooperation entwickelt werden, die wissenschaftlichen Voraussetzungen für die umfassende Anwendung spektraler Untersuchungen der Erde und ihrer Atmosphäre in allen geeigneten Bereichen der Volkswirtschaft und der Forschung, die von Raumstationen, Erdsatelliten und Flugzeugen aus durchgeführt werden (vgl. Kautzleben 1977; Stiller 1977; Haase 1977).

Diese drei interdisziplinären Aufgabenkomplexe, an deren Bearbeitung die geographische Forschung beteiligt ist, weisen zwar eine relative Selbständigkeit auf; sie sind aber gleichzeitig untereinander aufs engste verbunden, auch wenn diese Wechselbeziehungen im Forschungsprozeß und insbesondere in wissenschaftlich-organisatorischer Hinsicht gegenwärtig noch nicht genügend beherrscht werden. So bedarf zum Beispiel die Territorialforschung zunehmend auch naturwissenschaftlicher Grundlagen über die rationelle und störungsfreie Nutzung der Naturbedingungen einschließlich der wichtigsten Neben-, Folge- und Spätwirkungen. Die vorhandene *Naturraumstruktur*, der *landeskulturelle Zustand des Territoriums* (vgl. Richter/Kugler 1972) und die *Nutzungspotentiale des Naturraumes* (vgl. Haase 1977, S. 14) *beeinflussen* beträchtlich die *langfristige Gestaltung der Territorialstruktur der gesellschaftlichen Reproduktion. Umgekehrt wirkt* die *territoriale Strukturentwicklung*, insbesondere der Produktion und der Siedlungen, auf den Naturraum durch planmäßige Umweltgestaltung (z. B. der Bergbaufolgelandschaften; vgl. Bauer/Werner 1972) oder durch spontane Umweltveränderungen *zurück und beeinflußt* dadurch seine *gesellschaftlichen Nutzungsmöglichkeiten.* Gleichermaßen sind neue wissenschaftliche Erkenntnisse zur Gestaltung der Territorialstruktur der gesellschaftlichen Reproduktion notwendige Voraussetzungen für viele Aufgaben der Umweltforschung bzw. des Umweltschutzes und der Umweltgestaltung. Die Ergebnisse der wissenschaftlichen Arbeiten zur Fernerkundung der Erde mit aerokosmischen Mitteln schließlich werden unter anderem auch bei Umweltgestaltung und Umweltschutz sowie bei der Gestaltung der Territorialstruktur und den auf diesen Gebieten notwendigen Forschungen ein wichtiges Anwendungsfeld finden.

Wie die bisherigen Erfahrungen zeigen, kann die *geographische Forschung* in diesen interdisziplinären Aufgabenbereichen ergebnisreich mitwirken und in Teilgebieten *auf nationaler wie* auf *internationaler Ebene Leit- und Koordinierungsfunktionen* wahrnehmen. Dabei liegen im Bereich der Territorialforschung weitaus längere und reichere Erfahrungen vor — arbeitet doch die Geographie hier schon seit dem Beginn der sechziger Jahre aktiv mit — als bei der Mitwirkung der Geographie an interdisziplinären Aufgaben der Umweltforschung, in die die Geographie mit nennenswerten Effekten später eintrat. Erst in jüngster Zeit wurde begonnen, Ergebnisse der Fernerkundung der Erde für Aufgaben der geographischen Forschung auszuwerten und dabei methodisch mit anderen Wissenschaftsgebieten zusammenzuarbeiten. Die obengenannten interdisziplinären Aufgabengebiete sind in sich nicht homogen, sondern weisen eine bestimmte innere Differenzierung auf, die am Beispiel der Territorialforschung und der Umweltforschung kurz dargestellt werden soll.

Für die *Territorialforschung* hat K. SCHERF mit Recht betont, daß dieses interdisziplinäre Aufgabengebiet „... in einem einheitlichen, aufgabenbezogenen organisierten und geleiteten Forschungsprozeß ...“ (SCHERF 1973, S. 301) wissenschaftlich und praktisch zur Wirkung kommen muß. Dieser Auffassung kann voll zugestimmt werden. Dennoch muß gerade bei einem solchen großen Aufgabenbereich eine innere Strukturierung vorgenommen werden, die die Vorzüge der Kooperation zwischen verschiedenen Wissenschaftsgebieten mit solchen verbindet, die in der disziplinären Entwicklung und spezifischen Leistungsfähigkeit der einzelnen Wissenschaftsgebiete begründet sind. Die bisher überwiegend angewandte Gliederung nach „territorialen Teilstrukturen“ (Bevölkerungsstruktur, Siedlungsstruktur, Infrastruktur, Produktionsstruktur) weist zwar eine Reihe beträchtlicher Vorteile im Hinblick auf die Überführung der Forschungsergebnisse in die gesellschaftliche Praxis auf. Sie hat aber gleichzeitig Nachteile, sobald komplexere territoriale Organisationsformen untersucht werden sollen (z. B. Aktions- und Kommunikationsräume der Bevölkerung, Wirtschaftsgebiete verschiedenen Typs), in denen die verschiedenen der obengenannten Teilstrukturen nicht nur in spezifischer räumlicher Differenzierung vorhanden sind, sondern auch vielfältige Interaktionen zwischen ihnen bestehen. Für die Durchführung derartiger Forschungen ergeben sich günstige Bedingungen, wenn davon ausgegangen wird, „... daß die *Territorialforschung* vor allem *vier* eng miteinander verflochtene, aber auf verschiedenen Wissenschaftsdisziplinen als Kern aufbauende *Bereiche* umfaßt“ (vgl. HAASE/LÜDEMANN 1972, S. 16):

— *Erforschung territorialer Strukturen* sowie spezifischer *territorialer Organisationsformen der Gesellschaft,* ihrer *Entwicklungstendenzen* und ihrer *langfristigen Entwicklungsmöglichkeiten.* In diesem Aufgabenbereich der Territorialforschung liegt das

— *Hauptfeld der Mitwirkungsmöglichkeiten der Geographie,* ihres gesellschaftswissenschaftlichen und naturwissenschaftlichen Zweiges. Darüber hinaus werden hier auch territorial relevante Forschungen der Wirtschaftswissenschaften, der Soziologie, der Forschungen zu Land- und Forstwirtschaft, Bauwesen und Städtebau, Verkehrswesen und andere sinnvoll wirksam.

Untersuchungen zu den *territorialen Wirkungsbedingungen des volkswirtschaftlichen*

— *Reproduktionsprozesses* und zu seinen territorialen Wachstums- und Intensivierungsfaktoren. Hier liegt ein Hauptfeld wirtschaftswissenschaftlicher Forschungen, insbesondere solcher territorial-ökonomischer Art.

Erforschung der *Folgewirkungen der territorialen Strukturentwicklung auf* die *sozialen und hygienischen* (bzw. allgemein sozialmedizinischen) *Bedingungen des Lebens der Menschen* sowie für die Herausbildung bestimmter Auffassungen und Verhaltensweisen von Menschen und Menschengruppen. Auf diesem Gebiet sind insbesondere Untersuchungen durch die Soziologie und Medizin, eventuell durch die Philosophie und mit speziellen Untersuchungsaspekten noch eine Reihe anderer Wissenschaften, zum Teil auch die Geographie, notwendig.

– Ausarbeitung der *Instrumentarien* (insbesondere der juristischen und planmethodischen) *für* die *Leitung, Planung und Prognose territorialer Entwicklungsprozesse* als Bestandteil der Volkswirtschaftsplanung und der Gesamtheit der Aufgaben der Volksvertretungen und ihrer Räte. Hauptträger der Forschungen in diesem Bereich sind die Staats- und Rechtwissenschaften sowie die Wirtschaftswissenschaften, soweit sie an theoretischen und methodischen Problemen der Volkswirtschaftsplanung arbeiten.

Aus dieser knappen Darlegung geht hervor, daß die Geographie nicht in allen Aufgabenbereichen der Territorialforschung sinnvoll an der Schaffung wissenschaftlicher Grundlagen mitwirken kann, sondern sich auf den ersten konzentriert. Hier arbeitet sie eng mit anderen Wissenschaften zusammen. Gleichzeitig muß durch die verantwortlichen Einrichtungen der Territorialforschung und durch die beteiligten Wissenschaftlerkollektive gesichert werden, daß relevante konzeptionelle Aussagen und Forschungsergebnisse zwischen diesen vier Bereichen ausgetauscht und diskutiert werden, um eine zu starke Trennung voneinander zu vermeiden.

In ähnlicher Weise ist auch das umfassende Gebiet der *Umweltforschung* in sich sehr differenziert und weist ebenfalls relativ selbständige *Hauptbereiche* der Forschung auf, von denen hier einige der wesentlichen genannt werden sollen (vgl. LÜDEMANN 1974, S. 203; LÜDEMANN 1978, Manuskript):

– Erforschung von *Technologien,* deren Abprodukte für die natürliche Umwelt und den Menschen weitgehend schadfrei sind bzw. bei denen unvermeidliche Verschmutzungen in solchen Grenzen gehalten werden, daß sie das natürliche Regenerationsvermögen der Biosphäre nicht übersteigen und die Gesundheit des Menschen nicht nachhaltig schädigen.
– Untersuchungen zu den *Wirkungen toxischer, kanzerogener und mutagener Noxen in der Biosphäre,* ihrer Wirkungen und ihres Metabolismus im Hinblick auf den Menschen, auf Flora und Fauna.
– Erforschung zur Wirkungsweise und Dynamik, zu den Grenzwerten der Belastbarkeit und zur *Sicherung der künftigen ökologischen Funktionsfähigkeit von* terrestrischen und aquatischen *Ökosystemen bzw.* von naturräumlichen *Geosystemen,* insbesondere unter technogenen Einwirkungen. Hier liegt für geographische Forschungen ein *Schwerpunkt,* Beiträge zur *Umweltforschung* zu leisten.
– Forschungen zur ökonomischen *Effektivität* und zu *sozialen Wirkungen* von Maßnahmen des Umweltschutzes und der Umweltgestaltung sowie zur Weiterentwicklung der Rechtsnormen der sozialistischen Gesellschaft.

Darüber hinaus müssen hier Ergebnisse von Forschungen aus anderen Aufgabenbereichen soweit wie notwendig wirksam gemacht werden, ohne daß sie unmittelbarer Bestandteil der Umweltforschung sind. Dazu gehören unter anderem Forschungsergebnisse zur Territorialstruktur der gesellschaftlichen Reproduktion, an deren Erarbeitung die Geographie wesentlich mitwirkt.

Aus den bisherigen Ausführungen geht hervor, daß beide interdisziplinäre Aufgabenkomplexe nicht scharf voneinander getrennt sind, sondern sich berühren und zum Teil durchdringen. Sowohl für die gesellschaftliche Wirksamkeit als auch im Interesse des wissenschaftlichen Vertiefungsgrades der Forschungsergebnisse muß nach Meinung des Verfassers von einer *dialektischen Auffassung des Verhältnisses zwischen diesen interdisziplinären Aufgabenbereichen der Forschung* und gleichzeitig auch der Beziehungen zwischen interdisziplinären Aufgabenbereichen und Disziplinentwicklung ausgegangen werden. In der Vergangenheit ist das nicht immer genügend zum Ausdruck gekommen.

Forschungsaufgaben der Geographie, vor allem ihres gesellschaftswissenschaftlichen Zweiges, können in hohem Grade aus Problemen abgeleitet werden, vor denen unsere Gesellschaft bei der weiteren Gestaltung der Territorialstruktur in der DDR steht. Die *Ergebnisse ökonomisch-geographischer Forschungen* zu Struktur, Funktion und Entwicklungsprozessen in *bestimmten Gebietstypen* (Ballungsgebieten, Agrargebieten, Erholungsgebieten und anderen) sowie zur *territorialen Struktur der Bevölkerung* und der *Arbeitskräfte*, einschließlich Migration und Pendelwanderung, der *Siedlungssysteme* und anderen Problemen waren und sind zum beträchtlichen Teil auch in Zukunft ein *wichtiger Beitrag* der Geographie zur Schaffung wissenschaftlicher Grundlagen für die Territorialplanung auf zentraler und bezirklicher Ebene.

Bei der Gestaltung der Territorialstruktur der gesellschaftlichen Reproduktion entsprechend den Bedürfnissen der entwickelten sozialistischen Gesellschaft ist es *gleichzeitig* aber notwendig, viel *stärker als bisher* die in den verschiedenen Regionen sehr differenzierte *Naturraumausstattung*, die *ökologischen Bedingungen* und Konsequenzen der Territorialentwicklung *für* die gesellschaftlich notwendige *Reproduktion des Naturhaushalts*, Probleme der *Flächennutzung*, insbesondere der *störungsfreien Mehrfachnutzung*, zu berücksichtigen und Voraussetzungen für eine enge Verbindung von Territorialplanung, Flächennutzungsplanung und Landschaftsplanung zu schaffen. Während auf regionaler Ebene, insbesondere bei Bezirksplankommissionen und ihren Büros für Territorialplanung, auf diesen Gebieten seit langem ein dringendes Interesse an wissenschaftlichen Grundlagen besteht und bestimmte Erfahrungen vorliegen, werden derartige Probleme erst in jüngster Zeit auch auf zentraler Ebene der Territorialforschung und der Territorialplanung als zukunftsträchtige Forschungsprobleme angesehen.

Unter diesen Bedingungen konnten physisch-geographische Forschungen, die zum beträchtlichen Teil auf die obengenannten Probleme konzentriert sind, innerhalb der Territorialforschung bisher kein sinnvolles Wirkungsfeld finden. Die *physisch-geographische Forschung*, die in Gemeinschaftsarbeit von Akademie- und Hochschuleinrichtungen und in engem Kontakt mit anderen Wissenschaften betrieben wird, orientierte sich deshalb *vorrangig* — gesellschaftlich und wissenschaftlich völlig berechtigt — auf eine aktive Mitwirkung an der Schaffung wissenschaftlicher *Grundlagen für Umweltgestaltung und Umweltschutz*, und zwar sowohl innerhalb der DDR als auch bei der internationalen Zusammenarbeit im Rahmen des RGW-Umweltprogramms. Daraus ergaben sich gewisse Vorzüge, doch konnte bisher eine multivalente Nutzung von Ergebnissen für Fragen der Planung und Gestaltung der Territorialstruktur noch nicht genügend durchgesetzt werden.

Ein Grund dafür ist, daß physisch-geographische Arbeiten vornehmlich auf die *Erforschung der Naturraumstruktur* und die in ihm unter technogenen Einflüssen *ablaufenden Prozesse* orientiert sind. Das erfordert zunächst *verhältnismäßig langfristige* naturwissenschaftliche Untersuchungen über diese Strukturen und Prozesse. Sehr häufig ist es erst in einem fortgeschrittenen Stadium der Forschung möglich, so konkrete und spezifische Aussagen zu gewinnen (theoretische Erkenntnisse, Methoden, Verfahren, analytische Ergebnisse), daß diese unmittelbar in der Territorialplanung, vor allem auf gesamtstaatlicher Ebene, Anwendung finden können. Auf regionaler Ebene, insbesondere in Bezirken, bestehen günstigere Voraussetzungen vor allem dann, wenn in den betreffenden Bezirken Modellgebietsuntersuchungen durchgeführt werden (z. B. Halle und Leipzig).

Weil die Erkenntnisse der Physischen Geographie langfristig insbesondere auch für die planmäßige Gestaltung der Territorialstruktur auf gesamtstaatlicher Ebene zur Wirkung kommen müssen, sollten bessere Voraussetzungen dafür geschaffen werden, daß *bei* den *Forschungsansätzen* und der Durchführung des Forschungsprozesses der Physischen Geographie auch *konkrete Probleme der Territorialforschung und Territorialplanung berücksichtigt* werden können. Die künftig notwendige Mitwirkung des naturwissenschaftlichen Zweiges der Geographie in der Territorialforschung löst dessen Mitarbeit in der Umweltforschung nicht ab, sondern ergänzt sie in sinnvoller Weise. Umgekehrt muß verstärkt angestrebt werden, geeignete Ergebnisse der Forschungen im gesellschaftswissenschaftlichen Zweig der Geographie auch als wissenschaftliche Grundlagen für die Entscheidungsvorbereitung auf dem Gebiet der Umweltgestaltung (in begrenzten Fragen eventuell auch des Umweltschutzes im engeren Sinne) zur Wirkung zu bringen.

Die Geographie — wie auch andere Wissenschaften — oder ihre beiden Hauptzweige sind folglich nicht in einem solchen Sinne „Bestandteil" der Territorialforschung oder der Umweltforschung, wie es Struktureinheiten von Betrieben oder nachgeordnete Einrichtungen staatlicher Organe sind. Die *Leiteinrichtungen interdisziplinärer Aufgabenkomplexe* sollten ihre *Aufgaben* nicht darin sehen, die „beteiligten Disziplinen" arbeitsteilig zu organisieren, zu koordinieren und auf Schwerpunkte zu orientieren; sie haben derartige Funktionen vielmehr *problem- und nicht disziplinorientiert* auszuüben, da Aufgaben der Disziplinen in der Regel weit über das hinausgehen, was in dem einen oder anderen interdisziplinären Aufgabenkomplex inmittelbar zur Wirkung kommen kann. Wenn in der Vergangenheit mitunter in der Literatur andere Auffassungen vertreten wurden (vgl. z. B. SCHERF 1974, S. 301; BÖNISCH u. a. 1976, S. 282), so konnte in wissenschaftlichen Diskussionen seither weitgehende Übereinstimmung erarbeitet werden.

Danach wirkt die geographische Forschung zu definierten Aufgaben, die sie in engem Kontakt mit anderen Wissenschaften bearbeitet, an mehreren interdisziplinären Aufgabenbereichen mit, beteiligt sich an der Arbeit interdisziplinärer Gremien, arbeitet Gutachten und Stellungnahmen für staatliche Organe aus und wirkt an der Überführung ihrer Forschungsergebnisse aktiv mit. Die *Gesamtentwicklung der Geographie als Wissenschaftsdisziplin*, insbesondere auch ihrer Forschung, ist jedoch vorrangig nicht aus ihrer Mitwirkung in diesem oder jenem einzelnen interdisziplinären Aufgabenkomplex *abzuleiten*, sondern *aus* der *Gesamtheit gesellschaftlicher Erfordernisse*, die in verschiedenen Wirkungsfeldern speziellen Ausdruck finden.

In der Territorialforschung und der Umweltforschung läßt sich der spezifische Beitrag, den die geographische Forschung zu leisten vermag, noch deutlicher ausprägen, wenn komplexe Forschungsansätze innerhalb des naturwissenschaftlichen bzw. des gesellschaftswissenschaftlichen Zweiges der Geographie und vor allem in ihrem Berührungs- und Integrationsfeld intensiver vorbereitet und besser realisiert werden. Kaum eine andere Einzelwissenschaft hat so günstige objektive Voraussetzungen, innerhalb des eigenen Wissenschaftsgebietes *natur- und gesellschaftswissenschaftliche Fragestellungen im Forschungsprozeß zu verknüpfen*. Gerade das aber könnte auf längere Sicht zu einem wesentlichen *Charakteristikum für* die *fachspezifische Mitwirkung der Geographie* in diesen beiden interdisziplinären Aufgabenbereichen und darüber hinaus auch für die Lösung anderer Probleme werden.

5. Internationale wissenschaftliche Probleme in Beziehung zu geographischen Forschungen in der DDR

Die sozialistische Staatengemeinschaft, die eng um die Sowjetunion zusammengeschlossen ist,

„... beruht auf gleichartigen sozialökonomischen und politischen Grundlagen, auf der einheitlichen marxistisch-leninistischen Ideologie, auf der Gemeinsamkeit der kommunistischen Ziele, auf dem proletarischen Internationalismus“ (HONECKER 1976, S. 11).

Eine wesentliche Seite ihrer weiteren Stärkung und Entwicklung ist die internationale wissenschaftliche Zusammenarbeit zwischen Akademien, Universitäten und Hochschulen, zwischen Forschungs- und Projektierungseinrichtungen von Kombinaten, Betrieben und staatlichen Organen. Die in sozialistischer Forschungskooperation bearbeiteten wissenschaftlichen Probleme, die die verschiedensten Bereiche des gesellschaftlichen Lebens unmittelbar berühren, bringen gemeinsame Interessen sozialistischer Staaten nach Erkenntnisvorlauf und wissenschaftlichen Ergebnissen zum Ausdruck, die hohen gesellschaftlichen Nutzen haben. Die *in wissenschaftlicher Arbeitsteilung* und *Kooperation auf internationaler Ebene durchgeführten Forschungen geben auf nationaler Ebene* eine überaus *wichtige Orientierung.* Wie bereits an anderer Stelle dieses Beitrages dargestellt, gilt das auch für die geographische Forschung in der DDR, die sich im letzten Jahrzehnt zunehmend wirkungsvoller an der internationalen sozialistischen Forschungskooperation beteiligt hat.

Darüber hinaus gibt es aber eine *Vielzahl internationaler Probleme,* deren Bearbeitung und Lösung für mehr oder weniger alle Staaten von Interesse ist. Als Resultat und Bestandteil des Kampfes um die Durchsetzung der Politik der friedlichen Koexistenz und für internationale Entspannung rücken diese Probleme immer stärker in den Mittelpunkt der Tätigkeit internationaler Organisationen. Die sozialistischen Staaten, insbesondere die UdSSR, haben in den vergangenen Jahren auch auf diesem Gebiet äußerst aktiv gewirkt und eine Vielzahl konkreter Vorschläge unterbreitet. Ein Beispiel dafür ist der *Vorschlag* von L. I. BRESHNEW zur Vorbereitung und Durchführung eines *gesamteuropäischen Kongresses auf dem Gebiet des Umweltschutzes,* der inzwischen durch die Europäische Wirtschaftskommission der Vereinten Nationen organisiert wurde. Ein großer Teil dieser Aktivitäten erfordert die Bearbeitung und Lösung wissenschaftlicher Probleme, denen sich internationale wissenschaftliche Organisationen seit dem Beginn der siebziger Jahre verstärkt widmen. Das erfolgt in wachsendem Maße im Rahmen von internationalen Forschungsprogrammen.

Bei *Problemen,* die im Interesse von Staaten verschiedener Gesellschaftsordnung bearbeitet werden und Inhalt *internationaler Forschungsprogramme* sind, wird im UNO-System und in anderen internationalen Organisationen häufig eine gewisse Unterscheidung zwischen globalen und universellen Problemen getroffen.

Unter „*globalen Problemen*“ werden dabei solche verstanden, die von vornherein nicht innerhalb staatlicher Grenzen auftreten, häufig den Planeten Erde insgesamt betreffen und nur durch die Zusammenarbeit verschiedener Staaten bearbeitet und gelöst werden können. Beispiele dafür sind das Globale Atmosphärische Forschungsprogramm (GARP), das vorgesehene Weltklimaprogramm (WCP), Forschungen zu globalen Problemen der Erdkruste und der Ozeane u. a. m.

Als *„universelle Probleme“* werden im Unterschied dazu solche bezeichnet, die konkret in den Grenzen von Staaten auftreten, deren Lösung der staatlichen Hoheit ihrer Regierungen unterliegt. Bei der wissenschaftlichen Bearbeitung derartiger Probleme, bei der Erarbeitung von Empfehlungen und bei praktischen Aufgaben im Interesse verschiedener Staaten erfolgt eine internationale Zusammenarbeit, obwohl diese Staaten prinzipiell verschiedenen, gegensätzlichen Gesellschaftsordnungen angehören. Beispiele dafür sind Untersuchungen zu terrestrischen und aquatischen Ökosystemen, zu Urbanisierungsproblemen, zu ökotoxikologischen Fragen und viele andere (vgl. LEVIEN 1976, S. 15).

Den unterschiedlichen sozialökonomischen, politischen, demographischen und natürlichen Bedingungen Rechnung tragend, wird die *internationale Zusammenarbeit* zu globalen und universellen Problemen *häufig auf „regionaler Ebene“ untersetzt.* Darunter werden in der Regel Kontinente, Großregionen innerhalb von Kontinenten, aber auch Staatengruppen, wie zum Beispiel die Mitgliederstaaten des RGW, verstanden. Die Begriffe „Region“ und „regional“ werden folglich in internationalen Programmen vorwiegend in einem anderen Sinne verwendet, als das meist bei geographischen Untersuchungen in der DDR erfolgt. Dennoch können in internationalen Programmen dieser Art auch kleinräumige Untersuchungsergebnisse, die in Fallstudien zusammengefaßt werden, von hohem Wert sein, wenn sie neue Erkenntnisse zu globalen bzw. universellen Problemen enthalten.

Gegenwärtig bestehen *kaum Voraussetzungen* dafür, daß die *geographische Forschung in der DDR bei* der Gewinnung neuer Erkenntnisse durch konstruktive wissenschaftliche Beiträge zur *Lösung globaler Probleme* in dem oben umrissenen Sinne *wirksam* werden kann. Das ist nicht in erster Linie dem begrenzten Forschungspotential geschuldet, obwohl es im Hinblick auf das hier zu erörternde Problem nicht unterzubewerten ist. Entscheidender ist, daß sich in Deutschland spätestens im 19. Jahrhundert im Prozeß der Differenzierung der Wissenschaften Disziplinen herausbildeten, die viel stärker als die Geographie planetare Fragen in den Mittelpunkt ihrer Forschungen stellten, wie etwa die Geophysik im engeren Sinne, die Meteorologie einschließlich der Klimatologie, die Ozeanologie und andere. Die internationalen wissenschaftlichen Organisationen dieser Disziplinen boten bereits frühzeitig günstige Voraussetzungen für theoretische Arbeiten, umfangreiche Observatoriumsprogramme und Expeditionen zur Klärung globaler Probleme.

Dennoch haben namhafte *deutsche Geographen bis in das beginnende 20. Jahrhundert* hinein in größerem Umfang *Forschungen* betrieben, die *zur Klärung globaler Probleme* beitrugen oder haben Untersuchungen dazu angeregt. Als herausragende Beispiele seien hier die unter Leitung von E. v. DRYGALSKI stehenden Expeditionen nach Westgrönland (1891/1893), die im Auftrag der Gesellschaft für Erdkunde zu Berlin durchgeführt wurden, und in die Antarktis (1901/1903) genannt. In den zwanziger Jahren unterstützte A. PENCK nachdrücklich die Verwirklichung der von seinem Schüler A. MERZ schon früher ausgearbeiteten Pläne, komplexe Untersuchungen eines großen Ozeangebietes durchzuführen. Dem Einfluß A. PENCK, der 1906 zum Ordentlichen Mitglied der Berliner Akademie der Wissenschaften gewählt worden war, ist es in beträchtlichem Maße zu danken, daß die Akademie an der Vorbereitung und insbesondere der wissenschaftlichen

Auswertung der ozeanographischen Forschungsreise des Vermessungsschiffes „Meteor" (1925/1927) maßgeblichen Anteil hatte (vgl. Die Berliner Akademie ..., Teil II, 1975, S. 155 und 213–215). Andererseits wandte sich A. Penck schon in den Jahren vor dem ersten Weltkrieg entschieden gegen die nach seiner Ansicht noch nicht notwendige internationale Vulkan-Forschung und folglich auch gegen die Gründung eines Instituts für Vulkan-Forschung in Deutshland (vgl. a. a. O. Teil I, 1975, S. 201–202). Seine Haltung zu wissenschaftlichen Unternehmen, die zur Klärung globaler Probleme beitragen konnten, war also widersprüchlich. *Seit* dem *Ende der zwanziger Jahre* hatten maßgebliche Vertreter der *Geographie kaum noch* nennenswerten Einfluß auf die Vorbereitung, Durchführung und Auswertung von Forschungen im Interesse der *Lösung globaler Probleme.* Zwischen den Wissenschaften, die vorrangig derartige Forschungen betrieben, und der Geographie war — zumindest in Deutschland — trotz vielfältiger wissenschaftlicher Kontakte, die die Beteiligung einzelner Geographen an Expeditionen einschloß, eine relativ starke wissenschaftliche und eine weitgehende organisatorische Trennung eingetreten.

Diese Situation unterscheidet sich nicht unbeträchtlich von der in der *UdSSR*, wo die Geographie auch heute weiter gefaßt wird als im früheren Deutschland oder auch gegenwärtig in der DDR. Äußerer Ausdruck dafür ist es, wenn in der Geographischen Gesellschaft der UdSSR auch die Arktis- und Antarktisforschung, die Meeresforschung und andere Wissenschaftsgebiete, die zur Klärung globaler Probleme maßgeblich beitragen, beträchtliches wissenschaftliches Gewicht haben.

Unter den Bedingungen, von denen bei der weiteren Entwicklung der Geographie in der DDR ausgegangen werden muß, wäre es unrealistisch anzustreben, daß derartige Untersuchungen in absehbarer Zeit zu einem Schwerpunkt geographischer Forschungen werden könnten. Dennoch sollte in Erwägung gezogen werden, *längerfristig* wieder *einzelne Fachvertreter* mit spezifisch geographischen Aufgaben *an geeigneten Komplexexpeditionen* zu *beteiligen.* Darüber hinaus aber wird sich die Geographie in unserem Lande *bei* der *Wahrnehmung* ihrer *Bildungs- und Erziehungsaufgaben* sehr *intensiv* — weitaus mehr als bisher — *globalen Problemen widmen* müssen. Diese Aufgabe erwächst daraus, daß die Geographie in der Allgemeinbildung, insbesondere im Geographieunterricht an den Schulen, andere Wissenschaften, darunter im naturwissenschaftlichen Bereich andere Geowissenschaften wie Geologie, Geophysik, Meteorologie, Ozeanologie mit vertritt. Sie stützt sich dabei auf deren Forschungsergebnisse, die heute vornehmlich in internationalen Forschungsprogrammen gewonnen werden, ohne daß die geographische Forschung in der DDR dazu gegenwärtig originäre Beiträge leisten kann. Im Interesse dieser Funktion der Geographie sind spezielle wissenschaftliche Arbeiten erforderlich, die für die Bildung hohen Wert haben, jedoch im strengen Sinne des Wortes keine Forschung sind.

Im Unterschied zu globalen Problemen bestehen zwischen Schwerpunkten geographischer Forschungen in der DDR und universellen Problemen im vorher umrissenen Sinne vielfältige Berührungspunkte. Die *Geographen der DDR* haben sich *seit 1960* mit zunehmendem Erfolg darauf konzentriert, *in* der *Internationalen Geographischen Union,* in der *Internationalen Kartographischen Vereinigung* sowie in deren *Kommissionen* und *Arbeitsgruppen* mitzuarbeiten. Die Mitwirkung in diesen wichtigsten disziplinären internationalen Organisationen wird auch künftig Bedeutung haben. Dennoch ist es für die Disziplinentwicklung bedenklich, wenn in der geographischen Forschung unseres Landes gegenwärtig nur unzureichende Kenntnisse über Aufgaben, bisherige wissenschaftliche Ergebnisse und Entwicklungstendenzen von Forschungsprogrammen wichtiger anderer internationaler Organisationen vorhanden sind. Ihre Auswertung für die Konzipierung und Bearbeitung eigener Forschungsaufgaben hat dementsprechend zur Zeit nur ein geringes Gewicht. Es würde den Rahmen dieser Arbeit sprengen, wollte man versuchen, dieses Problem hier umfassend zu behandeln. Es soll jedoch in knapp zusammengefaßter Form an einigen Beispielen auf diesen Fragenkreis hingewiesen werden.

Gegenwärtig gibt es vor allem *zwei Problembereiche*, in denen Berührungspunkte zwischen langfristigen Schwerpunkten geographischer Forschungen in der DDR und Forschungsprojekten internationaler Organisationen vorhanden sind:

— Untersuchungen zu künftigen Erfordernissen der menschlichen *Siedlungsweise*, zu Problemen der Urbanisierung sowie zur Herausbildung, Veränderung und *Entwicklung von Siedlungssystemen*;
— Untersuchungen zu dynamischen *Veränderungen in terrestrischen Ökosystemen* unter besonderer Berücksichtigung anthropogener Einflüsse.

Diese Problembereiche, zu denen auch die Geographie in der DDR mit ihren fachspezifischen Möglichkeiten arbeitet, sind in unterschiedlichem Grade und mit verschiedener Dominanz *Gegenstand* von Untersuchungen in einer Reihe *internationaler Organisationen*. Forschungsvorhaben mit jeweils spezifischer Orientierung werden dazu vor allem im *Wissenschaftlichen Komitee für Umweltprobleme* (SCOPE), im *Internationalen Institut für Angewandte Systemanalyse* (IIASA) und im UNESCO-Programm „*Mensch und Biosphäre*" (MAB) verwirklicht. Charakteristisch für die Arbeiten in den Forschungsprojekten dieser internationalen Organisationen ist eine *problem- und aktionsorientierte Arbeitsweise*, die in beträchtlichem Maße mit interdisziplinärer Zusammenarbeit verbunden ist. Infolge der sehr komplexen Gegenstände besteht in ihnen ein starkes Bestreben, Methoden der Modellierung und der Systemanalyse anzuwenden. Für Forschungen anregend sind über die Arbeiten der genannten Organisationen hinaus auch Arbeitsergebnisse anderer internationaler Organisationen, insbesondere zwischenstaatlicher, wie des Umweltprogrammes der Vereinten Nationen (UNEP), der Chefberater der Regierungen der Mitgliedsstaaten der UNO-Wirtschaftskommission für Europa (ECE) für Umweltprobleme, der ECE-Kommission für Wohnungswesen, Bauwesen und Planung und einige andere, die zu bestimmten Fragen auf internationaler Ebene zusammenarbeiten. Infolge des Grundlagencharakters der geographischen Forschung in der DDR gebührt den zuerst genannten drei internationalen Organisationen, die sich in starkem Maße selbst Grundlagenproblemen widmen, besonderes Interesse.

Bei Forschungen, die in diesen internationalen Organisationen auf dem Gebiet der Urbanisierung und der Siedlungen durchgeführt werden, erscheint zunächst die Verfolgung der Arbeiten und die *Auswertung* der Forschungsergebnisse *für* die *geographische Forschung in der DDR* zweckmäßig und aussichtsreich. Dabei sind unter anderem *folgende Forschungsvorhaben* zu beachten:

— Untersuchungen, die im IIASA-Forschungsgebiet „*Menschliche Siedlungen und Dienstleistungen*" betrieben werden. Bisher standen hier Arbeiten über Stadt-Umland-Regionen (Functional Urban Regions) und zu Fragen der Bevölkerungsentwicklung und Migration im Vordergrund. Darauf aufbauend werden künftig, beginnend im Jahre 1979, Forschungen zum Thema „Urban Change" durchgeführt, die zunächst bis 1983 vorgesehen sind. Das Ziel dieser Untersuchungen besteht in einer Synthese von empirischen und theoretischen Erkenntnissen über urbane Wandlungen und deren Hauptwirkungen in entwickelten Ländern. Als abschließendes Ergebnis wird ein Modell oder ein System von Modellen angestrebt, das für Forschung und Projektierung in sozialistischen und kapitalistischen Industriestaaten von Nutzen ist (IIASA-Research Plan 1978, S. 104—105).

Darüber hinaus können gegebenenfalls für geographische Untersuchungen auch Arbeiten des IIASA von Interesse sein, die unter dem Thema „*Regional Development*" aufgenommen wurden. Gegenwärtig werden Fallstudien (z. B. in der VR Polen und der VR Bulgarien) erarbeitet und der Entwurf regionaler Entwicklungsmodelle diskutiert (a. a. O., S. 156—157).

— Bemerkenswert sind weiterhin die Arbeiten im Rahmen von MAB über „... *integrierte Forschungen zu menschlichen Siedlungen* als Basis für Entscheidungen und mit besonderer Berücksichtigung der Wechselwirkungen zwischen menschlichen Siedlungen und der sie umgebenden Umwelt sowie von Problemen des Energieflusses. Diese Forschungen sind darauf gerichtet, ein besseres Verständnis der Struktur und des Funktionsmechanismus menschlicher Siedlungen verschiedener Größe aus ökologischer Sicht zu gewinnen" (Manuskript MAP/ICC-5/13, 1977, S. 2; Übersetzung vom Verfasser).

— Schließlich sind zu diesem Problemkreis auch die Arbeit über *Umweltaspekte menschlicher Siedlungen* im SCOPE-Projekt 3 zu erwähnen. Dieses Projekt ist zwar vornehmlich Problemen in Entwicklungsländern gewidmet, kann aber für spezielle wissenschaftliche Aufgaben in der DDR von Interesse sein (vgl. SCOPE o. J., S. 7—8; SMIRNYAGIN 1978, S. 2—3).

Bei den *Untersuchungen zu dynamischen Veränderungen in terrestrischen Ökosystemen*, die in internationalen Forschungsprogrammen unter besonderer Berücksichtigung anthropogener Einflüsse durchgeführt werden, sind unter anderem folgende von besonderem Interesse für die geographische Forschung in der DDR:

— Forschungen im Rahmen von MAB über die *Umweltverschmutzung* und ihre Wirkung auf die Biosphäre (MAB-Projekt 11). Ihr Hauptziel ist es, im internationalen Rahmen die Einwirkungen von Umweltverschmutzungen auf die Struktur und den Funktionsmechanismus von terrestrischen und mit ihnen verbundenen aquatischen Ökosystemen zu untersuchen (vgl. Manuskript MAB/ICC-5/19, 1977, S. 1). Aus dem Gesamtprojekt können für geographische Forschungen in der DDR die experimentelle Testung der Beziehungen zwischen Verunreinigungen durch Beobachtungen im Gelände, die Analyse der Wege, der Transformationsgeschwindigkeiten und der Kreisläufe von Verunreinigungen in Ökosystemen beachtenswert sein (Ebenda).

— In enger Zusammenarbeit mit MAB werden im Rahmen des SCOPE-Projektes 2 Untersuchungen über dynamische *Veränderungen und die Evolution von Ökosystemen* durchgeführt. Eine erste Phase der Arbeit wurde 1976 mit einer gemeinsamen MAB/SCOPE-Publikation abgeschlossen. Unter den in Aussicht genommenen speziellen Arbeiten können für geographische Untersuchungen vor allem die zum Thema „*Land Conversion and Deterioration*" interessant sein (vgl. SCOPE o. J., S. 6—7; SMIRNYAGIN 1978, S. 2).

Im Unterschied zur sozialistischen Forschungskooperation werden in der Regel aus diesen internationalen Forschungsprogrammen nicht direkt langfristige Forschungsaufgaben auf nationaler Ebene abgeleitet, obwohl es vielfältige Verflechtungen zwischen internationaler sozialistischer Forschungskooperation, Forschungsaufgaben internationaler Organisation und den wissenschaftlichen Arbeiten innerhalb der einzelnen Länder gibt.

Für die *geographische Forschung in der DDR* ist die *Verfolgung der Entwicklungstendenzen in relevanten Projekten internationaler Organisationen und* die *Auswertung* ihrer Erkenntnisse und Erfahrungen *von hohem Wert* für die eigene wissenschaftliche Arbeit. Dadurch ist es vor allem möglich, sehr konzentriert den international fortgeschrittenen Stand in theoretischer und methodischer Hinsicht, teilweise auch im Hinblick auf Ergebnisse analytischer Arbeiten zu erfassen und in den eigenen Forschungen zu berücksichtigen. Das schafft gleichzeitig günstige Möglichkeiten, den auf einigen Gebieten der geographischen Forschung in der DDR gegenüber dem international fortgeschrittenen Niveau noch vorhandenen Rückstand (z. B. auf dem Gebiet der Modellierung und der Systemanalyse) schneller zu vermindern, als das aus eigener Kraft möglich ist.

Eine Voraussetzung ist aber, daß *bei Hauptrichtungen der geographischen Forschung in der DDR*, insbesondere solchen, mittels derer die praktisch-produktive Funktion der Geographie verwirklicht wird, das *Staatsterritorium der DDR zwar* weiterhin *Hauptuntersuchungsgebiet* ist, gleichzeitig *aber stärker* als bisher *auch internationale Aspekte* des betreffenden Problems, neue Erkenntnisse und Methoden aus internationalen Programmen berücksichtigt werden. Das muß schon bei der Ausarbeitung der konzeptionellen Grundlagen für die Bearbeitung geeigneter Forschungsaufgaben beginnen und sich durch den gesamten Forschungsprozeß hindurchziehen. Die bisherigen Erfahrungen belegen, daß Erkenntnisse und Erfahrungen aus internationalen Programmen um so wirksamer für die eigene Forschung ausgewertet werden können, je früher das im Verlauf eines langfristigen Forschungsvorhabens begonnen wird. Das entspricht gleichzeitig der Notwendigkeit, den Grundlagencharakter der geographischen Forschung in der DDR weiter auszuprägen und gesellschaftlich in unserer Republik noch wirksamer zu werden.

Dadurch werden ferner auch günstigere Möglichkeiten geschaffen, *sinnvolle Forschungsansätze* für geographische Untersuchungen *im Ausland und über das Ausland* auszuarbeiten. Nach übereinstimmender Auffassung der leitenden Wissenschaftler der Geographie in der DDR müssen langfristig auf diesem Gebiet verstärkt Forschungen betrieben werden. Wenn man an dieser Stelle von dringend notwendigen auslandsgeographischen Arbeiten, die vornehmlich der Bildungs- und Erziehungsfunktion dienen, absieht (vgl. u. a. SANKE 1978), wird es langfristig ein Schwerpunkt geographischer Forschungen im Ausland und über das Ausland sein, *Erkenntnisse, Theorien* und *Methoden,* die im Forschungsprozeß *in der DDR gewonnen* wurden, *in* anderen Staaten, *anderen geographischen Regionen anzuwenden,* sie dabei in gemeinsamer Arbeit mit Wissenschaftlern dieser Länder *zu überprüfen, zu modifizieren* und gegebenenfalls *weiterzuentwickeln.* Eine so orientierte Auslandsforschung kann die geographische Forschung in der DDR in der Hinsicht befruchten, daß sie zu neuen Einsichten über die Allgemeingültigkeit der gewonnenen Erkenntnisse bzw. über die Begrenztheit von Aussagen, die auf den spezifischen Bedingungen in der DDR beruhen, führt. Auch dafür würde eine umfassendere Auswertung von Erkenntnissen und Erfahrungen aus wissenschaftlichen Aktivitäten internationaler Programme von Nutzen sein, da in ihnen Problemstellungen anderer Regionen und Staaten deutlich werden.

Schließlich können von einer verstärkten Auswertung internationaler Programme positive Wirkungen darauf ausgehen, die *Bildungsfunktion der Geographie* noch *besser* zu *verwirklichen.* Die aus internationalen Programmen gewonnenen Kenntnisse und Erkenntnisse können dazu genutzt werden, spezifische Probleme der DDR, die im Forschungsprozeß im Vordergrund stehen, in größere Zusammenhänge hineinzustellen, internationale Entwicklungstendenzen zu berücksichtigen und in bestimmtem Grade auch Vergleiche zwischen Staaten und Regionen vorzunehmen. Die Wirkung der Geographie für die weltanschauliche Bildung und Erziehung wird dadurch unterstützt.

Die Verfolgung und Auswertung von Erkenntnissen und Erfahrungen aus internationalen Forschungsprogrammen für geographische Forschungen in der DDR ist eine unerläßliche Voraussetzung dafür, künftig zu ausgewählten Problemen in diesen Programmen selbst aktive Beiträge zu leisten. Eine der günstigsten Formen, in denen eine solche *aktive Mitwirkung* erfolgen kann, sind *Fallstudien*, die möglichst präzise auf die Anliegen *in* den jeweiligen *internationalen Forschungsprogrammen* bzw. einzelne ihrer Projekte gezielt sind und aus eigenen Forschungsarbeiten und -ergebnissen abgeleitet werden. Je besser es gelingt, künftig im Forschungsprozeß die auf die Nutzung in der DDR orientierten Arbeiten durch umfassendere Auswertung internationaler Forschungsprogramme wissenschaftlich zu befruchten, desto eher und desto wirksamer wird eine Beteiligung in derartigen Programmen für Geographen der DDR möglich sein.

Trotz mancher Fortschritte, die in jüngster Vergangenheit erzielt werden konnten, liegen auf diesem Gebiet bei den Geographen unseres Landes *bisher nur geringe Erfahrungen* vor. Einzelne Fachvertreter haben zwar — um ein Beispiel zu nennen — im Rahmen von Aufgaben des IIASA zu Problemen der Territorial- und Siedlungsstruktur sowie zur Migration konstruktive Beiträge geleistet (vgl. KRÖNERT 1978; LÜDEMANN HEINZMANN 1978; MOHS 1979), jedoch ist es durch intensive wissenschaftliche Vorbereitung notwendig, Voraussetzungen für eine sich verstärkende Wirksamkeit zu schaffen, die sich langfristig nicht auf das IIASA beschränken sollte.

Die *Auswertung* von Erkenntnissen und Erfahrungen *aus Forschungsaufgaben internationaler Organisationen*, ihre möglichst umfassende Nutzung für Forschungen, deren Ergebnisse vornehmlich in der DDR zur Anwendung kommen sollen, und die Vorbereitung auf eine allmählich *wachsende aktive Beteiligung an Aufgaben internationaler Forschungsprogramme* zu ausgewählten Problemen sollte *bei* der *Entwicklung der geographischen Forschung künftig verstärkt* ins Auge gefaßt werden. Das erfordert und ermöglicht, die *sozialistische Forschungskooperation* auch dafür zur Wirkung zu bringen und schafft günstige Voraussetzungen, durch die Geographie zur Unterstützung der Außenpolitik unseres Staates mit spezifisch wissenschaftlichen Mitteln beizutragen. Auf längere Sicht schließt eine solche Orientierung ein, *auslandsgeographische Forschungen und* eine *Beteiligung* einzelner Fachvertreter *an* geeigneten *Komplexexpeditionen* zur Klärung globaler Probleme anzustreben. Die für diese Aufgaben notwendigen wissenschaftlich-konzeptionellen Arbeiten sollten künftig verstärkt in Überlegungen zur langfristigen Entwicklung der geographischen Forschung in der DDR einbezogen werden.

Резюме

Проблемы развития географического исследования в Германской Демократической Республике

В течении прошедших трёх десятилетий география ГДР превратилась в научную дисциплину, которая благодаря её успехам в исследовании и всё более успешному проведению её задач в области образования и воспитания, сумела завоевать растущий общественный интерес. Общественные требования к опережающему росту научных знаний, также в области исследований географии, и постепенно возросшая научная производительность позволили в течении довольно долгого процесса, начавшегося в 50^x годах, созреть условиям, которые сделали не только возможным но просто необходимым проведение исследовательско стратегических работ в этой области.

Под исследовательской стратегией понимается разработка долгосрочных, целенаправленных исследовательских целей, вытекающих из общественных потребностей и научного развития и необходимые для их осуществления теоретические, методические, технические, организационные и др. предпосылки. Под исследовательско стратегическими работами понимаются непрерывные процессы, в которых должны учитываться единство и взаимообусловленность процессов и факторов.

В период антифашистско-демократического переворота и строительства основ социализма в ГДР, в условиях интенсивной научной и идеологической полемики, было осуществлено обновление географии на марксистско-ленинской основе, которая имела и имеет фундаментальное значение для всех отраслей географии в нашей республике. Проведение исследовательских стратегических работ, в узком понимании слова, ограничивалось, как правило, небольшим по количеству сотрудников, однако становившимися всё более научно-эффективными, факультетами университетов и институтов и осуществлялось преимущественно в индивидуальной форме. Первыми попытками исследовательско стратегических работ явились прежде всего научные коллоквиумы, разработанные Советом географии при тогдашнем Государственном Секретариате высшего и среднего образования, главные направления обучения в высших научных заведениях и научные мероприятия, проводившиеся основанным в 1953 году Географическим Обществом ГДР.

После победы социалистицеских производственных отношений и с переходом к всеобщему строительству социализма в ГДР, в географии вызрели условия, сделавшие необходимым разработку узловых задач этой дисциплины и развитие более тесного сотрудничества между институтами географии при высших учебных заведениях, а также с другими дисциплинами. Коренное значение для осуществления этих задач имело создание сектора географии при Академии Наук ГДР. Он не ограничился дисскусиями научных проблем своей дисциплины и исполнением обязанностей экспертной коллегии, а в первую очередь ориентировался на руководство центральными исследовательскими проектами в различных областях дисциплины, в определённой мере занимался их планированием и руководил их реализацией. Самым большим успехом в этой деятельности явилось начало научной работы над „Атласом ГДР", которая впервые соединила в долголетнем совместном сотрудничестве представителей физической и экономической географии, картографов и других учёных. При этом было достигнуто значительных успехов в области географических исследований ландшафта и др. исследований.

В этот период экономическим научно-исследовательским институтом при Государственной Плановой Комиссии был дан важной толчок для дальнейших долгосрочных исследовательских проектов и особенно для общественно-научной отрасли географии. В интересах создания научного развития территориального планирования, этим институтом были привлечены к тесному сотрудничеству научные учреждения географии, территориальной экономики и другие научные дисциплины.

Основополагающее научное и практическое значение имели результаты исследований городских агломераций ГДР, в которых на долю географов выпала руководящая роль. В этой, в общем плодотворной работе, возникли некоторые проблемы [как например, тенденция к растущей самостоятельности физической и экономической географии в процессе исследования, опасность слишком большого разграничения практическо-производственной функции географии с функцией воспитания и образования; недостаточное осознание диалектики развития дисциплины и междисциплинарных работ], которые в настоящее время ещё не полностью преодолены.

В конце 60^{x} годов начался новый период в дальнейшем развитии географических исследований, который тесно связан с переходом к строительству развитого социалистического общества в ГДР. В результате 3. Реформы Вузов в 1969 году в университетах страны была проведена концентрация на меньшее, но более эффективное количество географических факультетов и в этом же году с института страноведения при АН ГДР был создан институт географии [в натоящее время институт географии и геоэкологии при АН ГДР]. С образованием института географии было создано научное заведение занимающееся с тех пор в основном задачами целеустремлённого фундаментального исследования и выступающего одновременно институционным базисом осуществления научно-организационных задач, необходимых для тесного сотрудничества географов университетов и Академии Наук и их содействия в междисциплинаром комплексе задач. В этом сотрудничестве географами ГДР было достигнуто значительных результатов, которые затем были реализированы на практике, в особенности в области исследования систем расселения, при расследовании структуры и динамики ландшафтных пространств [пространственные геосистемы] и при научных работах по совершенствованию ,,Атласа ГДР''. В этом процессе сформировалось участие географов в международной социалистической исследовательской кооперации, чтопривело к существенному вкладу географов ГДР в общий процесс исследований.

С 1973/1974 года, благодаря разработке программы фундаментального исследования и уже достигнутым результатам, получили должное значение исследовательско стратегические работоы. В рамках исследовательской программы гео- и космических наук и особенно её главном направлении география/гидрология/метеорология были разработаны посредством интенсивного сотрудничества между Академией Наук и вузами концепционные основы географического исследования до 1985 года. Они представляют собой долгосрочную тематическую ориентацию и не исключают уточнений и модификаций. Достигнутые при этом результаты должны непрерывно углубляться с помощью решения теоретических, методических и идеологических проблем географических исследований в частности и географии как науки в целом.

Используя долголетний опыт географии СССР, географические исследования ГДР исходят из общественных потребностей социализма и учитывают при этом специфические условия строительства развитого социализма в нашей стране. В общественной действительности существует несколько относительно самостоятельных областей, из которых исследование черпает необходимые ориентации и в которых их результаты имеют специфическое содержание и различный эффект. С точки зрения активной функции науки, эти области можно назвать полями деятельности исследований. В области географических исследований это в особенности:

— прогноз и долгосрочное планирование общественных, в особенности народно-хозяйственных процессов;
— образование и воспитание в интересах всестороннего развития социалистической личности;
— сотрудничество в международных организациях и поддержка внешней политики ГДР с помощью специфических средств науки;
— дальнейшее развитие географии как науки.

Как наука, занимающаяся исследованием территориально-пространственных систем в природе и обществе и выявлением их закономерностей, учитывая при этом взаимосвязи между общественными и природными факторами и включающая в свои исследования динамические процессы, выявляя при этом предпосылки для преобразования этих систем, география обязана вложить свой дисциплинарно-специфический вклад во все четыре поля деятельности и найти пути их рационального применения при исследовании и при внедрении. Она сможет выполнить свой долг перед обществом только в том случае, если она станет пренебрегать ни одним из этих четырёх полей деятельности.

Поэтому, ещё при выборе проблемы, целей, методов и предполагаемого внедрения результатов долгосрочных основных направлений географических исследований и в ходе самих исследований, необходимо сильнее уделить внимание достижению общественно-полезных результатов в нескольких или во всех полях деятельности. При этом одно из полей может быть выдвинуто на передний план [чаще всего это первое выше указанное], однако и другими полями в процессе исследования и внедрения не следует пренебрегать. Поэтому необходимо всё чаще исходить из мультивалентного использования результатов исследования, которое с самого начала влияет на содержание и подход соответствующих исследовательских проектов. Оно должно приниматься во внимание в научном процессе труда и не может происходить стихийно или случайно. При этом долгосрочные исследовательские задания больших научных коллективов должны быть наиболее благоприятным образом соеденены с средне- и краткосрочными заданиями исследования и освоения небольших рабочих групп и индивидуальных научных работ. При некоторых довольно важных задачах географических исследований не являющихся, однако, ведущими но нуждающихся в дальнейшем развитии [как например, разработка научного описания ГДР и зарубежных стран в интересах образовательной и воспитательной функции географии, при исследовании истории немецкой географии или при исследовании истории географии ГДР], такой подход либо совсем невозможен либо применим в сильно модифицированном виде.

При географических исследованиях, результаты которых помогают созданию научных основ прогноза и долгосрочного планирования территориальных систем в нашем обществе, сильнее всего проявляется практико-производственная функция географии. Это следует прежде всего из результатов внедрения в области ответственности государственных органов территориального пранирования, преобразования окружающей среды и охраны природы. В специфическом смысле непосредственного осуществления практико-производственной функции географии и с учётом долголетнего опыта, что подобные исследования являются одновременно самымн значительным научным импульсом для других областей географических исследований и развития дисциплины в целом, они занимают центральное место среди всех географических исследований.

Для дальнейшего развития и более успешной реализации практико-производственной функции географических исследований, исходя из исследований существующих территориальных систем, является существенным более глубокое понимание процессов их изменения и развития и исходя из этого — построение довольно точных прогнозов. Это можно назвать географическим процессом исследования, который, однако, нельзя принимать за новую область исследований, но нужно понимать как научный принцип, который должен проводиться во всех исследованиях.

В интересах такого направления развития географии, её классические методы, носящие в основном эмпирический характер, должны быть дополнены теоретическими методами нахождения результата, как например, моделирование, эксперимент, а также необходимый для этого анализ. Как оригинал, специфические стороны которого отражены в модели и определены с помощью уже разработанных научных проблем, согласуются наилучшим образом так называемые области-модели [например, Дессау-Биттерфельд-Виттенберг, изучаемые институтом географии и экологии].

Возрастающая динамичность и комплексность общественных процессов и гармоническое развитие всех сфер общественной жизни, характеризующие развитое социалистическое общество, требуют от науки опережающего развития научных знаний, являющихся основой всех комплексных решений. Что касается географических исследований, то это прежде всего комплексный подход к исследованиям внутри общественой и естественно-научных отраслях дисциплины, тесное сотрудничество экономической и физической географии и их участие в междисциплинарных исследованиях. Под комплексным подходом здесь понимается учёт всех существенных компонентов [элементов и связей, возникающих между ними] при подготовке и разработке определённой научной проблемы территориальных систем природы и общества. Про этом должны быть по возможности точно определены цели исследования и условия, ограничивающие область исследования. Поэтому, вопрос о комплексном подходе исследования — проблемно-ориентированный и не является специфической областью географических исследований.

В недалёком прошлом важное значение, особенно при географических исследованиях, имели компонентно-ориентированные работы. Они концентрировались преимущественно на проблемах структуры расселения, включая проблемы географии населения. Исследования о месте и функциях расселения и населения внутри более комплексных и сложных территориальных систем [как например, сфера хозяйства и жизни] и её специфические формы организации [экономические области, разделенные по структурным и функциональным признакам, сфера действия и коммуникации населения] имели второстепенное значение. Хотя при этом было достигнуто заслуживающих внимания научных результатов определенного общественного значения, однако произошло сужение общего исследовательского профиля общественнонаучной отрасли географии.

Эконом-географические исследования, используя уже накопленные научные знания и методический опыт, должны в будущем сильнее концентрировать своё внимание на обработке програм внутренней структуры, возникновения, изменения и развития хозайственной и жизненной сфер исходя из специфических форм территориальной организации. Поэтому, исследование сфер действий и коммуникации населения [при условии, что выбранный исследовательский подход не очень узкий] благоприятная, но для дальнейших исследований не единственная, исходная точка. В условиях ГДР отдельные отрасли экономической географии, в особенности география расселения и населения, должны проводить свою научную ориентацию исходя из комплексных задач исследований общественнонаучной отрасли географии.

При возникновении, изменении и развитии территориальных систем исключительную роль играют многосторонние взаимосвязи между природой и обществом. Одновременно в общественной практике появилась необходимость привлечения в планомерное преобразование территориальной структуры общественного производства природных производственных и жизненных основ в их пространственной дифференциации и учёта при проведении мероприятий по преобразовании и охране природной среды проявления и процессы существующих территориальных структур. Для практического овладения этими проблемами, находящихся на границе естественных и общественных наук, ещё не существует достаточного опыта овладения процессами управления, планирования и прогноза.

Это в высшей мере научный вызов географии, которая объединяет специфическим образом свои общественные и естественные отрасли. Несмотря на уже долгое время существующее мнение, что между этими отраслями географии необходима и полезна тесная кооперация в процессе исследования, в ГДР в этой области ещё не достигнуто значительных успехов. Научный потенциал, лежащий в связях и взаимном дополнении общественной и естественной отраслей географии, ещё не нашёл своего проявления в новейших результатах исследований.

Сотрудничество физической и экономической географии предполагает как минимум, существование определённой области исследования [например, области-модели] и формирования в совместное работе представителей обеих отраслей согласованной научной проблемы, обработка которой была бы расчитана на довольно долгий период и протекала кооперативно на основе совместных целей. Кроме этого необходимо создание более прочных научно-организационных предпосылок, стимулирующих такую работу. При соответствующем подходе исследовательские работы по проблемам территориальной напряжённости, предельной напряжённости в промышленных районах и агломерациях или по проблемам отдыха, могут за относительно короткий срок дать первые результаты. Исследования по рациональному и безперебойному использованию площадей являются наиболее перспективным полем интеграции физико- и эконом-географических исследований на более длительный период.

Географические исследования в настоящее время принимают участие в разработке трёх комплексов задач, которые главным образом осуществляются на основе междисциплинарного сотрудничества и в тесном контакте с общественной практикой.
Это следующие комплексы:

— территориальное исследование,
— исследование окружающей среды,
— дистанционное исследование.

Соответственно специфическому дисциплинарному профилю, география внутри этих междисциплинарных комплексов концентрирует своё внимание на специальных проблемных областях, в которых она тесно сотрудничает с другими науками.

В интересах повышения научной степени и значимости результатов исследования и их общественной эффективности, необходимо исходить из диалектического представления о соотношениях между этими междисциплинарными комплексами, а также их связях с дисциплинарным развитием. В настоящее время существует ещё сильное расчленение между территориальными исследованиями и исследованиями окружающей среды, которое для дисциплинарного развития географии выступает фактором ещё недостаточного сотрудничества между физической и экономической географией. Географические исследования смогут внести свой специфический вклад в эти междисциплинарные комплексы при условии, что комплексные исследовательские подходы внутри естественно-научных или общественных отраслей географии, их поля соприкосновения и интеграции будут в будущем лучше подготавливаться и учитываться.

Кроме социалистической исследовательской кооперации, в которой география ГДР принимает по определённым проблемам активное участие и её сотрудничества в Международном географическом союзе, большое значение для дальнейшего развития географии имеет оценка полученных результатов международных программ исследования соответствующих областей. Несмотря на то, что география ГДР почти не располагает предпосылками для участия в глобальных исследовательских проблемах как например, исследования Земли в целом, в международных программах существуют научные области универсального характера, имеющие различные точки соприкосновения с географическими исследованиями в нашей стране. Особенно это касается исследований по проблемам урбанизации и динамики изменений экономических систем с учётом антропогенных воздействий. Они исследуются в различных международных программах с различной степенью и интенсивностью. Особую роль при этом играют Научный комитет по проблемам окружающей среды [СКОПЕ], Международный институт прикладного системного анализа [ИИАСА], и программа ЮНЕСКО ,,Человек и природа " [МАБ].

При географических исследованиях, главным предметом которых и в будущем останется территория ГДР, важно как можно глубже учитывать международные аспекты соответствующих проблем, новые знания и методы, добытые при обработке международных программ. Принятие во внимание и оценка полученных знаний и опыта являются главным условием для активного внесения определённого вклада в некоторые избранные вопросы международных проблем. Одной из наиболее благоприятных форм являются исследования особых случаев, которые по возможности точно нацелены на соответствующие задачи международных исследований и выводятся из собственных исследований и их результатов.

Summary

Problems of the research strategy for GDR geography

During the last three decades GDR geography has become more and more efficient because of its qualitatively new results of investigations, and its increasing progress in education. From 1950 on both rising social demands for geographical knowledge and increasing sufficiency of geographers have led to conditions requiring a research strategy in geography.

Here research strategy is denoted as "the determination of long-termed aims derived from social requirements and the development of sciences as well as from the theoretical, methodological, and technical fundamentals for the realization of the aims". Investigations in the research strategy are interpreted as "a continuous process" and have to refer to the entity and interdependence of different factors and processes.

Under the antifascist-democratic revolution and under developing socialism a renovation of geography was based on marxism-leninism. This renovation of geography was the result of intensive scientific and ideological discussions, and it created the fundamentals for all investigation within GDR geography. At that time the number of university geographers was relatively small, but even if they were employed in a number of different projects some of them published articles on problems of research strategy. The first impulses for such contributions came from

- the scientific colloquia at the „Beirat für Geographie“ at the former „Staatssekretariat für Hoch und Fachschulwesen“,
- the conceptions for the studies at the geographical institutes of the universities, and
- the scientific colloquia of the "Geographische Gesellschaft der DDR" founded in 1953.

After the introduction of socialist conditions of production, and during the transition to the extended development of socialism in the GDR, it was possible for geographers to find new essential research problems, derived from the basic social requirements. These conditions enabled them to develop the co-operation both — of the geographical institutes of the universities and between them and other facilities. The foundation of the "Sektion Geographie" at the Academy of Sciences in 1962 was of great importance for the organization of the two forms of co-operation mentioned above.

The geographers in the "Sektion Geographie" did not only discuss problems and give 'geographical opinions', but they also planned, initiated, realized, and led research. The start of the scientific work on the „Atlas der DDR“ was an important event at that time. Representatives of physical — and economic geography, cartography and of other disciplines were integrated in this project for a long time. This co-operation also brought about an essential progress in the investigation of landscape and in other projects.

As that time the „Ökonomisches Forschungsinstitut“ of the „Staatliche Plankommission“ initiated long-termed investigation, especially within the social sphere of geography. In order to create the scientific presuppositions for regional planning, this institute improved the co-operation between the scientific facilities of geography, economy, and other disciplines. Investigation on agglomeration regions showed the best scientific and practical results, and was of primary importance. Geographers played a leading part in this project. The co-operation manifested the existence of some problems of geography that have not been solved yet. Such problems are

- the tendency of an increasing independence of Physical and Economic geography in investigations,
- the danger of the separation between the practical and educational functions of geography,
- insufficient utilization of the results of other disciplines.

At the end of the 1960s a new period in geographical research began. It was connected with the transition to the developed socialist society in the GDR. As a result of the "third university reform" in 1969 the geographers of the universities were organized in few, but more efficient units, termed 'sections'. In 1969 the „Institut für Länderkunde" was included into the Academy of Sciences. Its first name was „Geographisches Institut", today it is the „Institut für Geographie und Geoökologie (IGG)". Since then this institute has dealt with the fundamentals of geography. At the same time it became the centre for the coordination of the geographical research of university departments and the academy. Such a centre was able to ensure the solution of complex problems requiring the co-operation of scientists of several disciplines.

By means of co-operation the geographers of the GDR achieved remarkable results, and transferred them into practice. The most important results were achieved in the investigations on settlement systems, the structure and development of landscape (natural geo-systems), and by the completion of the "Atlas of the GDR". At the same time the geographers of the GDR took part successfully in the international socialist co-operation.

Since 1973 the remarkable results of geographical investigations and the elaboration of fundamental programmes for basic research have required urgently an increase in investigation on research strategies. The geographers of the universities and of the academy elaborated together basic concepts for the geographical research up to 1985. These concepts are a part of the 'research programme of the geo- and cosmic sciences', especially of its main branch of research, i.e. geography/hydrology/meteorology. The basic concepts describe the long-termed thematic orientation, but they do not exclude possible modifications or corrections.

Above all, geographical research in the GDR refers to the social demands of socialism. It makes use of results of Soviet geography, but it takes into consideration the specific conditions of the developing socialist society in the GDR.

There are several, relatively independent social spheres in socialist society. Important orientations for geographical research can be derived from them, and they are influenced for their part by the results of research in a specific manner. Considering the active social function of science, these spheres may be denoted as 'fields of reactions on the results of research'. Most important are:

- prognosis and long-termed planning of social, especially of economic processes,
- comprehensive education and training of socialist personalities,
- co-operation within international scientific organizations,
- support of the foreign policy of the GDR by means of the specific possibilities of science, and
- the progress of the science "geography" itself.

Geography

- investigates spatial (territorial) systems of nature and society and discovers regularities within them,
- considers the interdepences between social and natural factors,
- includes processes into its research work more and more, and
- inquires the presuppositions for the long-termed regulation of spatial systems.

Therefore geography can contribute to all the four spheres mentioned above. Geography can only meet the demands of society, if it never neglects one of these four spheres. Therefore geographers should be anxious to achieve socially advantageous results of their long-termed investigation in some, or all, of these four spheres. The choice of the topic, the aims, and the methods of investigations influence decisively the possibilities for the application of the results in practice. One of the spheres — in most cases the first of them — will be the most important. But the other spheres are also components of investigation and its application in practice, they must not be neglegted.

Geographers should try to achieve a multi-valent utilization of their results. This aim should determine both — topic and method of the investigations, and it should be considered in the long-termed programmes of research. Multivalent utilization should not be a spontaneous or random effect. Therefore long-termed, comprehensive research programmes must be well-co-ordinated with short-term projects of research and application in practice by the integration of small and 'temporary' teams or of single scientists.

But some important problems of geographical research cannot be solved by the described method of investigation:

— the presentation of findings about the GDR and foreign countries for educational purposes, or
— investigation on the history of German geography and on the history of GDR geography.

The 'practical productive function' of geography is reflected in results providing the basis for prognosis and long-termed planning of regional systems in our society. Such results are transmitted to the organs of the state, especially to the organs of regional planning, environment monitoring, protection, and rehabilitation, and they put those results into practice.

Geographical investigation realizing the 'practical productive function' of geography plays a dominating part within the geographical research as a whole, because the experience of many years shows that such investigation stimulates particularly the development of geography and of its branches. The further development of the 'practical productive function' of the geographical research demands a deeper understanding of the existing structures of regional systems and their development and changes, and the derivation of sufficiently reliable prognoses. This kind of procedure may be termed 'geographical process investigation'. It is not a new field of investigation, but the scientific principle for any kind of research. In order to stimulate such a development of geography, the traditional empiric methods of investigation have to be completed by more theoretically based methods, e.g. by inventing models, based on system analysis. So-called 'model areas' (e.g. the model area Dessau—Bitterfeld—Wittenberg investigated by the IGG) are a field of the invention and testing of such models.

The increasing complexity of social processes and the harmoneous development of all spheres of social life demands scientific knowledge as a basis for the complex solution of problems. Therefore complex investigation within the disciplines of geography and between them is necessary as well as co-operation with other sciences. Complex investigation means: consideration of all essential components (elements, and relations between them) in the planning of the solution and in the solution itself of a specific problem of regional systems in nature and society. The aims and the frameworks of conditions limiting the research must be defined as exactly as possible. Under this aspect complex investigations are problem-oriented, and are therefore no specific field of geographical research.

In the 1970s research in economic geography dealt mainly with components. Research was concentrated on problems of settlement structure including population geography. Geographers participating in these investigation analysed above all the structure of settlement systems. On the contrary, research did not pay enough attention to the position and function of settlements and their population in more complex and complicated regional systems. So, some aspects were neglected, among them the investigation of specific regional forms of the organization of economy and life (economic regions determined by structural and functional aspects, or the so-called 'regions of action and communication'). There is no doubt that remarkable results of social efficiency have been achieved, but the field of investigation in the social branch of geography was confined.

In the future research of economic geography should be concentrated on problems of the origin, development, structure and changes of economic and social regions. It should include knowledge already existing and methodological experience, and it should start with investigations on specific forms of spatial organization. A favourable starting point is the research on 'interaction and communication regions' of the population, if an adequate starting position is taken into consideration. But this is not the only possible starting point. Under the conditions of the GDR the branches of economic geography should increasingly derive their scientific orientation from more complex problems. This principle should also be applied to settlement and population geography.

In the origin, the change and the development of regional systems of complicated interdependences between nature and society play an extraordinary, in some spheres an increasing part. At the same time the necessity of a planned organization of the spatial structure of social reproduction gets more obvious. Consequently, the natural conditions of life and production have to be included comprehensively with regard to their spatial differentiation. The organs of the state of natural environment monitoring, protection, and rehabilitation must increasingly take into consideration phenomena and processes within the existing spatial structure. As the knowledge of such problems in the intermediate sphere between natural and social sciences is poor, the prognosis, planning, and regulation of such problems in practice is still difficult.

This is a challenge to geography in particular, unifying natural and social branches of science in a specific way. For many years the geographers of the GDR have agreed on the necessity and usefulness of the co-operation between the two branches of geography. Nevertheless, there is only little progress in co-operation. Obviously, the scientific possibilities of such a combination and co-operation have not been realized yet, and could not influence decisively new results in investigation. The co-operation between physical and economic geographers presupposes the existence of a corresponding area of investigation, e.g. a 'model region' like the above-mentioned one. Co-operation also presupposes the existence of a long-termed common aim. Moreover, it is necessary to stimulate such a co-operation by better scientific preconditions. Within a short time first results could be achieved in the investigation of air- and water pollution, of the pollution capacity of industrial and agglomeration regions, and of recreation areas. At long date, investigation on rational land use promises to be a field of succesfully integrated geographical research.

The co-operation of GDR geographers with other scientists and practicians is concentrated on three complexes of problems:

— regional research,
— environmental research and
— remote sensing.

It is necessary to base the projects on a dialectical conception including both — the relations between those complexes and their relations to the development of geography. Such conceptions aim at a high level of 'scientism' of the results that are to be achieved as well as at social efficiency, which has not been gained yet sufficiently. At present, the investigation of regions and of natural environment is proceeding separately. In the future the specific contributions of the branches of geographical research within the complexes mentioned above are marked more distinctively, if the complex research projects of the natural and social branches of geography pay special attention to co-operation and integration.

The geographers of the GDR take an active part in international socialist co-operation on some problems. They also participate in some IGU—projects. Moreover, the analysis of results of international geographical research is very important for the development of geographical research in the GDR. At present, there are no presuppositions for the geographers of the GDR to participate in the solution of global problems. But there are general problems in some international research programmes that are also investigated in our country. Such projects deal with urbanization and changes in ecosystems under anthropogeneous influence. Such problems are investigated in several international research programmes on different levels and with the dominance of different aspects. This investigation is concentrated in the SCOPE of the ICSU, in the International Institute for Applied Systems Analysis (IIASA), and in the project of the UNESCO "Man and Biosphere" (MAB).

For GDR geographers the territory of the GDR is, and will be, the main object of investigation. But it is necessary to include the international aspects of the investigated problems from the very beginning. New findings of international research programmes should be analysed carefully and included in our work. An analysis of such results and experience is one of the necessary preconditions of a future contribution of GDR geographers to selected problems of international programmes. Papers on single selected problems are the most suitable way of such contributions. They should refer to the corresponding problems of projects of international organizations and should be based on own investigation and its results.

Literatur

BARTH, L. und W. SCHLIMME (Leiter des Autorenkollektivs): Methodik Geographieunterricht. Berlin 1976.

BARTHEL, H. und E. NEEF: Über einige Ergebnisse der geographischen Forschung im mitteldeutschen Braunkohlengebiet. Wiss. Z. Karl-Marx-Universität Leipzig, Math.-nat. Reihe, 5 (1955/56), S. 619—629.

BARTHEL, H.: Braunkohlenbergbau und Landschaftsdynamik. Gotha 1962.

BARTHEL, H. (Hrsg.): Landschaftsforschung: Beiträge zur Theorie und Anwendung. Ergänzungsheft zu Peterm. Geogr. Mitt. 271, Gotha/Leipzig 1968.

BAUER, L. und K. WERNER: Über die planmäßige Gestaltung von Bergbaufolgelandschaften des

Braunkohlenbergbaus in der DDR. In: Sozialistische Gesellschaft und ihr Territorium. Wiss. Abh. d. Geogr. Ges. d. DDR, Bd. **9**, Gotha—Leipzig 1972, S. 47—54.

Benedict, E.: Integration und Typisierung — Möglichkeiten und Probleme der Darstellung von territorialen sozialökonomischen Komplexen in thematischen Karten. In: International Geographical Congress, Section 6: General Economic Geography, Moscow 1976, S. 274—276.

Benedict, E.: Prinzipien der inhaltlichen und kartographischen Gestaltung des Atlas DDR. Geogr. Berichte, **22** (1977) 3, S. 176—186.

Bernal, J. D.: Die Wissenschaft in der Geschichte. Berlin 1961.

Bönisch, R., G. Mohs und W. Ostwald (Hrsg.): Territorialplanung. Berlin 1976.

Dunken, G.: Die Deutsche Akademie der Wissenschaften zu Berlin in Vergangenheit und Gegenwart. Berlin 1958.

Friedlein, G.: Thematische Karten für Umweltforschung und Umweltgestaltung. Vermessungstechnik, **24** (1976), S. 292—293.

Gellert, J. F.: Grundzüge der physischen Geographie von Deutschland. Bd. I: Geologische Struktur und Oberflächengestaltung. Berlin 1959.

Gellert, J. F. (Hrsg.): Alexander von Humboldt. Wiss. Abh. d. Geogr. Ges. d. DDR, **2** (1960), Berlin.

Gellert, J. F.: Die gesellschaftliche Aufgabe der Geographie und das Wesen der geographischen Wissenschaften. Geogr. Berichte, **12** (1967) 2, S. 108—124.

Gellert, J. F.: XXI. Internationaler Geographischer Kongreß in New Delhi, Indien. Geogr. Berichte, **14** (1969) 3/4, S. 307—314.

Gerasimov, I. P.: Die Wissenschaft von der Biosphäre und ihrer Umgestaltung. Konstruktive Richtungen des heutigen geographischen Denkens. Peterm. Geogr. Mitteilungen, **113** (1969) 1, S. 49—51.

Gerasimov, I. P.: Naučno-techničeskij progress i geografija (Wissenschaftlich-technischer Fortschritt und Geographie). Materialy V. sjezda Geografičeskogo obščestva SSSR, Leningrad 1970.

Gerasimov, I. P., S. L. Vendrov, S. V. Zonn, A. S. Kes, N. T. Kuznecov und M. I. Nejstadt: Krupnomasštabnye naučno-techničeskie programmy po preobrazovaniju prirody našej strany i učastie geografov v ich osuščestvlenii (Großräumige wissenschaftlich-technische Programme zur Umgestaltung der Natur unseres Landes und die Beteiligung der Geographen an ihrer Verwirklichung). Materialy VI sjezda Geografičeskovo obščestva SSSR, Doklady na plenarnych zasedanijach, Leningrad 1975, S. 3—18.

Gerasimov I. P. (Hrsg.): A Short History of the Geographical Science in the USSR (Eine kurze Geschichte der geographischen Wissenschaft in der UdSSR). Moscow 1976.

Grimm, F., I. Hönsch und G. Taege: Gebietliche Zentren in der DDR und ihre verkehrsbedingten Dominanzbereiche. Geogr. Berichte, **17** (1972) 3/4, S. 205—217.

Grimm, F.: Die Kreisstädte der DDR und ihre Rolle im Siedlungssystem. Geogr. Berichte, **19** (1974) 4, S. 229—247.

Grimm, F. und I. Hönsch: Zur Typisierung der Zentren der DDR nach ihrer Umlandbedeutung. Peterm. Geogr. Mitt., **118** (1974) 4, S. 282—288.

Grimm, F., R. Krönert und J. Heinzmann: Stadttypen und Zentrumsregionen — Tendenzen und Entwicklungsprobleme. Sitzungsberichte d. Akad. d. Wiss. d. DDR, Berlin, H. **2N**, (1976), S. 47—53.

Grimm, F., I. Hönsch und R. Krönert: Stadtklassifikation auf empirisch-konventionellem Wege und mittels Faktorenanalyse und Dendrogramm — ein Vergleich der Methoden und Ergebnisse. Peterm. Geogr. Mitt., **120** (1976) 2, S. 106—119.

Grimm, F.: Zur Stellung der Städte der DDR im Siedlungssystem nach ihren Innen-, Umland- und Fernfunktionen. Sitzungsberichte d. Akad. d. Wiss. d. DDR, Berlin, H. **19N** (1977), S. 20—39.

Haase, G. und H. Lüdemann: Flächennutzung und Territorialforschung. Geogr. Berichte, **17** (1972) 1, S. 13—25.

HAASE, G.: Zur Ausgliederung von Raumeinheiten der chorischen und der regionischen Dimenson — dargestellt an Beispielen aus der Bodengeographie. Peterm. Geogr. Mitt., **117** (1973) 2, S. 81—90.

HAASE, G., H. HUBRICH, H. SCHLÜTER und G. SCHMIDT: Theoretische und methodische Probleme bei der Erkundung technisch beeinflußter Geosysteme. Peterm. Geogr. Mitt., **117** (1973) 4, S. 279—282.

HAASE, G.: Die Arealstruktur chorischer Naturräume. Peterm. Geogr. Mitt., **120** (1976) 2, S. 130—135.

HAASE, G.: Ziele und Aufgaben der geographischen Landschaftsforschung. Geogr. Berichte, **22** (1977) 1, S. 1—19.

HAASE, G. und L. SCHUBERT: Geographische Forschungen mit Hilfe der Fernerkundung der Erde. Z. f. d. Erdkundeunterricht, **29** (1977) 10, S. 368—378.

HAEFKE, F.: Physische Geographie Deutschlands. Berlin 1959.

HAGER, K.: Wissenschaft und Technologie im Sozialismus. Berlin 1974.

HARD, G.: Die Geographie. Eine wissenschaftstheoretische Einführung. Sammlung Göschen, Bd. 9001, Berlin (West)/New York 1973.

HARKE, H. und M. DISCHEREIT: Geographische Aspekte der sozialistischen ökonomischen Integration. Studienbücherei Geographie für Lehrer, Gotha/Leipzig, Bd. 9, 1976.

HARTKOPF, W.: Die Akademie der Wissenschaften der DDR. Ein Beitrag zu ihrer Geschichte. Berlin 1975.

HEINZMANN, J. und H. LÜDEMANN: Zur Rolle der Stadt-Umland-Beziehungen bei der Entwicklung der Siedlungsstruktur. Wiss. Z. d. Humboldt-Univ. Berlin, Math.-nat. Reihe, **24** (1975) 1, S. 33—39.

HOFMANN, U.: Geplante Forschung — planmäßiger Fortschritt. Spectrum, **5** (1974) 7, S. 5—8.

HONECKER, E. (Berichterstatter): Bericht des Zentralkomitees der Sozialistischen Einheitspartei Deutschlands an den IX. Parteitag der SED. Berlin 1976.

HÖNSCH, F.: XXIII. Internationaler Geographischer Kongreß Moskau 1976. Geogr. Berichte, **22** (1977) 1, S. 67—70.

HÖNSCH, F. und H. KOHL: Bericht über den XXIII. Internationalen Geographischen Kongreß 1976 in der UdSSR. Peterm. Geogr. Mitt., **121** (1977) 1, S. 36—37.

HUBRICH, H.: Zur Typenbildung in der topischen Dimension. Peterm. Geogr. Mitt., **118** (1974) 3, S. 167—172.

HUBRICH, H.: Zur Typisierung in der geographischen Landschaftsforschung. Peterm. Geogr. Mitt., **120** (1976) 2, S. 136—140.

HURTIG, T.: Physische Geographie von Mecklenburg. Berlin 1957.

ISAČENKO, A. G.: Razvitie geografičeskich idej (Die Entwicklung der geographischen Ideen). Moskva 1971.

JACOB, G.: Probleme der Lehr- und Forschungstätigkeit in der ökonomischen Geographie. Geogr. Berichte, **2** (1957) 1, S. 13—21.

JACOB, G.: Nationalkomitee für Geographie und Kartographie. Geogr. Berichte, **14** (1969) 3/4, S. 295.

JACOB, G.: XXII. Internationaler Geographenkongreß in Montreal/Kanada. Geogr. Berichte, **18** (1973) 2, S. 138—145.

JACOB, G.: Geographie des Auslandes — Auftrag und Verpflichtung für die Geographen der DDR. Geogr. Berichte, **23** (1978) 4, S. 249—258.

KAUTZLEBEN, H.: Erkundung der Erde aus dem Weltraum. Wissenschaft und Fortschritt, **27** (1977) 5, S. 203—206.

KINZEL, H.-M.: Die Erziehung zu proletarischem Internationalismus, sozialistischem Patriotismus und Heimatliebe — ein wesentliches Anliegen im Geographieunterricht. Geogr. Berichte, **21** (1976) 1, S. 30—37.

KLARE, H.: Grundlagenforschung — Basis des wissenschaftlich-technischen Fortschritts. Spectrum, **7** (1976) 10, S. 9—12.

KLAUS, G. und M. BUHR (Hrsg.): Philosophisches Wörterbuch. 10. Auflage. Leipzig 1974.

KOHL, H.: Die Standortverteilung der Hochseefischerei der deutschen Nordseehäfen und ihre natürlichen Bedingungen, Berlin 1954.

KOHL, H.: Die Entwicklung der Standortverteilung der westdeutschen Industrie von 1945 bis 1957/58. Berlin 1961.

KOHL, H.: Sektion Geographie bei der Deutschen Akademie der Wissenschaften zu Berlin gebildet. Geogr. Berichte, 7 (1962) 1, S. 87–88.

KOHL, H.: Ökonomische Geographie der Montanindustrie in der Deutschen Demokratischen Republik. Gotha/Leipzig 1966.

KOHL, H.: Bedeutung und Entwicklungsfragen der Geographie in der Deutschen Demokratischen Republik. Peterm. Geogr. Mitt., **112** (1968) 1, S. 3–8.

KOHL, H. (Leiter des Herausgeberkollektivs): Ökonomische Geographie der Deutschen Demokratischen Republik. Gotha/Leipzig 1969.

KOHL, H. (Leiter des Herausgeberkollektivs): Die Bezirke der Deutschen Demokratischen Republik — Ökonomische Geographie. Gotha/Leipzig 1974.

KRÖBER, G.: Die Wissenschaft und ihre Erforschung im Sozialismus: Prozesse, Probleme, Prinzipien. In: KRÖBER, G. (Hrsg.): Wissenschaft im Sozialismus; Probleme und Untersuchungen. Berlin 1973, S. 11–64.

KRÖNERT, R. und R. SCHMIDT: Das Umland von Mittelstädten. Peterm. Geogr. Mitt., **118** (1974) 4, S. 289–293.

KRÖNERT, R.: Die Zentrumsregionen der Groß- und Mittelstädte der DDR. Sitzungsberichte d. Akad. d. Wiss. d. DDR, Berlin, H. **15N** (1976), S. 34–43.

KRÖNERT, R.: Stadt-Umland-Regionen von Groß- und Mittelstädten der DDR. Geogr. Berichte, **22** (1977) 2, S. 81–101.

KRÖNERT, R. (Verantwortlicher Bearbeiter): Ausgewählte Kommunikations- und Lebensgebiete der Bevölkerung — theoretische Begründung, Analyse und Kennzeichnung ihrer Dynamik. Institut für Geographie und Geoökologie der AdW der DDR, Leipzig, Dezember 1977 (Interner Forschungsbericht).

KRÖNERT, R.: Functional Urban Regions in the German Democratic Republic (Stadt-Umland-Regionen in der Deutschen Demokratischen Republik). Conference on the Analysis of Human Settlement Systems, Schloß Laxenburg, Austria, October 18–20. 1978.

KRÖNERT, R.: Die Stadt-Umland-Regionen von Groß- und Mittelstädten als Aktions- und Kommunikationsräume der Bevölkerung in der DDR — Struktur und Tendenzen ihrer Entwicklung. Diss. (B), Leipzig 1979.

LEHMANN, E.: Die Aufgabenkonzeption der Sektion für Geographie der Deutschen Akademie der Wissenschaften. Peterm. Geogr. Mitt., **108** (1964) 1/2, S. 91–97.

LEHMANN, E.: Geographie als angewandte Wissenschaft. Sitzungsberichte d. Dt. Akad. d. Wiss. zu Berlin, Klasse für Chemie, Geologie und Biologie, Nr. 1 (1967), Berlin, S. 3–27.

LEHMANN, E.: Charakteristik der themengebundenen kartographischen Gestaltungsgrundsätze. Der „Atlas DDR“ im Vergleich zu anderen Nationalatlanten. Peterm. Geogr. Mitt., **114** (1970) 2, S. 152–158.

LEHMANN, E.: Wandlungen im Gegenstand und in der Methode der Geographie in Beziehung zur Entwickung des Geographischen Instituts der Akademie der Wissenschaften. Veröff. d. Forschungsbereichs Kosmische Physik, H. 2 (Entwicklungstendenzen der Geographie), Berlin 1973, S. 5–21, (1973a).

LEHMANN, E.: Spezielle Regionalatlanten — erläutert an der kartographischen Konzeption eines Atlas über die „Optimale Gestaltung der Umweltbedingungen“. Geoforum, H. 15 (1973), S. 59–62, (1973b).

LEHMANN, E: Kartographie im Dienst der Umweltforschung. In: Wissenschaft und Fortschritt, **24** (1974) 4, S. 178–183.

LEHMANN, E.: Stadtstrukturkarten in National- und Regionalatlanten. Wiss. Z. d. Humboldt-Univ. Berlin, Math.-nat. Reihe, **24** (1975) 1, S. 9–12.

LEHMANN, E. (Vorsitzender der Herausgabekommission): Atlas Deutsche Demokratische Republik. 1. Lieferung, Gotha/Leipzig 1976.

LENIN, W. I.: Karl Marx. In: Marx, Engels, Marxismus. Moskau 1947.

LEVIEN, R.: Angewandte Systemanalyse in einer internationalen Einrichtung. Rede auf der IIASA-Konferenz 1976. (Übersetzung des Komitees für Angewandte Systemanalyse bei der AdW der DDR).

LÜDEMANN, H.: Wissenschaftlichen Vorlauf für die Territorialplanung schaffen. In: Aktuelle Probleme der territorialen Struktur- und Systemforschung. In: Die Wirtschaft, Beilage zur Ausgabe Nr. 19 vom 8. Mai 1969, S. 2–3.

LÜDEMANN, H.: Aufgaben und Ziele des Geographischen Instituts der Akademie der Wissenschaften der DDR im Lichte zukünftiger Entwicklungstendenzen der geographischen Forschung in der DDR. Veröff. d. Forschungsbereichs Kosmische Physik, Heft 2 (Entwicklungstendenzen der Geographie), Berlin 1973, S. 23–32.

LÜDEMANN, H.: Aufgaben und Forschungsergebnisse des Geographischen Instituts der Akademie der Wissenschaften der DDR. Geogr. Berichte, **19** (1974) 3, S. 214–226.

LÜDEMANN, H.: Gesellschaft und Umwelt. In: Wissenschaftlich-technische Revolution — Sozialismus — Ideologie. Technische Univ. Dresden 1974, Teil 2, S. 186–206.

LÜDEMANN, H. und J. HEINZMANN: On the Settlement System of the German Democratic Republic (Zum Siedlungssystem der Deutschen Demokratischen Republik). In: HANSEN, N. (Hrsg.): Human Settlement Systems: International Perspectives on Structure, Change and Public Policy (Menschliche Siedlungssysteme: Internationale Perspektiven zu Struktur, Veränderung und staatlicher Politik). Cambridge, Mass., 1978.

MARCINEK, J. und B. NITZ: Das Tiefland der Deutschen Demokratischen Republik. Leitlinien seiner Oberflächengestaltung. Gotha/Leipzig 1973.

MARCINEK, J.: Das Wasser des Festlandes. Eine Einführung. Gotha/Leipzig 1976.

MOHS, G.: Die Industrie im Bezirk Frankfurt (Oder); Entwicklung und Standortverteilung in Vergangenheit und Gegenwart. Berlin 1962.

MOHS, G.: Geographie und technische Revolution. Gotha/Leipzig 1968.

MOHS, G.: Strukturentwicklung und Planung von Ballungsgebieten als Problem und Aufgabe der territorialen Strukturforschung. Peterm. Geogr. Mitt., **116** (1972) 1, S. 3–6.

MOHS, G., H. RICHTER, D. SCHOLZ, H. HARKE und S. HERRMANN: Forschung und Wissenschaftsentwicklung an der Sektion Geographie der Martin-Luther-Universität Halle—Wittenberg. In: Geogr. Berichte, **19** (1974) 3, S. 186–194.

MOHS, G. unter Mitarbeit von G. JACOB: Einführung in die Produktionsgeographie. Studienbücherei Geographie für Lehrer, Bd. 3, Gotha/Leipzig, 1977.

MOHS, G.: Migration and Settlement in the German Democratic Republic (Binnenwanderung und Siedlung in der Deutschen Demokratischen Republik). IIASA Working Paper WP-79-17, Laxenburg, Austria, March 1979.

NEEF, E.: Das Gesicht der Erde, Brockhaus-Taschenbuch der Physischen Geographie. Leipzig 1956.

NEEF, E.: Die Entwicklung der Landschaftsökologie in der Deutschen Demokratischen Republik. In: Exkursionsführer zum Symposium der Sektion Geographie der Dt. Akad. d. Wiss. zu Berlin über Fragen der naturräumlichen Gliederung, Berlin 1965, S. 5–10.

NEEF, E.: Die theoretischen Grundlagen der Landschaftslehre. Gotha/Leipzig 1967 (1967a).

NEEF, E.: Entwicklung und Stand der landschaftsökologischen Forschung in der DDR. In: Probleme der landschaftsökologischen Erkundung und naturräumlichen Gliederung. Wiss. Abh. d. Geogr. Ges. d. DDR, Bd. **5**, Leipzig (1967), S. 22–34, (1967b).

NEEF, E.: „Destruktive Geographie". Einige notwendige Bemerkungen zu G. HARD: „Die Geographie". Peterm. Geogr. Mitt., **121** (1977) 2, S. 138–140.

NEUMEISTER, H.: Die Struktur von Mikrochoren und Pedochoren. Peterm. Geogr. Mitt., **119** (1975) 2, S. 89–95.

NEUMEISTER, H.: Stoffkonzentrationen, Stoffbewegungen und Fremdstoffe in landschaftlichen Prozessen und ihre Erkundungsprobleme. Peterm. Geogr. Mitt., **120** (1976) 2, 145–148.

NEUMEISTER, H.: Theoretische Fragen zur Landschaftsgenese. Geogr. Berichte, **22** (1977) 1, S. 20–32.

NEUMEISTER, H.: Zur Theorie und zu Aufgaben in der physisch-geographischen Prozeßforschung. Peterm. Geogr. Mitt., **122** (1978) 1, S. 1–11.

PESCHEL, M.: Modellbildung für Signale und Systeme. Berlin 1978.

RICHTER, H., G. HAASE, I. LIEBEROTH und R. RUSKE (Hrsg.): Periglazial — Löß — Paläolithikum im Jungpleistozän der Deutschen Demokratischen Republik. Ergänzungsheft zu Peterm. Geogr. Mitt., Nr. 274, Gotha/Leipzig 1970.

RICHTER, H. (Leiter des Herausgeberkollektivs): Sozialistische Gesellschaft und Territorium in der DDR. Wiss. Abh. d. Geogr. Ges. d. DDR, Bd. **9**, Gotha/Leipzig 1972.

RICHTER, H. und H. KUGLER: Landeskultur und landeskultureller Zustand des Territoriums. In: Sozialistische Gesellschaft und ihr Territorium. Wiss. Abh. d. Geogr. Ges. d. DDR, Bd. **9**, Gotha/Leipzig 1972, S. 33–46.

RICHTER, H. (Leiter des Herausgeberkollegiums): Entwicklung der Siedlungsstruktur im Norden der DDR. Wiss. Abh. d. Geogr. Ges. d. DDR, Bd. **12**, Gotha/Leipzig 1975.

RICHTER, H. (Leiter des Herausgeberkollegiums): Beiträge zur territorialen Produktionsstruktur. Wiss. Abh. d. Geogr. Ges. d. DDR, Bd. **12**, Gotha/Leipzig 1976.

SANKE, H.: Die Erdölwirtschaft des Imperialismus in ihren geographischen Grundlagen. Berlin 1952.

SANKE, H.: Über Inhalt, Stellung und Gliederung der Politischen und Ökonomischen Geographie. Geogr. Berichte, **1** (1956) 3, S. 165–176.

SANKE, H.: Entwicklungsprobleme der geographischen Wissenschaften. Sitzungsberichte d. Dt. Akad. d. Wiss. zu Berlin, Klasse f. Philosophie, Geschichts,- Staats-, Rechts- und Wirtschaftswiss., Nr. **9** (1968), Berlin, S. 3–31.

SANKE, H. und A. ZIMM: Zur Entwicklung der Geographie an der Humboldt-Universität zu Berlin. Geogr. Berichte, **19** (1974) 3, S. 163–175.

SANKE, H.: Entwicklungstendenzen der regional- und auslandsgeographischen Forschung und Lehre in der DDR unter besonderer Berücksichtigung wissenschaftstheoretischer Aspekte. Geogr. Berichte, **23** (1978) 1, S. 16–30.

SAUSCHKIN, J. G.: Studien zur Geschichte und Methodologie der geographischen Wissenschaft. Gotha/Leipzig 1978.

SCHERF, K.: Territorialplanung, Territorialforschung und Geographie in der DDR. Geogr. Berichte, **18** (1973) 4, S. 299–305.

SCHLÜTER, H.: Zur Bedeutung der Vegetationskunde für die naturräumliche Gliederung. Peterm. Geogr. Mitt., **119** (1975) 3, S. 184–191.

SCHMIDT-RENNER, G.: Elementare Theorie der ökonomischen Geographie. Berlin 1961. 2. Aufl. Gotha/Leipzig 1966.

SCHOLZ, D.: Zur Terminologie des Begriffes Ballungsgebiet und seiner Teilgebiete in der DDR. Peterm. Geogr. Mitt., **116** (1972) 1, S. 6–10.

SCHOLZ, D., G. KIND, E. SCHOLZ und H. BARSCH: Geographische Arbeitsmethoden. Studienbücherei Geographie für Lehrer, Bd. **1**, Gotha/Leipzig 1976.

SCHULZ, H.: Zu einigen philosophischen Aspekten der physischen Geographie — Gedanken zur Landschaftskomponente Relief in ihrer Beziehung zum geologischen Bau. Peterm. Geogr. Mitt., **122** (1978) 3, S. 165–173.

SMIRNYAGIN, V.: Report of the Scientific Committee on Problems of the Environment to the 16th General Assembly of ICSU (Bericht des Wissenschaftlichen Komitees für Umweltprobleme an die 16. Generalversammlung des ICSU). Paris, July 1978.

SPERLING, W.: Geographie und Geographieunterricht in der DDR. München 1977.

STILLER, H.: Spektrale Untersuchungen der Erde und ihrer Atmosphäre aus dem Kosmos. Spectrum, 8 (1977) 8, S. 11–14.
TILLE, W.: Geographische und geologische Grundlagen der Landschaftsplanung. Geogr. Berichte, 22 (1977) 1, S. 74–75.
WEBER, E. und B. BENTHIEN: Einführung in die Bevölkerungs- und Siedlungsgeographie. Studienbücherei Geographie für Lehrer, Bd. 2, Gotha/Leipzig 1976.
WENDEL, G.: Die Kaiser-Wilhelm-Gesellschaft 1911–1914. Berlin 1975.
ZIMM, A.: Die Entwicklung des Industriestandortes Berlin. Berlin 1959.
ZIMM, A.: Westberlin. Der Industriestandort Westberlin unter den Bedingungen der Frontstadt. Berlin 1961.
ZIMM, A.: Industriegeographie der Sowjetunion. Berlin 1963.
ZIMM, A.: Zur Funktion der geographischen Lage Westberlin. Gotha/Leipzig 1969.
ZIMM, A. und F. HÖNSCH: Entwicklungstendenzen der Geographie in der DDR. Geogr. Berichte, 20 (1975) 4, S. 257–265.

Anweisung für die Umbenennung und Zuordnung des Deutschen Instituts für Länderkunde der Deutschen Akademie der Wissenschaften zu Berlin vom 11. April 1969. In: Mitt. d. Dt. Akad. d. Wiss. zu Berlin, 1 (1969) 4, S. 28.

Die Berliner Akademie der Wissenschaften in der Zeit des Imperialismus. Teil I: Von den neunziger Jahren des 19. Jahrhunderts bis zur Großen Sozialistischen Oktoberrevolution. Verfasser: C. GRAU; Leitung und Gesamtredaktion: L. STERN. Berlin 1975.
Die Berliner Akademie der Wissenschaften in der Zeit des Imperialismus. Teil II: Von der Großen Sozialistischen Oktoberrevolution bis 1933. Verfasser: W. SCHLICKER; Leitung und Gesamtredaktion: L. STERN, Berlin 1975.
Geschichte der Sozialistischen Einheitspartei Deutschlands; Abriß. Berlin 1978.
Konzeption der Forschungsaufgaben des Geographischen Instituts der Deutschen Akademie der Wissenschaften. Leipzig, 2. 12. 1969.
Programm der Sozialistischen Einheitspartei Deutschlands. Berlin 1976.
Progress Report on MAB Project 11: Ecological Aspects of Urban Systems with particular emphasis on Energy Utilization (Fortschrittsbericht zu MAB-Projekt 11: Ökologische Aspekte von Stadtsystemen unter besonderer Berücksichtigung der Energieanwendung). MAB/ICC-5/13, Paris 1977.
Progress Report on MAB Project 14: Research on Environmental Pollution and its Effects on the Biosphere (Fortschrittsbericht zu MAB-Projekt 14: Forschungen über Umweltverunreinigungen und ihre Einflüsse auf die Biosphäre). MAB/ICC-5/19, Paris 1977.
Research Plan 1979–1983 (Forschungsplan 1979–1983). International Institute for Applied Systems Analysis, Laxenburg, Austria, November 1978.
Scientific Committee on Problems of the Environment (Wissenschaftliches Komitee für Umweltprobleme). SCOPE-Secretariat, Paris o. J.
Stellungnahme: Territoriale Probleme der Verkehrswegenetzgestaltung aus der Sicht von Forschungen zur Siedlungsstruktur. Geographisches Institut der AdW der DDR, Leipzig, Februar 1973.

Prof. Dr. sc. nat. HEINZ LÜDEMANN, Akademie der Wissenschaften der DDR, Institut für Geographie und Geoökologie, 7010 Leipzig, Dimitroffplatz 1

Beiträge zur Geographie	Bd. 31	S. 93–101	Berlin 1983

Ballung und Ballungsgebiete als Objekte geographischer Forschung

Von GERHARD MOHS

Der in diesem Band enthaltene Beitrag der Autorinnen L. GRUNDMANN und H. SCHMIDT geht auf eine Dissertation zurück, die bereits 1971 abgeschlossen und erfolgreich verteidigt wurde. Das zur Beweisführung genutzte Material stammt größtenteils aus den sechziger Jahren. Es mag ungewöhnlich erscheinen, in einer Zeit äußerst schneller Entwicklung auch in der Geographie als Wissenschaft, eine bereits vor einem Jahrzehnt abgeschlossene Arbeit in eine Publikation aufzunehmen, die sich das Ziel stellt, gegenwärtige Ergebnisse und Ansätze der geographischen Forschung in der DDR vorzustellen und einige Linien ihrer künftigen Entwicklung aufzuzeigen.

Die Gründe dafür liegen zum einen darin, daß durch diesen Beitrag ein Sektor der geographischen Forschung angesprochen wird, der seit nunmehr rund zwei Jahrzehnten die Diskussion um methodologische und methodische Fragen der Geographie in der DDR am konkreten Objekt immer wieder befruchtet hat. Zum anderen kennzeichnet die Arbeit einen gewissen Höhe- und Wendepunkt der geographischen Forschungen zum Ballungsproblem in der DDR zu Beginn der siebziger Jahre, von dem sich Einflüsse bis in die Gegenwart verfolgen lassen.

Der zeitliche und sachliche Forschungsansatz zur Ballungsproblematik in der DDR

Die Entwicklung der Geographie wurde in der DDR in den ersten Jahren nach dem zweiten Weltkrieg durch tiefgründige Auseinandersetzungen in der Wissenschaftstheorie bestimmt. Dabei wurde als Antithese zur „Anthropogeographie“ und insbesondere zu deren faschistischer Entartung in der Geopolitik Anfang der fünfziger Jahre die *Politische* und *Ökonomische Geographie* herausgebildet, die in der wissenschaftstheoretischen Grundlage des dialektischen und historischen Materialismus und den theoretischen und praktischen Erfahrungen der Geographie in der Sowjetunion ihre wesentlichen Bezugspunkte suchte und fand. Im Zusammenhang damit erwies sich für den Ausbau der wissenschaftstheoretischen Grundpositionen die frühzeitige *Orientierung* der ökonomisch-geographischen Forschung *auf Probleme von aktuellem volkswirtschaftlichem Interesse* schon in der ersten Hälfte der fünfziger Jahre als ein entscheidender Schritt. Das generelle Anliegen, die Industrie als volkswirtschaftliche Basis der DDR nach dem Kriege wiederaufzubauen und weiterzuentwickeln, stimulierte vor allem industriegeographische Forschungen. Die beginnende genossenschaftliche Entwicklung in der Landwirtschaft regte aber auch verstärkt agrargeographische Arbeiten an.

Im Verlaufe der fünfziger Jahre war der Wiederaufbau der kriegszerstörten Wirtschaft im wesentlichen abgeschlossen, und mit dem seit 1952 erklärten wirtschaftspolitischen Hauptziel, in der DDR die Grundlagen des Sozialismus zu schaffen, war eine Phase der extensiven Erweiterung vor allem der schwerindustriellen Basis eingeleitet worden. Die Errichtung solcher Großbetriebe wie des Eisenhüttenkombinats Ost und und der Großkokerei Lauchhammer im Zusammenhang mit ersten Schritten, die Niederlausitz zur wichtigsten Braunkohlen- und Energiebasis der DDR auszubauen, der Aufbau von Großwerften in den Küstenstädten u. a. kennzeichneten den eingeschlagenen Weg.

In unmittelbarem Bezug dazu standen Diskussionen zu *theoretischen Fragen der territorialen Entwicklung*. Sie wurden in den fünfziger Jahren wesentlich durch die These von der notwendigen *vorrangigen Entwicklung* der ökonomisch *zurückgebliebenen Gebiete* mittels umfassender Industrialisierung beeinflußt. In der Tat löste der Aufbau der genannten und weiterer industrieller Objekte in bis dahin vorrangig agrarwirtschaftlich orientierten Gebieten erhebliche Entwicklungsimpulse an den jeweiligen Orten und in den betreffenden Gebieten aus. Zur gleichen Zeit gab es unter den Städtebauern ebenso wie unter den Territorial- oder Regionalplanern nicht wenige Anhänger einer *These von der Überagglomeration* der großen Städte und hochindustrialisierten Gebiete, vor allem in Hinsicht auf die Ballungsgebiete im Süden der DDR.

Zur Klärung theoretischer Grundpositionen in bezug auf eine langfristige Entwicklung der territorialen Struktur der Volkswirtschaft der DDR unter den Bedingungen des sozialistischen Aufbaus und den sich daraus ergebenden planerischen Konsequenzen wurden Ende der fünfziger Jahre auf Initiative und unter Anleitung des Sektors Territoriale Planung der Staatlichen Plankommission *interdisziplinäre Forschungen* eingeleitet. 1960 wurden *drei Forschungsgruppen* gebildet, die sich

a) mit Problemen der weiteren Entwicklung der *Nordgebiete* der DDR,
b) mit Problemen der künftigen Entwicklung der *hochindustrialisierten Gebiete* (*Ballungsgebiete*) *im Süden* der DDR und schließlich
c) mit speziellen Fragen der Entwicklung der *Niederlausitz*

zu befassen hatten. Während es in der dritten Gruppe um einen konkreten Fragenkomplex der Realisierung eines insgesamt bereits recht klaren Entwicklungskonzepts ging, lagen die Aufgaben der beiden ersten Gruppen weit stärker auf theoretischer Ebene. Entsprechend formierten sich die Gruppen personell. Es war dabei zunächst Zufall, daß sich in der Gruppe zur Erforschung der Ballungsprobleme eine größere Zahl von Geographen zusammenfanden. Dennoch war auch in dieser Gruppe, wie in den beiden anderen, von Anbeginn auf eine interdisziplinäre Zusammensetzung geachtet worden, und es wurden neben Geographen vor allem Ökonomen, Städteplaner, Regionalplaner sowie Vertreter von technischen Disziplinen in der Forschungsgruppe zusammengeführt.

Schon nach einer relativ kurzen Arbeitsperiode wurden durch die *Forschungsgruppe „Ballungsgebiete“* Thesen formuliert, die auf eine eindeutige Bejahung einer zunehmenden territorialen Konzentration auch unter den Bedingungen der sozialistischen Planwirtschaft hinausliefen. Dabei wurden insbesondere die ökonomischen *Vorzüge einer hohen Agglomeration* von (industrieller) Produktion, Infrastruktur und Arbeitskräften in den Vordergrund gestellt, aber auch schon auf die günstigen Voraussetzungen hingewiesen, die große Städte und stark urbanisierte Gebiete für die Entwicklung von Lebensbedingungen besitzen, die dem Leitbild einer sozialistischen Gesellschaftspolitik entsprechen.

1964 wurden in einer von der Geographischen Gesellschaft der DDR und dem damaligen Geographischen Institut der Karl-Marx-Universität Leipzig gemeinsam veranstalteten Arbeitstagung diese Thesen in der Öffentlichkeit zur Diskussion gestellt. Von durchaus gegensätzlichen Positionen her wurde schließlich die Auffassung erhärtet, daß die *Ballungsgebiete* vor allem auf Grund ihrer außerordentlich großen volkswirtschaftlichen Potenz für den weiteren Aufbau der sozialistischen Wirtschaft in der DDR in ihrer künftigen Entwicklung so zu planen seien, daß ihre *Potenzen* umfassend *zur Erhöhung der Effektivität* der *Volkswirtschaft* insgesamt beitrügen. Die *überdurchschnittliche Akkumulationskraft* der Ballungsgebiete wurde dabei als wesentliche Voraussetzung für die Realisierung weitgespannter wirtschaftlicher und sozialer Entwicklungsziele in den Nordgebieten und anderer in der Vergangenheit zurückgebliebener Gebiete betrachtet (vgl. MOHS 1964a).

Da die Ballungsgebiete in der DDR ihrer territorialen Struktur und Funktion nach ein Ergebnis vor allem der monopolkapitalistischen Entwicklung innerhalb des historischen Wirtschaftsraumes des ehemaligen Deutschen Reiches waren, erwuchs für eine an den gesellschaftspolitischen Zielen des Sozialismus orientierte und in das sozialistische Planungssystem integrierte *regionale Planung* die Aufgabe, die *überkommenen territorialen Strukturen* den grundlegend *veränderten gesellschaftlichen Verhältnissen* und *Zielen anzupassen.* Dazu waren einerseits die Proportionen der inner- und zwischengebietlichen Entwicklung der Wirtschaftsbereiche und -zweige sowie von Wirtschaft und Infrastruktur zu bestimmen, und andererseits solche Erscheinungen aufzuzeigen, die der Entwicklung sozialistischer Arbeits- und Lebensbedingungen hemmend im Wege standen.

All das erforderte eine tiefergehende *Beschäftigung mit* generellen Fragen der *Agglomeration* von Produktion und Bevölkerung sowie eine territorial differenzierte Betrachtung nach einzelnen Ballungsgebieten. Publikationen wie MOHS 1964b, 1966; SCHOLZ 1964, 1966; ELBERTSHAGEN 1966 sind ein Beleg für relevante geographische Forschungen zu dieser Zeit. *Hauptergebnisse* dieser Arbeiten waren die genauere *Bestimmung* und *Abgrenzung von Ballungsgebieten* vor allem *im Süden* der DDR sowie die *Aufbereitung von Strukturdaten* in einem Maßstabsbereich, der den Anforderungen der zentralen Regional- bzw. Territorialplanungsorgane, insbesondere auf der Ebene der Staatlichen Plankommission, gerecht wurde.

Bedingt durch die Bearbeitung von genetisch analogen territorialen Strukturen wurden Geographen und Regionalpartner der Volksrepublik Polen in den sechziger Jahren zu interessanten Gesprächspartnern für die Geographen der DDR, zumal in der Volksrepublik Polen bis Mitte der sechziger Jahre die These von der notwendigen Deglomeration von Ballungsgebieten noch relativ zahlreiche Verfechter auch unter Geographen fand. 1968 wurde daher das I. Geographische Seminar VR Polen—DDR unter das Thema „*Die Entwicklung von Ballungsgebieten in den sozialistischen Ländern unter den Bedingungen der technischen Revolution*" gestellt. Eine zusammenfassende Publikation der diskutierten Themen erschien 1972 (vgl. MOHS u. a. 1972).

In den 1972 von SCHOLZ publizierten Aufsatz „Zur Terminologie des Begriffs Ballungsgebiet und seiner Teilgebiete in der DDR" gingen bereits Ergebnisse aus der 1971 vorgelegten Dissertation von GRUNDMANN/SCHMIDT mit ein. Das betrifft vor allem die präzisierte Bestimmung der *inneren Differenzierung der Ballungsgebiete nach funktionellen und strukturellen Teilgebieten.* Sie ist auch bei MOHS/SCHMIDT/SCHOLZ (1972) ausgeführt, deren Beitrag im Tagungsband „Sozialistische Gesellschaft und Territorium in der DDR" anläßlich der X. Wissenschaftlichen Hauptversammlung der Geographischen Gesellschaft der DDR erschien.

Die funktionelle und strukturelle Differenzierung der Ballungsgebiete war ein methodisch wichtiger Schritt, mit dem die *innere räumliche Gliederung der Ballungsgebiete* bewußt *in* den *Vordergrund* gerückt wurde. Das war die Voraussetzung, ein breiteres Spektrum geographisch relevanter Erkenntnisziele zu formulieren und die Forschungen zum Ballungsproblem mit einer größeren Vielfalt von Methoden voranzutreiben.

Das Ballunsgproblem aus der Sicht komplex-geographischer Forschungsansätze

Auf der genannten X. Hauptversammlung der Geographischen Gesellschaft der DDR, die 1972 in Halle stattfand, wurde in den Referaten das Ballungsproblem in vielfältiger Weise angesprochen (vgl. Mitteilung ..., 1972). Zugleich zeichnete sich eine Weiterentwicklung der geographischen Forschung in der DDR in zweierlei Richtung ab.

Erstens konzentrierte sich in den siebziger Jahren ein erheblicher Teil der ökonomisch-geographischen Forschungen auf *siedlungsgeographische Probleme,* und dabei insbesondere auf Forschungen zu Stadt-Umland-Regionen. Dieser Übergang bestimmte inhaltlich auch das II. Wissenschaftliche Seminar VR Polen — DDR, das 1972 unter dem Thema „*Siedlungssysteme und Ballungsgebiete als analytische und prognostische Hauptprobleme bei der Entwicklung der Territorialstruktur in der DDR und der VR Polen*" durchgeführt wurde (vgl. HEINZMANN/SCHOLZ 1972).

Diese betonte Hinwendung auf das Objekt Siedlung (bzw. Siedlungsstruktur oder Siedlungssysteme) stand erneut, wie ein Jahrzehnt zuvor das Ballungsproblem, im Zusammenhang mit herangereiften gesellschaftspolitischen Problemen in der DDR. Mit dem Übergang in eine neue Phase der sozialistischen Entwicklung rückten Prozesse der Herausbildung und *Gestaltung der sozialistischen Lebensweise* verstärkt in das Blickfeld. Das *Wohnungsbauprogramm,* das darauf zielt, bis 1990 das Wohnungsproblem als soziale Frage einer endgültigen Lösung zuzuführen, wurde zum Kernstück eines Komplexes von sozial-politischen Maßnahmen erklärt, durch die auch ein weiterer *Abbau von* gesellschaftlich ungerechtfertigten *territorialen Unterschieden in* den *Arbeits- und Lebensbedingungen* angestrebt wird. Daraus ergeben sich eine Anzahl von geographisch relevanten Problemen, nicht zuletzt im Hinblick auf das Verhältnis der Ballungsgebiete zu anderen Gebietstypen oder -kategorien.

Zweitens vollzog sich in den siebziger Jahren eine deutliche Hinwendung der *physisch-geographischen Forschung* zu Themen, die das Bestreben widerspiegeln, auch durch die Physische Geographie zur *Lösung „praktischer" Probleme* der Entwicklung von Gesellschaft und Wirtschaft im Territorium der DDR beizutragen. Begriffe wie „Landeskulturelle Gebietstypen", „Naturraumpotentiale" oder „Komplexe Naturraumerkundung" deuten dies an (vgl. u. a.: RICHTER 1971; HAASE/LÜDEMANN 1972; BARSCH/RICHTER 1974; HAASE 1978a und b; NEEF 1979). Letztlich liegt der Ausgangs- und Bezugspunkt für diese Entwicklungstendenz in der Physischen Geographie ebenfalls im Ballungsproblem, denn in den Ballungsgebieten werden die Naturräume in höchstem Maße anthropogen beeinflußt und überprägt. Das erfordert ein möglichst komplexes Erfassen der komplizierten Wechselbeziehungen von Gesellschaft und Natur durch die Geographen. Es war daher kein Zufall, daß als *Modellgebiet für physisch- und ökonomisch-geographische Forschungen* im RGW-Umweltforschungsprogramm für die DDR der

Raum *Dessau—Bitterfeld—Wittenberg* ausgewählt wurde, dessen Kernraum um Bitterfeld in geradezu extremer Weise die Merkmale eines durch Braunkohlenbergbau, chemische Großindustrie und Energiewirtschaft bestimmten Ballungsfeldes in sich vereint und in dem durch gesellschaftliche Aktivitäten eine intensive anthropogene Umgestaltung des Naturraumes erfolgte und erfolgt (vgl. Methodik ... 1979).

Beiden Entwicklungsrichtungen der geographischen Forschung in der DDR war und ist das Anliegen gemeinsam, *hochgradig komplexe Forschungsobjekte* zu bearbeiten und die Komplexität der geographischen Aussagen zu erhöhen. Damit wird internationalen Entwicklungstendenzen entsprochen. Wesentlicher ist aber, daß die geographische Forschung auf diese Weise den wachsenden Anforderungen der in einem weiten Sinne verstandenen gesellschaftlichen Praxis gerecht zu werden versucht. Dementsprechend sind auch die in den letzten Jahren breit angelegten *Forschungen zu Stadt-Umland-Regionen* von den konkreten Bedingungen und Perspektiven der Entwicklung personenbezogener Stadt-Umland-Beziehungen ausgegangen und die Stadt-Umland-Regionen als „integrierte Raumeinheiten" definiert worden, deren Hauptfunktion „in der Befriedigung bestimmter Stufen der Bedürfniskomplexe Arbeiten, Wohnen, Bilden, Versorgen, Erholen und Freizeitgestaltung zur Gewährleistung einer sozialistischen Lebensweise der in ihr lebenden Bevölkerung" besteht (Krönert 1977, S. 82).

Zwar sind mit diesem Ansatz weder alle möglichen Aspekte der Komplexität von Siedlungsstrukturen oder Siedlungssystemen angesprochen, noch stellen monozentrische Stadt-Umland-Regionen das einzig denkbare Siedlungsstrukturmuster (vgl. Scholz 1980) dar. Dennoch bildet das *Stadt-Umland-Konzept* einen fruchtbaren *Ansatz* auch und gerade *zur vertieften Erfassung von Strukturen und Prozessen*, die im Zusammenhang mit den Kern-Umland-Relationen in Ballungsgebieten wesentlich sind (vgl. u. a. Kalisch 1980).

Die Vielfalt und Kompliziertheit der territorialen Phänomene in den Ballungsgebieten stehen in direkter Beziehung zu ihrer hochgradigen Komplexität, die das Wesen von Ballungsgebieten als geographischer Raumkategorie letztlich bestimmt. Die sich daraus für die geographische Forschung ergebenden Folgerungen erhärten die von Lüdemann im vorliegenden Band erneut vertretene *Forderung* sowohl *nach komplexen Forschungsansätzen* innerhalb des gesellschaftswissenschaftlichen und des naturwissenschaftlichen Zweiges der Geographie als auch nach enger *Zusammenarbeit* von Physischer und Ökonomischer Geographie. Dabei sind diese komplexen Ansätze nicht auf eine irgendwie geartete Totalität der räumlichen Beziehungen in einem geographischen Kontinuum zu richten, sondern auf die wesentlichen Komponenten, Merkmale und Relationen, die einen *territorial relevanten Problemzusammenhang* charakterisieren.

Das festzustellen ist mit Sicht auf die Entwicklung der geographischen Forschung in der DDR in den achtziger Jahren von unmittelbarem Interesse. Im Zusammenhang mit der Konzipierung langfristiger Linien der ökonomischen und sozialen Entwicklung bei der weiteren Gestaltung der sozialistischen Gesellschaft wurde mit Beginn der achtziger Jahre die Ausarbeitung eines *Generalschemas der Standortverteilung der Produktivkräfte* in der DDR begonnen. Mit diesem „Generalschema" sollen die Grundlinien der territorialen Entwicklung und Planung für die achtziger und neunziger Jahre abgesteckt werden. Unter den generellen Bedingungen der auch künftig vorrangig auf Intensivierung gerichteten Entwicklung der Volkswirtschaft ergeben sich dabei zwei hypothetische Grundaussagen in Hinsicht auf die Territorialstruktur:

1. werden sich bei *vorrangiger Intensivierung* und Rationalisierung der materiellen Produktion *an* den *gegenwärtigen Standorten* und in den gegebenen Gebieten die Grund-

proportionen der Standortverteilung der Produktivkräfte in einem überschaubaren Zeitraum nicht verändern, d. h., die *territoriale Grundstruktur* ist als *relativ stabil* einzuschätzen;

2. wird sowohl die angestrebte weitere Steigerung der materiellen Produktion als auch die weitere *Verbesserung der* materiellen und kulturellen *Lebensbedingungen* der Bevölkerung zu dynamischen Entwicklungen in der Dimension von Gebieten führen, d. h. *regional differenziert* verlaufen.

Diese Hypothesen bilden wichtige Ausgangspunkte für die interdisziplinäre Territorialforschung in der DDR (vgl. Görmar, Lindenau und Ostwald 1979). Sie setzen zum Teile neue Akzente, denn durch sie wird eine *verstärkte Hinwendung* der Territorialplanung in der DDR *auf komplexe Probleme der Entwicklung von Gebieten* signalisiert. Das wird in der von Görmar u. a. erhobenen Forderung deutlich, durch die Territorialforschung solche Entscheidungsvorschläge für die zentralen staatlichen Leitungs- und Planungsorgane zu erarbeiten,

„die sich sowohl auf die Vervollkommnung der territorialen Grundstruktur der DDR als auch auf die Entwicklung von Gebieten und Gebietstypen beziehen, um so die Komplexität wirtschaftlicher sozialer und ökologischer Prozesse im Territorium besser gewährleisten zu können“ (a. a. O., S. 43).

Zwar gab es regional differenzierte Entwicklungsziele der territorialen Planung der DDR auch in der Vergangenheit, dennoch hatten *bislang* Aufgaben den Vorrang, die darauf gerichtet waren, *Entwicklungsprobleme von territorialen Teilstrukturen* (Produktionsstruktur, Siedlungsstruktur, Infrastruktur usw.) zu lösen. Aus dem Blickfeld der Geographie lag damit das Schwergewicht auf der Untersuchung von *Raumkomponenten*. Das ist ein durchaus wichtiger Teilaspekt für die Einschätzung territorialer Strukturen und Prozesse. Jedoch lassen sich damit nur bedingt die insbesondere auch von der Territorialforschung und -planung erwarteten „tieferen Einsichten in die zunehmende Komplexität der gesellschaftlichen Entwicklung“ (Hager 1976) gewinnen. Um so bedeutungsvoller ist die *nun betonte Orientierung auf* die *Erfassung, Bewertung* und mögliche *Steuerung* der Dynamik *gebietlicher Entwicklungen.*

Das ist Anlaß, den Platz der Geographie im Rahmen der interdisziplinären Territorialforschung zu präzisieren und entsprechende Ziele der geographischen Forschung in der DDR für die achtziger Jahre zu formulieren. Dabei trifft die Orientierung auf eine *verstärkte „Gebietsforschung“* die Geographie in der DDR nicht unvorbereitet, denn mit den Forschungen zu den Ballungsgebieten, zu Stadt-Umland-Regionen oder zu Erholungsgebieten in der Ökonomischen Geographie ebenso wie mit den Forschungen zur Naturraumgliederung der DDR oder zu technisch veränderten Geosystemen in der Physischen Geographie sind Gebietsstrukturen traditionelles und zugleich fachspezifisches Objekt geographischer Forschungen.

Was den *besonderen Platz der Geographie* innerhalb der interdisziplinären Territorialforschung bestimmt, ist in erster Linie der Anspruch, durch das Erfassen von wesentlichen Relationen zwischen vielfältigen und vielgestaltigen Elementen in Natur und Gesellschaft *Aussagen zur Komplexität von territorialen Strukturen und Prozessen* zu erbringen. Gerade durch die Forschungen zur Ballungsproblematik ist der „komponentenorientierte“ Ansatz sehr frühzeitig durch einen „regionalen“ Ansatz ergänzt worden, um der besonderen Kompliziertheit und Komplexität der territorialen Strukturen der Ballungsgebiete zu entsprechen. Tatsächlich sind mit den bisher eingesetzten Methoden jedoch nur „teilkomplexe“ Aussagen erbracht worden.

Unter diesem Aspekt bedeutet die *Forderung* LÜDEMANNS, künftig in noch stärkerem Maße Aufgaben komplexen Charakters durch geographische Forschungen zu lösen zu suchen, daß sich die Geographen solchen *Fundamentalproblemen* zuwenden müssen wie der *Einheit und Wechselwirkung von ökonomischen, sozialen und ökologischen Prozessen in der regionalen Entwicklung* oder dem *Verhältnis von Stabilität und Dynamik räumlicher Strukturen.* Das ist ein außerordentlich hoher wissenschaftlicher Anspruch; er entspricht aber den Forderungen, die heute das „Leben" an die Wissenschaft stellt.

Auch bis zur Jahrtausendwende werden die Ballungsgebiete in der DDR als hochproduktive regionale Organisationsform der Volkswirtschaft ihre hervorgehobene Stellung innerhalb des gesamtstaatlichen Wirtschaftsterritoriums beibehalten. Die starke Konzentration der Grundfonds, über Generationen entwickelte Arbeitserfahrungen, vorhandene Rohstoffe u. a. Faktoren werden dazu führen, daß sich mit dem Ziel einer weiteren dynamischen Entwicklung der Volkswirtschaft in den Ballungsgebieten ein erheblicher Teil des geplanten Produktionszuwachses vollziehen wird. Damit dürfte die heute schon außerordentlich hohe Intensität der Nutzung des geographischen Raumes durch die Gesellschaft zwangsläufig weiter anwachsen. Diese notwendige Entwicklung der Produktion und Produktivität in den Ballungsgebieten in Einklang zu bringen mit der schrittweisen Verbesserung der Arbeits- und Lebensbedingungen in Einheit mit einer kontinuierlichen Entwicklung der sozialistischen Lebensweise für die in den Ballungsgebieten wohnenden Menschen, wirft Probleme auf, die in ihrer Komplexität erfaßt und gelöst werden müssen. Es wäre vermessen, eine solche Aufgabe einer einzelnen Wissenschaft antragen zu wollen. Die Geographie kann und muß aber einen *Beitrag zur* Lösung der gegenwärtigen und künftigen Probleme einer hocheffektiven und zugleich *harmonischen ökonomischen, sozialen* und *ökologischen Entwicklung der Ballungsgebiete* in der DDR leisten.

Резюме

Агломерации как объект географического исследования

Исследования по проблемам агломераций являются с начала 60ˣ годов одной из самых многозначительных сфер деятельности географов ГДР. Исторической отправной точкой явился период, в котором наряду с окончанием восстановления разрушенного войной хозяйства и первыми долгосрочными планами народнохозяйственного развития на повестку дня стали также вопросы территориального развития ГДР.

При этом выяснение теоретических основных принципов по проблемам агломерации и дегломерации имело первостепенное значение. Географические исследования шестидесятых годов основывались на определении, что агломерации представляют собой одну из форм территориальной организации общественного процесса воспроизводства, которая как экономически так и социально является чрезвычайно эффективной. При социалистических производственных отношениях особенно важным является использование всех преимуществ агломерации и одновременное устранение ешё существующих или возникающих при дальнейшем развитии отрицательных явлений.

Исследования в области агломераций обогатили теоретическое и методическое развите географии ГДР. Это нашло отображение в обширной географической литературе, возникшей в шестидесятных и семидесятых годах по проблемам агломерации. Ярким примером этому служит статья Л. Грундманна и Х. Шмидта, помещённая в этом же томе.

Summary

Agglomeration and agglomeration regions as objects of geographical research

The problems of agglomeration regions have been an important object of research for the geographers of the GDR since the beginning of the 1960s. By then the reconstruction of economic facilities, that had been destroyed during World War II, had been completed, and for the first time long-termed plans for the development of economy had been introduced. Therefore problems of regional development became more and more important.

The explanation of theoretical fundamentals of agglomeration and deglomeration played a dominating part. The corresponding investigation in the 1960s supported the following opinion of agglomeration regions: they are very efficient economical and social spatial organizations of the social reproduction process. Under socialist conditions of production it is necessary to utilize all advantages of agglomeration regions as well as to reduce existing negative phenomena or negative phenomena that might occur in the future.

Investigation on agglomeration regions influenced the development of the theory and the methodology of GDR geography. This fact is reflected by a big number of geographical contributions in the 1960s and 1970s dealing with problems of agglomeration regions. One example is the contribution by L. Grundmann and H. Schmidt in this volume.

Literatur

Barsch, H. und H. Richter: Naturraumtypen in der Deutschen Demokratischen Republik. Z. f. d. Erdkundeunterricht, **26** (1974) 12.

Elbertshagen, W.: Gesetzmäßigkeiten des Agglomerationsprozesses in ihren Auswirkungen auf die Entwicklung des innergebietlichen Verkehrs in den Ballungsgebieten der DDR. Wiss. Z. d. Päd. Inst. Dresden, Math.-nat. Reihe — (1966) 1/2.

Görmar, W., Lindenau, G. und W. Ostwald: Orientierungen für die Forschungen zur Standortverteilung der Produktivkräfte. Inform. d. Forsch.-Leitstelle f. Territorialplanung. — 1 (1979).

Haase, G. und H. Lüdemann: Flächennutzung und Territorialforschung. Geogr. Berichte, **17** (1972) 1.

Haase, G.: Zur Ableitung und Kennzeichnung von Naturraumpotentialen. Peterm. Geogr. Mitt., **122** (1978) 2. (1978a).

Haase, G.: Ökologisch-geographische Grundlagen für die Planung und Durchführung landeskultureller Maßnahmen. Technik und Umweltschutz, Leipzig, **19** (1978). (1978b)

Hager, K.: Der IX. Parteitag und die Gesellschaftswissenschaften. Berlin 1976.

Heinzmann, J. und D. Scholz: II. Wissenschaftliches Seminar VR Polen—DDR. Geogr. Berichte, **17** (1972) 3/4.

Kalisch, K.-H.: Die Stadt-Umland-Regionen der Hauptstadt der DDR, Berlin. Geogr. Berichte, **25** (1980) 2.

Krönert, R.: Stadt-Umland-Regionen von Groß- und Mittelstädten der DDR. Geogr. Berichte, **22** (1977) 2.

Lüdemann, H., Grimm, F., Krönert, R. und H. Neumann (Hrsg.): Stadt und Umland in der Deutschen Demokratischen Republik. Gotha/Leipzig 1979.

Methodik der ökonomischen und außerökonomischen Bewertung des Einflusses des Menschen auf die Umwelt. Vorträge — Intern. Wiss. Symposium. AdW d. DDR, Inst. f. Geogr. u. Geoökologie, Leipzig 1979.

Mitteilung: Gesellschaft und Territorium im Sozialismus — X. Wissenschaftliche Hauptversammlung der Geographischen Gesellschaft der DDR. Ber.: H. Kugler. In: Geogr. Berichte, **17** (1972) 3/4.

Mohs, G.: Das Ballungsproblem beim Aufbau des Sozialismus. Wiss. Z. d. Karl-Marx-Univ. Leipzig, Math.-nat. Reihe, **13** (1964). (1964a).

Mohs, G.: Die Bevölkerungs- und Siedlungsentwicklung im Ballungsgebiet Halle—Leipzig. Das Leipziger Land. Wiss. Veröff. d. Dt. Inst. f. Länderkunde, Bd. **21**, Leipzig 1964. (1964b).

Mohs, G.: Die Ballungsgebiete der DDR. Z. f. d. Erdkundeunterricht, **18** (1966) 11.

Mohs, G. und Autorenkollektiv: Ballung und Ballungsgebiete. Peterm. Geogr. Mitt., **116** (1972) 1.

Mohs, G., Schmidt, H. und D. Scholz: Die territoriale Konzentration als Problem und Aufgabe der territorialen Strukturentwicklung in der DDR. In: Sozialistische Gesellschaft und Territorium, Wiss. Abh. d. Geogr. Ges. d. DDR, Bd. **9**, Gotha/Leipzig 1972.

Neef, E.: Analyse und Prognose von Nebenwirkungen gesellschaftlicher Aktivitäten im Naturraum. Abh. d. Sächs. Akad. d. Wiss. zu Leipzig. Math.-Nat. Klasse, **54** (1979) 1.

Richter, H.: Landeskultur und Territorialprognose. Kühn-Archiv, **85** (1971) 2.

Scholz, D.: Die Siedlungen des Leipziger Landes. Ein Beitrag zur Kenntnis der Siedlungsstruktur in großstädtischen Ballungsgebieten. In: Das Leipziger Land. Wiss. Veröff. d. Dt. Inst. f. Länderkunde, Bd. **21**, Leipzig 1964.

Scholz, D.: Die Ballungsgebiete der DDR. Eine geographisch-statistische Übersicht. Wiss. Z. d. Karl-Marx-Univ. Leipzig, Math. nat. Reihe, **15** (1966) 4.

Scholz, D.: Zur Terminologie des Begriffs Ballungsgebiet und seiner Teilgebiete in der DDR. Peterm. Geogr. Mitt., **116** (1972) 1.

Scholz, S.: Zur Erforschung der Siedlungsstruktur der Ballungsgebiete in der DDR. Geogr. Berichte, **25** (1980). 2.

Prof. Dr. sc. nat. Gerhard Mohs, Akademie der Wissenschaften der DDR, Institut für Geographie und Geoökologie, 7010 Leipzig, Dimitroffplatz 1.

Beiträge zur Geographie	Bd. 31	S. 103–157	Berlin 1983

Merkmale und Entwicklungstendenzen der Industrie- und Bevölkerungsstruktur in den Ballungsgebieten der DDR

Von Luise Grundmann und Helga Schmidt

Inhalt

1. Die Stellung der Ballungsgebiete in der Volkswirtschaft der DDR

Abgeleitet aus den wachsenden Bedürfnissen der sozialistischen Gesellschaft sowie aus den allgemeinen Bedingungen des wissenschaftlich-technischen Fortschritts nehmen unter den Problemen der territorialen Strukturentwicklung die Fragen nach einer optimalen Konzentration von Produktion und Bevölkerung eine zentrale Stellung ein, die vor allem für die Entwicklung der Ballungsgebiete neue Lösungswege erfordern. Verschiedenartige Untersuchungen zum Problem der Ballungsgebiete in der DDR haben bestätigt, daß dieser Gebietstyp als eine hochgradig *effektive territoriale Organisationsform* des gesellschaftlichen Lebens insgesamt sowie speziell hinsichtlich Produktion, Bevölkerung, Wissenschaft und Infrastruktur anzusehen ist.

Die Ballungsgebiete der DDR repräsentieren auf nur rund 15% des Territoriums die Hälfte der industriellen Produktion und der industriellen Grundfonds, jeweils rund zwei Fünftel der Bevölkerung und des Nationaleinkommens und fast zwei Drittel der Grundfonds der territorialen Infrastruktur (vgl. MOHS 1966, SCHOLZ 1966, GRUNDMANN und SCHMIDT 1971). Das bedeutet, daß die Ballungsgebiete das wichtigste Glied innerhalb der Territorialstruktur der Volkswirtschaft der DDR darstellen.

Bereits unter kapitalistischen Produktionsverhältnissen hat der Prozeß der territorialen Konzentration von Produktion, Bevölkerung und Infrastruktur auf dem heutigen Territorium der DDR in einem spontanen und in sich sehr widersprüchlich gestalteten Wirkungsgefüge zur Herausbildung von Ballungsgebieten geführt, deren negative Erscheinungen, wie z. B. eine Zersplitterung der Kapazitäten der Produktions- und Infrastruktur, eine disproportionale Entwicklung von Wohn- und Arbeitsgebieten, eine gebietsweise Überbelastung der Umwelt (extreme Luft- und Wasserverschmutzung), mangelnde Naherholungsmöglichkeiten u. a. die Durchsetzung des wissenschaftlich-technischen Fortschritts erschweren und die Arbeits- und Lebensbedingungen der Bevölkerung negativ beeinflussen. Die sozialistischen Produktionsverhältnisse in der DDR bieten jedoch die Voraussetzungen, planmäßig diese ungünstigen territorialen Bedingungen abzubauen und gleichzeitig proportionale Strukturbeziehungen herzustellen.

Das Ziel für die Entwicklung der Ballungsgebiete der DDR besteht darin, die *spezifischen territorialen Struktureffekte* zu verstärken und diese gleichzeitig für die Gestaltung sozialistischer Lebensverhältnisse bei ständiger Steigerung der Produktivität der gesellschaftlichen Arbeit maximal zu nutzen. Wesentliche Struktureffekte der Ballungsgebiete kommen zum Ausdruck in:

— einem hohen Grad der territorialen Verflechtung vielfältiger Strukturelemente, verbunden mit einer starken Konzentration, Kombination, Spezialisierung und Kooperation;
— einer hocheffektiven Wissenschaftsorganisation, die eine unmittelbare zeitliche Kontaktaufnahme zwischen Wissenschaft, Bildung und Produktion gewährleistet und zur Herausbildung umfassender territorialer Informations-, Bildungs- und Qualifikationssysteme führt;
— einem hohen Qualifikations- und Bildungsniveau der Bevölkerung, das zu einer großen Variationsbreite im Einsatz der Arbeitskräfte führt und damit eine hohe regionale Disponibilität und Flexibilität von Bevölkerung, Produktion und Diensten ermöglicht;
— einem hohen Ausstattungsgrad mit Elementen der territorialen Infrastruktur;
— einem konzentrierten Einsatz der territorialen Ressourcen;
— einer großen räumlichen und sozialen Mobilität der Bevölkerung.

Die Nutzung und Verstärkung dieser gebietsspezifischen Strukturmerkmale und -effekte erhöht die gesellschaftliche Produktivität in den Ballungsgebieten und damit die Funktion dieser Gebiete im territorialen Gesamtsystem der Volkswirtschaft der DDR.

Die folgenden Ausführungen zur Struktur und Entwicklung des Gebietstyps „Ballungsgebiet" sind Ergebnisse aus der Dissertation von GRUNDMANN und SCHMIDT (1971). Die Untersuchungen beziehen sich auf die Ballungsgebiete im Süden der DDR Halle—Leipzig, Karl-Marx-Stadt—Zwickau und Dresden; das Ballungsgebiet Berlin wurde nicht berücksichtigt. Die Abgrenzung erfolgte auf Basis der Kreise nach dem statistischen Merkmal der Bevölkerungsdichte (mindestens 2 benachbarte Kreise mit mehr als 200 EW/km² (Einwohner pro km²) nach Mohs und Scholz 1966), wie Abb. 1 ausweist.

2. Strukturschema zur Beschreibung der komplexen Territorialstruktur von Ballungsgebieten der DDR

Die allgemeinen Bedingungen und Tendenzen der Entwicklung von Ballungsgebieten sind in der DDR regional sowohl nach den einzelnen Ballungsgebieten als auch innerhalb der Ballungsgebiete sehr differenziert. Dabei hat sich im Hinblick auf den regional unterschiedlichen Konzentrationsgrad von Bevölkerung, Wissenschaft, Produktion und territorialer Infrastruktur einerseits und auf die regional differenzierten Funktionen der einzelnen Teilgebiete andererseits folgende *territoriale Gliederung eines Ballungsgebietes* als zweckmäßig erwiesen (vgl. Abb. 2):

1. Der *Ballungskern* (BK) ist das großstädtische Zentrum eines Ballungsgebietes. Er zeichnet sich als Teilgebiet des Ballungsgebietes durch höchste lokale Konzentration und Kombination von Bevölkerung, Produktion, Wissenschaft und Elementen der territorialen Infrastruktur aus. Er stellt die stärkste lokale Agglomeration dieser Strukturelemente im Ballungsgebiet dar und umfaßt die Großstadt und deren Stadtrandzone. In der Literatur kapitalistischer Staaten ist der Ballungskern oftmals identisch mit dem Begriff Stadtregion (Hillebrecht 1962, Boustedt 1960).
2. Das *Ballungsfeld* (BF) umfaßt ein größeres, um den Ballungskern gelegenes Gebiet. Im Gegensatz zum Ballungskern repräsentiert das Ballungsfeld den Typ der regionalen Agglomeration. Hier sind ein hoher Grad der Urbanisierung, eine relativ hohe Produktionsdichte und ein dichtes Netz von Elementen der territorialen Infrastruktur typisch. Zwischen den Teilgebieten Ballungsfeld und Ballungskern bestehen enge Beziehungen in den genannten Bereichen. Die Struktur des Ballungsfeldes ist in sich nicht homogen. Aus der Sicht der Produktionsstruktur lassen sich folgende *Teilgebietstypen* unterscheiden:

   Strukturtyp *FG*: Teilgebiete mit Dominanz der Grundstoffindustrie, meist in größeren Standortkomplexen konzentriert, die das Produktionszentrum eines größeren urbanisierten, aber oft industriearmen Einflußgebietes bilden.

   Strukturtyp *FV*: Teilgebiete mit Dominanz der Verarbeitungsindustrie bei sehr starker Streuung der Betriebe über viele urbanisierte Gemeinden.

   Strukturtyp *FA*: Teilgebiete mit Dominanz der Landwirtschaft. Die Siedlungen besitzen zumeist noch zusätzlich Wohnfunktionen für näher oder ferner liegendende Industriestandorte.

3. An das Ballungsfeld schließen sich Gebiete an, die nach ihrer territorialen Struktur und ihren funktionellen Beziehungen zum Ballungsfeld und zum Ballungskern als *Ballungsrandgebiete* (BR) bezeichnet werden. Das Ballungsrandgebiet unterscheidet sich vom Ballungskern und vom Ballungsfeld durch einen niedrigeren Grad der territorialen Konzentration von Industrie, Bevölkerung und Infrastruktur sowie einen niedrigeren Urbanisierungsgrad.

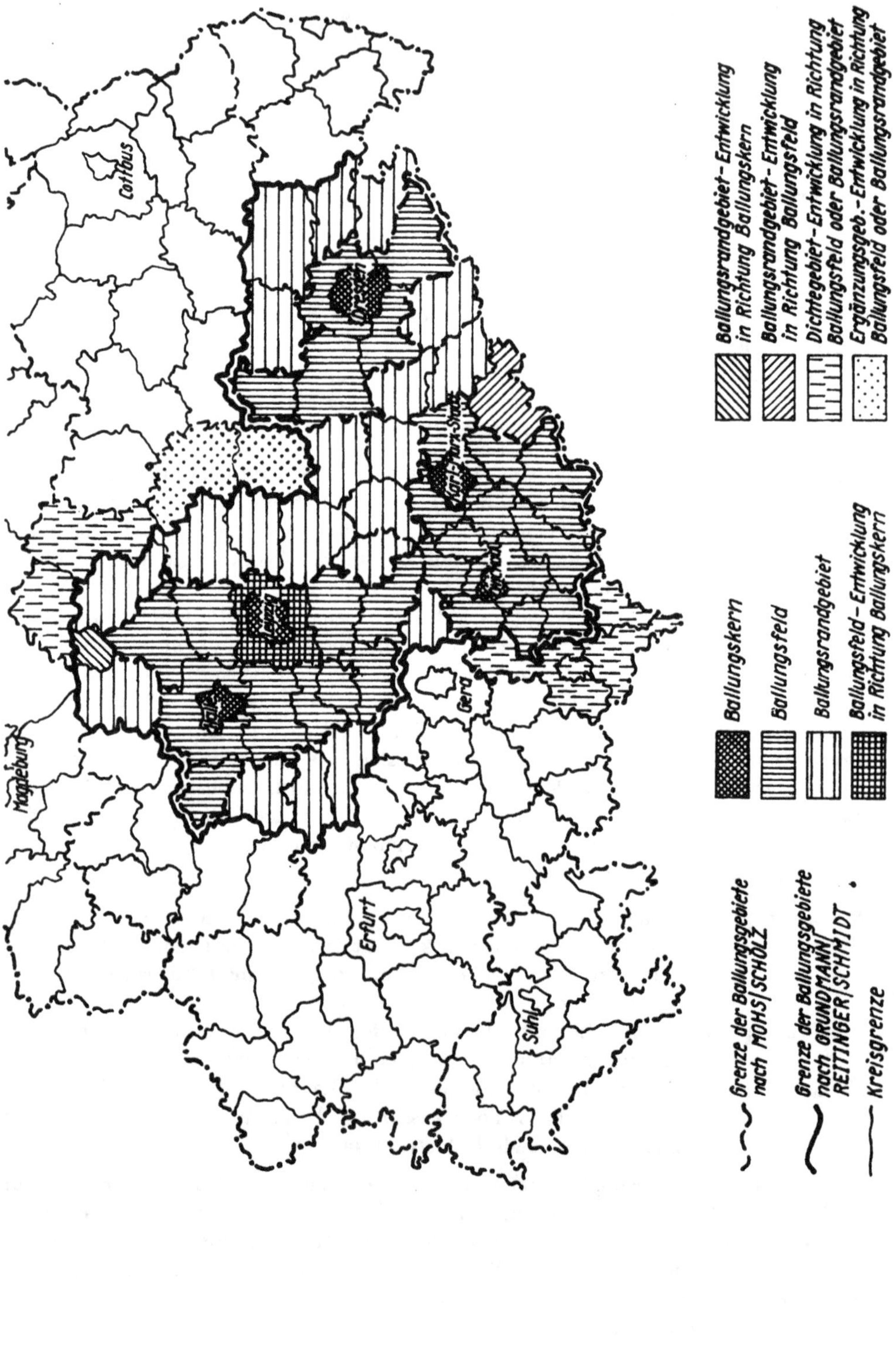

Abb. 1: Die Ballungsgebiete und ihre Randgebiete im Süden der DDR

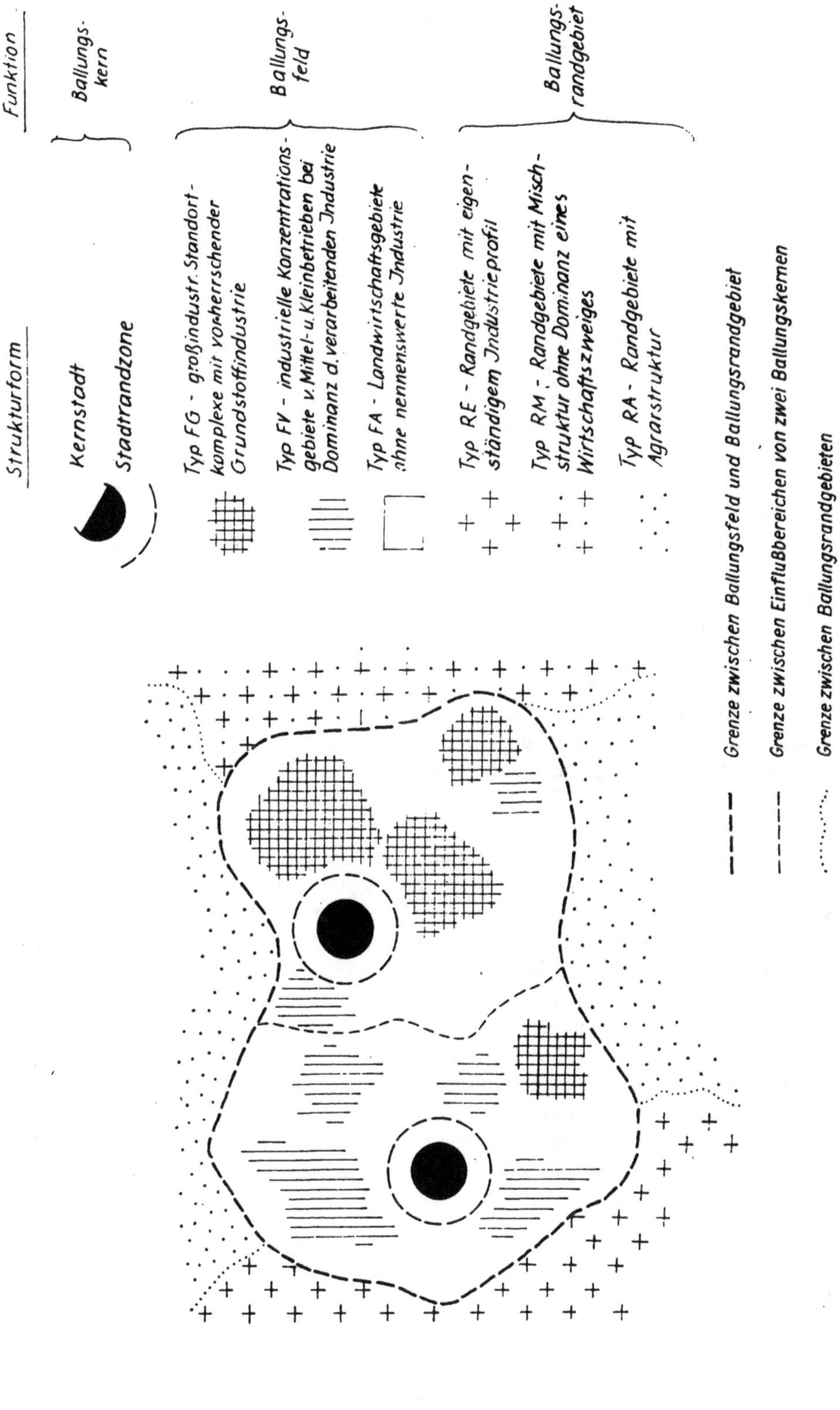

Abb. 2: Allgemeines Strukturschema der Ballungsgebiete

Strukturell lassen sich die Ballungsrandgebiete aus der Sicht der Produktionsstruktur in drei *Teilgebietstypen* untergliedern:

Strukturtyp *RE*: Randgebiete mit einem relativ eigenständigen Industrieprofil.
Strukturtyp *RM*: Randgebiete mit Mischgebietsstruktur ohne starke Dominanz eines Wirtschaftszweiges.
Strukturtyp *RA*: Randgebiete mit vorwiegender Agrarstruktur.

Die Ballungsgebiete sind in früheren Arbeiten (vgl. Mohs 1966; Kehrer 1967) als eigenständige Gebietstypen außerhalb der Ballungsgebiete dargestellt und untersucht worden, da die allgemeinen Merkmale des Ballungsgebietes im engeren Sinne nicht in vollem Umfange auf die Ballungsrandgebiete zutreffen.

Mit der Durchsetzung des wissenschaftlich-technischen Fortschritts ist international ein verstärkter Ballungsprozeß zu beobachten, der sich sowohl in qualitativen Veränderungen der Teilgebiete eines Ballungsgebietes selbst (Verdichtungsprozeß) als auch in einer flächenhaften Erweiterung nach außen in bisherigen Dichtegebieten bzw. Ergänzungsgebieten (vgl. Scholz 1966) ausdrückt. Die Entwicklung in den Ballungsgebieten der DDR deutet in den letzten Jahren darauf hin, daß beide Prozesse wirksam sind und sich in der langfristigen Entwicklung noch weiter verstärken werden. Die dynamische Entwicklung der Ballungsgebiete erfordert es, die bisher statistisch nach der Bevölkerungsdichte abgegrenzten Ballungsgebiete zu erweitern und die Ballungsrandgebiete als zunehmend integrierte Teilgebiete des Gebietstyps „Ballungsgebiet" aufzufassen (vgl. Abb. 1). Tendenziell ist vor allem eine flächenhafte Ausweitung der Ballungsgebiete durch eine engere territoriale Verflechtung einzelner industrieller Dichtegebiete zu den benachbarten Ballungsgebieten zu erwarten.

Das gilt speziell für folgende Gebiete:
In den Kreisen Wittenberg und Roßlau konzentrieren sich die Verflechtungsbeziehungen sehr stark auf das Ballungsgebiet Halle—Leipzig und in den Kreisen Plauen, Klingenthal und Oelsnitz auf das Ballungsgebiet Karl-Marx-Stadt—Zwickau. Diese Kreise können langfristig zu Bestandteilen der entsprechenden Ballungsgebiete werden.

Ähnliche Entwicklungstendenzen zeichnen sich in Ausnahmefällen auch für den Gebietstyp *Ergänzungsgebiete* ab, die zur Zeit noch außerhalb der Ballungsgebiete liegen. Das sind vor allem Gebiete mit einer gegenwärtig deutlich überwiegenden agrarischen Struktur, die jedoch mit der Entwicklung spezifischer Industriezweige (meist hochspezialisierte Großbetriebe an einem isolierten Standort) starke territoriale Impulse bekommen können. Um solche Gebiete planmäßig in Richtung des Ballungsgebietes zu entwickeln, müßten bei einer weiteren Industrialisierung vor allem diejenigen Produktionszweige berücksichtigt werden, die die Anbindung an das Ballungsgebiet vertiefen. Das gilt zum Beispiel für die Kreise Torgau und Oschatz in ihrer Beziehung zum Ballungsgebiet Halle—Leipzig bzw. Dresden.

Neben der flächenhaften Ausweitung der Ballungsgebiete wird es langfristig auch zu einer *qualitativen Veränderung* innerhalb der Ballungsgebiete kommen. Folgende allgemeine Tendenzen zeichnen sich dabei ab (vgl. Abb. 1):

— Durch Verstärkung territorialer Verflechtungsbeziehungen zwischen Ballungskern und Ballungsfeld können sich die im unmittelbaren Einflußbereich der Kerne liegenden Teilgebiete zu Bestandteilen des Ballungskernes entwickeln (beispielsweise Teile der Landkreise Leipzig, Dresden und Karl-Marx-Stadt).

— Bei weiterer dynamischer Entwicklung einzelner Großstädte können diese die Funktion eines Ballungskernes übernehmen (z. B. Dessau).
— Bei Verstärkung der Verflechtungsbeziehungen zwischen Ballungsrandgebiet und Ballungsfeld können Teile der Randgebiete in das Ballungsfeld integriert werden (vor allem im Ballungsgebiet Karl-Marx-Stadt—Zwickau).

3. Hauptmerkmale der Territorialstruktur der Ballungsgebiete im Süden der DDR

Die Industrie bildet das wesentlichste Element in der Produktionsstruktur der Ballungsgebiete. Die Ballungsgebiete im Süden der DDR sind Schwerpunkte wichtiger Industriezweige der DDR. Bedeutende Produktionszentren waren und sind:

Zweig	lokalisiert im Ballungsgebiet	Anteil an der industriellen Bruttoproduktion der Industriezweige der DDR in % (1967)
Energie- und Brennstoffwirtschaft	Halle—Leipzig	23,8
Chemie	Halle—Leipzig	43,8
Metallurgie	Dresden	20,0
Maschinenbau	Halle—Leipzig Dresden Karl-Marx-Stadt—Zwickau	46,8
Elektrotechnik/Elektronik	Dresden Karl-Marx-Stadt—Zwickau	23,8
Leichtindustrie	Karl-Marx-Stadt—Zwickau Dresden Halle—Leipzig	51,4
Lebensmittelindustrie	Dresden Halle—Leipzig	30,5

Von diesen 7 Zweigen zeigen 4 eine besonders dynamische Entwicklung, d. h., sie haben überdurchschnittlich hohe Wachstumsraten (Energiewirtschaft, Chemie, Maschinenbau, Elektrotechnik/Elektronik).

Im Mittelpunkt der folgenden Analyse der Industriestruktur steht einmal die Aufgabe, die Unterschiede in der Industriezweigstruktur der Ballungsgebiete im Süden der DDR herauszuarbeiten, zum anderen die räumliche Differenzierung zwischen den Teilgebieten eines Ballungsgebietes zu erfassen. Das Basismaterial für diese Analyse bilden Angaben aus dem Jahr 1967.

Die Industrie der drei Ballungsgebiete Halle—Leipzig, Karl-Marx-Stadt—Zwickau und Dresden zeigt in ihrer Struktur einerseits große, zum Teil grundsätzliche Unterschiede, andererseits treten zwischen den Teilgebieten der Ballungsgebiete (BK, BF, BRG) bestimmte Regelhaftigkeiten auf.

3.1. Der Konzentrationsgrad der Industrie in den Ballungsgebieten

In den Ballungsgebieten im Süden der DDR ist ein großer Teil der industriellen Grundfonds, der Industrieproduktion und der Industriebeschäftigten der DDR konzentriert. Dies läßt sich anhand einer Reihe von Kennziffern nachweisen, die erheblich über dem

DDR-Durchschnitt liegen. Bezogen auf die Teilgebiete, bestehen innerhalb eines Ballungsgebietes gebietsspezifische Konzentrationsgrade der Industrieproduktion, die zwischen dem Ballungskern, dem Ballungsfeld und dem Ballungsrandgebiet stark variieren.

Zur allgemeinen Charakteristik der Industriekonzentration wurden folgende ausgewählte Kennziffern auf Kreisbasis herangezogen:

— Anteil der Beschäftigten in der Industrie an den Beschäftigten insgesamt,
— Industriedichte AK/km² (Arbeitskräfte pro Quadratkilometer),
— Industriequote AK/1000 EW (Arbeitskräfte pro 1000 Einwohner),
— Grundfonds TM/VbE (Tausend Mark pro Vollbeschäftigteneinheit).

Ein hoher Prozentsatz der Arbeitskräfte ist in den Ballungsgebieten in der Industrie beschäftigt. 1967 betrug der Anteil der in der *Industrie Beschäftigten* in den Teilgebietstypen Ballungskern, Ballungsfeld und Ballungsrandgebiet:

	% Anteil der Industriebeschäftigten an den Gesamtbeschäftigten (1967)
Ballungskern Halle und Leipzig	49%
Karl-Marx-Stadt und Zwickau	67%
Dresden	56%
Ballungsfeld Halle—Leipzig	64%
Karl-Marx-Stadt—Zwickau	67%
Dresden	60%
Ballungsrandgebiet Halle—Leipzig	49%
Karl-Marx-Stadt—Zwickau	55%
Dresden	52%

Damit liegen auch die Ballungsrandgebiete noch wesentlich über dem Durchschnitt der DDR, wo 1967 insgesamt ca. 36% der Gesamtbeschäftigten in der Industrie tätig waren.

Gegenüber der durchschnittlichen *Industriedichte* der DDR von 26 AK/km² ist die hohe Industriedichte in den Ballungsgebieten im Süden der DDR bereits ein Ausdruck der starken industriellen Ballung. Die höchsten Werte erreichen die Ballungskerne. Die Industriedichte der Ballungsrandgebiete ist sowohl durch ballungsgebietsspezifische Merkmale als auch durch Merkmale der Gebietstypen mit agrarischer Grundstruktur gekennzeichnet, die eine niedrige Bevölkerungsdichte aufweisen.

	Industriedichte (1967) — AK/km²
Ballungskern Halle	298
Leipzig	859
Karl-Marx-Stadt	662
Zwickau	641
Dresden	496
Ballungsfeld Halle—Leipzig	66
Karl-Marx-Stadt—Zwickau	78
Dresden	57
Ballungsrandgebiet Halle—Leipzig	21
Karl-Marx-Stadt—Zwickau	42
Dresden	22

Innerhalb der Teilgebiete der Ballungsgebiete treten erhebliche Schwankungen auf. Vor allem die vorwiegend agrarisch geprägten Teilgebietstypen der Ballungsfelder und der Ballungsrandgebiete vom Typ FA und RA liegen erheblich unter dem DDR-Mittel, so z. B. im

Teilgebiet des Ballungsfeldes Typ *FA*:	AK/km²
Saalkreis	7
Kreis Delitzsch	11
Teilgebiet des Ballungsrandgebietes Typ *RA*:	
Kreis Querfurt	2
Kreis Nebra	9
Kreis Brand-Erbisdorf	12
Kreis Kamenz	6

Eine ähnlich starke Differenzierung wie die Industriedichte der Ballungsgebiete weisen auch die Werte der *Industriequoten* auf. Sie zeigen auf Kreisbasis wesentliche Unterschiede für die einzelnen Teilgebiete:

	Industriequote (1967) AK/1000 EW
Ballungskern Halle	150
Leipzig	205
Karl-Marx-Stadt	289
Zwickau	285
Dresden	224
Ballungsfeld Halle—Leipzig	245
Karl-Marx-Stadt—Zwickau	225
Dresden	202
Ballungsrandgebiet Halle—Leipzig	143
Karl-Marx-Stadt—Zwickau	190
Dresden	170

Außer dem Ballungskern Halle und dem Ballungsrandgebiet Halle—Leipzig liegen alle Werte z. T. erheblich über dem DDR-Durchschnitt, der 1967 bei 163 AK/1000 EW lag. Die teilweise relativ niedrige Industriequote der Ballungskerne ist darauf zurückzuführen, daß in den Ballungskernen ein großer Teil der Arbeitskräfte im Dienstleistungssektor (Bereiche außerhalb der materiellen Produktion) tätig ist.

In den Teilgebieten aller Ballungsfelder und Ballungsrandgebiete tritt die differenzierte Industriestruktur deutlich hervor. Besonders hoch liegt die Industriequote in den Strukturtypen FG (Kreis Merseburg 459, Kreis Borna 401) und in den Randgebietstypen RE (Kreis Döbeln 202, Kreis Marienberg 215). Weit unter dem DDR-Mittel liegt sie in den agrarisch strukturierten Gebieten Typ FA (Saalkreis 50, Kreis Delitzsch 73) und in den Randgebieten RA (Kreis Querfurt 14, Kreis Nebra 11).

Von den *Grundfonds der sozialistischen Industrie* der DDR sind ca. 50% in den Ballungsgebieten lokalisiert. Sie verteilten sich 1967 wie folgt auf die Teilgebiete innerhalb der Ballungsgebiete:

Ballungsgebiet	BK	BF	BRG
	Grundfonds der soz. Industrie in %		
Halle—Leipzig	21,6	67,5	10,9
Karl-Marx-Stadt—Zwickau	44,0	40,5	15,5
Dresden	45,5	47,5	7,2

Aber auch innerhalb der Teilgebiete ist der Wert der Grundmittel stark differenziert. Die höchsten Werte weisen die Strukturtypen aller Ballungsfelder und Ballungsrandgebiete mit einem hohen Anteil an Grundstoff- und metallverarbeitender Industrie auf. Dies zeigt sich vor allem im Anteil der Grundfonds der sozialistischen Industrie pro Arbeitskraft (TM/VbE):

	TM/VbE
Kreis Bitterfeld	84,6
Kreis Borna	182,4
Kreis Riesa	65,0
Kreis Eilenburg	76,1
Kreis Freiberg	60,0

Damit liegen sie z. T. sogar weit über den Werten der Ballungskerne und denen des gesamten Ballungsfeldes Karl-Marx-Stadt—Zwickau. Dieser Effekt wird (1967) durch die Überalterung der Grundmittel in diesen Gebieten hervorgerufen.

	TM/VbE
Ballungskern Leipzig	40,1
Ballungskern Karl-Marx-Stadt	50,5
Ballungskern Zwickau	41,2
Ballungskern Dresden	49,2
Ballungsfeld Karl-Marx-Stadt—Zwickau	31,4

Insgesamt zeigen diese Kennziffern, daß der Grad der Industrialisierung sowohl zwischen den einzelnen Teilgebieten als auch innerhalb der Teilgebiete eines Ballungsgebietes sehr differenziert ist und stark von der historisch bedingten Struktur der Industrie in den jeweiligen Gebieten bestimmt wird.

3.2. Das Industrieprofil der Ballungsgebiete

Für das *Industrieprofil* der Ballungsgebiete sind jeweils einige Wirtschaftsbereiche bzw. -zweige bestimmend, während andere nur schwach vertreten sind (vgl. Scholz 1966). Die gleiche Feststellung kann auch für die Teilgebiete eines jeden Ballungsgebietes getroffen werden. Die Merkmale der industriellen Zweigstruktur der Teilgebiete lassen sich zunächst schon nach den Industriebereichen erfassen. Generell kann dabei festgestellt werden, daß in allen Ballungskernen die metallverarbeitende Industrie dominiert. Sie war 1967 in den *Ballungskernen* Halle und Leipzig mit 50,2%, in den Ballungskernen Karl-Marx-Stadt und Zwickau mit 59,5% und im Ballungskern Dresden mit 47,6% an der industriellen Bruttoproduktion beteiligt.

Die Industriestruktur der *Ballungsfelder* zeigt dagegen große Unterschiede, die stark durch die historische Entwicklung bedingt sind (SCHOLZ 1964, 1966; KEHRER 1968). Im Ballungsfeld Halle—Leipzig bestreitet die Grundstoffindustrie allein 72,8% der Industrieproduktion, sie dominiert ebenfalls im Ballungsfeld Dresden mit einem Anteil von 43,5%. Das Ballungsfeld Karl-Marx-Stadt—Zwickau ist jedoch eindeutig auf die Leichtindustrie orientiert, die einen Anteil von 58,9% an der Industrieproduktion besitzt. Das Ballungsrandgebiet Karl-Marx-Stadt—Zwickau ist mit 41,6% ebenfalls auf die Leichtindustrie spezialisiert.

In den *Ballungsrandgebieten* Halle—Leipzig und Dresden fällt dagegen der Hauptteil der Industrieproduktion mit 41,7% bzw. 42,4% auf die metallverarbeitende Industrie, dennoch ist auch hier die Leichtindustrie stark vertreten.

Die in Tab. 1 enthaltenen Angaben zur *Industriezweigstruktur* in den drei Teilgebieten Ballungskern, Ballungsfeld und Ballungsrandgebiet verdeutlichen die Unterschiede. Als Maßzahl zur Erfassung der wirtschaftlichen Funktion und Bedeutung eines Industriezweiges im Gebiet wurde der wertmäßige Umfang der *Industrieproduktion* (Bruttoproduktion) gewählt. Auf die allgemein übliche Kennziffer der industriellen Beschäftigten wurde verzichtet, da sie durch den unterschiedlichen Grad der Automatisierung und komplexen sozialistischen Rationalisierung nur noch bedingt als Maßstab für die Beurteilung der einzelnen Industriezweige anzusehen ist. Aber auch bei Verwendung der Kennziffer der Bruttoproduktion sind die Grenzen der Aussagefähigkeit zu berücksichtigen. So erlaubt die Angabe der Bruttoproduktion nur eine globale quantitative Aussage, die außerdem noch durch unterschiedliche Bewertungsmaßstäbe verzerrt wird.

Tabelle 1. Die Industriestruktur nach Teilgebieten (1967)

Teilgebiet	Grundstoff-industrie		Metallverarb. Industrie		Leicht-industrie		Lebensmittel-industrie	
	ind. BP %	AK	ind. BP %	AK	ind. BP %	AK	ind. BP %	AK
BK Halle—Leipzig	14,7	15,3	50,2	59,9	21,9	22,6	13,2	7,2
BF Halle—Leipzig	72,8	70,6	15,0	16,9	6,9	8,8	5,3	3,7
BRG Halle—Leipzig	28,2	27,7	41,7	42,0	14,9	19,1	15,2	11,2
BK Karl-Marx-Stadt—Zwickau	15,6	17,9	59,5	57,8	16,1	19,8	8,8	4,5
BF Karl-Marx-Stadt—Zwickau	5,6	6,3	30,9	26,9	58,9	64,6	4,6	2,2
BRG Karl-Marx-Stadt—Zwickau	11,5	17,3	38,7	29,3	41,6	48,9	8,2	4,6
BK Dresden	16,4	14,3	47,6	59,3	13,8	17,4	18,4	9,1
BF Dresden	43,5	39,1	31,0	35,6	17,1	20,6	8,4	4,7
BRG Dresden	12,3	11,2	42,4	36,8	39,5	49,7	4,7	2,3

Für die Teilgebiete der Ballungsgebiete Halle—Leipzig, Karl-Marx-Stadt—Zwickau und Dresden sind jeweils *einige Industriezweige* als *gebietsbestimmend* anzusehen. Erfaßt wurden dabei in den folgenden Tabellen nur diejenigen Zweige, die 1967 mehr als 5% der industriellen Bruttoproduktion im jeweiligen Gebiet auf sich vereinten (vgl. Tab. 2, 3 und 4). Aus den Zusammenstellungen in Tab. 2, 3 und 4 ergibt sich, daß einige Industriezweige, die von SCHOLZ (1966) als ballungstypische Zweige bezeichnet wurden — wie z. B. die Polygraphie, die Zellstoff- und Papierindustrie u. a. — bei den gebietsbestimmenden Zweigen innerhalb der Teilgebiete nicht erscheinen. Es handelt sich

Tabelle 2. Anteil der Bruttoproduktion in % (1967) im Ballungsgebiet Halle—Leipzig

Industriezweig	Ballungskern	Ballungsfeld	Ballungsrandgebiet
Bergbau und Energie	—	6,8	—
Metallurgie	—	—	—
Chemie	10,5	61,0	14,7
Baumaterialien	—	—	8,3
Schwermaschinenbau	14,0	6,7	13,2
Allg. Maschinenbau	11,2	—	8,1
Fahrzeugbau	6,8	—	6,1
Metallwaren	—	—	5,2
Elektrotechnik	11,8	—	6,3
Textilien	8,6	—	—
Nahrungs- und Genußmittel	13,3	5,4	15,2

Tabelle 3. Anteil der Bruttoproduktion in % (1967) im Ballungsgebiet Karl-Marx-Stadt—Zwickau

Industriezweig	Ballungskern	Ballungsfeld	Ballungsrandgebiet
Metallurgie	—	—	8,4
Chemie	9,7	—	—
Schwermaschinenbau	6,7	—	5,0
Allg. Maschinenbau	13,5	8,8	10,6
Fahrzeugbau	21,8	6,1	—
Gußeisen/Schmieden	—	—	5,6
Metallwaren	—	5,3	—
Elektrotechnik	7,7	6,3	14,5
Holz- und Kulturwaren	—	—	15,4
Textilien	10,1	42,9	10,8
Bekleidung/Näherzeugnisse	—	8,1	—
Zellstoff/Papier	—	—	7,3
Nahrungs- und Genußmittel	8,8	—	8,2

dabei um Zweige, deren Produktion in der DDR gegenüber anderen Zweigen nicht sehr umfangreich ist, die aber in den Ballungsgebieten gegenüber anderen Gebieten einen sehr hohen Konzentrationsgrad erreichen. 1967 hatten die Teilgebiete der drei

Ballungsgebiete folgenden *Anteil an der Industrieproduktion der* jeweiligen *Zweige* in der DDR:

Ballungskerne:	Polygraphie	36,0%
	Guß- und Schmiedestücke	24,0%
Ballungsfelder:	Zellstoff und Papier	35,4%
	Leder/Schuhe/Rauchwaren	32,6%
	Guß- und Schmiedestücke	17,6%
Ballungsrandgebiete:	Glas und Keramik	35,9%
	Guß- und Schmiedestücke	15,9%
	Zellstoff und Papier	15,7%
	Leder/Schuhe/Rauchwaren	15,0%

Tabelle 4. Anteil der Bruttoproduktion in % (1967) im Ballungsgebiet Dresden

Industriezweig	Ballungskern	Ballungsfeld	Ballungsrandgebiet
Metallurgie	—	19,4	—
Chemie	12,9	20,8	7,5
Allg. Maschinenbau	9,7	5,7	24,1
Fahrzeugbau	7,0	—	—
Elektrotechnik	15,8	14,5	—
Feinmechanik/Optik	7,0	—	5,2
Holz- und Kulturwaren	—	—	8,4
Textilien	—	—	12,6
Bekleidung/Näherzeugnisse	—	—	8,4
Nahrungs- und Genußmittel	18,4	8,4	—

Aus diesen Angaben lassen sich folgende Schlußfolgerungen für die Teilgebiete eines Ballungsgebietes ziehen: In den Teilgebieten eines jeden Ballungsgebietes sind stets *mehrere Industriezweige* (in der Regel 4—8) und der Rangfolge nach jeweils andere Industriezweige als *gebietsbestimmend* anzusehen. Dabei lassen sich *zwischen den Teilgebieten* generelle *Unterschiede* feststellen:

— In allen *Ballungskernen* dominieren verschiedene Zweige des Maschinenbaus, die Elektrotechnik/Elektronik und Teile der Leichtindustrie, insbesondere die Nahrungs- und Genußmittelindustrie und die Textilindustrie. Faßt man die Zweige des Maschinenbaus zusammen, so steht dieser eindeutig an erster Stelle. Durch die Vielfalt der Industriezweige besitzen die Ballungskerne einen sehr hohen Grad der Komplexität und damit auch eine hohe Disponibilität der Produktion.

— Die Industriestruktur der *Ballungsfelder* wird von einem, höchstens zwei Industriezweigen geprägt, denen erst mit gewissem Abstand einige andere Zweige folgen. So ist das Ballungsfeld Halle—Leipzig eindeutig auf die Chemie (61,0%), das Ballungsfeld Dresden ebenfalls auf die Chemie (20,8%) und die Metallurgie (19,4%) und das Ballungsfeld Karl-Marx-Stadt auf die Textilindustrie (42,9%) spezialisiert. Daneben erreichen die Zweige des Maschinenbaus nur mittlere Konzentrationsgrade.

— Die Struktur der *Ballungsrandgebiete* ähnelt entweder dem jeweiligen Ballungskern oder dem Ballungsfeld. Dabei lassen sich jedoch gewisse Disproportionen feststellen.

Sind für die Ballungskerne und Ballungsfelder meist strukturbestimmende Zweige der Grundstoffindustrie und des Maschinenbaus gebietsbestimmend, so dominieren in den Ballungsrandgebieten die Zweige der Leichtindustrie. Komplettiert wird das Industrieprofil entweder durch Zweige des Maschinenbaus oder der Grundstoffindustrie. Die Vielfalt der Zweige in den Ballungsrandgebieten — in der Regel sind 7—9 Zweige gebietsbestimmend — ist auch ein Ausdruck für die starke räumliche Zersplitterung der Industrie und für einen hohen Anteil von Klein- und Mittelbetrieben.

Die Existenz solcher *regionaler Disproportionen* in der Industriestruktur zwischen den Teilgebieten eines Ballungsgebietes hat ihre Wurzeln in der kapitalistischen Industrialisierung (vgl. KEHRER 1967). Die Analyse der gegenwärtigen Zweigstruktur zeigt jedoch, daß die historisch entstandenen Niveauunterschiede zwischen den Teilgebieten im Prinzip bis heute erhalten geblieben sind. Deutlich kommt dies auch in der starken Zersplitterung der Industrie in den Ballungsgebieten zum Ausdruck. Tabelle 5 weist eine hohe Anzahl von Klein- und Mittelbetrieben in den Teilgebieten der Ballungsgebiete aus. Die Angaben zeigen, daß der Grad der Zersplitterung der Industrie — gemessen an dem Anteil der Arbeitskräfte — insbesondere in allen Ballungskernen und in den Ballungsrandgebieten 1967 nach wie vor sehr groß war und zum Teil weit über dem DDR-Durchschnitt (72,6%) lag. Im Ballungsfeld Karl-Marx-Stadt—Zwickau, das eindeutig durch die Leichtindustrie bestimmt wird, waren 1967 Klein- und Mittelbetriebe vorherrschend; in der Zwischenzeit sind jedoch viele Betriebe juristisch zusammengeschlossen worden. Die auf die Grundstoffindustrie spezialisierten Ballungsfelder Halle—Leipzig und Dresden hatten immer schon einen wesentlich höheren Anteil an Mittel- und Großbetrieben.

Tabelle 5. Anzahl der Industriebetriebe in % nach Betriebsgrößengruppen

Gebiet	0—100 AK		101—500 AK		501—1000 AK		> 1000 AK	
	1965	1967	1965	1967	1965	1967	1965	1967
BK Halle und Leipzig	79,5	78,8	13,4	13,8	3,2	3,3	4,1	4,2
BF Halle und Leipzig	67,1	64,4	19,6	19,8	5,6	6,8	8,2	9,7
BRG Halle und Leipzig	74,9	72,6	17,7	18,3	4,1	4,2	4,5	5,2
BK Karl-Marx-Stadt und Zwickau	74,7	73,3	16,1	16,5	2,7	2,9	6,6	7,2
BF Karl-Marx-Stadt und Zwickau	78,7	77,7	14,8	15,8	3,6	3,6	2,7	2,8
BRG Karl-Marx-Stadt und Zwickau	78,6	78,8	17,6	16,8	2,4	2,2	1,6	2,0
BK Dresden	74,6	75,3	17,8	16,9	2,8	2,3	5,3	5,5
BF Dresden	67,0	66,7	21,9	23,9	5,6	5,9	3,3	3,5
BRG Dresden	75,0	75,1	20,6	21,0	2,8	2,9	1,1	1,0
DDR insgesamt		72,6		19,4		3,7		4,3

Der Hauptanteil der *industriellen Bruttoproduktion* wird in allen Ballungsgebieten in einer kleinen Anzahl von Großbetrieben (> 1000 AK) erzeugt:

Gebiet	Industrielle Bruttoproduktion in % (1967) nach Betriebsgrößengruppen:		
	< 100 AK	100–1000 AK	> 1000 AK
Ballungsgebiet Halle–Leipzig	1,5	29,5	59,0
Ballungsgebiet Karl-Marx-Stadt–Zwickau	15,0	38,9	46,2
Ballungsgebiet Dresden	11,3	41,8	46,9
DDR insgesamt	11,3	35,1	53,5

Die Zersplitterung der Industrie wird aber nicht allein durch die Betriebsgrößen repräsentiert, sondern sie zeigt sich auch in einer großen Zahl von Nebenbetriebsteilen bzw. zersplitterten Betriebsabteilungen. Der hohe *Zersplitterungsgrad der Industriebetriebe* in Haupt- und Nebenbetrieben kann für die Industriezweige am Beispiel des Ballungsfeldes und des Ballungsrandgebietes von Leipzig nachgewiesen werden (vgl. Tab. 6).

Tabelle 6. Anteil der Arbeitskräfte in Haupt- und Nebenbetrieben im Ballungsfeld und Ballungsrandgebiet Leipzig (1967)

Wirtschaftszweig	% der AK in Hauptbetrieben		% der AK in Nebenbetrieben	
	BF	BRG	BF	BRG
Bergbau und Energie	47	–	53	–
Metallurgie	33	–	77	–
Chemie	86	83	14	17
Baumaterialien	77	60	33	40
Schwermaschinenbau	86	97	14	3
Allg. Maschinenbau	90	84	10	16
Fahrzeugbau	61	47	39	53
Metallwaren	57	70	43	30
Elektrotechnik	62	59	38	41
Textilindustrie	71	62	29	38
Leder/Schuhe/Rauchwaren	–	67	–	33
Lebensmittelindustrie	73	72	27	28

Insbesondere in der Metallurgie, im Bergbau, in der Baumaterialindustrie, im Fahrzeugbau, in der Elektrotechnischen Industrie und in der Textilindustrie ist die Anzahl der Nebenbetriebe sehr hoch, sie bestehen mit Ausnahme des Bergbaus vorwiegend aus Klein- und Mittelbetrieben. Die Zersplitterung der Produktion drückt sich darüber hinaus auch in der Vielfalt der Zweige aus. In den Teilgebieten der Ballungsgebiete sind jeweils alle statistisch ausgewiesenen 22 Industriezweige vertreten, die z. T. jedoch nur einen sehr geringen Anteil der industriellen Bruttoproduktion repräsentieren. Die starke Zersplitterung der Industrieproduktion in den Ballungsgebieten erschwert die Durchführung von Maßnahmen einer komplexen sozialistischen Rationalisierung.

3.3. Die Produktivität und Effektivität im Einsatz der Arbeitskräfte in der Industrie

Die Produktivität und Effektivität im Einsatz der Arbeitskräfte (AK) in den Ballungsgebieten kann anhand folgender *Kennziffern* beurteilt werden:
- Höhe der industriellen Bruttoproduktion pro AK,
- Qualifizierungsgrad der Produktionsarbeiter,
- Mechanisierungs- und Automatisierungsgrad,
- Schichtauslastungsgrad.

Die *Produktivität der Industrie* (Bruttoproduktion pro AK in TM) liegt in den Ballungsgebieten im allgemeinen über dem Niveau der Gebiete außerhalb der Ballung:

	Bruttoproduktion pro AK in TM (1967)
Ballungsgebiet Halle—Leipzig	36,7
Ballungsgebiet Karl-Marx-Stadt—Zwickau	34,1
Ballungsgebiet Dresden	36,9
DDR insgesamt	34,6

Am Beispiel des Ballungsgebietes Karl-Marx-Stadt—Zwickau zeigt sich jedoch, daß die Höhe der Produktivität in starkem Maße von der Industriezweigstruktur und der Betriebsgrößenstruktur bestimmt wird. So ergibt in diesem Ballungsgebiet der hohe Anteil der Leichtindustrie, insbesondere der Textilindustrie, und das Überwiegen der Klein- und Mittelbetriebe eine Produktivität, die 1967 noch unter dem DDR-Mittel lag.

Bedingt durch diese Abhängigkeit zeigen sich auch innerhalb der Ballungsgebiete erhebliche Unterschiede in der Produktivität der Industrie. Insbesondere liegen die Ballungskerne und die vorwiegend durch die Leichtindustrie bestimmten Ballungsrandgebiete erheblich unter dem Mittel der Ballungsgebiete und z. T. unter dem DDR-Mittel. Eine entscheidende Ursache der ungenügenden Produktivität dieser Teilgebiete dürfte in dem hohen Zersplitterungsgrad der Industrie zu sehen sein, der eine erforderliche Rationalisierung der Betriebe behindert. Die höchsten Werte erreichen die vorwiegend auf die Grundstoffindustrie spezialisierten Ballungsfelder Halle—Leipzig und Dresden, für die einige wenige große Industriestandorte typisch sind:

Gebiet	Bruttoproduktion pro AK in TM (1967)
BK Halle und Leipzig	32,9
BK Karl-Marx-Stadt und Zwickau	33,6
BK Dresden	31,8
BF Halle—Leipzig	38,9
BF Karl-Marx-Stadt—Zwickau	34,3
BF Dresden	41,8
BRG Halle—Leipzig	36,8
BRG Karl-Marx-Stadt—Zwickau	28,6
BRG Dresden	27,2
DDR insgesamt	34,6

Erhebliche territoriale Unterschiede wies 1967 auch der *Qualifizierungsgrad* (hier ausgedrückt durch den Anteil der Facharbeiter an den Produktionsarbeitern) innerhalb der Ballungsgebiete auf, der sich gegenwärtig allerdings verändert hat.

Gebiet	Anteil der Facharbeiter an den Produktionsarbeitern in % (1967)
BK Halle und Leipzig	52,6
BK Karl-Marx-Stadt und Zwickau	51,9
BK Dresden	49,8
BF Halle—Leipzig	48,3
BF Karl-Marx-Stadt—Zwickau	39,4
BF Dresden	43,6
BRG Halle—Leipzig	49,3
BRG Karl-Marx-Stadt—Zwickau	36,8
BRG Dresden	39,4
DDR-Mittel	44,8

In der *regionalen Differenzierung des Qualifizierungsgrades* spiegeln sich in den Ballungsgebieten die in den Zweigen vorhandenen Facharbeiteranteile so wider, daß man auf eine Abhängigkeit von den im betreffenden Teilgebiet dominierenden Industriezweigen schließen kann. Besonders hoch liegt der Facharbeiteranteil in den Ballungskernen, deren Industriestruktur von der verarbeitenden Industrie bestimmt wird. Dagegen hatten 1967 die Teilgebiete, die einen hohen Anteil an weiblichen Arbeitskräften vor allem in den Zweigen der Leichtindustrie aufweisen, einen niedrigeren Qualifizierungsgrad. In den extrem niedrigen Werten der Ballungsrandgebiete läßt sich ein Grund für die geringere Produktivität gegenüber den Ballungskernen und Ballungsfeldern erkennen. Es besteht somit ein offensichtlicher Zusammenhang zwischen der Erhöhung der Qualifikation der Industriebeschäftigten sowie ihrer intensiveren Inanspruchnahme im Produktionsprozeß und der Steigerung von Produktion und Produktivität. Auf Grund einer verstärkten Mechanisierung und Automatisierung hat sich in den letzten Jahren auch der Facharbeiteranteil in den Zweigen der Leicht- und Nahrungsmittelindustrie erhöht.

Ein ähnliches Bild ergibt die Analyse des *Mechanisierungs-* und *Automatisierungsgrades.* Der erreichte Stand der Mechanisierung und Automatisierung der sozialistischen Industrie in den Ballungsgebieten entsprach in den 60er Jahren weder den Erfordernissen der Volkswirtschaft noch der Arbeitskräftesituation und den Anforderungen des wissenschaftlich-technischen Fortschritts. Der *Mechanisierungs-* und *Automatisierungsgrad* der sozialistischen Industrie erreichte für die Industriebereiche im DDR-Mittel folgende Werte (1967):

	Mechanisierungsgrad	Automatisierungsgrad
Grundstoffindustrie	54,0%	7,2%
Metallverarbeitende Industrie	40,4%	3,1%
Leichtindustrie	47,8%	4,2%
Nahrungs- und Genußmittelindustrie	52,5%	5,5%

In den drei Ballungsgebieten bewegte sich damit die Mehrzahl der Werte im Niveau des DDR-Mittels, und nur in Ausnahmefällen gab es nennenswerte positive Abweichungen. Insbesondere in den Ballungskernen und den Ballungsrandgebieten lagen die Werte z. T. erheblich unter dem DDR-Mittel. Hier wirkte sich offenbar die starke Überalterung der Grundfonds und die räumliche Zersplitterung der Betriebe negativ aus. Die höchsten Werte wurden wiederum in den Großbetrieben des Ballungsfeldes erreicht. Es zeigen sich bei der Entwicklung der Automatisierung und Mechanisierung territorialen Besonderheiten und Bedingungen, die aus der ökonomischen Entwicklung der Teilgebiete in der Vergangenheit resultieren.

Ähnliche Tendenzen werden bei der Betrachtung der regionalen *Schichtauslastung* der sozialistischen Industrie (Kennziffer für die Ausnutzung der Grundfonds und die Teilnahme der Arbeitskräfte an der Schichtarbeit) deutlich. Für 1965 und 1967 ergaben sich folgende Werte (in %):

Gebiet	1965		1967	
	1. Schicht	2. und 3. Schicht	1. Schicht	2. und 3. Schicht
BK Halle u. Leipzig	73,5	26,5	72,4	27,6
BK Karl-Marx-Stadt und Zwickau	78,5	21,5	77,6	22,4
BK Dresden	85,0	15,0	85,8	14,2
BF Halle—Leipzig	71,4	28,6	75,5	24,5
BF Karl-Marx-Stadt—Zwickau	75,0	25,0	74,0	26,0
BF Dresden	74,4	25,6	72,8	27,2
BRG Halle—Leipzig	62,1	37,9	73,0	27,0
BRG Karl-Marx-Stadt—Zwickau	74,9	25,1	78,0	22,0
BRG Dresden	80,5	19,5	82,9	17,1
DDR-Mittel	77,2	22,8	76,6	23,4

Die *regionale* Schichtauslastung war damit in allen Teilgebieten der Ballungsgebiete niedrig. Die Gründe sind vor allem in den zahlreichen kleinen und z. T. veralteten Betrieben der Nahrungsgüterwirtschaft, der Textilindustrie, der Baumaterialienindustrie und der metallverarbeitenden Industrie zu suchen. Ein weiterer Grund ist die oft ungenügende Verkehrsanbindung der Pendlereinzugsbereiche an die Konzentrationspunkte der Industrie. Extrem niedrige Werte wies 1967 auch der Ballungskern Dresden auf. Neben der Überalterung der Grundfonds war und ist teilweise auch heute noch in den Ballungskernen der akute Arbeitskräftemangel die entscheidende Ursache für eine geringe Schichtauslastung. Eine Erhöhung der Schichtauslastung ist letztlich nur durch eine umfassende und konzentrierte Erneuerung sowie Rationalisierung der industriellen Grundfonds, eine weitgehende Mechanisierung und Automatisierung sowie eine damit verbundene Substitution lebendiger und vergegenständlichter Arbeit zu erreichen. Das Arbeitskräfteproblem ist damit in den Ballungsgebieten in erster Linie ein Produktivitätsproblem.

3.4. Der Grad der Bevölkerungskonzentration in den Teilgebieten

Im internationalen Vergleich haben in den Ballungsgebieten der DDR die Konzentrationsgrade der Bevölkerung noch keine übermäßig hohen Werte erreicht. Bezogen auf die drei Teilgebiete lassen sich gebietsspezifische Konzentrationsgrade erkennen, die im allgemeinen vom Ballungskern über das Ballungsfeld zum Ballungsrandgebiet hin abnehmen. Die Analyse der Bevölkerungsdichte nach Gemeinden zeigt, daß auch die räumlichen Einheiten innerhalb der Teilgebiete erhebliche Unterschiede aufweisen.

Die *Bevölkerungsdichte*, die als signifikante Kennziffer des Konzentrationsgrades bei Mohs (1964) und Scholz (1966) vorrangig als Abgrenzungskriterium der Ballungsgebiete verwendet wird, ist in den Ballungsgebieten der DDR in den 60er und 70er Jahren insgesamt zurückgegangen. Während diese teilweise auch im internationalen Maßstab zu beobachtende Tendenz in anderen Ländern in einer starken flächenhaften Ausdehnung der Ballungsgebiete begründet ist, wird sie in der DDR vor allem durch Rückgang der natürlichen Bevölkerungszahlen und z. T. durch Abwanderungen aus den Ballungsgebieten verursacht. Mit Ausnahme der Ballungskerne Karl-Marx-Stadt und Dresden, die eine geringfügige Zunahme der Bevölkerungsdichte von 1950—1968 um 74 EW/km² und 26 EW/km² aufwiesen, nahm in dieser Zeit die Bevölkerungsdichte in den anderen Teilgebieten ab. Besonders in den Ballungskernen Leipzig, Halle und Zwickau zeigte sie eine stark rückläufige Tendenz. Sie betrug von 1950—1968:

im Ballungskern Leipzig	297 EW/km²
im Ballungskern Halle	173 EW/km²
im Ballungskern Zwickau	200 EW/km²

In allen Ballungsfeldern und Randgebieten war der Rückgang der Bevölkerungsdichte in diesem Zeitraum geringer.

Die Verteilung der *Wohnbevölkerung* auf die einzelnen Siedlungen (Gemeinden und Städte) sowie die Dichte des Siedlungsnetzes spiegeln den erreichten Konzentrationsgrad der Bevölkerung im allgemeinen und den Verstädterungsgrad im besonderen wider. Der größte Teil der Bevölkerung wohnt in den Ballungskernen und den Ballungsfeldern; allein in den Kernstädten Halle und Leipzig wohnen 50% der Gesamtbevölkerung des Ballungsgebietes. Der Verstädterungsgrad (Anteil der Bevölkerung an Siedlungen > 2000 EW) ist insbesondere in den Ballungsfeldern, aber auch in den Randgebieten, sehr hoch.

Von der Gesamtbevölkerung wohnen 1971 in Siedlungen mit über 2000 EW:

Ballungsgebiet	Ballungsfeld	Randgebiet
Halle—Leipzig	73,6%	67,9%
Karl-Marx-Stadt—Zwickau	81,3%	62,4%
Dresden	68,3%	48,9%

Im DDR-Durchschnitt haben ca. 88% aller Gemeinden weniger als 2000 Einwohner, in den Ballungsgebieten liegen die Anteile deutlich niedriger (mit Ausnahme des Ballungsgebietes Dresden):

Ballungsfeld	Halle—Leipzig	74,9% der Gemeinden
	Karl-Marx-Stadt—Zwickau	60,0% der Gemeinden
	Dresden	85,7% der Gemeinden
Randgebiet	Halle—Leipzig	85,5% der Gemeinden
	Karl-Marx-Stadt—Zwickau	81,5% der Gemeinden
	Dresden	90,1% der Gemeinden

Dabei ist allen Ballungsgebieten gemeinsam, daß die meisten Gemeinden klein sind, ca. 60% haben eine Einwohnerzahl zwischen 200 und 1500, d. h., das Siedlungsnetz ist sehr stark zersplittert. Diese Aussage trifft für die Ballungsfelder, stärker noch für die Randgebiete zu.

Nach der *Größe der Siedlungen* ergeben sich bestimmte *regionale Unterschiede*, wie Tab. 7 zeigt:

Im Ballungsfeld *Halle—Leipzig* herrschen die Gemeindegrößen < 2000 EW vor, in ihnen wohnen jedoch nur ca. 27% der Bevölkerung. Dagegen wohnen in den größeren Städten > 20000 EW, die nur 2% aller Gemeinden ausmachen, über 30% der Bevölkerung.

Im Ballungsrandgebiet treten die kleinen Landgemeinden weit häufiger (ca. 76% Gemeinden < 1000 EW) mit einem größeren Bevölkerungsanteil als im Ballungsfeld auf. Die Klein- und Mittelstädte haben einwohnermäßig etwa gleiche Anteile wie im Ballungsfeld, allerdings mit dem Schwerpunkt in den Städten von 5000 bis 10000 EW.

Im Ballungsgebiet *Karl-Marx-Stadt—Zwickau* unterscheiden sich die Gemeindegrößen im Ballungsfeld und im Randgebiet nur wenig. Ein großer Teil der Bevölkerung lebt in Klein- und Mittelstädten über 5000 Einwohner, die häufig den Charakter von Industriedörfern besitzen. Im Ballungsfeld wohnen in diesen Städten ca. 62% der Bevölkerung, im Randgebiet ca. 50%. Dagegen ist im Vergleich zu den anderen Ballungsgebieten der Anteil kleiner Gemeinden unter 1000 EW geringer.

Das Siedlungsnetz des Ballungsgebietes *Dresden* ist durch eine Vielzahl kleiner Landgemeinden zwischen 200 bis 1000 EW charakterisiert. Im Ballungsfeld wohnen in solchen Gemeinden über 20% und im Ballungsrandgebiet sogar über 30% der Bevölkerung. Damit besitzt das Ballungsgebiet einen sehr hohen Zersplitterungsgrad des Siedlungsnetzes. Allerdings ist die Konzentration der Bevölkerung auf Städte über 20000 EW ebenfalls vergleichsweise hoch; etwa 38% der Bevölkerung wohnt in diesen Städten.

3.5. Die natürliche und räumliche Bevölkerungsbewegung

Ein international zu beobachtender Trend bei der Entwicklung von Ballungsgebieten sowohl in kapitalistischen als auch in sozialistischen Staaten ist eine starke Bevölkerungszunahme mit hohen jährlichen Wachstumsraten, die vorrangig durch starke Zuwanderung in die Ballungsgebiete zustandekommen. Allerdings ist in der Mehrzahl der Ballungsgebiete in den letzten 10 Jahren das Bevölkerungswachstum geringer geworden und hat eine räumliche Verschiebung erfahren. Das Wachstum vollzieht sich vorzugsweise außerhalb der Kernstädte und führt zu einer stärkeren Verdichtung der übrigen Teile der Ballungsgebiete. Das flächenhafte Wachstum der Ballungsgebiete übersteigt das Bevölkerungswachstum bei teilweise stagnierender bzw. rückläufiger Entwicklung in den Ballungskernen. Im Siedlungsnetz führt diese Entwicklung zur weiteren Verstädterung der Ballungsfelder und der Randgebiete (vgl. Schwarz 1967, Davidovič und Lappo 1968).

Im Gegensatz dazu ist für die Ballungsgebiete der DDR ein anderer *Trend der Bevölkerungsentwicklung* zu beobachten. So hat sich die Bevölkerung sowohl im Vergleich zum Vorkriegsstand als auch im Vergleich zu 1950 rückläufig entwickelt; von 1950 bis 1971 ist beispielsweise die Bevölkerung um über eine halbe Million zurückgegangen.

Tabelle 7. Verteilung der Wohnbevölkerung nach Gemeindegrößengruppen (1964)

	Ländliche Siedlungen				Städtische Siedlungen						
	< 200	200 bis 500	501 bis 1000	1001 bis 1500	1500 bis 2000	2001 bis 3000	3001 bis 5000	5001 bis 10000	10001 bis 20000	20001 bis 50000	50001 bis 100000
Ballungsfeld											
Halle-Leipzig Zahl der Gemeinden	11	99	147	73	45	31	31	29	8	8	2
in %	2,3	20,5	30,4	15,1	9,4	6,4	6,4	6,0	1,6	1,6	0,4
Wohnbevölkerung	1660	34301	90873	84738	77720	76036	94950	192521	111668	279588	54467
in %	0,2	3,1	8,3	7,7	7,1	6,9	8,6	17,5	10,2	25,4	5,0
Randgebiet Zahl der Gemeinden	21	177	167	45	12	16	9	13	6	5	1
in %	4,4	37,5	35,5	9,6	2,5	3,4	1,9	2,8	1,3	1,1	0,1
Wohnbevölkerung	3554	80751	119436	52197	22050	55504	34019	186040	64377	150478	95546
in %	0,4	9,3	13,8	6,0	2,6	6,4	3,9	21,6	7,5	17,4	11,1
Ballungsfeld											
Karl-Marx-Stadt Zahl der Gemeinden	14	57	71	51	30	52	31	34	14	9	—
in %	3,8	15,7	19,6	14,1	8,2	14,3	8,5	9,4	3,8	2,5	—
Wohnbevölkerung	1679	20010	54601	74232	53874	84906	122779	248306	190288	250438	—
in %	0,2	1,8	5,0	6,7	4,9	7,7	11,1	22,5	17,3	22,7	—
Randgebiet Zahl der Gemeinden	13	54	61	33	13	16	5	5	3	2	—
in %	6,4	26,3	29,8	16,1	6,3	7,8	2,4	2,4	1,5	1,0	—
Wohnbevölkerung	1757	16568	43669	43094	20294	37815	14168	39052	42657	68764	—
in %	0,5	5,0	13,1	12,9	6,1	11,4	5,8	11,7	12,8	20,7	—
Ballungsfeld											
Dresden Zahl der Gemeinden	13	87	104	27	19	15	10	8	3	6	—
in %	4,4	29,8	35,6	9,3	6,5	5,1	3,4	2,8	1,0	2,1	—
Wohnbevölkerung	1833	31184	97566	30491	33129	39695	42343	58545	45991	233927	—
in %	0,3	5,1	15,9	5,0	5,4	6,5	6,9	9,4	7,5	38,0	—
Randgebiet Zahl der Gemeinden	19	107	77	26	11	10	5	6	3	—	—
in %	7,2	40,4	29,1	9,8	4,2	3,8	1,9	2,3	1,2	—	—
Wohnbevölkerung	3336	35894	59336	31944	19676	26348	14717	40901	61904	—	—
in %	1,1	12,2	20,2	10,9	6,7	9,0	5,0	13,9	21,0	—	—

Der Bevölkerungsrückgang betrifft alle Ballungsgebiete außer dem Ballungsgebiet Dresden, dessen Bevölkerung von 1964—1971 eine geringfügige positive Entwicklung erfahren hat. Bei dieser Gesamtentwicklung ist eine Differenzierung in den einzelnen Teilgebieten zu beobachten, die Tab. 8 ausweist.

Im Ballungsgebiet *Halle—Leipzig* nahm die Bevölkerung von 1939—1946 um ca. 300000 Personen zu. Der Ballungskern Leipzig wies dagegen die typische rückläufige Bevölkerungsentwicklung kriegszerstörter Großstädte auf: die Bevölkerung nahm in diesem Zeitraum um fast 100000 Personen ab. Die nachfolgende „Bevölkerungsauffüllung der Großstädte“, die beispielsweise bei SCHWARZ (1962) für die Ballungskerne

Tabelle 8. Bevölkerungsentwicklung in den Teilgebieten von 1939—1976[1])

	1939	1950	1964	1971	1976
Ballungsgebiet Halle—Leipzig	2678871	2948084	2727216	2666097	2528341
davon					
Halle	269248	289119	274402	257115	234261
Leipzig	707365	617574	595203	583885	564596
Ballungsfeld	994696	1237737	1128712	1101841	1032970
Randgebiet	707562	803654	728899	723110	696514
Ballungsgebiet Karl-Marx-Stadt—Zwickau	1959435	2116560	1895925	1856064	1780001
davon					
Karl-Marx-Stadt	383736	293373	293549	299411	307554
Zwickau	113448	138844	128505	126988	122168
Ballungsfeld	1155501	1321743	1138468	1100393	1035398
Randgebiet	306750	362600	335403	329272	314881
Ballungsgebiet Dresden	1482022	1419211	1369548	1370045	1341591
davon					
Dresden	679351	494187	503859	502432	510408
Ballungsfeld	538679	613338	576103	580992	555543
Randgebiet	263992	311686	289586	286621	275640
	6120328	6483855	5992689	5892206	5649933

[1]) 1939, 1950, 1964, 1971 sind Ergebnisse von Volkszählungen, für 1976 sind Fortschreibungsergebnisse verwendet worden.

in der BRD nachgewiesen wird, erreichte hier mit 10000 Personen nur relativ geringe Ausmaße. Zum anderen hielt dieser Bevölkerungszuwachs nicht an, nach 1950 ging die Bevölkerungszahl wieder erheblich zurück. Im weniger kriegszerstörten Ballungskern Halle erhöhte sich von 1939—1950 die Bevölkerungszahl um ca. 20000 Personen (vorwiegend jedoch durch Eingemeindungen). Nach 1950 verläuft die Bevölkerungsentwicklung im gesamten Ballungsgebiet negativ, so daß bis 1971 die Bevölkerungszahl in allen Teilgebieten um ca. 282000 Personen abnahm, davon im Ballungsfeld um ca. 120000 Personen.

Im Ballungsgebiet *Karl-Marx-Stadt—Zwickau* verlief die Bevölkerungsentwicklung von 1939—1950 mit einer Zunahme um ca. 157000 Personen positiv, nach 1950 ging die Bevölkerungszahl jedoch unter den Vorkriegsstand zurück. Dieser Bevölkerungsrückgang hält bis zur Gegenwart an. In der Tendenz entspricht die Bevölkerungsentwicklung des Ballungsfeldes, des Randgebietes sowie des Ballungskernes Zwickau dieser Gesamtentwicklung.

Der Ballungskern Karl-Marx-Stadt jedoch wies bis 1950 gegenüber dem Vorkriegsstand eine extrem negative Entwicklung auf (Rückgang 1939/46 um 85000 Personen mit anhaltend rückläufiger Tendenz bis 1960). Danach stieg die Einwohnerzahl wieder geringfügig an. 1971 wurde ein Bevölkerungszuwachs von ca. 4000 Personen gegenüber 1964 erreicht und auch danach hält der Bevölkerungszuwachs an. Die Entwicklung im Ballungskern Zwickau ist weiter negativ.

Im Ballungsgebiet *Dresden* setzte die Abnahme der Bevölkerung nach 1939 besonders durch die starken Kriegszerstörungen im Ballungskern ein. Der Bevölkerungsrückgang des gesamten Ballungsgebietes wurde von 1939—1946 allein durch die Entwicklung des Ballungskernes ausgelöst (über 169000 Personen Rückgang, damit absolut und relativ stärkere Abnahme der Bevölkerung als im Ballungskern Leipzig). Im gleichen Zeitraum wuchs im Ballungsfeld und im Randgebiet die Bevölkerungszahl, da diese Teilgebiete Bevölkerung des zerstörten Ballungskernes aufnahmen. Trotz geringfügiger Zunahme Mitte der 60er Jahre wird gegenwärtig die Vorkriegseinwohnerzahl nicht wieder erreicht. In den 70er Jahren wuchs die Bevölkerungszahl im Ballungskern kontinuierlich an.

Eine Analyse der jährlichen *Wachstumsraten der Bevölkerung* von 1960—1968 anhand von Tab. 9 unterstreicht, daß das Bevölkerungswachstum der Ballungsgebiete ungün-

Tabelle 9. Wachstumsraten der Bevölkerung 1960—1968

Teilgebiet	Veränderungen in %					
	1960 1964	1964 1965	1965 1966	1966 1967	1967 1968	1960 1968
Ballungsgebiet Halle—Leipzig	—0,93	+0,09	+0,04	—0,34	—0,24	—1,38
Ballungskern Halle	—1,24	+0,91	+1,58	—0,89	+1,12	+1,48
Ballungskern Leipzig	+0,94	+0,08	—0,26	—0,43	—0,42	—0,09
Ballungsfeld	—2,09	+0,03	—0,25	—0,35	—0,42	—3,08
Randgebiet	—0,49	—0,11	+0,14	—0,06	—0,32	—0,84
Ballungsgebiet Karl-Marx-Stadt—Zwickau	—1,06	—0,35	—0,16	—0,29	—0,19	—2,05
Ballungskern Karl-Marx-Stadt	+2,06	+0,56	—0,09	+0,02	+0,18	+3,27
Ballungskern Zwickau	—0,49	+0,13	—0,38	—0,30	—0,09	—1,12
Ballungsfeld	—1,97	—0,64	—0,21	—0,31	—0,28	—3,41
Randgebiet	—1,23	—0,34	+0,03	—0,47	—0,22	—2,23
Ballungsgebiet Dresden	—0,32	+0,40	+0,03	—0,34	—0,05	—0,28
Ballungskern Dresden	+2,08	+0,86	—0,59	—1,02	+0,02	+1,35
Ballungsfeld	—0,81	+0,32	+0,29	+0,12	+0,07	—0,01
Randgebiet	—3,31	—0,22	+0,57	—0,10	—0,39	—3,45

stiger als im DDR-Durchschnitt verläuft (durchschnittliche Wachstumsraten für die DDR im gleichen Zeitraum −0,9%). Ursache für die rückläufige Bevölkerungsentwicklung in den Ballungsgebieten ist sowohl eine ungünstige *natürliche Bevölkerungsbewegung* als auch die *Bevölkerungsmigration* aus den Ballungsgebieten in andere Gebiete.

Die stark *deformierte Alters- und Sexualstruktur* der Bevölkerung (Kriegseinwirkungen, Abwanderung reproduktionsfähiger Altersjahrgänge) ist eine der Hauptursachen der negativen natürlichen Bevölkerungsbewegung, die zu niedrigen Geburten und hohen Sterbefällen führt (obwohl die Lebenserwartung insgesamt in den letzten Jahren angestiegen ist). Die Tendenz des Rückgangs der allgemeinen Fruchtbarkeitsziffern (Geborene je 1000 Frauen im Alter von 15 bis 45 Jahre) hat zu einem weiteren Rückgang der Geburten beigetragen. Erst durch gezielt eingesetzte sozialpolitische Maßnahmen ist es gelungen, daß diese Tendenz etwa ab 1976 wieder abgeschwächt wird. Eine Analyse demographischer Kennziffern, z. B. der Geburten- und Sterberaten oder der allgemeinen bzw. altersspezifischen Fruchtbarkeitsziffern, charakterisiert diese Situation und läßt zugleich aus dieser Entwicklung Trends für die Bestimmung demographischer Ausgangsgrößen einer künftigen Bevölkerungsentwicklung erkennen.

Die Tendenz des *Fruchtbarkeitsrückganges* setzt in den Ballungsgebieten in den Jahren 1963/64 ein. Bis zu diesem Zeitpunkt lagen in den Ballungsgebieten, wie in der gesamten DDR, die altersspezifischen und allgemeinen Fruchtbarkeitsziffern relativ hoch, da ab etwa 1958−1964 die geburtenstarken Jahrgänge der Vorkriegszeit und der ersten Kriegsjahre in das Alter mit der höchsten altersspezifischen Fruchtbarkeit aufrückten. Da nach 1963/64 die geburtenschwachen Kriegs- und Nachkriegsjahre 1944−1950 in das Alter der höchsten altersspezifischen Fruchtbarkeit eintraten, gingen die Fruchtbarkeitsziffern stark zurück.

Die im Vergleich zum DDR-Durchschnitt ohnehin niedrigen allgemeinen Fruchtbarkeitsziffern in den Ballungsgebieten stellen in den Ballungskernen einen extrem negativen Wachstumsfaktor dar; in allen Ballungskernen sind sie stark abgesunken:

Entwicklung der allgemeinen Fruchtbarkeitsziffern
(Geborene je 1000 Frauen im Alter von 15−45 Jahren)

	1963	1964	1965	1966
Leipzig	80,2	77,6	75,5	73,5
Halle	76,6	79,1	76,8	75,8
Karl-Marx-Stadt	73,5	71,0	71,1	67,9
Zwickau	73,2	76,6	71,9	68,8
Dresden	82,2	80,3	79,0	76,3
DDR-Durchschnitt	90,0	88,7	85,2	81,5

Aus der Darstellung von *Geburtenraten* (Geborene je 1000 der Bevölkerung) und *Sterberaten* (Gestorbene je 1000 der Bevölkerung), die jährlich kreisweise von der Statistik bereitgestellt werden, können regionale Unterschiede der natürlichen Bevölkerungsbewegung in den Ballungsgebieten nachgewiesen werden (vgl. Tab. 10).

Im *Ballungsgebiet Halle−Leipzig* verlaufen die Geburtenraten in den einzelnen Teilgebieten sehr unterschiedlich. Insgesamt erreicht die *Geburtenrate* in ihrer Entwicklung ab 1958 in den Jahren 1963/64 die höchsten Werte, da zu diesem Zeitpunkt — wie in allen Ballungsgebieten — die relativ geburtenstarken Jahrgänge 1939−1942 in das Alter mit der höchsten Fruchtbarkeit aufrücken (20−25 Jahre). In Relation zu der ins-

Tabelle 10. Entwicklung der durchschnittlichen Geburten- und Sterberaten (Geborene und Gestorbene pro 1000 der Bevölkerung) in den Ballungsgebieten

	1959		1960		1961		1962		1964		1965		1966		1967		1968	
	1	2	1	2	1	2	1	2	1	2	1	2	1	2	1	2	1	2
Ballungskerne																		
Halle	15,0	12,9	15,0	12,8	15,5	12,9	16,3	13,7	17,0	13,6	16,4	13,4	16,0	13,6	—	—	14,6	14,3
Leipzig	13,9	15,2	14,1	15,7	15,4	15,7	15,5	16,2	15,7	16,5	15,1	14,8	14,6	15,3	14,4	15,4	14,4	16,4
Karl-Marx-Stadt	12,0	13,6	12,8	14,7	13,1	14,2	13,2	15,4	13,6	14,3	13,8	15,0	13,1	15,0	12,8	14,9	12,6	16,0
Zwickau	13,5	13,0	13,9	13,5	14,8	12,5	13,7	14,5	15,0	12,9	14,2	13,9	13,4	14,0	12,7	13,6	11,6	15,1
Dresden	13,2	14,4	13,1	14,4	14,2	14,1	14,6	15,4	15,1	14,8	14,9	14,6	14,4	14,5	13,8	15,1	13,3	15,5
Ballungsfelder																		
Halle—Leipzig	16,5	12,3	16,3	13,6	16,8	12,0	17,0	12,7	18,3	12,7	16,8	12,6	14,9	12,5	14,2	12,4	13,7	13,2
Karl-Marx-Stadt/ Zwickau	14,4	12,4	14,2	13,3	14,5	12,7	14,5	13,9	14,1	13,4	13,5	14,0	12,8	13,9	12,1	14,1	11,8	15,5
Dresden	15,2	13,0	14,9	13,3	15,9	13,3	15,7	14,2	16,0	13,2	15,4	13,4	14,6	13,5	13,7	13,7	13,5	14,6
Randgebiet																		
Halle—Leipzig	17,3	12,8	17,3	13,1	17,5	12,3	17,3	12,9	17,3	13,1	16,4	13,0	15,5	12,9	14,4	13,1	14,3	14,3
Karl-Marx-Stadt— Zwickau	15,7	12,2	15,4	12,9	16,6	11,9	15,7	12,9	15,5	12,2	14,5	13,1	14,2	12,2	13,3	13,1	13,4	13,5
Dresden	17,9	12,9	17,9	13,3	18,2	13,0	17,7	13,5	17,7	13,0	16,1	13,3	15,2	12,3	14,0	13,0	13,7	13,9

1 = Geburtenrate
2 = Sterberate

gesamt rückläufigen Bevölkerungsentwicklung des Ballungsgebietes im gleichen Zeitraum muß zwangsläufig bei gleichzeitig steigenden Geburtenzahlen die Geburtenrate ansteigen. Die höchsten durchschnittlichen Geburtenraten werden in diesen Jahren im Ballungsfeld mit ca. 18‰ erreicht; damit liegt hier die Geburtenrate noch über dem DDR-Durchschnitt von 16,5‰.

Nach 1965 bis 1968/70 sinkt die durchschnittliche Geburtenrate des Ballungsgebietes sehr stark ab (um 3‰ im Randgebiet, um 4‰ im Ballungsfeld). Weil die Geburtenraten der beiden großstädtischen Kerne Halle und Leipzig um ca. 2—3‰ unter den Geburtenraten des Ballungsfeldes und des Randgebietes liegen, ist der weitere Rückgang der Geburtenraten in Halle um 3‰ und in Leipzig um 2‰ eine ungünstige Ausgangssituation für die künftige Bevölkerungsentwicklung. Da zur gleichen Zeit die Bevölkerung des Ballungsgebietes weiter abnimmt, ist das Sinken der Geburtenrate auf einen absoluten Rückgang der Geburten bzw. der durchschnittlichen Fruchtbarkeitsziffern zurückzuführen, weil sich nunmehr die geburtenschwachen Kriegs- und Nachkriegsjahrgänge im Alter mit der höchsten altersspezifischen Fruchtbarkeit befinden.

Die *Sterberaten* im Ballungsgebiet Halle—Leipzig laufen der Entwicklung der Geburtenraten entgegen. Ab 1966/67 sind die Sterberaten in allen Teilgebieten stark angestiegen. Das ungünstigste Verhältnis zwischen Entwicklung der Geburten- und Sterberate wird im Ballungskern Leipzig erreicht. Der von 1959 an durchgehende Sterbefallüberschuß geht nur 1965 in einen geringfügigen Geburtenüberschuß über, um sich danach wieder als Sterbefallüberschuß bis nach 1980 fortzusetzen. Diese Entwicklung wird durch den extrem hohen Rentneranteil einerseits und durch eine niedrige Geburtenzahl andererseits ausgelöst.

Ähnliche Tendenzen wie im Ballungsgebiet Halle—Leipzig treten hinsichtlich der natürlichen Bevölkerungsentwicklung in den *Ballungsgebieten Karl-Marx-Stadt—Zwickau* und *Dresden* auf. Der Ballungskern Karl-Marx-Stadt und der Ballungskern Dresden haben ähnlich wie Leipzig Sterbefallüberschuß, der noch zunehmen wird. Besonders großen Sterbefallüberschuß hat Karl-Marx-Stadt. Auch das Ballungsfeld Karl-Marx-Stadt ist ab 1965 durch Sterbefallüberschuß gekennzeichnet.

Generell zeigen die einzelnen Teilgebiete aller Ballungsgebiete von 1958—1968 ähnliche *Entwicklungstendenzen der natürlichen Bevölkerungsbewegung* (vgl. Tab. 10):

Ballungskerne:	niedrigste Geburtenraten der Ballungsgebiete zwischen 12—15, die zwar bis 1965 angestiegen sind, danach aber zurückgehen. Die Sterberaten liegen hoch (14—15) und steigen ab 1965 weiter an, so daß Sterbefallüberschuß erreicht wird.
Ballungsfelder:	bis 1967 Geburtenüberschuß, jedoch abnehmende Tendenz bis Übergang in Sterbefallüberschuß. Höhere Geburtenraten als Kernstädte, zwischen 15—17, die jedoch nach 1964 auf 12—13 absinken.
Randgebiete:	bis 1967 Geburtenüberschuß. Höchste Geburtenrate der Ballungsgebiete bei 17—18 und niedrigere Sterberaten.

Die *räumliche Bevölkerungsbewegung* (Binnenwanderung) zeigt in den Ballungsgebieten in den vergangenen Jahren eine negative Bilanz, das heißt, die Abwanderung ist höher als die Zuwanderung. Die Abwanderung stellt für die Ballungsgebiete einen zusätzlichen negativen Faktor für das Bevölkerungswachstum dar, da sie

1. das Bevölkerungspotential unmittelbar reduziert und
2. durch ihre selektive Wirkung auf die Altersstruktur die natürliche Bevölkerungsentwicklung mittelbar beeinflußt.

Das Wanderungsverhalten der Bevölkerung zeigt in den einzelnen Teilgebieten erhebliche Unterschiede. Während von 1956–1965 alle Ballungskerne Wanderungsgewinne aufwiesen, wanderte aus den Ballungsfeldern und den Randgebieten Bevölkerung ab.

Nach Berechnungen von Bose (1970) hatten in diesem Zeitraum die einzelnen Teilgebiete folgende *mittlere Wanderungsbilanz* je 1000 Einwohner und Jahr:

	Ballungskern	Ballungsfeld	Ballungsrand-gebiet
Halle	+1,6	–2,7	–3,3
Leipzig	+2,7	–2,1	–1,6
Halle–Leipzig	+2,4	–2,5	–2,4
Dresden	+7,3	–0,5	–4,0
Karl-Marx-Stadt	+4,4	–3,3	–4,3

Auch nach 1965 hält die insgesamt negative Wanderungsbilanz der Ballungsgebiete an. Dabei erreichte im Zeitraum 1965–1968 das Ballungsgebiet *Halle–Leipzig* die negativsten Wanderungssalden mit einem durchschnittlichen jährlichen Verlust von ca. 8000 Personen. In allen Teilgebieten überwogen die Abwanderungen, außer in den Ballungskernen Leipzig und Halle im Jahr 1965. Von diesem Zeitpunkt ab setzt jedoch auch in den Ballungskernen eine Abwanderung ein. Den höchsten Bevölkerungsverlust durch Abwanderung erreicht das Ballungsfeld, in dem nur wenige Kreise zeitweise einen geringen Wanderungsgewinn erzielen (Borna, Bitterfeld 1967, 1968).

Im Ballungsgebiet *Karl-Marx-Stadt* läßt sich ebenfalls eine negative Wanderungsbilanz mit jährlichen Wanderungsverlusten von ca. 3–4000 Personen verfolgen. Als einziges Teilgebiet hatte der Ballungskern Karl-Marx-Stadt einen durchgehend positiven Saldo mit ca. 2000 Personen jährlichem Wanderungsgewinn aufzuweisen. Nach 1965 wird der Umfang der Zuzüge in den Ballungskern geringer (1966: 267 Personen, 1967: 1068 Personen). Im Ballungskern Zwickau ging der ohnehin geringe Wanderungsgewinn von jährlich 200 Personen ab 1966 in einen Wanderungsverlust gleicher Größenordnung über. Sowohl das Ballungsfeld als auch das Randgebiet hatten dagegen insgesamt durchgehend relativ hohe Wanderungsverluste. Nur wenige Kreise in diesen Teilgebieten erzielten Bevölkerungszuwachs durch Wanderungsgewinn.

Im Gegensatz zum Ballungsgebiet Halle–Leipzig und Karl-Marx-Stadt–Zwickau war die Wanderungsbilanz des Ballungsgebietes *Dresden* bis 1965 positiv, 1966 und 1967 jedoch ebenfalls negativ. Dabei erreichte das Ballungsfeld bis 1968 jährliche Wanderungsgewinne von durchschnittlich ca. 900 Personen (die größte Zuwanderung entfiel dabei auf den Kreis Riesa). Nach ursprünglichem Wanderungsgewinn des Ballungskernes bis zum Jahre 1965 kam es 1966 und 1967 jedoch zu recht erheblichen Bevölkerungsverlusten durch Wanderung. Wie alle anderen Randgebiete zeigt auch das Randgebiet Dresden insgesamt Wanderungsverluste.

Die Aussagen zur Wanderung sind eine Summierung der Wanderungssalden der

Kreise und können die Wanderungsfälle in den betreffenden Teilgebieten nicht berücksichtigen. Diese Einschränkung gilt für die Ballungsfelder und die Randgebiete, allerdings läßt die insgesamt mit wenigen Ausnahmen negative Wanderungsbilanz der Kreise die Schlußfolgerung zu, daß die Abwanderung in Gebiete außerhalb der Ballungsgebiete erfolgen muß.

Durch diese Analyse der *Binnenwanderung in* den *Ballungsgebieten* wird offensichtlich, daß erhebliche *Abweichungen zum internationalen Trend* der Binnenwanderung bestehen. Während in den Ballungsgebieten anderer Staaten der Bevölkerungszustrom zu den Ballungsgebieten weiter anhält, wenn auch mit veränderten regionalen Schwerpunkten, sind die Ballungsgebiete der DDR Abwanderungsgebiete.

Die Abwanderungen sind besonders negativ zu beurteilen, weil sich das natürliche Arbeitskräftepotentialverringert hat, der Bedarf an Arbeitskräften aber größer geworden ist. Die wanderungsauslösenden Faktoren sind also nicht in der Arbeitsplatzentwicklung im Ballungsgebiet selbst zu suchen, sondern werden durch die Entwicklung in anderen Gebieten der DDR bestimmt. Dabei spielte und spielt insbesondere der extensive Ausbau industrieller Schwerpunkte in den Bezirken Cottbus und Frankfurt sowie die Entwicklung der Hauptstadt Berlin eine wesentliche Rolle. Der verstärkte Wohnungsbau, die Attraktivität der neugeschaffenen Arbeitsplätze sowie der Ausbau der sozialen und technischen Infrastruktur dürften entscheidende Zuzugsmotive darstellen.

3.6. Die Nutzung und Entwicklung des gesellschaftlichen Arbeitsvermögens

Teile des Bevölkerungspotentials stellen als territoriale Ressource einen wesentlichen Einflußfaktor auf die Entwicklung der Industrie- und Infrastruktur der Ballungsgebiete dar. Für das gesellschaftliche Arbeitsvermögen (Arbeitskräfteressource) ist vor allem die Sexual- und Altersstruktur der Bevölkerung eine natürliche Ausgangsgröße; durch eine Reihe allgemein gesellschaftlicher und soziologischer Faktoren unterliegt jedoch das gesellschaftliche Arbeitsvermögen einer beachtlichen qualitativen Differenzierung.

Die insgesamt für das Ballungsgebiet ungünstige Alters- und Sexualstruktur und die negative Bevölkerungsentwicklung der letzten Jahre setzt dem Umfang des gesellschaftlichen Arbeitsvermögens natürliche Grenzen. So macht sich der Frauenüberschuß besonders in den mittleren bis oberen Jahrgängen der Bevölkerung im arbeitsfähigen Alter bemerkbar. Insgesamt tritt der Bevölkerungsrückgang verstärkt in der *Bevölkerung im arbeitsfähigen Alter* in Erscheinung.

Diese ungünstige Ausgangssituation wird überlagert durch die Bevölkerungsabwanderung, die vor allem den mobilsten Bevölkerungsanteil — also wiederum die Bevölkerung im arbeitsfähigen Alter bzw. die Jugendlichen als künftige arbeitsfähige Bevölkerung — betrifft. Das Zusammenwirken der demographischen Erscheinungen mit den Mobilitätserscheinungen hat in den letzten Jahren die Bevölkerung im arbeitsfähigen Alter in allen Ballungsgebieten nachhaltig negativ beeinflußt. In den Ballungskernen und in den Ballungsfeldern nimmt besonders die weibliche arbeitsfähige Bevölkerung eine extrem negative Entwicklung. Der gesamte Rückgang ist in diesem Zeitraum beträchtlich, auch wenn ein Teil dieses Rückganges durch die Einbeziehung von Altersrentnern in die arbeitsfähige Bevölkerung durch Weiterbeschäftigung aufgehoben werden konnte.

Auf diese Weise ergibt sich für die Ballungsgebiete folgende *Entwicklung der „arbeitsfähigen Bevölkerung“* im Zeitraum 1964—1970:

Ballungsgebiet Halle—Leipzig:

Rückgang um ca. 86000 Personen
davon: ca. 45000 weibliche Personen und
ca. 41000 männliche Personen

Ballungsgebiet Karl-Marx-Stadt—Zwickau:

Rückgang um ca. 24000 Personen
davon: ca. 16000 weibliche Personen und
ca. 8000 männliche Personen

Ballungsgebiet Dresden:

Rückgang um ca. 28000 Personen
davon: ca. 14000 weibliche Personen und
ca. 14000 männliche Personen

(Berechnungen auf der Grundlage: Untergrenze der Bevölkerung im arbeitsfähigen Alter 18 Jahre, Obergrenze 60 Jahre bei der weiblichen bzw. 65 Jahre bei der männlichen Bevölkerung).

Aus dieser ungünstigen Ausgangssituation heraus, jedoch auch im Hinblick auf die berufliche Gleichberechtigung der Frau, ist die Einbeziehung der weiblichen Bevölkerung im arbeitsfähigen Alter in die berufstätige Bevölkerung in den Ballungsgebieten sehr hoch. Der Beschäftigungsgrad der weiblichen arbeitsfähigen Bevölkerung kann als wesentlicher Faktor angesehen werden, der die Nutzung des gesellschaftlichen Arbeitsvermögens beeinflußt. Insgesamt erreichten die Ballungsgebiete bereits in den 60er Jahren einen überdurchschnittlich hohen *weiblichen Beschäftigtengrad*, der jedoch in den Kreisen eine Schwankungsbreite von über 30% aufweist (Kreis mit dem höchsten Beschäftigtengrad: Annaberg mit 87,0; Kreis mit dem niedrigsten Beschäftigtengrad: Eisleben 55,7). Ein eindeutiger Bezug auf die Teilgebiete läßt sich nicht herstellen. Die Ballungskerne mit dem großen und vielseitigen Angebot an frauenspezifischen Arbeitsplätzen (sowohl in der Industrie als auch in den Bereichen der Dienstleistung, Forschung, Kultur usw.) weisen nicht die höchsten Beschäftigtengrade der Ballungsgebiete auf.

Das Ballungsgebiet *Karl-Marx-Stadt—Zwickau* ist insgesamt durch einen sehr hohen Anteil berufstätiger Frauen gekennzeichnet und zwar in allen Teilgebieten relativ gleichwertig mit mehr als 75%. Ausnahmen sind die Kreise des Ballungsfeldes Zwickau-Land, Stollberg und Aue und der Ballungskern Zwickau mit Beschäftigtengraden unter 70%. Das Ballungsgebiet Karl-Marx-Stadt—Zwickau bietet vor allem von seiten seiner traditionellen Industriestruktur mit vorherrschender Leichtindustrie günstige Arbeitsmöglichkeiten für die weibliche Bevölkerung.

Im Ballungsgebiet *Dresden* werden die höchsten Beschäftigtengrade im Ballungskern und im Randgebiet erreicht mit maximalen Werten in den Kreisen Sebnitz, Bischofswerda und Dippoldiswalde, die ebenfalls von der Wirtschaftsstruktur her günstige Voraussetzungen besitzen.

Die Beschäftigtengrade im Ballungsgebiet *Halle—Leipzig* liegen relativ niedrig im Vergleich zu den anderen Ballungsgebieten. Besonders in den Kreisen des Ballungsfeldes und des Randgebietes, die im Bezirk Halle liegen, wird ein Anteil der weiblichen Beschäftigten von 70% nicht überschritten. Relativ einheitliche Werte der Frauenbeschäftigung zwischen 70 und 75% erreichen das Ballungsfeld, der Ballungskern Leipzig und das Randgebiet im Teil des Bezirkes Leipzig. Eine Abweichung im positiven Sinne zeigen die Kreise Döbeln und Schmölln das Randgebietes.

Die *Beschäftigtenstruktur*, das heißt die gegenwärtige Verteilung des Arbeitsvermögens auf die einzelnen Wirtschaftsbereiche, ist Ausgangspunkt für die Einschätzung der Effektivität des Einsatzes des Arbeitsvermögens. Der Einsatz des Arbeitsvermögens in der Industrie ist in allen Teilgebieten sehr hoch. Allerdings liegt der Anteil der Industriebeschäftigten an den Gesamtbeschäftigten in den Ballungsfeldern am höchsten, mit ca. 10% über den Industriebeschäftigten der Ballungskerne und ca. 5% über denen der Randgebiete. Dagegen weisen die Ballungskerne einen sehr hohen Anteil der Beschäftigten in den Bereichen der nicht-materiellen Produktion auf (Verkehrs-, Post- und Fernmeldewesen, Handel, Kultur, Gesundheits- und Sozialwesen, sonstige Bereiche), der in allen Kernen über den Industriebeschäftigten liegt. In den Ballungsfeldern und in den Randgebieten sind weit weniger Beschäftigte in diesen Bereichen tätig. Insgesamt ergibt sich folgendes prozentuales *Verhältnis der Beschäftigten in den einzelnen Bereichen* (1967):

	Industrie und Bauwirtschaft	Landwirtschaft	Bereiche der nicht-materiellen Produktion
Ballungskern			
Halle	43,7	1,7	54,6
Leipzig	49,8	0,9	49,3
Karl-Marx-Stadt	51,2	1,5	47,3
Zwickau	50,4	1,5	48,1
Dresden	47,2	1,8	51,0
Ballungsfeld			
Halle—Leipzig	58,5	11,6	29,9
Karl-Marx-Stadt—Zwickau	62,1	6,9	31,0
Dresden	55,2	11,5	33,3
Randgebiet			
Halle—Leipzig	47,7	18,8	33,5
Karl-Marx-Stadt—Zwickau	55,2	14,7	30,1
Dresden	51,4	18,9	29,7

3.7. Schlußfolgerungen für die Entwicklung der Industrie- und Bevölkerungsstruktur

Die Analyse der beiden Teilstrukturen zeigt, daß die ökonomische und gesellschaftliche Effektivität des Gebietstyps Ballungsgebiet noch Reserven aufweist, die für die Erhöhung des Nationaleinkommens eingesetzt und damit für die Verbesserung der Arbeits- und Lebensbedingungen der Bevölkerung genutzt werden können. Dies ist möglich, wenn die historisch übernommenen Strukturmängel aus der kapitalistischen Entwicklungsphase und die daraus entstandenen Disproportionen zwischen den Teilgebieten planmäßig abgebaut werden. Verstärkt wurden diese Disproportionen durch eine ungünstige Altersstruktur der Bevölkerung, die verbunden mit einer Bevölkerungsabwanderung aus den Ballungsgebieten zu einer negativen Bevölkerungsentwicklung führte. Dadurch ist es in den Ballungsgebieten zu einem Widerspruch zwischen einem hohen Angebot an industriellen Arbeitsplätzen sowie Arbeitsplätzen im Dienstleistungsbereich und einem Mangel an Arbeitskräften gekommen.

Mit der weiteren Durchsetzung des wissenschaftlich-technischen Fortschritts bestehen unter sozialistischen Bedingungen die Voraussetzungen, diesen Widerspruch zu lösen. Im Bereich der *Industrie* bieten sich dazu an:

- die komplexe sozialistische Rationalisierung und Intensivierung,
- die Konzentration der Produktion auf volkswirtschaftlich wichtige Erzeugnisse bei Wahrung der Proportionalität,
- die Überwindung der räumlichen und zweiglichen Zersplitterung der Industrieproduktion bei gleichzeitiger Erhöhung des Konzentrationsgrades und teilweiser Umprofilierung von Klein- und Mittelbetrieben,
- die Vertiefung der territorialen Arbeitsteilung,
- die Aussonderung veralteter Grundfonds,
- die weitere Erhöhung der Qualifikation der Arbeitskräfte, die deren Disponibilität erhöht,
- die Verbesserung der Proportionen zwischen Industriestruktur und technischer Infrastruktur,
- gezielte Maßnahmen zur Umweltverbesserung.

Jede dieser Maßnahmen und noch mehr ihre komplexe Durchsetzung können insgesamt die Produktivität der gesellschaftlichen Arbeit erhöhen und die Effektivität der Industrieproduktion entscheidend fördern.

4. Entwicklungstendenzen der Industrie- und Bevölkerungsstruktur

4.1. Allgemeine Bedingungen und Tendenzen bei der Entwicklung der Industriestruktur

Die weitere Gestaltung der entwickelten sozialistischen Gesellschaft in der DDR erfordert eine den gesellschaftlichen Zielen adäquate Territorialstruktur, die eine maximale Nutzung territorialer Struktureffekte zur Steigerung der Arbeitsproduktivität und zur ständigen Verbesserung der Arbeits- und Lebensbedingungen der Bevölkerung gewährleistet. Dabei wird die *Entwicklung der Industriestruktur* — als ein Hauptelement der Territorialstruktur — durch Prozesse der Konzentration und Spezialisierung der Produktion bestimmt. Diese Prozesse erhalten unter den Bedingungen einer vorwiegend intensiv erweiterten Reproduktion eine besondere Prägung, wobei sich die Produktion insbesondere durch den wissenschaftlich-technischen Fortschritt qualitativ und quantitativ verändert.

Die neuen Erkenntnisse von Wissenschaft und Technik sowie die Möglichkeiten der sozialistischen ökonomischen Integration führen auch künftig zu einem ungleichmäßigen Wachstum der einzelnen Industriezweige. Durch diese Wachstumsunterschiede kommt es zu objektiv notwendigen strukturellen Veränderungen im Territorium.

Bei der Entwicklung der Industriestruktur gilt es, die in den Ballungsgebieten spezifischen *territorialen Struktureffekte*, die im Zusammenhang mit einer hohen regionalen Disponibilität von Bevölkerung, Produktion und Diensten stehen, unter Beachtung der proportionalen Entwicklung der Teilgebiete eines Ballungsgebietes optimal zu nutzen. Der *Intensivierungsprozeß der materiellen Produktion* vollzieht sich dabei in den Ballungsgebieten unter dem Einfluß spezifischer territorialer Teilprozesse wie:

— dem Prozeß des territorialen Strukturwandels der Industrie,
— dem Prozeß der territorialen Arbeitsteilung,
— dem territorialen Konzentrationsprozeß in der Infrastruktur, wie er sich in integrativer Form als Konzentrations- und Urbanisierungsprozeß im Siedlungsnetz ausdrückt,
— dem Prozeß einer zunehmenden Inanspruchnahme territorialer Ressourcen.

Da die Industriestruktur nur ein Teilsystem der Territorialstruktur ist, kann sie auch nur unter Beachtung der engen Wechselbeziehungen zu den anderen Teilsystemen der Territorialstruktur und zwischen diesen rationell gestaltet werden. Daraus ergibt sich für die Territorialplanung die Konsequenz, eine möglichst weitgehende räumliche und zeitliche Übereinstimmung der im Territorium durchzuführenden Investitionsmaßnahmen zu sichern.

Im Rahmen der oben angeführten generellen Bedingungen für den Intensivierungsprozeß sind für die *Entwicklung der Industriestruktur* in den Ballungsgebieten als allgemeine *territoriale Tendenzen* zu berücksichtigen:

1. Die wachsende Rolle der Wissenschaft als Produktivkraft führt zu einer zunehmenden *Integration der Wissenschaft* in den volkswirtschaftlichen Reproduktionsprozeß. Die wissenschaftlich-technischen Einrichtungen entwickeln sich zu einem territorialen Strukturelement für die Industrie. Trotz moderner Kommunikationsmittel auf dem Gebiet der Wissensübertragung und -vermittlung bietet die enge räumliche Verbindung wissenschaftlicher Einrichtungen (Forschungszentren, Hoch- und Fachschulen) mit den Standorten der Industrie produktivitätswirksame Vorzüge.
2. Die Entwicklung der territorialen Industriestruktur wird von der sich vertiefenden territorialen *Arbeitsteilung* beeinflußt. Daraus leiten sich ab:
   — Weiterentwicklung von leistungsfähigen Produktionseinheiten an vorhandenen Standorten oder in Gebieten durch Nutzung der räumlichen Konzentration der Produktivkräfte,
   — Entwicklung rationeller Beziehungen der Arbeitsteilung und der zwischenbetrieblichen Kooperation,
   — Spezialisierung der Produktion (u. a. Beseitigung unökonomischer Parallelproduktionen) zwischen und in den Teilgebieten des Ballungsgebietes,
   — wachsende innergebietliche Kombination bei Zunahme übergebietlicher Kooperation im nationalen und internationalen Maßstab, insbesondere durch verstärkte Zusammenarbeit auf wissenschaftlich-technischem Gebiet mit den RGW-Staaten.
3. Die territoriale *Profilierung* und *Spezialisierung der Produktion* in den Ballungsgebieten führt dann zu einer Effektivitätssteigerung, wenn sich damit zugleich der gebietliche Komplexitätsgrad erhöht, vor allem durch territoriale Kombination verschiedener Betriebe, Zweige und Bereiche (auch mit wissenschaftlich-technischen Forschungseinrichtungen), durch Vertiefung der innergebietlichen Produktionsverflechtungen u. a. Dabei wird durch die Verbindung mehrerer Betriebe, Zweige und Bereiche an den Hauptstandorten innerhalb des Ballungsgebietes eine effektive Nutzung der gebietlich begrenzten territorialen Ressourcen ermöglicht.

Bei der Weiterentwicklung der Industriestruktur in den Ballungsgebieten ist deshalb zu beachten, daß solche funktional zusammengehörigen Zweige und Bereiche gefördert werden, durch die ein hoher territorialer *Kombinationseffekt* erreicht werden kann. Zur Erhöhung des Vergesellschaftungsgrades der Produktion und des effektiven Einsatzes der Ressourcen für die Sicherung der dynamischen Zweige und Bereiche können in den Ballungsgebieten in begrenztem Umfang auch Produktionsauslagerungen und -umlagerungen notwendig werden.

4. Durch den wissenschaftlich-technischen Fortschritt wird besonders die Serien-, Großserien- und Massenfertigung gefördert. Mit dem Einsatz *neuer Produktionsverfahren* und *Technologien* ergeben sich daraus qualitativ neue Standortanforderungen der Produktion. Dazu zählen z. B. Arbeitskräfte-, Material-, Transport-, Energie- und Wasseranforderungen einschließlich Abwasserbeseitigung sowie Flächenanforderungen. Außerdem müssen Maßnahmen zur Beseitigung von Störfaktoren berücksichtigt werden (vgl. GRUNDMANN u. SCHMIDT 1971).
5. Das dynamische Wachstum der Industrieproduktion erfordert einen rationellen Einsatz des *gesellschaftlichen Arbeitsvermögens.* Der Widerspruch zwischen Arbeitskraftentwicklung und Arbeitsplatzangebot kann nur mit Hilfe der komplexen sozialistischen Rationalisierung gesteuert und schrittweise abgebaut werden. Um die proportionale Entwicklung der Ballungsgebiete zu sichern, muß die räumliche Verteilung der Industrie- und Wissenschaftskapazitäten mit dem Aufkommen an gesellschaftlichem Arbeitsvermögen in Übereinstimmung gebracht werden.
6. Die mit der Entwicklung der Industrie wachsende Inanspruchnahme territorialer *Ressourcen* kann in den Ballungsgebieten zu Mangelerscheinungen, z. B. hinsichtlich der verfügbaren Fläche oder des Wassers führen. Dem Widerspruch zwischen der Produktionsdynamik und dem relativ konstanten oder nur langsam wachsenden, z. T. sogar rückläufigen natürlichen Ressourcenaufkommen muß durch zielstrebige Rationalisierung der Ressourcenanwendung in den Zweigen und Bereichen begegnet werden. Mit wachsender Mobilität bestimmter Ressourcenarten (z. B. durch neue Transporttechnologien) vermag sich die Standortabhängigkeit zu lockern oder zu verändern.
7. Gleiches gilt im Prinzip für die Elemente der *technischen Infrastruktur,* deren Entwicklungsprozeß (Konzentration) die territoriale Organisation der Industrie günstig beeinflussen kann. Das Wachstum der Industrie in den Ballungsgebieten setzt eine ständige qualitative und quantitative Vervollkommnung der technischen Infrastruktur voraus.
8. Die erforderliche Weiterentwicklung der Industrie in den Ballungsgebieten wirkt direkt oder indirekt auf Entwicklungen im *Siedlungsnetz* zurück, vorwiegend in Richtung einer weiteren Konzentration.
9. Parallel mit der Entwicklung der Industrie ist in den Ballungsgebieten die weitere Gestaltung *sozialistischer Lebensbedingungen* zu fördern. Daraus leiten sich Forderungen des Umweltschutzes und der sozialistischen Umweltgestaltung ab.

Der Konzentrationsprozeß der Industrie vollzieht sich unter komplizierten Bedingungen, da diese Tendenzen zeitlich begrenzt wirksam sind. Konzeptionen für die Entwicklung der Industriestruktur müssen so angelegt sein, daß sie einer dynamischen und flexiblen Entwicklung gerecht werden und eine proportionale Entwicklung der Teilstrukturen des Ballungsgebietes sichern.

Im Vordergrund steht die Entwicklung dynamischer Produktionen. KOHLMEY (1965) definiert sie als diejenigen Zweige und Erzeugnisse, die hohe Wachstumsraten aufweisen und die das Tempo der volkswirtschaftlichen Gesamtentwicklung entscheidend bestimmen. Als *dynamische Zweige* und Bereiche der Industrie sind in diesem Sinne folgende zu bezeichnen:

— Energiewirtschaft,
— chemische Industrie,
— Maschinenbau (Verarbeitungsmaschinenbau),
— Elektrotechnik, Elektronik.

Diese Produktionszweige können sich in den Ballungsgebieten auf dem Weg der *extensiv* oder *intensiv erweiterten Reproduktion* entwickeln. Extensiv heißt in diesem Falle erweiterte Nutzung der territorialen Ressourcen, insbesondere von Flächen und Wasser. Die territoriale Ressource Arbeitskraft muß jedoch durch Rationalisierung im eigenen Zweig oder Gebiet freigesetzt werden. Eine extensive Entwicklung von Zweigen und Bereichen schließt auch eine höhere Beanspruchung der territorialen Infrastruktur ein. Durch die starke Beanspruchung der territorialen Ressourcen- und Infrastruktur in den Ballungsgebieten kann eine *extensive* Entwicklung im wesentlichen nur für einige spezifische Industriezweige an vorhandenen Standorten im Ballungskern erfolgen, z. B. *wissenschaftsintensive Zweige* sowie für Teile der *Grundstoff-* und *Verarbeitungsindustrie* im Ballungsfeld (besonders Energie- und Rohstoffwirtschaft). Die Ballungsrandgebiete bieten die Möglichkeit zur Entwicklung von Ergänzungsindustrie (z. B. zentrale Fertigungen, zentrale Reparaturwerkstätten, Zentralgießerei) für die Ballungskerne und Ballungsfelder an bereits vorhandenen Standorten.

Die Mehrzahl der Industriezweige und Bereiche wird sich in den Ballungsgebieten jedoch auf *intensivem* Wege entwickeln, d. h., das Wirtschaftswachstum der Produktion muß durch Erhöhung der Leistungsfähigkeit der *eingesetzten Produktivkräfte* erreicht werden. Die intensiv erweiterte Reproduktion führt in starkem Maße zu qualitativen Veränderungen des technischen Niveaus der Produktion und somit zu einer Erhöhung der Qualität der Erzeugnisse und der Effektivität der Volkswirtschaft. Dabei werden in gewissem Maße Ressourcen frei. Dies schließt jedoch nicht aus, daß auch bei der intensiv erweiterten Reproduktion Investitionen für die quantitative Ausdehnung der Produktion an vorhandenen Standorten bereitgestellt werden müssen. Um die Entwicklung der dynamischen Produktionen im Territorium zu fördern, ist es vor allem notwendig, die im Gebiet vorhandenen territorialen Ressourcen möglichst effektiv einzusetzen.

Drei Hauptgruppen der einzelnen Zweige lassen sich nach ihrem Umfang der Inanspruchnahme territorialer Ressourcen unterscheiden:

1. Zweige und Bereiche, die sich *extensiv entwickeln*

   Diese Kategorie umfaßt volkswirtschaftlich bedeutende Zweige und Bereiche, die sich teilweise unter räumlicher Erweiterung der Kapazitäten entwickeln. Das bedeutet, daß selbst bei voller Ausnutzung der wissenschaftlich-technischen Möglichkeiten für die Entwicklung dieser Zweige und Bereiche Ressourcen, insbesondere aus dem eigenen Wirtschaftsgebiet, zugeführt werden müssen. Zu dieser Kategorie zählen Zweige und Bereiche,

   — die die Rohstoffbasis und Energiewirtschaft im Rahmen der gesamten Volkswirtschaft verstärken,

- die über bedeutende Forschungskapazitäten im Ballungsgebiet verfügen und deshalb als besonders wissenschaftsintensiv anzusehen sind,
- von denen bedeutende Produktionskapazitäten (Kombinate und Großbetriebe) im Ballungsgebiet lokalisiert sind,
- die intensive territoriale Verflechtungsbeziehungen innerhalb des eigenen Zweiges oder zu anderen Zweigen im Ballungsgebiet besitzen, z. B. Produktionsverflechtungen, Verflechtungsbeziehungen Produktion—Wissenschaft und gemeinsame Nutzung territorialer Ressourcen,
- für die günstige territoriale Bedingungen zur räumlichen Erweiterung und Bildung großer, leistungsfähiger territorialer Standortkomplexe bestehen.

2. Zweige und Bereiche, die sich *intensiv entwickeln*

   Dazu gehören Zweige und Bereiche, die sich ohne zusätzliche Inanspruchnahme territorialer Ressourcen auf dem Weg der intensiv erweiterten Reproduktion entwickeln werden:
   - dynamische Zweige, die über keine nennenswerten räumlichen Erweiterungsmöglichkeiten am Standort bzw. im Ballungsgebiet verfügen,
   - dynamische Zweige (Großbetriebe), deren Produktions- und Forschungsschwerpunkt außerhalb des Ballungsgebietes liegt und die keine nennenswerten Kooperationsbeziehungen im Ballungsgebiet besitzen,
   - Zweige und Bereiche, die wichtige Zulieferfunktion für das Ballungsgebiet ausüben,
   - Zweige und Bereiche, die über umfangreiche Kapazitäten im Ballungsgebiet verfügen („gebietstypische“ Produktionen).

   Die Orientierung auf intensiv erweiterte Reproduktion schließt aber nicht aus, daß für diese Betriebe und Fertigungen in bestimmtem Umfang eine standörtliche Konzentration vorgenommen werden kann.

3. Zweige und Bereiche, die *territoriale Ressourcen freisetzen* müssen

   Diese Gruppe umfaßt Zweige und Bereiche, die für eine planmäßige proportionale Entwicklung der Industrie, insbesondere für die Entwicklung der dynamischen Zweige Ressourcen freisetzen müssen. Es sind alle Möglichkeiten der Konzentration, Mechanisierung und Rationalisierung zu nutzen, um vor allem Arbeitskräfte zu gewinnen. Dazu gehören insbesondere:
   - Zweige, deren Konzentrationsgebiet außerhalb des Ballungsgebietes liegt und die keine bzw. nur geringe Bindungen zu den im Ballungsgebiet lokalisierten Zweigen besitzen; insbesondere sollten veraltete Grundfonds nicht im Gebiet wieder ersetzt werden, sondern in den Hauptkonzentrationsgebieten, die außerhalb des Ballungsgebietes liegen,
   - Zweige, die bedingt durch die wissenschaftlich-technische Entwicklung und die internationale Arbeitsteilung eine rückläufige Tendenz aufweisen,
   - Zweige, die traditionell ihren Standort im Ballungsgebiet haben und die in besonderem Umfang Maßnahmen der komplexen sozialistischen Rationalisierung erfordern, z. B. alle Zweige der Leichtindustrie.

Auf eine speziellere Darstellung der regionalen Differenzierung der Entwicklung der Industriestruktur nach diesen drei Hauptgruppen in den Ballungsgebieten im Süden der DDR muß im Rahmen dieses Beitrages verzichtet werden; es sei an dieser Stelle auf die Dissertation von Grundmann u. Schmidt (1971) verwiesen.

4.2. Tendenzen der Bevölkerungs-und Arbeitskräfteentwicklung

Die Bevölkerung als eine eigenständige Teilstruktur einerseits und als Teil der territorialen Ressourcenstruktur andererseits zeichnet sich durch eine große Dynamik aus, die sowohl durch natürliche, d. h. biologische, als auch durch soziale und ökonomische Faktoren ausgelöst wird. Starke Impulse auf die Bevölkerung gehen von den allgemeinen Auswirkungen des wissenschaftlich-technischen Fortschritts aus. Die von der Produktion und Wissenschaft getragenen Veränderungen wirken auf die gesamte Lebensweise der Bevölkerung, ihre Anforderungen und Bedürfnisse. Mit dem wissenschaftlich-technischen Fortschritt erwachsen neue Beziehungen zwischen der Bevölkerung und ihrer Umwelt allgemein und speziell der Bevölkerung und der Produktion sowie der Bevölkerung und der Infrastruktur.

Einschätzungen zur künftigen *Bevölkerungsentwicklung* und *-verteilung* und insbesondere zur *Entwicklung der Arbeistkräftesituation* sind wichtige Entscheidungsgrundlagen für eine weitere Gestaltung der Ballungsgebiete. Konkrete Zahlen dazu konnten die Verfasser bis 1985 auf der Grundlage einer durch die Staatliche Zentralverwaltung für Statistik der DDR für die Bezirke und Kreise durchgeführte *Bevölkerungsvorausberechnung* ermitteln. Dieser Vorausberechnung lagen die Ergebnisse der Volks- und Berufszählung 1964 zur Alters- und Sexualstruktur der Bevölkerung sowie die ermittelten Fruchtbarkeits- und Überlebendenkoeffizienten zugrunde. Ihr haften, wie bereits an Beispielen anderer Vorausberechnungen diskutiert wurde, eine Reihe von Unsicherheitsfaktoren an (vgl. u. a. Nultsch 1962, Schwarz 1967).

So wird im vorliegenden Fall die mögliche Migration und die damit verbundene Bevölkerungszunahme bzw. -abnahme nicht berücksichtigt, die aber gerade in den Ballungsgebieten als einem Gebietstyp mit einer sehr mobilen Bevölkerung zu starken Abweichungen von den berechneten absoluten Bevölkerungszahlen wie auch von der geschätzten Entwicklung der Altersstruktur führen kann. Weitere *Unsicherheitsfaktoren* bestehen in den angenommenen Fruchtbarkeits- und Überlebenskoeffizienten. Vor allem die Fruchtbarkeitsentwicklung läßt sich schwierig vorausbestimmen, da sie zwar vorrangig durch die gut einzuschätzende Altersstruktur der Frauen bestimmt wird, aber durch sozial-politische oder ökonomische Einflüsse stark in Richtung Geburtenzu- oder auch Geburtenabnahme verändert werden kann. So stellt jede Vorausberechnung lediglich eine Variante der realen Entwicklung dar und muß auch als solche interpretiert werden.

Unter der angenommenen Geburten- und Sterblichkeitsentwicklung lassen sich für die Ballungsgebiete folgende generelle Aussagen treffen: Die Bevölkerungsentwicklung wird auch bis 1985 weiterhin negativ verlaufen; der bereits in der Vergangenheit aufgetretene Bevölkerungsrückgang wird anhalten. Weiterhin nimmt in den Ballungsgebieten die Bevölkerung der höheren Altersgruppen im Vergleich zur Bevölkerung im arbeitsfähigen Alter bis etwa 1980 anteilmäßig zu. In den Randgebieten wurde bereits vor 1980 das Verhältnis günstiger.

In den einzelnen Ballungsgebieten nimmt die Bevölkerung nach den Vorausberechnungen etwa folgende Entwicklung:

Ballungsgebiet Halle—Leipzig

Der von 1946 bis 1968 anhaltende negative Trend der Bevölkerungsentwicklung erreichte 1968 das Minimum. Danach ist von der natürlichen Bevölkerungsentwicklung her mit einem geringfügigen Anstieg bis 1986 zu rechnen, ohne daß jedoch der Bevölkerungsstand von 1950 wieder erreicht wird (etwa 170000 Personen Differenz). Dieser Entwicklungstendenz entspricht die natürliche Bevölkerungsentwicklung sowohl des Ballungsfeldes als auch des Randgebietes.

Eine extrem ungünstige natürliche Entwicklung zeigt sich im Ballungskern Leipzig — hier geht die Bevölkerung bis 1980 und darüber hinaus weiter zurück; gegenüber 1950 reduziert sich die Bevölkerung um über 38000 Personen. Der Ballungskern Halle deutet eine ganz geringfügige Bevölkerungszunahme an, ohne daß jedoch auch hier vor 1980 der Bevölkerungsstand von 1950 erreicht werden konnte, gegenüber 1964 steigt die Bevölkerung um ca. 11000 Personen an.

Ballungsgebiet Karl-Marx-Stadt—Zwickau

Nach 1970 nimmt das Ballungsgebiet ganz geringfügig an Bevölkerung zu, ohne daß die seit 1950 zu beobachtende Bevölkerungskurve wesentlich verändert würde; denn bereits zwischen 1975 und 1980 geht die Bevölkerungszahl wieder um 9000 Personen zurück.

Diese allgemeine Tendenz des Ballungsgebietes wird besonders ausgelöst durch die Entwicklung im Ballungsfeld. Dagegen zeichnet sich im Randgebiet eine Zunahme der Bevölkerung ab, die den starken Bevölkerungsrückgang des Ballungsfeldes im Gesamtergebnis etwas abschwächt.

Ballungsgebiet Dresden

Die Bevölkerungsentwicklung des Ballungsgebietes ist durch einen Rückgang bis über das Jahr 1980 hinaus charakterisiert (Der Rückgang von 1968 bis 1980 beträgt ca. 29000 Personen). Wie im Ballungsgebiet Karl-Marx-Stadt—Zwickau wird dieser Rückgang vorrangig durch die Bevölkerungsentwicklung im Ballungsfeld ausgelöst. Auch nach 1980 wird die Bevölkerungsentwicklung rückläufig bleiben. Die günstigste Bevölkerungsentwicklung des Ballungsgebietes weist das Randgebiet mit einer Stagnation der Bevölkerungszahl bis 1980 bzw. einem leichten Anstieg nach 1980 auf.

Die *künftige Bevölkerungsentwicklung* kann durch verändertes Migrationsverhalten, im speziellen Fall durch Einschränkung der Abwanderung aus den Ballungsgebieten sowie durch Zuzüge aus anderen Gebieten, stark beeinflußt werden. Es deutet sich an, daß insbesondere die Ballungskerne langfristig durch gezielte Zuwanderung eine etwas positivere Bevölkerungsentwicklung als ursprünglich angenommen haben werden. Die niedrigen Fruchtbarkeitsziffern der Jahre 1964—1974 konnten in den Ballungsgebieten — wie in der DDR insgesamt — durch gezielte sozialpolitische Maßnahmen, wie materielle Unterstützung, verlängerten Wochen- und Schwangerschaftsurlaub bei der Geburt eines Kindes und weitere Maßnahmen, Mitte der 70er Jahre durch Geburtenzunahme verändert werden. Allerdings liegen trotz Annäherung der Geburtenraten der agrarischen und industriell geprägten Gebiete die Ballungsgebiete Halle—Leipzig und Karl-Marx-Stadt—Zwickau weiterhin unter dem durchschnittlichen Fruchtbarkeitsniveau der DDR. Für eine längerfristige Bevölkerungsentwicklung der Ballungsgebiete können aber bereits geringfügige Erhöhungen der Fruchtbarkeitsziffern dazu führen, daß die vorausberechnete extrem negative Bevölkerungsentwicklung der Ballungsgebiete abgeschwächt wird.

Für die Entwicklung der Industrie in den Ballungsgebieten sind besonders die Altersjahre der Bevölkerung von Interesse, die das *künftige gesellschaftliche Arbeitsvermögen* bilden und damit als territoriale Ressource Arbeitskraft einsetzbar sind. Aus der Altersstruktur des Jahres 1964 wurde zur Einschätzung des gesellschaftlichen Arbeitsvermögens diese Ressource bis 1985 vorausberechnet. Diese Vorausberechnung birgt weniger

Unsicherheitsfaktoren als die Vorausberechnung der Bevölkerung insgesamt in sich, da diese Jahrgänge bereits geboren waren. Korrekturwerte ergeben sich allerdings durch die Wanderung.

Insgesamt haben die *Ballungsgebiete* einen *Rückgang der Bevölkerung im arbeitsfähigen Alter bis 1980.* Erst kurz vor 1980 wird im Ballungsgebiet Halle—Leipzig die Zahl der Bevölkerung im arbeitsfähigen Alter von 1967 wieder erreicht. Gegenüber 1967 nimmt die Bevölkerung im arbeitsfähigen Alter sowohl im Ballungsgebiet Dresden als auch im Ballungsgebiet Karl-Marx-Stadt—Zwickau auch nach 1980 ab. Diese Entwicklung bedeutet, daß vom natürlichen Aufkommen her sich der bestehende Arbeitskräftemangel der Ballungsgebiete bis 1975 verstärkte und daß die Verknappung der Ressource Arbeitskraft zu diesem Zeitpunkt den Höhepunkt erreichte, danach jedoch etwas günstiger verlief. Der Rückgang der Bevölkerung im arbeitsfähigen Alter wird insbesondere durch einen extremen Rückgang der weiblichen Bevölkerung im arbeitsfähigen Alter ausgelöst, während die männliche Bevölkerung im arbeitsfähigen Alter eine etwas günstigere Entwicklung zeigt.

In den *Ballungskernen* verläuft infolge der ungünstigen Altersstruktur diese Entwicklung *noch negativer*; der Rückgang der arbeitsfähigen Altersgruppe hält bis nach 1980 an.

Im *Ballungsfeld* des Ballungsgebietes *Karl-Marx-Stadt—Zwickau* hielt, wie in den Ballungskernen, die Verknappung der Bevölkerung im arbeitsfähigen Alter bis 1980 an, dagegen verbesserte sich das Angebot an Arbeitskräften in den Ballungsfeldern *Halle—Leipzig* und Dresden ab 1975. Bis 1975 verlief die Entwicklung der Bevölkerung im arbeitsfähigen Alter in den Randgebieten nur geringfügig positiv gegenüber 1967, stieg dann aber kurz vor 1980 erheblich an. Eine überdurchschnittlich positive Entwicklung der arbeitsfähigen Bevölkerung erreichen besonders die *Randgebiete* des Typs RA mit einem Zuwachs von etwa 10—12% bis 1985 gegenüber 1964 und des Typs RM mit einem Zuwachs von ca. 6% im gleichen Zeitraum. Bei der gegenwärtigen Wirtschaftsstruktur der Randgebiete bedeutet das ein zusätzliches Arbeitskräfteangebot, das als mögliche, wenn auch zahlenmäßig begrenzte Arbeitskräftereserve für die Ballungskerne und Konzentrationspunkte im Ballungsfeld zur Verfügung steht.

Die insgesamt ungünstige Entwicklung der Bevölkerung im arbeitsfähigen Alter macht es notwendig, alle Reserven zu erschließen, die das gesellschaftliche Arbeitsvermögen vergrößern. Eine Möglichkeit besteht darin, nichtberufstätige Frauen in den Arbeitsprozeß einzugliedern. Aber der *weibliche Beschäftigtengrad* (= Anteil der wirtschaftlich tätigen Frauen einschließlich der berufstätigen Altersrentner, aber ohne Invalidenrentner, an der Gesamtzahl der Frauen im arbeitsfähigen Alter) hat in den Ballungsgebieten bereits hohe Werte erreicht und liegt über dem DDR-Durchschnitt. Die höchsten weiblichen Beschäftigtengrade werden in den Ballungsfeldern und Randgebieten der Ballungsgebiete Karl-Marx-Stadt—Zwickau und Dresden auf Grund der spezifischen Wirtschaftsstruktur dieser Teilgebiete erreicht (zwischen 77% und 80%). Es erscheint deshalb kaum real, diesen Beschäftigtengrad weiter zu erhöhen.

Weibliche Arbeitskräftereserven sind in geringerem Umfang lediglich in allen Ballungskernen sowie im Ballungsfeld Halle—Leipzig zu erschließen. Es kann dadurch jedoch nicht der vorhandene natürliche Rückgang kompensiert werden. Um in den Ballungsgebieten die Disproportion zwischen hohem Arbeitsplatzangebot und Arbeitskräftemangel zu beheben, sind alle Faktoren zur Wirkung zu bringen, die zu einer quantitativen, vor allem aber zu einer qualitativen *Aufwertung des Arbeitsvermögens* führen.

Aus der gesamten Arbeitskräftesituation in der DDR heraus ergibt sich als Grenzbedingung, daß eine Zuführung von Arbeitskräften aus anderen Gebietstypen nur in geringem Maße möglich ist. Damit muß die Hauptforderung bei der Aufwertung des gesellschaftlichen Arbeitsvermögens darin bestehen, die Möglichkeiten der Ballungsgebiete selbst zu nutzen. Bei der Einschätzung des künftigen Arbeitskräftepotentials muß man davon ausgehen, daß besonders in den Ballungsgebieten mit einer differenzierten Industriestruktur beim Durchsetzen des wissenschaftlich-technischen Fortschritts erhöhte Anforderungen an die Qualifikation der Arbeitskräfte gestellt werden. Zunehmend wird nicht mehr die Anzahl der Arbeitskräfte, sondern vielmehr deren *Qualifikationsniveau* zu einem Bewertungskriterium der territorialen Ressource Bevölkerung werden und das wirtschaftliche Wachstum entscheidend bestimmen (vgl. Boyce und Clark 1962). Dieser Bewertungsmaßstab findet als „intellektuelle Ressource“ — vgl. Polowitzkaja 1968 — zunehmend Verwendung in der Arbeitskräftebilanzierung. Mit zunehmendem Qualifikationsniveau wächst auch die berufliche Mobilität und damit die Flexibilität im Einsatz der Arbeitskräfte.

Aus der Sicht der künftigen wirtschaftlichen, technischen und wissenschaftlichen Entwicklung kommt der *Umverteilung des gesellschaftlichen Arbeitsvermögens* eine besondere Bedeutung zu. Diese Umverteilung mit dem Ziel des verstärkten Arbeitskräfteeinsatzes in solche Zweige und Bereiche, die hocheffektiv produzieren oder mit deren Hilfe sich die Lebensbedingungen der Bevölkerung weiter entscheidend verbessern lassen, kann über den Strukturwandel der Landwirtschaft und der Industrie durchgesetzt werden. Der Strukturwandel der Landwirtschaft, der verbunden ist mit der Durchsetzung industriemäßiger Produktionsmethoden und bei höheren Produktionsergebnissen zu einer Freisetzung von Arbeitskräften führt, ermöglicht eine quantitative Erhöhung des gesellschaftlichen Arbeitsvermögens für den Einsatz im industriellen und vor allem im Dienstleistungssektor. Dieser *Freisetzungs- und Umsetzungseffekt* wird in den Ballungsgebieten vorwiegend in den Randgebieten des Typs RA und RM sowie in den Teilen des Ballungsfeldes mit einem höheren Anteil an Beschäftigten in der Landwirtschaft wirksam. Allerdings werden diese Arbeitskräfte in starker regionaler Zersplitterung freigesetzt.

Der Strukturwandel in der Industrie selbst ermöglicht ebenfalls einen effektiveren Einsatz des gesellschaftlichen Arbeitsvermögens. Einerseits kann er unmittelbar mit einer Freisetzung von Arbeitskräften verbunden sein (beispielsweise durch Rückgang von Teilen der Leichtindustrie, des Bergbaus usw.), andererseits lösen aber andere Industriezweige einen Mehrbedarf an Arbeitskräften aus (Teile des Maschinenbaus, chemische Industrie u. a.). Dabei lassen sich Freisetzungseffekte vor allem durch die Automatisierung und Rationalisierung in der Industrie erzielen.

Eine Einschätzung des *Bedarfs an Arbeitskräften* in den einzelnen Industriezweigen und Wirtschaftsbereichen kann zumeist nur hypothetisch vorgenommen werden unter Zugrundelegung internationaler Trends der künftigen Beschäftigtenstruktur. Ein erheblicher *Zusatzbedarf an Arbeitskräften* bildet sich in den Ballungsgebieten zunehmend *in* den *Bereichen außerhalb der materiellen Produktion* heraus, vor allem in den dienstleistenden sowie in den kulturellen und sozialen Bereichen. Er wird zum einen durch Freisetzung aus Teilen der Industrie, zum anderen durch Zuführung von Arbeitskräften aus anderen Gebieten (vor allem über die Berufsausbildung) zu decken sein.

Ein erheblicher Mehrbedarf an Arbeitskräften ergibt sich für das *Bauwesen* im Zusammenhang mit der Durchsetzung des Wohnungsbauprogramms.

Dabei ist ein wachsender Arbeitskräftebedarf vor allem *für* die *Kernstädte typisch.*

Das gilt besonders für die Bereiche außerhalb der materiellen Produktion, also in den Dienstleistungsbereichen im weitesten Sinne, in den Bereichen der Kultur, im Gesundheits-, Sozial- und Bildungswesen sowie in Wissenschaft und Forschung. Zweifellos ergibt sich in den kommenden Jahren auch für einzelne Zweige der Industrie in den Kernstädten ein zusätzlicher Arbeitskräftebedarf; durch die komplexe sozialistische Rationalisierung können jedoch andererseits auch Arbeitskräfte aus der Industrie für eine Umverteilung freigesetzt werden.

Ein weiterer konzentrierter Bedarf an Arbeitskräften zeichnet sich *für industrielle Schwerpunkte der Ballungsfelder* ab. Zu solchen Schwerpunkten gehören vor allem auch industriell geprägte Kreisstädte, die neben ihren industriellen Funktionen Versorgungsfunktionen für Teile der Ballungsfelder besitzen. Auch einzelne Kreisstädte der Randzone des Typs RE können sich zu solchen industriellen und Versorgungsschwerpunkten entwickeln und zusätzlich Arbeitskräfte benötigen.

5. Leitvorstellungen für die Entwicklung einer effektiven Territorialstruktur der Ballungsgebiete

5.1. Überlegungen zur räumlichen Bevölkerungsbewegung

Die langfristige Entwicklung der Industrie- und Bevölkerungsstruktur der Ballungsgebiete in der DDR ist durch den Widerspruch zwischen der natürlichen Bevölkerungsentwicklung und den Bedarf an Arbeitskräften charakterisiert. Dabei stellen die ungünstige Bevölkerungssituation insgesamt und speziell der Rückgang des gesellschaftlichen Arbeitsvermögens Faktoren dar, die die Effektivität der Ballungsgebiete negativ beeinflussen können. Daraus ergeben sich spezielle Leit- bzw. Zielvorstellungen für eine proportionale Entwicklung der Territorialstruktur der Ballungsgebiete. Es gilt, als Zielstellungen sowohl unter sozialem als auch unter dem ökonomischen Aspekt abzusichern,

— daß bei konzentriertem Ausbau der Produktions- und Infrastruktur die Bevölkerung diese Einrichtungen mit möglichst geringem Zeitaufwand nutzen kann,
— daß eine optimale und hocheffektive Einbeziehung der territorialen Ressource Arbeitskraft in volkswirtschaftlich bestimmte Zweige und Bereiche gewährleistet wird, die zur Erhöhung der ökonomischen Effektivität und damit wiederum zur Verbesserung der Lebensweise der Menschen beiträgt.

Diese allgemeinen Zielstellungen schließen ökonomische und soziale sowie spezielle territoriale Maßnahmen ein, die Veränderungen in der natürlichen Bevölkerungsentwicklung auslösen können, die wiederum Einfluß auf die räumliche Struktur der Bevölkerung haben und den Einsatz des gesellschaftlichen Arbeitsvermögens in den Ballungsgebieten steuern.

Aus den internationalen Tendenzen der Bevölkerungsentwicklung unter den Bedingungen des wissenschaftlich-technischen Fortschritts ist zu erkennen, daß der Prozeß der *Bevölkerungskonzentration in* den *Ballungsgebieten* weiter anhält.

Auch in den Ballungsgebieten der DDR wird sich dieser Prozeß der Konzentration in den kommenden Jahren weiter durchsetzen. Das geschieht einerseits durch eine Umverteilung von Bevölkerung innerhalb der Ballungsgebiete, schließt aber auch eine Zuführung von Bevölkerung aus anderen Gebieten ein.

Die bisherigen Untersuchungen der *Binnenwanderungen in der DDR* (vgl. Bose 1970) geben Auskunft über den Umfang der Wanderung, mit Einschränkung auch über die Richtungen und Ursachen; es sprechen aber eine Reihe von Argumenten dagegen, das bisher in den Ballungsgebieten zu beobachtende Wanderungsgeschehen auf die künftige Entwicklung zu projizieren, ohne sich abzeichnende Veränderungen in der Territorialstruktur der Ballungsgebiete zu berücksichtigen.

Die Wanderung vollzog sich in den letzten Jahren in Richtung auf die Entwicklung industrieller Schwerpunkte außerhalb der Ballungsgebiete; für die Ballungsgebiete bedeutete das Wanderungsverlust. Mit dem künftig verstärkten intensiven Ausbau der Industriestruktur wird die Arbeitskräftezuführung, vor allem von Facharbeitern, nicht mehr in diesem Umfang auf Gebiete außerhalb der Ballungsgebiete gerichtet sein. Bei einer Einschätzung der *künftigen Binnenwanderung* muß man jedoch davon ausgehen, daß das vielseitige Arbeitsplatzangebot, das Spektrum an Aus- und Weiterbildungseinrichtungen u. ä. in den Ballungsgebieten verstärkt als Zuwanderungsmotive genutzt werden können, wenn gleichzeitig andere Motive aufgewertet werden. Das wären insbesondere eine Verbesserung der Wohnbedingungen, darunter ein erweiterter Wohnungsneubau sowie Maßnahmen zur Verbesserung der Infrastruktur und der Umweltqualität. Über die Berufsausbildung besteht die Möglichkeit der gezielten Zuführung junger Menschen, deren ständige Ansiedlung in den Ballungsgebieten angestrebt wird. Die Binnenwanderung der Ballungsgebiete in den nächsten Jahren könnte sich in mehreren *Varianten* gestalten:

- Als eine Minimalforderung sollten von den territorialen Maßnahmen diejenigen besonders forciert werden, die eine *Abwanderung* in größerem Ausmaß verhindern.
- Günstiger ist jedoch für die gesamte Bevölkerungsentwicklung und vor allem für die Verbesserung der Altersstruktur der Bevölkerung, wenn wirksame Maßnahmen eine *Zuwanderung* fördern.

Eine Zuwanderung in die Ballungsgebiete müßte dabei etwa in dem Umfang erfolgen, daß der durch die natürliche Entwicklung ausgelöste Bevölkerungsrückgang bis 1985 in den Teilgebieten mit Bevölkerungsrückgang wieder ausgeglichen wird. Wenn die Bevölkerungszahl von 1970 bis 1985 beibehalten werden soll, muß eine *Zuwanderung* in folgenden Größenordnungen erfolgen:

in den Ballungskern Dresden	16000 Personen
in den Ballungskern Leipzig	12000 Personen
in den Ballungskern Karl-Marx-Stadt	8000 Personen
in das Ballungsfeld Karl-Marx-Stadt	5000 Personen
in das Ballungsfeld Dresden	3000 Personen

Bis zu einem gewissen Grade könnte dabei eine Zuwanderung aus den Ballungsrandgebieten erfolgen.

Wenn man davon ausgeht, daß in den Ballungsgebieten die natürliche Reproduktion der Bevölkerung auch künftig unter dem DDR-Durchschnitt liegt, wäre es notwendig, noch mehr Personen, vor allem auch jüngere Menschen, gezielt anzusiedeln.

Der Konzentrationsprozeß der Bevölkerung wird sich jedoch neben einer Bevölkerungszuführung aus anderen Gebieten auch über eine kleinräumige Wanderung aus dem eigenen Gebiet in die städtischen Zentren der Produktion, Verwaltung, Versorgung und Infrastruktur vollziehen, um durch gezielten Einsatz der Arbeitskräfte das Wirtschaftswachstum zu erhöhen und die Bevölkerung an die Vorzüge der städtischen Versorgungs- und kulturellen Einrichtungen unmittelbar heranzuführen.

Bei einer *gelenkten Binnenwanderung* innerhalb der Ballungsgebiete muß ein wesentlicher Gesichtspunkt die Kenntnis der detaillierten Bevölkerungsentwicklung in den Teilgebieten sein, um Gebiete mit zuwachsendem Bevölkerungspotential als mögliche Abgabegebiete auszuweisen. Die territorialplanerischen Vorstellungen über den räumlichen Ausgleich schließen dabei detaillierte Vorstellungen zur gesamten Siedlungsnetzentwicklung ein mit dem Ziel, den Konzentrationsprozeß im Siedlungsnetz zu verstärken. Unter Berücksichtigung einer solchen generellen Zielstellung bieten sich folgende Leitvorstellungen und territoriale Konsequenzen für den Ausgleich der Bevölkerung an (vgl. Abb. 3):

1. Räumliche Bevölkerungsbewegung in den Ballungskernen

Die wirtschaftliche Aktivität und überregionale Bedeutung der Ballungskerne wird durch den negativen natürlichen Bevölkerungssaldo und teilweise durch die Abwanderung negativ beeinflußt. Zuwanderungen im größeren Umfang würden zur Erhöhung des Bevölkerungswachstums insgesamt und zur Verbesserung der Altersstruktur sowie einer damit verbundenen Erweiterung der arbeitsfähigen Jahrgänge beitragen. Als *Abwanderungsgebiete* kommen dabei Gebiete mit agrarischer Struktur außerhalb der Ballungsgebiete, Teile der Randgebiete, besonders die agrarischen Gemeinden des Typs A und M, und mit Einschränkung bestimmte Gemeinden des Ballungsfeldes in Frage, in denen durch Umstrukturierung arbeitsfähige Bevölkerung freigesetzt werden kann. Im allgemeinen wird die Abwanderung der Bevölkerung vor allem Gemeinden unter 5000 EW betreffen; die Mittel- und Kreisstädte der Teilgebiete sind keinesfalls in die Abwanderung einzubeziehen, da sie selbst Konzentrationspunkte niederer Ordnung darstellen.

Eine solche Zielvorstellung für die Zuwanderung in alle Ballungskerne setzt Maßnahmen voraus, die zu einer Erhöhung der großstädtischen Attraktivität führen. Sie erfordern verstärkte Investitionen, besonders im Sektor des Wohnungsbaues und der Infrastruktur.

Der Grad der *Bevölkerungskonzentration durch Zuwanderung* wird für die einzelnen Ballungskerne unterschiedlich sein. Aus territorialer Sicht ergeben sich jedoch bestimmte Einschränkungen, wie sie beispielsweise bei der Ermittlung von bestimmten Kostenschwellen, bis zu denen von der stadttechnischen Erschließung und vom gebietswirtschaftlichen Aufwand her ein Bevölkerungsanstieg volkswirtschaftlich vertretbar ist, sichtbar werden. Bisher vom Städtebau ausgewiesene *Schwellenwerte einer Bevölkerungszuführung* liegen z. B. in den Ballungskernen

Leipzig	bei etwa	700000 Einwohnern
Halle	bei etwa	500000 Einwohnern
Dresden	bei etwa	700000 Einwohnern
Karl-Marx-Stadt	bei etwa	300—400000 Einwohnern

Die ausgewiesene Zuführung von Bevölkerung in die Kerne ist nicht mit einer „Überagglomeration“ gleichzusetzen, wie sie durch den Bevölkerungskonzentrationsprozeß unter kapitalistischen Verhältnissen spontan ablief. Unter sozialistischen Bedingungen

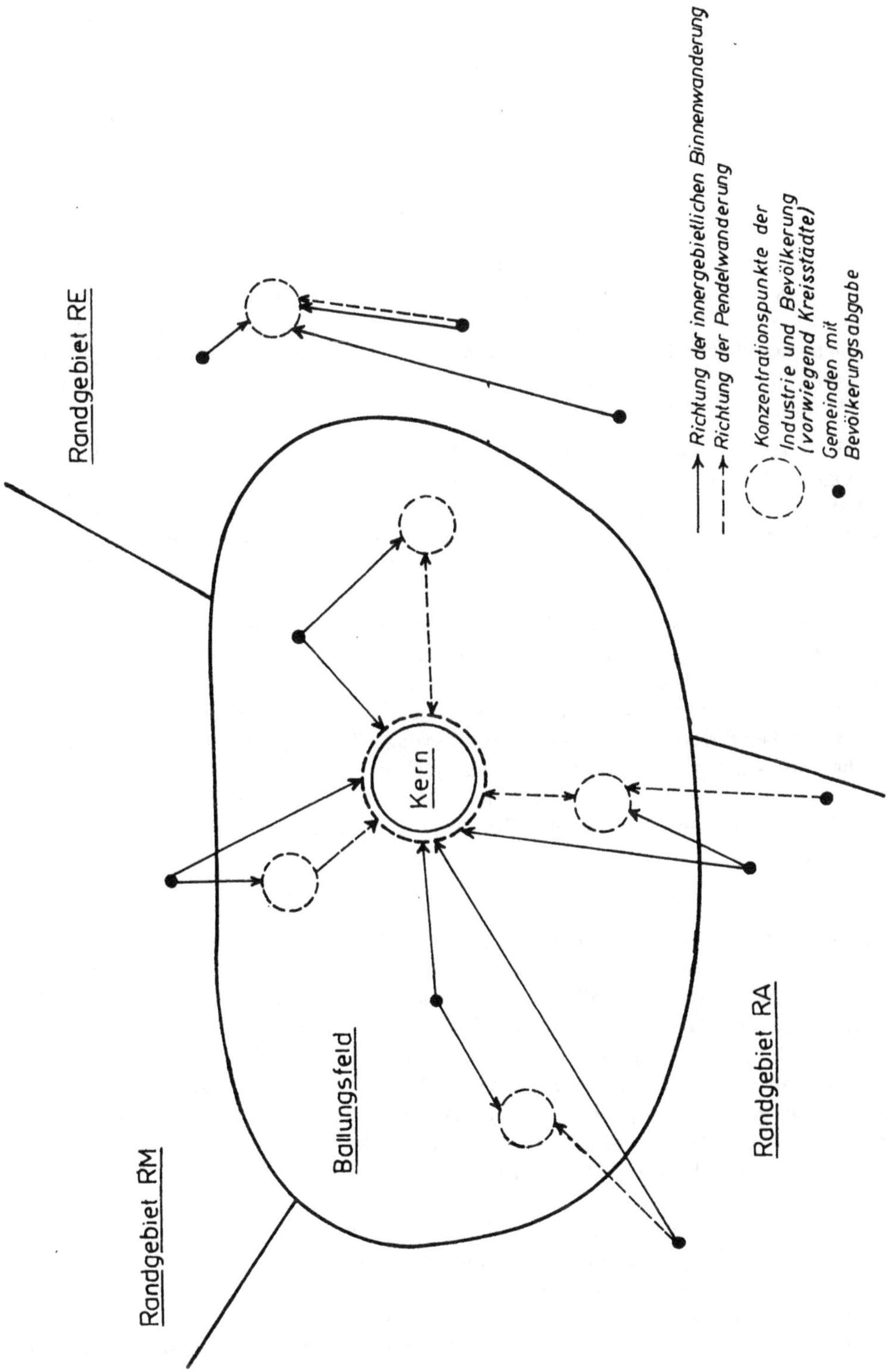

Abb. 3: Schema der räumlichen Bevölkerungsbewegung zwischen den Teilgebieten (Entwicklungsvariante)

können negative Struktureffekte planmäßig verhindert werden. Die Auswirkungen des „Ausuferns" der Großstädte und der spontanen Flächennutzung des Umlandes der Kerne mit den chaotischen Verkehrssituationen in kapitalistischen Ballungsgebieten sind hinreichend bekannt; ihnen ist in den Konzeptionen zur Entwicklung unserer großstädtischen Kerne bewußt entgegenzuwirken.

2. Räumliche Bevölkerungsbewegung in den Ballungsfeldern

Die negative natürliche Bevölkerungsentwicklung und die weitere Konzentration der Industrie in den Ballungsfeldern erfordert Konsequenzen für die einzelnen Zweige hinsichtlich des rationellen Arbeitskräfteeinsatzes. Die Industriestruktur des Ballungsfeldes bietet Möglichkeiten der umfassenden Rationalisierung. Als territoriale Konsequenz leitet sich jedoch ebenfalls eine räumliche Umverteilung von Arbeitskräften ab, wobei folgende Entwicklung günstig erscheint:

Für die Ballungsfelder sollte die *innergebietliche Umverteilung* der Bevölkerung die vorrangige Rolle spielen, wobei die kleinen Gemeinden unter 2000 EW bzw. auch unter 5000 EW besonders des Gebietstypes FA und darüber hinaus Teile der Randgebiete als Abwanderungsgebiete in Frage kommen. Die Umverteilung und die bedingte Zuführung von Bevölkerung von außen ist auf einige Schwerpunkte des Ballungsfeldes zu orientieren, die als die wichtigsten Siedlungs- und industriellen Schwerpunkte weiterzuentwickeln sind. Dabei ist vor allem an ausgewählte Kreisstädte, wie beispielsweise Merseburg, Altenburg, Borna oder Riesa zu denken.

Die vorhandene Infrastruktur kann weitgehend genutzt werden, eine verstärkte Konzentration erfordert jedoch ihren weiteren Ausbau. Neben dem Einsatz von anzusiedelnden Arbeitskräften in der Industrie müssen Zuführungen in die nichtmateriellen Bereiche vorgesehen werden, da die Versorgungsfunktion der Kreisstädte für das Umland an Bedeutung gewinnt. Der Ausbau der Kreisstädte bei gleichzeitiger Bevölkerungszuführung kann eine übermäßige Bevölkerungsagglomeration in den Kerngebieten verhindern.

3. Räumliche Bevölkerungsbewegung in den Randgebieten

Von der relativ günstigen Bevölkerungsentwicklung sowie von der Konzipierung der Produktionsstruktur her stellen die Randgebiete in gewissem Umfang *Reservegebiete* für eine Bevölkerungsabwanderung dar. Die Aussage trifft jedoch nur auf die Randgebiete mit agrarischer Struktur und Mischstruktur zu. Für die Randgebiete des Typs *RE* sollte eine gezielte innergebietliche Wanderung in Richtung auf die Kreisstädte oder andere regionale Zentren erfolgen. Bei meist eigener ungünstiger Bevölkerungsentwicklung können diese Gebiete im allgemeinen keine Bevölkerung an die anderen Teilgebiete abgeben.

Bei der Konzipierung bestimmter modellhafter Vorstellungen zur räumlichen Bevölkerungsbewegung ist jedoch zu berücksichtigen, daß in bezug auf die Bereitstellung von Arbeitskräften die *Pendelwanderung* an Bedeutung zugenommen hat. Durch die Pendelwanderung besteht die Möglichkeit, ohne weiteren zusätzlichen Wohnungsbau bestehende Arbeitskräftereserven für die Aufgaben der industriellen Schwerpunkte im

Ballungsgebiet zu nutzen, die künftig durch Freisetzung von Arbeitskräften aus der Landwirtschaft und Teilen der Industrie entstehen.

So haben in den letzten Jahren vor allem die Einpendlerzahlen der Ballungskerne, der Kreisstädte in allen Teilgebieten sowie in ausgewählten Städten der Ballungsfelder stark zugenommen. Eine *Erhöhung der Einpendlerzahlen* erfolgte vor allem dadurch, daß sich die Einzugsbereiche räumlich erweitert haben und durch verbesserte Verkehrsanbindung auch entferntere Gemeinden einbezogen werden.

5.2. Ein territoriales Schema der Industriestruktur

Internationale Tendenzen der Entwicklung von Ballungsgebieten, die territorialen Auswirkungen des wissenschaftlich-technischen Fortschritts und die Analyse der Industriestruktur der Ballungsgebiete der DDR haben gezeigt, daß das Wachstum und die Konzentration von Produktionskapazitäten an bereits vorhandenen Standorten in den Ballungsgebieten auch in der Phase der Intensivierung weiter anhält. Die Frage nach einer flächenhaften Ausweitung der Ballungsgebiete der DDR ist dabei nicht eindeutig zu beantworten. Man kann jedoch von der Annahme ausgehen, daß sich die Weiterentwicklung der Industrie nicht nur auf den Ballungskern und das Ballungsfeld beschränkt, sondern auch die Ballungsrandgebiete mit umfaßt.

Für die Ballungsgebiete der DDR bringt ein weiteres *Industriewachstum* jedoch eine Reihe von Problemen mit sich, die im Zusammenhang mit der Intensivierung der Industrieproduktion zu lösen sind. So werden der weiteren Konzentration von Industriekapazitäten durch die Begrenzung der territorialen Ressourcen, insbesondere von Arbeitskräften, Flächen und Wasser, Beschränkungen auferlegt. Der Hauptweg, die Effektivität der Industrie in den Ballungsgebieten der DDR weiter zu erhöhen, wird deshalb in erster Linie in der verstärkten Intensivierung der Produktion, insbesondere in der Durchsetzung der komplexen sozialistischen Rationalisierung gesehen. Im Vordergrund steht dabei die Frage nach einer rationellen inneren Organisation der Industrie der Ballungsgebiete, die langfristig bedeutenden Veränderungen unterworfen sein wird. Der Prozeß der Intensivierung fördert die Vertiefung der territorialen Arbeitsteilung und ist damit zugleich eine typische Form der Nutzung und Veränderung der Standortverteilung der Produktivkräfte.

Schon Mitte der zwanziger Jahre sind Versuche unternommen worden, sogenannte *Leitbilder* für die Gestaltung von Gebieten aufzustellen, um mit ihrer Hilfe die Entwicklung von Wirtschaft, Verkehr und Siedlungen zu steuern. Es sei hier vor allem auf die klassische Arbeit von Burgess (1925) hingewiesen, der das Schema der „Konzentrischen Ringe" für die Struktur von Städten entwickelte, auf die Arbeit von Hoyt (1939) zur „Funktionalen Sektorengliederung" der Stadt, auf die Untersuchungen von Lynch (1961) zur „Streuungsstruktur" einer Metropole sowie die Planungsmodelle von Boustedt (1960, 1961) und Hillebrecht (1960, 1962) zur Erfassung der funktionalen Verflechtungen von Teilräumen einer Großstadtregion.

Die genannten Arbeiten analysieren jedoch die innere Gliederung von Großstadtregionen ausschließlich unter siedlungsgeographischem Aspekt. Es geht in erster Linie um die Entlastung und Auflockerung der Kernstadt durch Nebenzentren, um die Entflechtung des Verkehrs in der City. Es sind Modelle, die im Prinzip das Wachstum und die Ausdehnung der Städte lenken sollen. Fragen der inneren Gliederung und Organisation der Industrie werden fast völlig ausgeklammert oder nahezu ausschließlich vom Standpunkt der Flächennutzung abgehandelt. Das zeigt die *gesellschaftliche Begrenztheit* dieser Aussagen unter kapitalistischen Verhältnissen. Deshalb können diese Modelle nicht Grundlage für eine sozialistische Alternative sein.

Die *rationelle territoriale Organisation der Produktivkräfte* stellt in den sozialistischen Ländern einen wesentlichen Forschungsschwerpunkt dar. Von den zahlreichen Arbeiten dazu seien hier nur die Publikationen der sowjetischen Autoren Agafanov und Lavrov (1966), Ivanov (1966), Majergoiz (1967) und Percik (1966) genannt. Auf Grund der unterschiedlichen räumlichen und historischen Bedingungen sind die dort dargelegten Erkenntnisse zu Fragen der perspektivischen Standortverteilung der Industrie in der Sowjetunion jedoch nur begrenzt auf die DDR anwendbar.

Auch in der ČSSR und der VR Polen sind in jüngerer Zeit verschiedentlich Probleme der räumlichen Konzentration und der perspektivischen Standortverteilung der Industrie bearbeitet worden (vgl. u. a. Blažek 1969, Heřman 1968). Aus der DDR liegen Ansätze für Problemstudien zur rationellen Organisation der Industrie im Gebietstyp „Ballungsgebiet" vor allem in den Arbeiten von Klitzsch (1963, 1969), Kehrer (1967, 1968) und Scholz (1965) vor. Gestützt auf die Literaturerkenntnisse lassen sich aus den gewonnenen Analyseergebnissen folgende Schlußfolgerungen in bezug auf die *Weiterentwicklung der Industriestruktur der DDR* ziehen:

1. Das Produktionsprofil der Ballungsgebiete zeigt trotz aller lokalen Unterschiede eine gewisse Regelmäßigkeit in der *Standortverteilung der Industriezweige,* wie Abb. 4 erkennen läßt.
   - In der *Kernstadt* überwiegt die Leichtindustrie, insbesondere Betriebe der Textilindustrie, der polygraphischen Industrie und der Nahrungsmittelindustrie mit vorwiegend kleinen Betriebseinheiten.
   - In der *Stadtrandzone des Ballungskernes* dominieren die Zweige der Verarbeitungsindustrie, besonders Zweige des Maschinenbaues, der Elektrotechnik/Elektronik, die metallverarbeitende Industrie usw. Hier herrschen flächenintensive Großbetriebe mit hohen Beschäftigtenzahlen vor, die häufig in zahlreiche Haupt- und Nebenbetriebe räumlich stark zersplittert sind.
   - Im *Ballungsfeld* sind vor allem Betriebe mit großen Arbeitskräftezahlen und hohem Flächenanspruch konzentriert, besonders Großbetriebe und Kombinate der Grundstoffindustrie (Chemie, Energie, Bergbau, Metallurgie) sowie Klein- und Mittelbetriebe der metallverarbeitenden Industrie. Dabei stellen vor allem die Betriebe der Grundstoffindustrie hohe Ansprüche an die territorialen Ressourcen Fläche, Wasser und Arbeitskräfte.
   - Im *Ballungsrandgebiet* sind eine Vielzahl von Betrieben der Leicht- und Nahrungsmittelindustrie, der Bauindustrie, der Metallverarbeitung und des Maschinenbaus konzentriert, dominierend sind Klein- und Mittelbetriebe in Klein- und Mittelstädten.
2. In den Teilgebieten eines Ballungsgebietes ist auf Grund der historischen Entwicklung und unterschiedlicher anderer Standortbedingungen auch die Zusammensetzung und Konzentration der Industrie nach Zweigen und Bereichen *differenziert* (vgl. Tab. 11).
3. Für das Industrieprofil eines Ballungsgebietes sind meist mehrere Industriezweige *strukturbestimmend.* Darüber hinaus bildet die Lokalisation von Betrieben verschie-

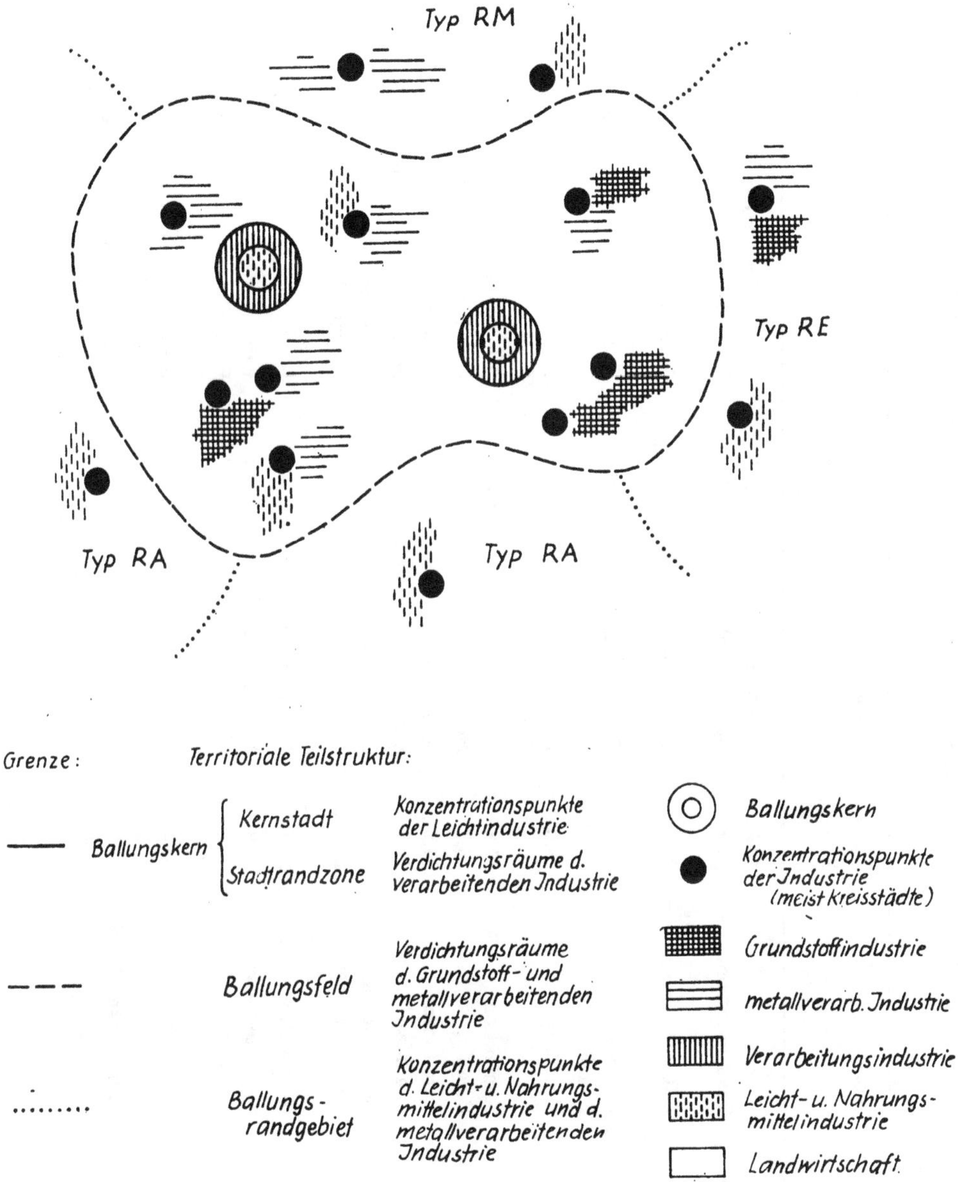

Abb. 4: Schema der Produktionsstruktur von Ballungsgebieten

dener und ergänzungsfähiger Zweige günstige Möglichkeiten, die Vorzüge der Kombination, Konzentration, Kooperation und Spezialisierung der Produktion sinnvoll zu nutzen und das gesellschaftliche Arbeitsvermögen rationell einzusetzen. Um jedoch die Effektivität der territorialen Kombination der Produktion im Ballungsgebiet voll nutzen zu können, müssen funktionsfähige Kooperationssysteme und -ketten entwickelt werden, verbunden mit einer langfristigen Ergänzung des Produktionsprofils an den vorhandenen Standorten.

Tabelle 11. Anteil der Teilgebiete der Ballungsgebiete an der industriellen Bruttoproduktion der Zweige der DDR in % (> 5%, ohne Berlin) 1967

Zweig	Ballungskern	Zweig	Ballungsfeld	Zweig	Ballungsrandgebiet	Zweig	Ballungsgebiet insgesamt
Polygraphie	36,0	Chemie	45,8	Glas-Keramik	35,9	Zellstoff/Papier/Pappe	66,0
Guß- und Schmiedestücke	24,2	Textilindustrie	45,7	Baumaterialien	19,7	Textilindustrie	63,4
Fahrzeugbau	23,1	Zellstoff/Papier/Pappe	35,4	Guß-Schmiedestücke	15,9	Leder/Schuhe/ Rauchwaren	59,2
Allg. Maschinenbau	22,4	Leder/Schuhe/ Rauchwaren	32,6	Zellstoff/Papier/Pappe	15,7	Chemie	57,8
Schwermaschinenbau	19,4	Metallurgie	28,9	Leder/Schuhe/ Rauchwaren	15,0	Guß-Schmiedestücke	57,7
Feinmechanik/Optik	19,1	Konfektion	27,8	Holz-Kulturwaren	13,8	Allg. Maschinenbau	55,7
Energie	18,5	Bergbau	26,7	Metallwaren	12,2	Glas-Keramik	49,5
Elektrotechnik	15,3	Metallwaren	25,2	Allg. Maschinenbau	12,2	Metallwaren	48,7
Zellstoff/Papier/Pappe	14,9	Allg. Maschinenbau	21,1	Schwermaschinenbau	10,8	Schwermaschinenbau	48,2
Nahrungsmittel	13,3	Schwermaschinenbau	18,0	Konfektion	8,6	Konfektion	47,5
Leder/Schuhe/ Rauchwaren	11,6	Guß-Schmiedestücke	17,6	Energie	6,9	Polygraphie	45,9
Metallwaren	11,3	Holz-Kulturwaren	15,7	Textilindustrie	6,7	Baumaterialien	38,4
Konfektion	11,1	Baumaterialien	15,0	Nahrungsmittel	6,2	Fahrzeugbau	37,9
Textilindustrie	11,0	Elektrotechnik	13,1	Elektrotechnik	5,8	Holz-Kulturwaren	36,3
Chemie	8,0	Nahrungsmittel	10,7			Bergbau	34,9
Holz-Kulturwaren	6,8	Fahrzeugbau	10,2			Elektrotechnik	34,2
		Glas-Keramik	9,4			Metallurgie	32,8
		Feinmechanik/Optik	7,1			Feinmechanik/Optik	30,8
		Polygraphie	6,4			Nahrungsmittel	30,2
						Energie	26,0

Ausgehend vom Prozeß der Intensivierung läßt sich ein disponibles System der territorialen Organisation der Produktion in den Ballungsgebieten konzipieren. Dabei kann bei funktioneller Zuordnung der einzelnen Teilgebiete in bezug auf eine rationelle *Gestaltung der Kooperationsbeziehungen* sowie unter Berücksichtigung der gebietstypischen Besonderheiten als allgemeine Modellvorstellung gelten (vgl. Abb. 5):

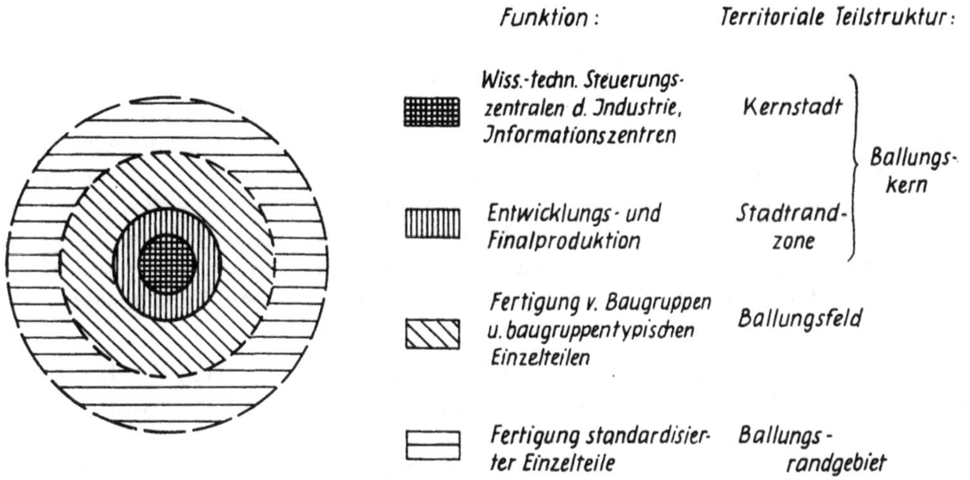

Abb. 5: Schema der territorialen Arbeitsteilung innerhalb von Ballungsgebieten

— Im *Ballungskern* ist die *Kernstadt* vorzugsweise als Standortraum für wissenschaftlich-technische Steuerungs- und Leitungszentren der Industrie sowie als Standort für nichtstörende Industriebetriebe kleinerer und mittlerer Größenordnung prädestiniert.

— Die *Stadtrandzone des Ballungskernes* ist besonders als Standortraum für Entwicklungsbetriebe sowie für Betriebe mit Finalproduktion, für Lagerwirtschaft und für Großhandelseinrichtungen geeignet. Es handelt sich dabei vorwiegend um flächenintensive Großbetriebe.

Solche Funktionen des Ballungskernes setzen spezifische Standortbedingungen voraus. Dazu gehören umfassende Möglichkeiten für eine unmittelbare und kurzfristige Kontaktaufnahme zwischen Industriebetrieben, wissenschaftlich-technischen Zentren, Planungs- und Leitungszentren („Fühlungs"- und Informationsvorteile), Möglichkeiten für eine rationelle Organisation der innergebietlichen Kombination und Kooperation mit Produktionseinheiten für erzeugnistypische Baugruppen und Einzelteile, Anschluß an unterschiedliche und leistungsfähige Verkehrsträger sowie andere Einrichtungen und Anlagen der technischen Infrastruktur, Nutz- und Reserveflächen für die Industrie, ein qualitativ vielfältig differenziertes Arbeitskräfteangebot sowie günstige Lebensbedingungen für die Beschäftigten und ihre Familien.

— Das *Ballungsfeld* ist gegenwärtig bereits wichtigster Standortraum für Betriebe mit Fertigung von Baugruppen und baugruppentypischen Einzelteilen oder bestimmter Zweige der Grundstoffindustrie. Beide Arten von Produktionszweigen können jedoch auch räumlich benachbart auftreten. Die Betriebe können in innergebietliche, aber ebenso in übergebietliche Kooperationsketten einbezogen sein. Das wird vor allem durch günstige Verkehrs- und Transportbedingungen ermöglicht, die eine rationelle Anbindung an Finalproduzenten im Ballungskern erlauben. Betriebe mit sehr hohen Flächenanforderungen, insbesondere Betriebe mit Finalerzeugnismontage der Schwerindustrie, finden gleichfalls im Ballungsfeld entsprechende Standortbedingungen.

— Die *Ballungsrandgebiete* sind einerseits günstige Standorträume für ergänzende Produktionen im Bereich der Leicht- und Nahrungsmittelindustrie, zum anderen bieten sie für die Weiterentwicklung von zentralen Fertigungen und vorgelagerten Produktionsstufen (Schmieden, Preßwerke, Gießereien usw.) von Betrieben des Ballungskernes und des Ballungsfeldes geeignete Bedingungen, weil vielfach auf bereits vorhandene Industriesubstanz, gegebenenfalls nach Durchführung entsprechender Umprofilierungsmaßnahmen, zurückgegriffen werden kann. Für eine proportionale Entwicklung zwischen den Teilgebieten eines Ballungsgebietes wirkt sich eine gewisse Eigenständigkeit in der Entwicklung des Industrieprofils des Ballungsrandgebietes fördernd aus. Insgesamt kann das Ballungsrandgebiet auf Grund relativ günstiger Arbeitskräftelage, seiner Flächenreserven und einer günstigen Verkehrslage zum Ballungskern der Entlastung des Ballungsgebietes dienen.

Auf diese Weise kann die weitere Rationalisierung und Intensivierung der Industrieproduktion im Ballungsgebiet die komplexe Entwicklung bereits vorhandener Standorte fördern und damit die räumliche Konzentration der Produktivkräfte stimulieren. Diese Standortkomplexe sollten mit den Konzentrationspunkten im Siedlungsnetz übereinstimmen. Es sind dies vor allem der Ballungskern und ein Teil der Mittel- und Kleinstädte im Ballungsfeld und -randgebiet.

In bezug auf die Weiterentwicklung des Industrieprofils der Ballungsgebiete der DDR lassen sich aus dieser Modellvorstellung als *Orientierungen für die Standortverteilung der Industriezweige* ableiten:

— Im *Ballungskern* sollte vor allem die Entwicklung besonders wissenschaftsintensiver Zweige wie der Elektrotechnik/Elektronik und von Teilen des Maschinenbaus gefördert werden.

— Im *Ballungsfeld* bildet die vorhandene Basis den Ausgangspunkt für die Weiterentwicklung der Grundstoff- und metallverarbeitenden Industrie in den bestehenden Hauptproduktionszentren.

— In den *Ballungsrandgebieten* bestehen vor allem Möglichkeiten für die Weiterentwicklung der Leicht- und Nahrungsmittelindustrie an den vorhandenen Konzentrationspunkten und in begrenztem Umfange für den Ausbau von Ergänzungsindustrien, speziell für Zwecke der Versorgung des Ballungsgebietes.

Soweit im Zuge der weiteren Entwicklung der Industrie in den Ballungsgebieten neue Betriebe zu errichten sind, führt ihre Lokalisierung an bestehenden bzw. sich entwickelnden Zentren zur Einsparung von gebietlichem Aufwand bei der territorialen Einordnung und die wachsende Konzentration der Produktivkräfte zu einer Verstärkung der territorialen Struktureffekte. Ebenso kann der Einsatz der modernen Technik und die weitere Umprofilierung von Klein- und Mittelbetrieben den Prozeß der Spezialisierung fördern und die sich verstärkende territoriale Arbeitsteilung zwischen dem Ballungskern, dem Ballungsfeld und dem Ballungsrandgebiet unterstützen. Zugleich besteht die Aufgabe, die *Arbeitsteilung zwischen den Ballungsgebieten* weiterzuentwickeln und die zwischengebietlichen Kooperationsbeziehungen innerhalb größerer Wirtschaftsräume zu organisieren. Beispiel dafür ist die Förderung *zentraler Fertigungen* für maschinenbautypische Einzelteile im Ballungsgebiet Karl-Marx-Stadt, dem Konzentrationsgebiet des Maschinenbaus. In ähnlicher Weise bietet die starke Konzentration der Elektrotechnik/Elektronik in den Ballungsgebieten Karl-Marx-Stadt, Dresden und Leipzig Möglichkeiten, durch eine optimale Gestaltung der Kooperationsbeziehungen und verstärkte Spezialisierung innerhalb der drei Ballungsgebiete an vorhandenen Standorten Struktureffekte verstärkt zur Wirkung zu bringen.

Mit der Durchsetzung des wissenschaftlich-technischen Fortschritts ist in den Ballungsgebieten der DDR ein *verstärkter Konzentrations-* und *Vergesellschaftungsprozeß von Produktionskapazitäten* zu beobachten, der sich vor allem in qualitativen Veränderungen der Teilgebiete eines Ballungsgebietes als Strukturwandel ausdrückt. Mit der sich vertiefenden territorialen Arbeitsteilung kommt es zu einer zunehmenden Verflechtung von Produktion und Wissenschaft zwischen den Ballungsgebieten im Süden der DDR. In der Tendenz ergibt sich daraus, daß sich die Ballungsgebiete im Süden der DDR zu einer *geschlossenen Ballungszone* zu entwickeln beginnen, in die auch andere Dichtegebiete (Scholz 1966) einbezogen werden können.

Mit einer solchen territorialen Entwicklung der Ballungsgebiete werden verstärkt die *Vorzüge* wirksam, die *Mehrkernballungen* gegenüber Einkernballungen besitzen. Für die Industriestruktur von Mehrkernballungen sind stets mehrere Strukturlinien und eine breite Palette von Ergänzungsproduktionen typisch. Es ergeben sich daraus vielfältige Kombinations- und Kooperationsmöglichkeiten innerhalb der Produktionsstruktur, insbesondere für die Weiterentwicklung leistungsfähiger betrieblicher Kooperationsketten, so daß eine wesentliche Steigerung der territorialen Struktureffekte im Prozeß der Intensivierung zu erreichen ist.

Eine Realisierung dieser Leitvorstellungen für die Entwicklung der Industriestruktur ist jedoch nur im Zusammenhang mit einer *proportionalen Entwicklung aller territorialer Teilstrukturen* möglich (Industrie, Bevölkerung, Infrastruktur usw.). Ebenso müssen für die Entwicklung der Teilgebiete eines Ballungsgebietes sowohl quantitative als auch qualitative Proportionalitätsbeziehungen beachtet und durch die territoriale Leitung und Planung verwirklicht werden. Geschieht dies nicht, so kommt es, wie sich bei der Entwicklung von Ballungsgebieten in kapitalistischen Ländern immer deutlicher nachweisen läßt, zu Disproportionen und damit zu Störungen des territorialen Gleichgewichtes.

Резюме

Признаки и тенденции развития промышленной структуры и структуры населения в районах сосредоточения населения и промышленности ГДР

Районы сосредоточения населения и промышленности, как специфический тип районов, были много раз исследованы и описаны с экономико-географической точки зрения. В настоящей работе приследуется цель разработать дальнейшие основные признаки территориальных структур, в особенности промышленности и структуры населения в районах их сосредоточения Галле—Лейпциг, Карл-Маркс-Штадт—Цвикау и Дрезден и указать тенденции их развития. Было доказано, что общие условия и возможности развития как для отдельных районов сосредоточения так и внутри этих районов очень дифференцированы.

Принимая во внимание различную степень концентрации производства, населения и инфраструктуры, а также регионально различные функции, предлагается следующее раздробление районов сосредоточения населения: ядро сосредоточения, поле сосредоточения, окраина сосредоточения. На примере промышленной структуры и структуры населения можно изобразить в отдельности дифференцирования или определённые закономерности этих частей района.

В особенности исследования размещения промышленности, степени концентрации, раздробления отраслей и сфер, а также их производительности и эффективности дают к этому подробные сведения. Их дополняет анализ развития населения последних тридцати лет, с помощью которого можно ответить на вопросы естественного движения населения, изменения возрастной и сексуальной структур, потенциала рабочей силы, миграции населения в отдельных частях района.

На основе этих аналитических исследований и оценки, а также знаний существующих процессов развития общества как, например, процесса интенсификации промышленности и процесса специализации и концентрации и прочих процессов, вытекающих с введения научно-технического прогресса в экономической и социальной сферах и на основе целенаправленных прогнозов потенциала населения и рабочей силы, разрабатываются ключевые понятия о дальнейшем развитии территориальной структуры районов сосредоточения населения. Они охватывают предложения для будущей свободной и рациональной системы территориальной организации промышленности.
Представления о пространственном перемещении населения в этих районах принимают во внимание ожидаемый спрос рабочей силы в отдельных частях районов и соображения об улучшении трудовых и жисненных условий населения.

Summary

Features and tendencies in the development of industrial and population structures within the agglomeration regions of the GDR

Agglomeration regions in the GDR have often been investigated and described as a specific type of regions under geographical aspects. This contribution aims at the description of additional main features of the spatial structure of agglomeration regions as well as of the tendencies of their development. It refers especially to the industrial structure and the structure of the population in the agglomeration regions of Halle—Leipzig, Karl-Marx-Stadt—Zwickau and Dresden. The paper presents causes for the regional differences of the general conditions and possibilities of development both — within and between the investigated agglomeration regions.

The authors propose the division of an agglomeration region according to the different levels of concentration with regard to production, population, and infrastructure as well as to the regionally different functions. Therefore they divide an agglomeration region into:

— an agglomeration centre,
— an agglomeration field, and
— an agglomeration periphery.

Differences and certain regularities for those parts of an agglomeration region can be presented in detail by referring to the industrial and population structures. Detailed findings are based on specific investigation on the distribution of industrial locations, on the degree of concentration respectively deconcentration of those industries as well as on their productivity and efficiency.

The findings are completed by an analysis of the development of population of the last 30 years, referring to the natural development of the population, changes in the age-, sex-, and labour-structure as well as to migration.

The following conceptions of the development of the regional structure of the agglomeration regions are based on

- the investigation mentioned above as well as on the knowledge of essential processes proceeding within society (e.g. the increasing intensity of industry, its concentration and specialization),
- the knowledge of processes that may be derived from the progress of science and technology in economy and society, and furthermore,
- forecasts of the number of population and labour.

These conceptions include proposals for a futural disponible and rational system of the regional structure of industry. The conceptions take into consideration migration as well as the possible demands for labour and the improvement of the living and working conditions.

Literatur

Achijeser, A. u. a.: Urbanisierung, Gesellschaft und wissenschaftlich-technische Revolution. Sowjetwissenschaft, Gesellschaftswiss. Beiträge **10** (1969).

Agafanov, N. T. und S. B. Lavrov: O principialnych različijach meždu kapitalističeskimi i socialističeskimi rajonnymi. Kapproizvodstvenno-territorial'nymi kompleksami. Vesti Leningr. univ., ser. geol. u. geogr., Leningrad **1** (1966) 6.

Andrea, D. und G. Geyer: Die Bedeutung der Wanderungsanalyse und Wanderungsprognose der Bevölkerung für die Territorialplanung. Statistische Praxis **22** (1967).

Andrzeljewskie, A. und K. Dziewoński u. a.: Perspektiven der Urbanisierung und Entwicklung des Siedlungsnetzes des Landes als Element von Gesellschaftsprognosen. Zycie gosp., Warszawa **22** (1967) 33.

Blažek, M.: Die Entwicklung der industriellen Ballungsgebiete in der ČSSR. Wiss. Abh. d. Geogr. Ges. d. DDR, **7** (1969).

Bose, G.: Entwicklungstendenzen der Binnenwanderung in der DDR im Zeitraum 1953 bis 1970. Geogr. Berichte, **17** (1972) 3/4.

Boustedt, O.: Die Stadtregionen in der Bundesrepublik. Forschungs- und Sitzungsber. d. Akad. f. Raumforschung u. Landesplanung, Bremen, **14** (1960).

Boustedt, O.: Die Wachstumskräfte einer Millionenstadt, dargestellt am Beispiel München. München 1961.

Brede, H. und C. Ossorio-Capella: Die Agglomerationsräume in der Bundesrepublik Deutschland — demographische und ökonomische Aspekte des Agglomerationsprozesses. Beiträge z. Empirie u. Theorie d. Regionalforschung, München **2** (1967).

Burgess: The Growth of the City. In: The City. Chicago 1925.

Davidovič, V. G. und G. M. Lappo: Fragen der Entwicklung städtischer Agglomeration in der UdSSR. Aus der Praxis der sowjetischen Geographie, Leipzig/Gotha 1966.

GRUNDMANN, L.: Die territoriale Struktur und Entwicklung des Arbeitskräftevermögens in der DDR im Prognosezeitraum bis 1980. Peterm. Geogr. Mitt., **113** (1969) 3.

GRUNDMANN, L. und H. SCHMIDT: Tendenzen und Leitvorstellungen für eine langfristige Entwicklung der Territorialstruktur der Ballungsgebiete im Süden der DDR. Diss. A, Martin-Luther-Univ., Halle 1971.

HEŘMANN, S.: Die industriellen Ballungsgebiete in Polen. Peterm. Geogr. Mitt., **115** (1971) 4.

HILLEBRECHT, R.: Trabanten und „neue Städte"? Baukunst und Werkform, **13** (1960) 1 u. 2.

HILLEBRECHT, R.: Die Stadtregion — Großstadt und Städtebau. Schriften d. Inst. f. Wohnungsrecht und Wohnungswirtschaft, Göttingen, **25** (1962).

HOYT, H.: The Structure and Growth of Residential Neighbourhoods in American Cities. Washington 1939.

IVANOV, S. P.: Die Mitwirkung der ökonomischen Geographen bei der Bearbeitung von Problemen der rationellen territorialen Organisation der Produktivkräfte. In: Aus der Praxis der sowjetischen Geographie. Gotha/Leipzig 1966.

KEHRER, G.: Ballungsgebiet und Randzonen-Probleme der territorialen Rationalisierung im Gebiet Karl-Marx-Stadt. Geographie und technische Revolution, Gotha/Leipzig 1967.

KEHRER, G.: Zur Entwicklung von Randzonen der Ballungsgebiete als industrielle Reservegebiete, untersucht in den Kreisen Marienberg und Brand-Erbisdorf des Bezirkes Karl-Marx-Stadt. Habil.-Schrift, Hochschule für Ökonomie, Berlin 1968.

KLITZSCH, F.: Territoriale Auswirkungen der Automatisierung. Habil.-Schrift, Techn. Hochschule, Karl-Marx-Stadt 1963.

KLITZSCH, F.: Zur Frage des industriellen Flächenbedarfs in der Fertigungstechnik. Wiss. Abh. d. Geogr. Ges. d. DDR, **7** (1969).

KOHLMEY, G.: Nationale Produktivität, dynamische Produktion, internationale Arbeitsteilung. Berlin 1965.

KRAFT, J.: Die Entwicklung des tertiären Sektors zwischen 1950 und 1961 und der Agglomerationsprozeß. Beiträge zur Empirie und Theorie der Regionalforschung, München, **5** (1967).

LANGNICKEL, I.: Zur Ausarbeitung einer Leitvorstellung über die Standortverteilung der Industrie in der DDR. Wiss. Abh. d. Geogr. Ges. d. DDR, **7** (1969).

LEHMANN, E.: Die räumliche Differenzierung der Industrie- und Bevölkerungsagglomeration im Halle—Leipziger Gebiet. Sitzungsber. d. Sächs. Akad. d. Wiss. zu Leipzig, Phil.-hist. Klasse, B, **113** (1967) 2.

LÜDEMANN, H.: Wechselbeziehungen zwischen Ressourcenentwicklung, Infrastruktur und Produktionsstruktur im Territorium. Peterm. Geogr. Mitt., **113** (1969) 3.

LYNCH K.: The Pattern of the Metropolis. Cambridge 1961.

MAJERGOIZ, J. M.: Fragen der Typologie in der Ökonomischen Geographie. Peterm. Geogr. Mitt., **111** (1967) 3.

MOHS, G.: Die Bevölkerungs- und Siedlungsentwicklung im Ballungsgebiet Halle—Leipzig. Das Leipziger Land. Festband zur 10-Jahresfeier der Geogr. Ges. d. DDR, Leipzig 1964.

MOHS, G.: Ballung und Ballungsdichte als Problem und Gegenstand geographischer Untersuchungen. Geogr. Berichte, **48** (1968) 3.

NULTSCH, G. G.: Zur Methodik der Vorausberechnung der Bevölkerungszahl. Statistische Praxis, **17** (1962) 3.

PERCIK, E. N.: Die ökonomische Geographie und die Planung von Industriegebieten. Aus der Praxis der sowjetischen Geographie. Gotha/Leipzig 1966.

POLOWITZKAJA, M. E.: Einige Fragen zum Einfluß des wissenschaftlich-technischen Fortschritts auf die Herausbildung von Wirtschaftsgebieten (USA). Mitt. d. Akad. d. Wiss. d. UdSSR, Serie Geogr. (1968) 1.

SCHMIDT, H. und H. REITINGER: Die Randzone als potentieller Erweiterungsraum des Ballungsgebietes, dargestellt am Ballungsgebiet Halle—Leipzig. Peterm. Geogr. Mitt., **116** (1972) 1.

SCHMIDT, H.: Tendenzen und Leitvorstellungen zur Lokalisation der Industrie in Ballungsgebieten. Mitt.-Blatt des Fachverbandes der Berufsgeographen, 6/7 (1971).

SCHMIDT-RENNER, G.: Grundlagen und Aufgaben der gesamtterritorialen Standortplanung. Lehrbrief 2: Zur territorialen Ökonomie. Hochschule für Ökonomie, Karlshorst 1965.

SCHOLZ, D.: Die industrielle Agglomeration im Ballungsgebiet Halle—Leipzig. Wiss. Z. der Karl-Marx-Univ. Leipzig, Math.-nat. Reihe, 13 (1964) 3.

SCHOLZ, D.: Die Industrie im Ballungsgebiet Halle—Leipzig. Ein Beitrag zu den industriegeographischen Problemen in Ballungsgebieten. Habil.-Schrift. Karl-Marx-Univ., Leipzig 1965.

SCHOLZ, D.: Die Ballungsgebiete der DDR. Eine geogr.-statistische Übersicht. Wiss. Z. der Karl-Marx-Univ. Leipzig, Math.-nat. Reihe, 15 (1966) 4.

SCHULZ, G.: Technische Revolution und Strukturwandel in der Industrie. Berlin 1966.

SCHWARZ, K.: Neuere Tendenzen der regionalen Bevölkerungsentwicklung. Raumforschung und Raumordnung, 25 (1967) 4.

Dr. rer. nat. LUISE GRUNDMANN, Akademie der Wissenschaften der DDR, Institut für Geographie und Geoökologie, 7010 Leipzig, Dimitroffplatz 1

Dr. sc. nat. HELGA SCHMIDT, Martin-Luther-Universität Halle—Wittenberg, Sektion Geographie, 4020 Halle, Domstraße 5

Beiträge zur Geographie	Bd. 31	S. 159–175	Berlin 1983

Die Zentrumstypen der DDR nach ihrer Umlandbedeutung — ihre Ermittlung, Charakteristik und räumliche Verteilung

Von Frankdieter Grimm und Ingrid Hönsch

Unter den Bedingungen der entwickelten sozialistischen Gesellschaft in der DDR wird der planmäßigen Entwicklung der Siedlungszentren große Aufmerksamkeit entgegengebracht. Ihre Entwicklungspotenzen, insbesondere in Groß- und Mittelstädten, machen sie zu wichtigen Ansatzpunkten für die notwendige Intensivierung des gesellschaftlichen Reproduktionsprozesses. Die Städte üben als Zentren der Arbeiterklasse und des gesellschaftlichen Lebens, als territoriale Konzentrationspunkte im gesellschaftlichen Reproduktionsprozeß, als Standorte der materiellen Produktion und von Einrichtungen der Infrastruktur für die Einwohner der Städte selbst wie auch für die Bevölkerung des Umlandes wichtige politische, ökonomische und soziale Funktionen aus. Von den Städten gehen vielfältige Impulse für das gesellschaftliche Leben aus.

Die *zwischen* den *Städten und* dem sie *umgebenden Territorium* bestehenden vielseitigen funktionalen *Wechselbeziehungen* sind planmäßig für die Intensivierung in allen Bereichen der Volkswirtschaft, für die Angleichung der Arbeits- und Lebensbedingungen in Stadt und Land und damit für ein ständig steigendes Lebensniveau der Bevölkerung zu nutzen. Durch die bewußte, planmäßige Gestaltung der *Stadt-Umland-Beziehungen* (SUB) entstehen sowohl für die Bevölkerung der Städte als auch für die Umlandbevölkerung Effekte, die sich in einer immer besseren Befriedigung der Bedürfnisse der Bevölkerung äußern. Die Gestaltung der SUB erfordert eine Überprüfung bestehender und möglicher Formen der territorialen Arbeits- und Funktionsteilung sowie eine Verbesserung der Verkehrsbeziehungen innerhalb des Verflechtungsraumes.

1. Ermittlung der Zentrumstypen

1.1. Ziel der Typisierung

Die planmäßige Nutzung, Vervollkommnung und Weiterentwicklung der Stadt-Umland-Beziehungen setzen detaillierte Kenntnisse über die bestehende Siedlungsstruktur, insbesondere die Siedlungszentren mit ihrem ökonomischen und sozialen Potential, voraus.

Diesem Ziel dienten die Untersuchungen über die Rolle und Stellung der Städte für ihr Umland, die am Geographischen Institut der AdW der DDR (jetzt Institut für Geographie und Geoökologie der AdW) seit 1972 durchgeführt wurden. Auf der Basis verschiedener Analysen im Maßstab der DDR, die auf einheitlicher methodischer Basis für alle Städte mit > 5000 EW, die Kreisstädte unterhalb dieser EW-Schwelle und weitere wichtige Einpendlerorte (> 3000 Einpendler) erarbeitet worden sind, wurden die Umlandfunktionen ermittelt, ihre territoriale Wirksamkeit bestimmt und aus ihrem Zusammenwirken im jeweiligen Gebiet entsprechende *Typen der Städte nach ihrer Umlandzentralität* abgeleitet. Mit dieser Typisierung sollen die Vielfalt der von den Städten ausgeübten Umlandfunktionen herausgearbeitet und die Spezifik der einzelnen Zentren innerhalb des Siedlungssystems gekennzeichnet werden. Die von uns erarbeitete Typisierung der Städte nach ihrer Umlandbedeutung läßt bestehende und mögliche Formen der Arbeitsteilung und Spezialisierung zwischen den Kreisen und Bezirken erkennen. Sie widerspiegelt darüber hinaus auch in gewissem Grade das Bild des Versorgungsniveaus der Einwohner der DDR, z. B. bei Fehlen entsprechender Zentren erhöhen sich die Aufwendungen zur Befriedigung bestimmter Bedürfnisse.

Die Analysen der Umlandfunktionen sowie die Typisierung der Zentren können als eine wichtige Grundlage für die weitere planmäßige Entwicklung der Siedlungsstruktur dienen. Die Ergebnisse unserer Untersuchungen wurden von den staatlichen Planungsorganen mit großem Interesse aufgenommen.

1.2. Grundzüge der Typisierung

Die *Gesamtfunktion einer Stadt* resultiert aus ihren weitreichenden *Spezialfunktionen*, ihren *Umlandfunktionen* und ihren *innerstädtischen Funktionen*. Die Typisierung der Zentren bezieht sich nur auf eine dieser 3 Funktionen, soweit eine isolierte Betrachtungsweise dieses Aspektes überhaupt möglich ist. Sie weist folgende Spezifik auf:

- die Typisierung ist zunächst eine Widerspiegelung des derzeitigen Zustandes, sie enthält keine Entwicklungsaspekte und Zielvorstellungen,
- sie beschränkt sich ausschließlich auf nur einen Aspekt, die Umlandfunktionen der Zentren.

Die Herausarbeitung der *Zentrumstypen nach ihrer Umlandbedeutung* ist das Resultat folgender Arbeitsschritte:

1. Analyse der einzelnen SUB durch Erfassung der umlandwirksamen Einrichtungen in den Zentren bei Nutzung von Unterlagen der Fachinstitutionen, der Büros für Territorialplanung (Siedlungskategorisierung), des Atlas DDR;
2. Schaffung zusammenfassender Übersichten zu einzelnen wichtigen SUB, z. B. für Einkaufsbeziehungen, im Gesundheitswesen, für Arbeitspendler;
3. Zusammenfassung der SUB zu Gruppen: versorgungsräumliche SUB (Handel, Gesundheitswesen, Bildung, Kultur und Freizeitgestaltung), arbeitsräumliche SUB (Pendler), politisch-administrative SUB;
4. Einstufung der Umlandbedeutung für jedes Zentrum, unterteilt nach folgenden Gruppen der SUB: arbeitsräumliche Bedeutung, politisch-administrative Stellung, Bedeutung als Einkaufszentrum, als Zentrum im Gesundheitswesen, in der Volksbildung, für Kultur und Freizeitgestaltung. In Abhängigkeit von der Art der jeweiligen SUB, der Materiallage und der Untersuchungsmethodik ergeben sich für jede Umlandfunktion spezifische Besonderheiten. Eine Annäherung dieser Spezifik wurde durch eine einheitliche Leitvorgabe zur Abschätzung der Größenordnung des Umlandes erreicht: Bedeutung für mehrere Bezirke (A), Bedeutung für etwa einen Bezirk (B), Bedeutung für mehrere Kreise (C), Bedeutung für etwa einen Kreis (D), Bedeutung für Teile eines Kreises (E), geringe bzw. keine Umlandbedeutung (F).
5. Ableitung von Elementartypen der Zentren durch Kombination der einzelnen Ein-

stufungen (insgesamt 48 Elementartypen, vgl. Tab. 1); Zusammenfassung der Elementartypen zu Haupttypen der Zentren (15 Haupttypen), vereinfachende Überblickszusammenfassung der Haupttypen zu folgenden *Hauptkategorien der Zentren*:

Hauptstadt, Bezirks- und Großzentren:	Umlandbedeutung für mindestens einen Bezirk
Gebietszentren:	Umlandbedeutung für mehrere Kreise
Kreiszentren:	Umlandbedeutung für etwa einen Kreis
Lokalzentren:	Umlandbedeutung für Teile eines Kreises

Tabelle 1 enthält eine systematische Übersicht der analysierten Typen.

Tabelle 1. **Übersicht über die Haupt- und Elementartypen der Zentren**

Die *Elementartypen* ergeben sich aus der Kombination der versorgungsräumlichen, politisch-administrativen und arbeitsräumlichen Umlandbedeutung der Städte. Diese Kombination wird durch eine *Kurzformel* mit folgender Bedeutung ausgedrückt:

versorgungsräumliche Umlandbedeutung:
A = mehrere Bezirke, B = etwa ein Bezirk, C = mehrere Kreise, D = etwa ein Kreis, E = Teile eines Kreises, F = ohne bzw. geringe Umlandbedeutung

politisch-administrative Umlandbedeutung:
1 = Hauptstadt, 2 = Bezirksstadt, 3 = kreisfreie Stadt, 4 = Kreisstadt, 5 = sonstige Stadt/Gemeinde

arbeitsräumliche Umlandbedeutung:
Abstufung von a bis f in annähernder Entsprechung zu den vorherigen Abstufungen.

Verwandte Elementartypen sind zu *Haupttypen* zusammengefaßt worden. Die am häufigsten verbreiteten Elementartypen sind in Beilage 2 durch Unterstreichung hervorgehoben.

Haupttyp	Elementartyp	Anzahl	Beispiele
A-Zentren:	A1a	1	Berlin
bedeutendste Zentren der DDR, SUB zu mehreren Bezirken (Hauptstadt, Großzentren)	A2a	2	Leipzig, Dresden
B-Zentren:	A2b	1	Halle
bedeutende Zentren, dominierend für etwa einen Bezirk	AB2b	3	Rostock, Magdeburg, Erfurt
(große Bezirkszentren)	B2b	1	Karl-Marx-Stadt
BC-Zentren	B2c	3	Schwerin, Potsdam, Cottbus
Zentren mit Wirksamkeit für annähernd ein Bezirksterritorium (mittlere Bezirkszentren)			
C-Zentren:	B3c	2	Weimar, Jena
Zentren mit dominierender Umlandbedeutung für mehrere Kreise	C2c	3	Neubrandenburg, Gera, Suhl
(große Gebietszentren)	C3b	1	Zwickau
	C3c	2	Stralsund, Plauen
	C4c	7	Bautzen, Nordhausen, Meiningen

(Forts. Tab. 1)

Haupttyp	Elementartyp	Anzahl	Beispiele
C/V-Zentren:			
versorgungsräumlich oder politisch-administrativ dominierend für mehrere	CD2d	1	Frankfurt
Kreise (partielle Gebietszentren)	BC3d	1	Greifswald
CD-Zentrum:	C3d	3	Wismar, Brandenburg, Görlitz
Zentren mit Bedeutung für einige Kreise, vielfältige SUB (kleine Gebietszentren)	CD4c	2	Eisenach, Aue
	C4d	6	Güstrow, Halberstadt, Dessau
	D4b	1	Bitterfeld
D-Zentren:	D4c	7	Gotha, Riesa
Zentren mit eindeutiger Dominanz für etwa ein Kreisgebiet (große Kreiszentren)	CD4d	13	Neustrelitz, Eberswalde, Saalfeld
	D4d	33	Neuruppin, Meißen, Bergen
	D3d	1	Eisenhüttenstadt
D⁻-Zentren:	D4e	27	Anklam, Kyritz, Schleiz
Zentren mit Umlandbedeutung	DE4d	17	Oranienburg, Löbau
annähernd für ein Kreisgebiet	DE4e	16	Jüterbog, Delitzsch
(mittlere Kreiszentren)	D5c	1	Radebeul
	D5d	1	Mittweida
	E4c	1	Sömmerda
DE-Zentren:	E4d	10	Wolgast, Bad Salzungen, Flöha
Zentren mit partieller Bedeutung für etwa ein Kreisgebiet, kleine	DE5d	2	Wittenberge, Hennigsdorf
Kreisstädte (partielle Kreiszentren)	E4e	18	Seelow, Worbis, Geithain
E-Zentren:	DE5e	1	Olbernhau
Zentren mit Bedeutung für Teile eines Kreises (Lokalzentren)	E5e	33	Calbe, Torgelow, Thale
E/P-Zentren	E5c	1	Ronneburg
Kleine Lokalzentren mit starker Einpendlerdominanz	E5d	12	Ludwigsfelde, Leinefelde, Ruhla
	EF5c	2	Wolfen, Böhlen
	EF5d	6	Teltow, Premnitz, Gröditz
E/V-Zentren:	DE4f	3	Havelberg, Stadtroda
politisch-administrative Zentren mit geringer versorgungsräumlicher	E4f	7	Röbel, Nebra, Hohenmölsen
Umlandbedeutung (Lokalzentren	EF4e	2	Zossen, Neuhaus/R.
mit Kreisstadtfunktion)	(DE5f)	1	Bad Frankenhausen

(Forts. Tab. 1)

Haupttyp	Elementartyp	Anzahl	Beispiele
EF-Zentren: partielle Lokalzentren, Umlandbedeutung bei einigen Beziehungen für Teile des Kreises	EF 5 e	15	Seehausen, Pulsnitz, Neustadt/Orla
	E 5 f	22	Ohrdruf, Treuenbrietzen
	EF 4 f	1	Sternberg
F+-Zentren: partielle Lokalzentren mit Umlandbedeutung in einigen speziellen Bereichen	EF 5 f	28	Kühlungsborn, Bad Schmiedeberg, Zwenkau
F/P-Zentren: Gemeinden/Städte mit fast ausschließlicher Umlandbedeutung als große Einpendlerzentren	F 5 b	1	Leuna
	F 5 c	2	Schkopau, Schwarze Pumpe
	F 5 d	19	Unterwellenborn, Regis-Breitingen, Merkers

1.3. Umlandfunktionen der Zentren

Nach Erkenntnissen von Beispielsbearbeitungen in einem Testgebiet (vgl. Krönert/Schmidt, 1974) sowie aus der Literatur wurden zur Bestimmung der Umlandbedeutung der Zentren folgende *Umlandfunktionen* ausgewählt:

- Umlandbedeutung im Einzelhandel,
- Umlandbedeutung im Gesundheitswesen,
- Umlandbedeutung im Bildungswesen,
- Umlandbedeutung für Kultur, Sport und Freizeitgestaltung,
- arbeitsräumliche Umlandbedeutung,
- politisch-administrative Umlandbedeutung.

Des weiteren erfolgte auch eine Charakteristik der Zentren als Knotenpunkte des Personenverkehrs; sie wurde bei der Festlegung der Typen auf Grund der ihr innewohnenden Besonderheiten nicht einbezogen.

Die vergleichende Zusammenstellung der Einstufung der einzelnen Umlandfunktion nach der Größenordnung des Umlandes bildet die Basis für die Typisierung. Die Karte „*Ausgewählte Stadt-Umland-Beziehungen der Gemeinden*“ (vgl. Beilage 1) ermöglicht einen direkten Einblick in das umlandbezogene Funktionsspektrum der untersuchten Städte. Sie ist zugleich ein wesentliches Teilergebnis der Untersuchungen und läßt direkte Aussagen und Folgerungen zu, die folgende Grundzüge sichtbar werden lassen:

- Die Karte ermöglicht *für jede eingestufte Umlandfunktion* einen Vergleich ihrer *territorialen Wirksamkeit.* So ist eine unmittelbare Information über die Leistungsfähigkeit der Umlandfunktionen, eventueller Formen der Arbeitsteilung bzw. auch über ein Funktionsdefizit möglich. Ein Vergleich der Umlandwirksamkeit z. B. im Gesundheitswesen zeigt, daß bei scheinbarer „Unterversorgung“ einzelner Kreise fast in jedem Falle entweder ein Nebenzentrum existiert oder sich in den benachbarten Kreisen Einrichtungen mit höherem Rang der Umlandwirksamkeit befinden.

— Die Analyse ergibt, daß nur einige wenige Großstädte in allen hierfür spezifischen Umlandbeziehungen eindeutig *dominierendes Zentrum mindestens eines Bezirkes* sind: Berlin, Leipzig, Dresden, Halle, Magdeburg, Rostock, Erfurt. Im Falle von Berlin, Leipzig und Dresden wird bei allen untersuchten SUB die Rangstufe „Bedeutung für mehrere Bezirke" erreicht. Für Berlin kommen als Spezifik weitere hauptstädtische Funktionen hinzu, die mit einer Stufe „Bedeutung für die gesamte Republik" gekennzeichnet werden könnten. Einige Bezirksstädte sind im wesentlichen nur bei politisch-administrativen Umlandbeziehungen Zentrum ihres Bezirkes: Neubrandenburg, Frankfurt, Suhl.

— Außer bei den Bezirksstädten wurden *Höchststufen der Umlandbedeutung* nur in Ausnahmefällen ermittelt: wichtige Hochschulstandorte (z. B. Jena, Freiberg), Kulturstätten (Weimar).

— *Gebietszentren mit Umlandbedeutung für mehrere Kreise* bei allen wichtigen Umlandbeziehungen sind nur in bestimmten Gebietstypen voll ausgeprägt. Sie finden sich kaum in den dichtbesiedelten Ballungsgebieten (Spezialisierung und Arbeitsteilung der Städte) oder in dünnbesiedelten Agrargebieten (zu große Entfernungen). Den Grundvorstellungen eines Gebietszentrums mit komplexem Spektrum spezifischer Umlandfunktionen kommen folgende Zentren am nächsten: Bautzen, Plauen, Nordhausen, Stralsund, Brandenburg.

— Infolge der engen Verknüpfung auch vieler territorial flexibler Stadt-Umland-Beziehungen mit den Beziehungen von Kreisstadt und zugehörigem Kreis sind *Zentren mit Bedeutung* in allen spezifischen Umlandbeziehungen *für etwa ein Kreisgebiet* häufig vertreten (vgl. auch GRIMM 1974). Es ist hierbei zu unterscheiden zwischen

  - Kreiszentren in dünnbesiedelten agrarischen Räumen, z. B. Zerbst, Wittstock,
  - Kreiszentren dichter besiedelter Räume in peripherer Lage, z. B. Sonneberg, Bergen;
  - in Ballungsgebieten überwiegt die Spezialisierung und Arbeitsteilung auch der Kreiszentren, besonders deutlich im Umland von Berlin und Leipzig sowie im Ballungsgebiet Karl-Marx-Stadt (GRIMM 1974).

— *Städte*, die *Umlandbeziehungen für ein relativ engbegrenztes Umland* aufweisen, sind kennzeichnend für dichtbesiedelte Räume, besonders für das Ballungsgebiet Karl-Marx-Stadt. Daneben bestehen vielfältige territoriale Verflechtungsbeziehungen und Überlagerungen. Stadt-Umland-Beziehungen der unteren Stufe sind in Ballungsgebieten wegen der guten Eigenausstattung der Gemeinden oft nur schwach ausgebildet. In Extremfällen ergibt sich eine Gruppierung von Städten/Gemeinden, die auf Grund ihrer Einwohnerzahl wesentliche Einrichtungen selbst besitzen und sich in den verbleibenden Umlandbeziehungen auf ein benachbartes großes Zentrum orientieren, besonders im Umland von Berlin und Leipzig.

Die vergleichende Übersicht der einzelnen Umlandfunktionen der Zentren ergibt den hier angedeuteten allgemeinen Grundzügen entsprechend eine Vielzahl detaillierter Fragestellungen und Probleme, die insbesondere bei der Analyse und Entwicklung einzelner Gebiete und Gebietstypen von Bedeutung sind. Derartige Fragestellungen müssen aber spezielleren Untersuchungen und Erörterungen vorbehalten bleiben.

1.4. Ableitung der Typen

Ausgehend von der Einstufung der wichtigsten Umlandfunktionen der Zentren wurden die *Typen der Zentren* abgeleitet. Sie ergeben sich aus der Kombination dieser Umlandfunktionen:

Elementartypen: Kombination der versorgungsräumlichen Umlandfunktionen (A bis F), der politisch-administrativen Umlandbedeutung (1 bis 5) und der arbeitsräumlichen Umlandfunktionen (a bis f); Kennzeichnung durch eine Kurzformel, die diese einzelnen Einstufungen zusammenfaßt, z. B. A1a, D4d, D4b (zur vollständigen Übersicht s. Tabelle 1):

A1a = Hauptstadt (1), weitreichende versorgungsräumliche Umlandbeziehungen (A), dementsprechend gewichtige arbeitsräumliche Beziehungen (a) = Berlin

D4d = Kreisstadt (4), versorgungsräumliches Zentrum für etwa einen Kreis (D), dementsprechende arbeitsräumliche Bedeutung (d), z. B. Torgau, Sangerhausen

D4b = Kreistadt (4), versorgungsräumliches Zentrum für etwa einen Kreis (D), weit darüber hinausgehende arbeitsräumliche Bedeutung (b) = Bitterfeld.

Haupttypen: Zusammenfassung verwandter Elementartypen zu insgesamt 15 Haupttypen, die das Spektrum von den bedeutendsten, gewichtigsten Zentren bis zu den Zentren mit minimaler Umlandbedeutung umfassen (s. Tabelle).

Die Kennzeichnung dieser Haupttypen erfolgt sowohl verbal als auch durch Buchstaben. Dabei bildet die Buchstabenkennzeichnung die generalisierte Zusammenfassung der Einstufungen der einzelnen Umlandfunktionen: A, AB, B, BC, C, CD, D, DE, E, EF, F. Diese Buchstaben charakterisierten gewissermaßen die „mittlere" Umlandbedeutung.

Die zusätzliche Bezeichnung /V drückt das starke Überwiegen von versorgungsräumlichen oder politisch-administrativen SUB aus: C/V, E/V.

Die zusätzliche Bezeichnung /P dient der Charakterisierung von Zentren, deren Umlandfunktionen überwiegend durch ihre Stellung als Einpendlerzentrum geprägt wird: E/P, F/P.

Folgende *Haupttypen* wurden ermittelt:

Bezirks- und Großzentren:

A- und AB-Zentren	Hauptstadt, weitere Großzentren
B-Zentren	große Bezirkszentren
BC-Zentren	mittlere Bezirkszentren
Gebietszentren:	
C-Zentren	große Gebietszentren
C/V-Zentren	partielle Gebietszentren
CD-Zentren	kleine Gebietszentren
Kreiszentren:	
D-Zentren	große Kreiszentren
D^--Zentren	mittlere Kreiszentren
große Lokalzentren:	
DE-Zentren	partielle Kreiszentren
E-Zentren	Lokalzentren

E/P-Zentren	Lokalzentrum mit starker Einpendlerdominanz
E/V-Zentren	Lokalzentren mit Kreisstadtfunktion

kleine und partielle Lokalzentren:

EF-Zentren	partielle Lokalzentren
F^+-Zentren	kleine partielle Lokalzentren
F/P-Zentren	Städte/Gemeinden, ausschließliche Pendlerzentren.

2. Charakteristik der Zentrumstypen

2.1. Groß- und Bezirkszentren

Bezirks- und Großzentren (einschl. der Hauptstadt Berlin) sind hinsichtlich ihrer Umlandfunktionen die *bedeutendsten Zentren* im Siedlungssystem der DDR. Sie zeichnen sich gegenüber allen anderen Zentren durch eine Vielzahl spezifischer Umlandfunktionen aus, die für ein Umland mindestens in der Größenordnung eines Bezirkes wirksam sind.

Die Groß- und Bezirkszentren verfügen über eine Ausstattung mit *Versorgungs- und Betreuungseinrichtungen von hohem Spezialisierungsgrad*, die für die Bevölkerung eines größeren Territoriums Bedeutung haben. Das sind die großen CENTRUM- und KONSUMENT-Warenhäuser, Opernhäuser, Theater, Universitäten und Hochschulen sowie bedeutende Sportstätten. Des weiteren gehören sie zu den *bedeutendsten Einpendlerzentren* der DDR. Auf Grund ihrerStellung innerhalb des Siedlungsnetzes und ihrer umfangreichen Funktionen haben sie sich zu *Knotenpunkten des internationalen* und *DDR-Verkehrs* entwickelt. Daneben üben diese Zentren auch alle Funktionen der nachfolgenden Typen von Zentren aus.

Nicht jede Bezirksstadt ist ein Bezirkszentrum im Sinne dieser Charakteristik, sondern nur diejenigen Bezirksstädte, die neben politisch-administrativen Umlandbeziehungen auch bei anderen wesentlichen Umlandbeziehungen dominierendes Zentrum eines Bezirkes sind. Zu den Bezirks- und Großzentren sind folgende *Haupttypen* der Zentren zu rechnen:

A- und AB-Zentren: bedeutendste Zentren der DDR, Stadt-Umland-Beziehungen zu mehreren Bezirken (Hauptstadt, weitere Großzentren)
Elementartypen: A1a, A2a
Beispiele: Berlin, Leipzig, Dresden

B-Zentren: bedeutende Zentren, dominierend für etwa ein Bezirksterritorium (große Bezirkszentren)
Elementartypen: A2b, AB2b, B2b
Beispiele: Rostock, Magdeburg, Karl-Marx-Stadt

BC-Zentren: Zentren mit Wirksamkeit für annähernd ein Bezirksterritorium (mittlere Bezirkszentren) Elementartypen: B2c
Beispiele: Potsdam, Schwerin, Cottbus

Die Unterschiede zwischen A-, AB-, B- und BC-Zentren bestehen in unterschiedlicher Vielfalt und Qualität der Umlandfunktionen sowie in den spezifischen Lage- und Verkehrsbeziehungen der einzelnen Zentren.

Nach unseren Untersuchungen sind gegenwärtig 11 Städte in der DDR hinsichtlich ihrer Umlandfunktionen als Groß- und Bezirkszentren wirksam, d. h. Berlin und die

Mehrzahl der Bezirksstädte (siehe Beilage 2.) Die Größenordnung dieser Städte reicht von 1,1 Mill. EW (Berlin) bis 100000 EW (Cottbus). Die Gesamteinwohnerzahl dieser 11 Zentren beträgt 3,7 Mill. Intensive Stadt-Umland-Beziehungen im Bereich täglicher Erreichbarkeit (40-min-Isochrone) bestehen in den jeweils zugeordneten Bezirken für Siedlungen mit 1,8 Mill. EW, so daß insgesamt 5,5 Mill. EW eng mit den Bezirks- und höheren Zentren verbunden sind bzw. in diesen Zentren wohnen. Eine Verstärkung der umlandwirksamen Funktionen der Bezirks- und Großzentren würdein besonderem Maße für diese 5,5 Mill. Menschen wirksam. Bei den verbleibenden Räumen mit 11,5 Mill. EW sind hinsichtlich der SUB zu Bezirks- und höheren Zentren zu unterscheiden:

— Siedlungen des jeweiligen Bezirkes in einer Reisezeitentfernung zwischen 40 min und 120 min (5,5 Mill. EW, periodischer Kontakt zum Bezirkszentrum gut möglich; 1,3 Mill. EW sogar im Bereich 40 min bis 60 min);
— Siedlungen des jeweiligen Bezirks außerhalb der 120-min-Isochrone (3,4 Mill. EW, Kontakt zum Bezirkszentrum schwierig);
— Siedlungen in Bezirken ohne eigenes leistungsfähiges Bezirkszentrum gemäß unserer Definition (2,6 Mill. EW, z. T. innerhalb der 120 min-Isochrone von Bezirkszentren der Nachbarbezirke).

Die meisten spezifischen Umlandfunktionen der Groß- und Bezirkszentren müssen nicht täglich beansprucht werden, eine tägliche Erreichbarkeit dieser Zentren ist weder notwendig noch möglich.

2.2. Gebietszentren

Gebietszentren sind *Städte, die in* ihren *Stadt-Umland-Beziehungen wesentlich über den eigenen Kreis hinaus wirksam* sind. Ihre *Umlandbedeutung* betrifft ein Gebiet in der Größenordnung zweier oder *mehrerer Kreise.* Benachbarte Kreisstädte werden in wichtige Umlandbeziehungen der Gebietszentren einbezogen. Daneben üben diese Zentren auch alle Umlandfunktionen der nachfolgenden Typen von Zentren aus.

Die *Ausstattung* der Gebietszentren *mit Versorgungs- und Betreuungseinrichtungen* für die Bereiche Einzelhandel, Gesundheitswesen, Volksbildung Kultur und Sport läßt ebenfalls einen *hohen Spezialisierungsgrad* erkennen. Es werden neben den notwendigen Leistungen der Grundversorgung auch solche angeboten, die von der Bevölkerung nur gelegentlich in Anspruch genommen werden müssen. Das Spektrum der Versorgungs- und Betreuungseinrichtungen umfaßt Waren- und Kaufhäuser, Spezialgeschäfte, Bezirks- bzw. Kreiskrankenhäuser mit erweiterter Grund- und Spezialversorgung, Theater, Fachschulen, Museen u. a. m. Auf Grund des hohen Grundmitteleinsatzes sind derartige Einrichtungen in kleineren Zentren meist nicht vorhanden. Die Gebietszentren sind *regionale Knotenpunkte des Personenverkehrs.* Zu den Gebietszentren zählen folgende *Haupttypen* der Zentren:

C-Zentren: Zentren mit dominierender Umlandbedeutung für mehrere Kreise (große Gebietszentren)
Elementartypen: B3c, C2c, C3b, C3c, C4c
Beispiele: Plauen, Neubrandenburg, Bautzen, Suhl

C/V-Zentren: Zentren, sozialräumlich oder politisch-administrativ dominierend für mehrere Kreise (partielle Gebietszentren)
Elementartypen: D2c, CD2d, BC3d
Beispiele: Greifswald, Frankfurt

CD-Zentren: **Zentren mit Bedeutung für einige Kreise, vielfältige Stadt-Umland-Beziehungen (kleine Gebietszentren)**
Elementartypen: C3d, CD4c, C4d, (D4b)
Beispiele: Görlitz, Aue, Stendal, Güstrow

Die Unterscheidung von C-, C/V- und CD-Zentren beruht auf Unterschieden der regionalen Bevölkerungsdichte, der Lagebeziehungen zu anderen Gebietszentren sowie der Spezialisierung benachbarter Zentren. Diese Verschiedenartigkeit äußert sich insbesondere in der unterschiedlichen Vielfalt und Vollständigkeit der für Gebietszentren charakteristischen Umlandfunktionen.

In einigen, bei der Analyse als Gebietszentrum eingestuften Städten vollzieht sich ein *besonders dynamischer Entwicklungsprozeß*. Das betrifft in erster Linie solche Städte, die auf Grund ihrer politisch-administrativen Funktion als *Bezirksstadt* (Gera, Suhl, Neubandenburg) *planmäßig zu Zentren* der Bevölkerung des jeweiligen Bezirkes *ausgebaut* werden. Mit beträchtlichen Investitionen wurden insbesondere spezialisierte Versorgungs- und Betreuungseinrichtungen, Kultur- und Bildungsstätten lokalisiert. Die oben genannten Bezirksstädte entwickeln sich zur Zeit immer mehr zu Bezirkszentren vom Typ BC.

Nach unseren Untersuchungen bestehen zur Zeit in der DDR 29 Gebietszentren. Hinzu kommen die 11 Bezirks- und Großzentren, die zugleich auch als Gebietszentren fungieren, so daß insgesamt im Siedlungssystem der DDR ein Netz von *40 Gebiets- und höherrangigen Zentren* existiert. Die Einwohnerzahl der Gebietszentren (ohne höhere Zentren) beträgt zwischen 124800 EW (Zwickau) und 25600 EW (Senftenberg). Insgesamt wohnen in den 40 Gebietszentren (einschließlich der höheren Zentren) 5,4 Mill. EW Intensive SUB mit täglicher Erreichbarkeit des Gebietszentrums bzw. eines höheren Zentrums (40-min-Isochrone) bestehen für weitere Siedlungen mit insgesamt 4,1 Mill. EW, so daß insgesamt 9,5 Mill. EW eng mit den Gebiets- und höheren Zentren verbunden sind bzw. in diesen Zentren wohnen. Ein Ausbau der umlandwirksamen Funktionen der Gebiets- und höheren Zentren wirkt sich in erster Linie für diese 9,5 Mill. Bürger aus.

In den verbleibenden Gebieten ergeben sich hinsichtlich der SUB zu Gebiets- und höheren Zentren folgende Unterschiede:

— Siedlungen in einer Reisezeitentfernung zwischen 40 min und 60 min (2,5 Mill. EW): periodischer Kontakt zum Gebietszentrum sehr gut möglich, Varianten zur Sicherung der täglichen Erreichbarkeit durch Verkehrsverbesserungen prüfen, Arbeitsteilung zwischen Gebietszentrum und Kreiszentren;
— Siedlungen in einer Reisezeitentfernung 60 min bis 120 min (3,8 Mill. EW): periodischer Kontakt zu einem Gebietszentrum noch möglich, doch vorrangige Orientierung auf nächstgelegenes Kreiszentrum;
— Siedlungen in einer Reisezeitentfernung über 120 min (1,2 Mill. EW): Kontakt zu Gebietszentren nur ausnahmsweise möglich, besonders hohe Bedeutung der dortigen Kreiszentren.

Es kann trotz fehlender soziologischer Untersuchungsergebnisse angenommen werden, daß hinsichtlich der Arbeits- und Lebensbedingungen, soweit diese von Stadt-Umland-Beziehungen beeinflußt werden, deutliche Vorteile für die Siedlungen mit regelmäßiger günstiger Erreichbarkeit eines Gebietszentrums existieren. Eine tägliche Erreichbarkeit dieser Zentren aus allen Siedlungen der DDR ist aber auch in absehbarer Zukunft nicht möglich. Für die verbleibenden Räume sind gebietsspezifische und individuelle Lösungsvarianten erforderlich, sie können den Ausbau der Verkehrsverbindungen, den Ausbau neuer Gebietszentren oder den verstärkten Ausbau leistungsfähiger Kreiszentren betreffen.

Im Unterschied zu Bezirkszentren und Kreiszentren haben die Gebietszentren kein administrativ zugeordnetes „Gebiet“. Ihre über den Kreis hinausgehende Umlandbedeutung betrifft vorwiegend territorial flexible Stadt-Umland-Beziehungen. Da der Anteil territorial fixierter Stadt-Umland-Beziehungen in Zukunft voraussichtlich weiter ansteigen wird, ergeben sich Probleme bei der Entwicklung und Festigung des Typs „Gebietszentrum“.

2.3. Kreiszentren

Kreiszentren sind hinsichtlich ihrer *Umlandfunktionen eindeutig dominierend für* ein *Gebiet* in der Größenordnung *eines Kreises.* Für dieses Umland sind sie das entscheidende Zentrum bei einer Vielzahl von territorial fixierten SUB, darüber hinaus von vielen territorial flexiblen SUB, die meist eng mit der Kreisstadtfunktion verbunden sind.

In den Kreiszentren werden vielfältige *Versorgungs- und Betreuungsfunktionen mit täglicher* bzw. *periodischer Nachfragehäufigkeit* durch die Bevölkerung realisiert (Kaufhäuser, Kreiskrankenhaus, Poliklinik, Erweiterte Oberschule, Kulturhaus mit umfangreichem Veranstaltungsangebot, Schwimmhalle usw.). Die Bevölkerung des Kreisterritoriums wurde bei der Planung der Kapazitäten in den Kreiszentren mit berücksichtigt. Die Stadt-Umland-Beziehungen zu Kreiszentren sind enger als zu höherrangigen Zentren.

Die Kreiszentren sind vielfach auch die bedeutendsten *Einpendlerzentren* und *Verkehrsknotenpunkte ihres Territoriums* (GRIMM 1974). Die Mehrzahl (ca. 80%) der Kreisstädte in der DDR sind als Kreiszentren voll wirksam. Zu den Kreiszentren zählen die folgenden *Haupttypen*:

D-Zentren: Zentren mit eindeutiger Dominanz etwa für ein Kreisgebiet (große Kreiszentren)
Elementartypen: D4c, CD4d, D4d, D3d
Beispiele: Eberswalde, Torgau, Ilmenau

D^--Zentren: Zentren mit Umlandbedeutung annähernd für ein Kreisgebiet (mittlere Kreiszentren)
Elementartypen: D4e, DE4d, DE4e, D5c, D5d, E4c
Beispiele: Eilenburg, Schleiz, Jüterbog

Zur Zeit sind *157* Städte als *Kreis- und höherrangige Zentren* wirksam. Von diesen 157 Zentren sind 117 Städte ausschließlich Kreiszentren, die restlichen 40 Städte sind Gebiets- und höhere Zentren, die zugleich als Kreiszentren fungieren. Die Einwohnerzahl der Kreiszentren beträgt im Durchschnitt 22000 EW (D-Zentren: 29900, D^--Zentren: 15800), bei den einzelnen Kreiszentren zwischen 5100 EW und 59100 EW Insgesamt wohnen in den Kreiszentren (einschließlich der höheren Zentren) 7,7 Mill. EW Für die verbleibenden 9,3 Mill. Bürger muß somit die Inanspruchnahme der komplexen Umlandfunktionen eines Kreiszentrums über Stadt-Umland-Beziehungen erfolgen.

Kreiszentren verfügen über ein *breites Spektrum von Umlandfunktionen,* deren Wirksamkeit von wesentlicher Bedeutung für das Arbeits- und Lebensniveau der Bevölkerung ist. Die Möglichkeit bzw. Unmöglichkeit der *günstigen, täglichen Erreichbarkeit* einer leistungsfähigen Kreisstadt, d. h. eines Kreiszentrums, ist daher ein entscheidendes *Kriterium für territoriale Niveauunterschiede* (vgl. Tab. 2). Ein deutlicher Vorteil besteht hierbei für die Siedlungen im Bereich der 20-min-Isochrone eines leistungsfähigen Kreiszentrums, wo die Kontaktmöglichkeiten zum Kreiszentrum den entsprechenden Möglichkeiten innerhalb der Großstädte oft kaum nachstehen. Relativ intensive Stadt-Umland-Beziehungen mit meist noch täglicher Erreichbarkeit des Kreiszentrums sind auch innerhalb der 40-min-Isochrone wirksam. Für die verbleibenden 3,7 Mill. Bürger,

Tabelle 2. Erreichbarkeit der Kreiszentren (einschließlich höhere Zentren) in Mill. EW

	Stadt bzw. einzelne Zone	Summe der Zonen
157 Kreis- und höhere Zentren	7,7	7,7
Zone 0—20 Min. im eigenen Kreis	2,6	10,3
Zone 20—40 Min. im eigenen Kreis	3,1	13,4
mehr als 40 Min. im eigenen Kreis	1,6	15,0
ohne Kreiszentrum im eigenen Kreis	2,1	

die gegenwärtig außerhalb der 40-min-Entfernung zu einem leistungsfähigen Kreiszentrum wohnen, sind gleichwertige Möglichkeiten anzustreben. Wesentlichste Maßnahmen sind die Entwicklung weiterer leistungsfähiger Kreiszentren und die Verbesserung der Verkehrsverbindungen.

2.4. Lokalzentren

Lokalzentren stehen in *Stadt-Umland-Beziehungen zu* einem Gebiet in der Größenordnung von *Teilen eines Kreises* (etwa 5—20 Gemeinden). Sie ergänzen das weitmaschige Netz der Kreiszentren (einschl. höheren Zentren) bei vielen täglich bzw. häufig in Anspruch genommenen Umlandbeziehungen. Mit Ausnahme der partiellen Kreiszentren sind sie vorwiegend Zentren territorial flexibler Stadt-Umland-Beziehungen. Die *Ausstattung* der Lokalzentren mit umlandwirksamen Funktionsträgern ist für die einzelnen Städte sehr *unterschiedlich*. Neben Einrichtungen zur Befriedigung des *Grundbedarfs* einschließlich bestimmter Zusatzleistungen werden auch gelegentlich hochspezialisierte Leistungen angeboten.

Auf Grund der Eingrenzung der Analyse auf Städte mit > 5000 EW konnten nicht alle tatsächlich existierenden Lokalzentren erfaßt werden. Auf der Karte der Typen der Zentren nach ihrer Umlandbedeutung (siehe Beilage 2) wurden deshalb weitere, vermutlich als Lokalzentrum wirkende Kleinstädte eingezeichnet. Trotzdem gestatten die Untersuchungsergebnisse, eine weitere Differenzierung der Funktionen der Lokalzentren vorzunehmen.

Bei der Untersuchung der *Lokalzentren* im DDR-Rahmen werden folgende *Probleme* sichtbar:

- Lokalzentren können *nicht isoliert* betrachtet werden, sie müssen *stets im territorialen Zusammenhang des Siedlungssystems* beurteilt werden, wobei den gebietsspezifischen Merkmalen der Territorialstruktur besondere Bedeutung zukommt. Diese Feststellung gilt nicht nur für die Analyse der Umlandfunktionen, sondern in noch stärkerem Maße für die Planung von kleinen Zentren dieser Größenordnung.
- Lokalzentren sind vorwiegend *Zentren territorial flexibler Stadt-Umland-Beziehungen.* Für die Entwicklung der Umlandfunktionen der Lokalzentren bedarf es weiterer Prüfung, wie dieser Typ trotz des Fehlens eines administrativ zugeordneten Umlandes planmäßig weiterentwickelt werden kann. Diese Problematik besitzt eine gewisse Analogie zu den Gebietszentren (zwischen Bezirks- und Kreisstadt) und zu den Großzentren Leipzig und Dresden (zwischen Hauptstadt und Bezirksstadt).
- Nach ihrer jetzigen Umlandbedeutung sind *41 Kreisstädte nur* als *Lokalzentren* wirksam. Auf lange Sicht muß geprüft werden, welche dieser Städte zu leistungsfähigen Kreiszentren entwickelt werden sollen, welche Städte als partielle Kreiszentren in Arbeitsteilung mit benachbarten Zentren weiterbestehen können und welche Städte eventuell ihre Kreisstadtfunktion abgeben sollten.

3. Räumliche Anordnung der Zentren

Die *Verteilung* der Zentrumstypen auf dem Territorium der DDR, wie sie in den beiliegenden Karten (Beilage 1 und 2) ausgewiesen wird, läßt einige kennzeichnende *Regelhaftigkeiten* erkennen. Sie sollen im folgenden kurz erläutert werden:

1. Besonders augenfällig ist die *enge Korrelation* des *Entwicklungsstandes* und des *Spezialisierungsgrades der Zentren* im Vergleich *zu* der *Bevölkerungsdichte.* Nach der Kombination der Zentrumstypen lassen sich im wesentlichen drei Typen unterscheiden:
   - die südlichen Ballungsgebiete und der Raum Berlin,
   - die thüringischen Bezirke sowie ähnlich strukturierte Räume im südlichen Bezirk Magdeburg, im östlichen Bezirk Dresden und an der Ostseeküste,
   - die verbleibenden dünnbesiedelten Räume in der mittleren und nördlichen DDR.
2. Kennzeichnend für die *Ballungsgebiete* (hohe Bevölkerungsdichte) sind das Vorkommen von *leistungsfähigen Umlandzentren aller hierarchischen Ebenen,* die höhere *Städtedichte* und die auf Grund der engen Nachbarschaft von Zentren weit entwickelte Spezialisierung der Zentren. Städte, die in nur einem oder in wenigen Teilbereichen als Umlandzentren Bedeutung haben, z. B. Bitterfeld, Borna, Merseburg, Mittweida, sind in den Ballungsgebieten oft anzutreffen. Wegen der günstigen Erreichbarkeit benachbarter Zentren kann eine solche Spezialisierung durchaus von Vorteil sein. Bei den größten Städten, besonders deutlich bei Berlin und Leipzig, wird sichtbar, daß sich ein Kranz von großen Nachbargemeinden und -städten herausgebildet hat, die kaum eigene umlandzentrale Funktionen entwickelt haben, sondern ganz auf das große Zentrum ausgerichtet sind.
3. *Gebiete mittlerer Bevölkerungsdichte* werden durch ein *Netz gut erreichbarer, leistungsfähiger Gebiets- und Kreiszentren* geprägt. Jedes dieser Zentren für sich genommen

ist das eindeutige Zentrum seines Umlandes und erbringt für dieses Umland in allen untersuchten Bereichen gute Leistungen. Beispiele sind Nordhausen, Wernigerode und Stralsund. In einigen Fällen deutet die Karte auf vorhandene Spezialisierung benachbarter Zentren hin, z. B. bei Saalfeld und Rudolstadt oder Meiningen und Suhl. Weit entwickelt ist diese Spezialisierung bei den Städten der thüringischen Städtereihe (Jena, Weimar, Erfurt, Gotha).

4. *In Gebieten geringer Bevölkerungsdichte* ist das *Netz der Kreisstädte bestimmend.* Dieses Netz von Städten bildet gewissermaßen die Basisschicht der sozialräumlichen Erschließung der gering bevölkerten Räume der DDR. Analysen der Verkehrsmöglichkeiten haben gezeigt, daß für die Bewohner dieser Räume die Kreisstädte die einzigen größeren Städte sind, die überhaupt regelmäßig erreicht werden können. Daher kommt dem Ausbau dieser Städte — zumindest der meisten von ihnen — zu leistungsfähigen Kreiszentren besondere Bedeutung zu. Die Karten (Beilage 1 und 2) weisen aus, daß die heutigen Kreisstädte gerade in den gering besiedelten Gebieten oft noch nicht den Ansprüchen an ein Kreiszentrum voll entsprechen.
5. Das *Funktionsspektrum* der einzelnen Zentren ist stark *von* ihrer *Lage zu höheren Zentren geprägt.* Besonders deutlich wird diese Abhängigkeit bei Leipzig: Im unmittelbaren Umland der Großstadt sind einige Städte und Großgemeinden gelegen, die nur eine geringe eigene Umlandbedeutung haben, vor allem Markkleeberg, Schkeuditz, Taucha und Markranstädt. Es folgt ein Kranz von Kreisstädten, die bei einigen Funktionen als leistungsfähige Zentren ihrer Kreise wirken, bei anderen aber noch die Nähe der Großstadt nutzen und keine Umlandfunktionen von Kreiszentrumsbedeutung ausgebildet haben: Delitzsch, Eilenburg, Wurzen, Grimma, Borna. In Richtung zu den nordöstlich anschließenden dünnbesiedelten Gebieten sind in größerer Distanz zu Leipzig Städte anzutreffen, die sich durch weit höhere Eigenständigkeit auszeichnen und als Gebiets- oder Kreiszentren einzustufen sind: Dessau, Wittenberg, Torgau. Gebietszentren mit besonders ausgeglichenem Funktionsspektrum für ihr Umland finden sich erst in deutlicher Distanz von den größten Städten, z. B. Stendal, Güstrow, Bautzen, Görlitz.

5. Schlußfolgerungen für die Territorialplanung

Mit der Bestimmung der Zentrumstypen nach ihrer Umlandbedeutung wurde eine Bestandsaufnahme vorgenommen, von der sich eine Reihe von *Folgerungen für* die weitere *Entwicklung der Siedlungsstruktur in der DDR* ableiten lassen. Sie seien in folgenden Punkten zusammengefaßt:

1. Die Analyse der Umlandbedeutung der Städte läßt eine *hierarchische Ordnung von* den *Großzentren bis zu* den *Lokalzentren* erkennen. Sie lehnt sich im Prinzip an die bestehende Bezirks- und Kreiseinteilung an. Die hierarchische Ordnung der Zentren gestattet es, regelhafte Stadt-Umland-Regionen zu erkennen und hinsichtlich der Erfüllung der sozial- und wirtschaftspolitischen Zielstellungen der sozialistischen Gesellschaft in der DDR zu beurteilen (vgl. dazu auch den Beitrag von Krönert). Auf dieser Grundlage ist es möglich, Leitvorstellungen für die weitere Entwicklung von Stadt-Umland-Regionen zu schaffen.
2. Das *Netz der Städte* in der DDR ist *ausreichend dicht,* um alle Gemeinden und Siedlungen mittels Stadt-Umland-Beziehungen sozialräumlich an die Zentren anzu-

binden (vgl. den Beitrag Taege). Dabei kommt den Kreisstädten insofern eine besondere Bedeutung zu, als sie die Zentren täglicher Erreichbarkeit sind (größere Städte sind selbstverständlich auch Zentren täglicher Erreichbarkeit für ihr Umland). Das *Leistungsniveau der Kreisstädte* für ihr Umland *bestimmt* daher das *Niveau der Arbeits- und Lebensbedingungen*, das für alle Bürger der DDR gewährleistet werden kann (soweit dieses Niveau durch Stadt-Umland-Beziehungen beeinflußt wird).

3. Die kartographische Darstellung der Verteilung der Zentrumstypen macht die *territoriale Differenziertheit* sichtbar. Davon ausgehend sollten zumindest drei gebietstypische Lösungen gesucht werden, die für Gebiete mit hoher, mittlerer und geringer Bevölkerungsdichte geeignet sind:
   - für *Gebiete hoher Bevölkerungsdichte* bieten sich vielfältige Möglichkeiten der Konzentration von Funktionen auf zentrale Städte und der Spezialisierung weiterer gut erreichbarer Städte und Gemeinden; besondere Bedeutung hat die weitere Entwicklung eines leistungsfähigen öffentlichen Personenverkehrs;
   - für *Gebiete mittlerer Bevölkerungsdichte* ist das vorhandene Netz der Gebiets- und Kreiszentren weiter zu festigen und zu vervollkommnen, dabei hat jede Kreisstadt (Gebietszentrum, Kreiszentrum) ein weitgehend abgerundetes Spektrum von Umlandleistungen zu erbringen, andererseits muß nicht unbedingt jede Kreisstadt zum Kreiszentrum entwickelt werden; Arbeitsteilung und Kooperation benachbarter Städte sind verstärkt zu entwickeln, soweit von der Verkehrslage her entsprechende Voraussetzungen bestehen oder geschaffen werden können;
   - in *Gebieten geringerer Bevölkerungsdichte* gebührt der Entwicklung der Kreisstädte zu leistungsfähigen Kreiszentren Vorrang; dabei sind alle Ansatzpunkte aus Konzentrationstendenzen der Landwirtschaft und Industrie gezielt einzusetzen; in Ausnahmefällen ist anstelle des Ausbaus einer leistungsschwachen Kreisstadt auch die verstärkte Anbindung an das nächstgelegene Kreiszentrum zu prüfen.
4. Die analysierten *Zentrumstypen* geben der zentralen staatlichen Territorialplanung eine *Voraussetzung für vergleichende Untersuchungen* und *Einschätzungen* auf einheitlicher methodischer Grundlage. Sie bieten vor allem eine Möglichkeit zur weiteren *Qualifizierung der* von der Staatlichen Plankommission verwendeten *Siedlungskategorien* (Kluge 1974), d. h. einer Siedlungsklassifizierung, nach der für jede Siedlung ein Entwicklungsziel (Kategorien 1 bis 7) formuliert wird.

Резюме

Типы центров ГДР по их роли для окрестностей, их определение, характеристика и территориальное распределение

Данная работа дает обзор основных с точки зрения содержания и методики, черт типизации городов ГДР [более 5000 жителей] по их роли и положению для окрестностей. Типизация базируется на подробном анализе основных функций для окрестностей [розничная торговля, здравоохранение, народное образование, культура и организация досуга, общественный пассажирский транспорт, маятниковая миграция населения].

Для унификации различного исходного материала при обозначении порядка величины окрестностей было избрано политико-административное деление. Путем комбинации функций снабжения, маятниковой миграции и политико-административной функции было выделено 48 элементарных типов центров, которые затем были объединены в 15 главных типов.

По их специфическим функциям и территориальному распределению внутри ГДР эти главные типы характеризуются в дальнейшем в 4-х группах центральности по отношению к окрестности:

— окружные и крупные центры,
— областные центры,
— районные центры,
— местные центры.

При помощи численности населения и данных о транспортных возможностях достигаемости центров показано, какое число жителей может пользоваться услугами соответствующего центра. Результаты работы показывают, что не каждый окружной или районный город является также и соответствующим центром для своих окрестностей.

Summary

Investigation, characterization and distribution of types of centres in the GDR according to their importance for their hinterland

This paper gives a survey on essential fundamentals of a standardization of GDR towns (more than 5,000 residents) as regards their position and importance for their hinterlands. The standardization is based on a detailed analysis of the most important functions (for the hinterland):
retail trade, health services, education, cultural and sports facilities, public transport, commuting to work.

The politico-administrative organization was used for an assimilated determination of the size of the hinterlands. 48 elementary types have been derived from a combination of the following items: supply for the surrounding areas, commuting relations and politico-administrative position. At last 15 types were constituted.

Those 15 types may be combined to four main types as regards their importance for their hinterland:

— major and Bezirk centres
— regional centres
— Kreis centres
— local centres.

It is possible to demonstrate the influence of items like 'number of inhabitans' and 'quality of public transport' on the efficiency of the centres. The results of the paper show that not all Bezirk towns (administrative centres of a Bezirk) and Kreis towns (administrative centres of a Kreis) are able to fulfil adequately their function as social and economic centres of their administrative regions.

Literatur

CHRISTALLER, W.: Die zentralen Orte in Süddeutschland. Jena 1933.

GRIMM, F.: Die Kreisstädte der DDR und ihre Rolle im Siedlungssystem. Geogr. Berichte, **19** (1974) 4, S. 229–247.

GRIMM, F. und I. HÖNSCH: Zur Typisierung der Städte der DDR nach ihrer Umlandbedeutung. Peterm. Geogr. Mitt., **118** (1974) 4, S. 282–288.

GRIMM, F.; HÖNSCH, I. und G. TAEGE: Gebietliche Zentren in der DDR und ihre verkehrsbezogenen Dominanzbereiche. Geogr. Berichte, **17** (1972) 3/4, S. 205–217.

KÄNEL, A. v.: Karte der Siedlungstypen nach berufstätiger Wohnbevölkerung. Planungsatlas Land- und Nahrungsgüterwirtschaft der DDR. Potsdam 1969.

KÄNEL, A. v.: Siedlungsstruktur und Siedlungssysteme des Bezirkes Rostock. Eine ökonomisch-geographische Untersuchung. Habil.-Schrift, E.-M.-Arndt-Univ. Greifswald 1969.

KLUCZKA, G.: Zentrale Orte und zentralörtliche Bereiche mittlerer und höherer Ordnung in der Bundesrepublik Deutschland. Forsch. z. dt. Landeskunde, Bd. **194** (1970) Bonn–Bad Godesberg (mit Karte 1:1 Mill.).

KLUGE, K.: Die Bedeutung der Siedlungskategorien für die Planung der Siedlungsstruktur. Inform. der Forschungsleitstelle für Territorialplanung **4** (1974) 3, S. 1–20.

KRÖNERT, R. und R. SCHMIDT: Das Umland von Mittelstädten. Peterm. Geogr. Mitt., **118** (1974) 4, S. 289–293.

LEHMANN, H.: Die Gemeindetypen. Berlin 1956.

LINDE, H.: Grundfragen der Gemeindetypisierung. Raum und Wirtschaft. Bremen 1952, In: Forsch. u. Sitzungsberichte d. Akad. Raumforschung und Landesplanung. Bd. III, Bremen–Horn 1953, S. 58–121.

SCHLIER, O.: Die zentralen Orte des Deutschen Reichs. Z. d. Ges. f. Erdkunde (1937), S. 161 bis 170.

SCHMIDT, R.: Umfang und Bedeutung ausgewählter versorgungsräumlicher Stadt-Umland-Beziehungen in der DDR. Diss. (A), M.-Luther-Univ. Halle–Wittenberg 1974.

TAEGE, G.: Die Ermittlung der Verkehrsanbindung als eine Methode der Analyse der Siedlungsstruktur. Vortragsthesen z. Arbeitstagung Siedlungsstruktur, Leipzig 1973.

Dr. sc. nat. FRANKDIETER GRIMM, Akademie der Wissenschaften der DDR, Institut für Geographie und Geoökologie, 7010 Leipzig, Dimitroffplatz 1

Dr. phil. INGRID HÖNSCH, Akademie der Wissenschaften der DDR, Geographische Gesellschaft der DDR, 7010 Leipzig, Dimitroffplatz 1

Beiträge zur Geographie	Bd. 31	S. 177–214	Berlin 1983

Entwicklungstendenzen der Stadt-Umland-Regionen von Groß- und Mittelstädten in der DDR

Von RUDOLF KRÖNERT

Inhalt

Die Stadt-Umland-Forschung, die seit 1971 an geographischen Einrichtungen der Deutschen Demokratischen Republik einen Arbeitsschwerpunkt bildete, führte nicht nur zu Aussagen über die Bedeutung der Stadt-Umland-Beziehungen in der Territorialstruktur der sozialistischen Gesellschaft und zu einer umfangreichen Analyse dieser Beziehungen, sondern auch zur Bestimmung von Stadt-Umland-Regionen, zur Analyse ihrer Struktur und zur Klärung ihres Wesens. Darüber ist mehrfach berichtet worden (KRÖNERT 1977; KRÖNERT, NEUMANN 1978; LÜDEMANN, GRIMM, KRÖNERT, NEUMANN (Hrsg. 1979).

Trotz großen Beharrungsvermögens von Siedlungsstruktur und territorialer Verteilung der Bevölkerung, die sich aus der standörtlichen Fixierung materieller Fonds und den sozialen Bindungen der Bevölkerung an ihre Lebensumwelt ergeben, ist langfristig mit bedeutenden Veränderungen der Struktur innerhalb bestehender Stadt-Umland-Regionen und gleichzeitig mit der Herausbildung neuartiger Stadt-Umland-Regionen mit veränderten Grenzen zu rechnen. Darauf deuten die Entwicklungsprozesse der Gesellschaft und ihrer territorialen Organisationsform hin. Es ist daher an der Zeit, daß

Stadt-Umland-Regionen der Zukunft vorausbestimmt sowie Struktur und Entwicklungstendenzen dieser hypothetischen Regionen in ihren Grundzügen analysiert werden. Damit befaßt sich dieser Beitrag. Einleitend scheint es nötig, zu wiederholen und dabei weiter zu präzisieren, was unter Stadt-Umland-Regionen verstanden werden soll und wie diese Regionen aufgebaut sind.

1. Struktur und Funktion von Stadt-Umland-Regionen

Aspektbetonte Betrachtungsweisen erlauben *verschiedenartige Stadt-Umland-Regionen* auszuweisen. Sie können als Wirtschafts- oder Lebensräume oder eventuell auch als *komplexe Wirtschafts- und Lebensräume* definiert werden. Die sozialräumlichen Stadt-Umland-Beziehungen, die Ausdruck raumüberwindender Aktion und Kommunikation der Bevölkerung zur individuellen Bedürfnisbefriedigung sind, bestimmen *sozialräumliche Stadt-Umland-Regionen.* Wir beschäftigen uns ausschließlich mit diesen Stadt-Umland-Regionen im engeren Sinne und definieren sie wie folgt:

‚*Die Stadt-Umland-Region ist eine aus Stadt und Umland bestehende, durch sozialräumliche Stadt-Umland-Beziehungen integrierte Raumeinheit. Elemente ihrer Struktur sind die Bevölkerung in ihrer sozialen Differenzierung und die an Siedlungen, an Einrichtungen der technischen Infrastruktur und an den Naturraum gebundenen Träger ihrer Bedürfnisbefriedigung. Ihre Struktur wird durch raumüberwindende Aktionen und Kommunikationen zur Bedürfnisbefriedigung bestimmt. Ihre Funktion besteht in der Befriedigung von Bedürfnissen nach Wohnen, Arbeiten, materieller Versorgung, gesundheitlicher und sozialer Betreuung, Bildung, Erholung, kultureller und sportlicher Betätigung sowie Teilnahme am gesellschaftlichen und politischen Leben zur Gewährleistung einer allseitigen Persönlichkeitsentwicklung und sozialistischen Lebensweise der in ihr lebenden Bevölkerung.*‘

Innerhalb der Stadt-Umland-Regionen vollziehen sich die Stadt-Umland-Beziehungen zum überwiegenden Teil zwischen Siedlungen. Sie verknüpfen die einzelnen Siedlungen zu Siedlungskomplexen, die im allgemeinen lokale und regionale Siedlungssysteme darstellen. Wir bezeichnen Siedlungssysteme von Stadt-Umland-Regionen im engeren Sinne als *elementare Siedlungssysteme*, um zum Ausdruck zu bringen, daß nicht die Gesamtheit der siedlungssystembildenden Beziehungen, zum Beispiel unter Einschluß der Produktionsverflechtungen, darin eingeht. Diese Siedlungssysteme sind nicht mit den Stadt-Umland-Regionen identisch. Elementare Siedlungssysteme sind nur ihr wesentlichster Bestandteil.

Die *Abgrenzung* und *innere Gliederung* der Stadt-Umland-Regionen erfolgen nach der Intensität, Komplexität und Reichweite der Stadt-Umland-Beziehungen. Für die Ausprägung der Stadt-Umland-Beziehungen sind die wesentlichen *Einflußfaktoren*:

- die unterschiedliche Häufigkeit oder der unterschiedliche Grad der Beanspruchung von Leistungen im Zentrum und im Umland zur Bedürfnisbefriedigung der Bevölkerung,
- der Typ des städtischen Zentrums (Typ der Umlandbedeutung),
- die Struktur des Umlandes, hierbei insbesondere in bezug auf Lage und Typ der dem Hauptzentrum benachbarten Zentren,
- die politisch-administrative Gliederung des Staatsterritoriums.

Verschiedenartige Zentrumstypen besitzen verschiedenartige Stadt-Umland-Regionen. Die Analyse der Struktur von Stadt-Umland-Regionen führte zu einer *präzisierten Systematik* der *Zentrumstypen*. Danach sind zu unterscheiden:

1. Hauptstadt Berlin;
2a. Großzentren, 2b. Bezirkszentren;
3a. Gebietszentren, 3b. Kreiszentren;
4a. partielle Kreiszentren, 4b. Lokalzentren;
5a. Mittelpunktsorte.

Die Hauptstadt bildet eine eigene Klasse. Die Großzentren sind die am höchsten entwickelten Städte in der Klasse der Bezirkszentren. Die Gebietszentren stellen die am weitesten entwickelten Städte in der Klasse der Kreiszentren dar. Die partiellen Kreiszentren können nur als eine entwickelte Form von Lokalzentren aufgefaßt werden. Mittelpunktsorte sind in der Regel große Dörfer mit Umlandfunktionen.

Die Stadt-Umland-Regionen der verschiedenartigen Zentrumstypen besitzen folgenden Grundaufbau:

Hauptstadt Berlin

Sie hat mindestens drei (möglicherweise vier) Umlandzonen. Zone 2 umfaßt die stadtangrenzenden Kreise noch nahezu vollständig. Zu ihr gehören partielle Kreiszentren. Zone 3 umfaßt die angrenzenden Bezirke Frankfurt und Potsdam vollständig, sie reicht bis in die Bezirke Neubrandenburg und Cottbus hinein. Zu ihr gehören neben Kreis- und Gebietszentren auch das Bezirkszentrum Potsdam.

Bezirkszentren

Sie haben drei Umlandzonen. Zone 2 reicht deutlich über die Grenzen des dem Zentrum zugeordneten Landkreises hinaus. Zu ihr gehören Lokalzentren und teilweise partielle Kreiszentren. Zone 3 schließt den jeweiligen Bezirk ein. Zur ihr gehören Kreiszentren und Gebietsgrenzen. Die *Großzentren* besitzen Stadt-Umland-Beziehungen über die Bezirkszentren hinaus. (Das trifft teilweise bereits auf Bezirkszentren mit mehr als 200000 Einwohnern zu.)

Kreiszentren

Sie haben zwei Umlandzonen. Zone 2 reicht bis an die Grenzen des eigenen Kreises heran. Zu ihr gehören Lokalzentren. Zone 2 der *Gebietszentren* überschreitet die Kreisgrenzen selten. Sie besitzen eine Umlandzone 3 in der Größenordnung von einem bis zu mehreren Kreisen. In ihr liegen partielle Kreiszentren. Die Stadt-Umland-Beziehungen aus Zone 3 sind schwach entwickelt und wenig komplex.

Lokalzentren

Sie haben eine Umlandzone. Zone 1 umfaßt die Teile eines Kreises. *Partielle Kreiszentren* besitzen eine Umlandzone 2. In ihr liegen oft Lokalzentren. Ihre Regionen haben die Größenordnung eines Kreises, aber die Stadt-Umland-Beziehungen aus Zone 2 sind schwach entwickelt und dabei meist wenig komplex.

Mittelpunktsorte

Ihr Umland umfaßt nur wenige Gemeinden. Die Stadt-Umland-Beziehungen sind wenig komplex und nur von mittlerer Intensität.

Für die *Umlandzone 1* erbringt das Zentrum Leistungen der Grundversorgung, und es ist dominanter Arbeitsort für die Pendler der Zone 1. Für die *Umlandzone 2* erbringt das Zentrum Leistungen der erweiterten Grundversorgung, und es ist ergänzender Arbeitsort für die Pendler. Für die *Umlandzone 3* erbringt das Zentrum Leistungen der Spezialversorgung, und es ist Arbeitsort für Weitwohner (aus Städten der Intensitätsstufe 3a auch für Tagespendler).

Für eine planmäßige Entwicklung des Arbeits- und Lebensprozesses in Stadt-Umland-Regionen wäre eine möglichst gute Übereinstimmung von politisch-administrativen Einheiten und Stadt-Umland-Regionen wünschenswert. Eine solche *Übereinstimmung* existiert lediglich

— für die Grenze der Zone 3 von Bezirkszentren mit der Bezirksgrenze,
— für die Grenze der Zone 2 von Kreiszentren und meist auch von Gebietszentren mit der Kreisgrenze,
— teilweise für die Grenze der Zone 1 von Lokalzentren mit der Grenze von Gemeindeverbänden.

Oft ist die Leistungsfähigkeit der administrativen Zentren größer als es ihrem Status entspricht, und die Stadt-Umland-Regionen überschreiten die administrativen Grenzen; häufig ist die Leistungsfähigkeit der Zentren nicht ausreichend, um ihrem politischen Status entsprechende Stadt-Umland-Regionen auszubilden.

Die Befriedigung gleichartiger Bedürfnisse erfolgt nicht selten in mehreren Städten oder Dörfern, so daß zahlreiche *Überlagerungen gleichartiger Umlandzonen* von Stadt-Umland-Regionen existieren (z. B. Überlagerung der Zone 1 von Ort A mit Zone 1 von Ort B, Zone 2 von Ort C mit Zone 2 von Ort D usw.). Die Umlandzonen 2 der Kreis- und Gebietszentren überlagern sich in der Regel nicht oder nur wenig. Überlagerungen der Umlandzonen 2 von Kreis- und Gebietszentren mit Umlandzonen 2 von Bezirks- und höheren Zentren bleiben gering. Dagegen sind die Umlandzonen von partiellen Kreiszentren meist Bestandteil von Stadt-Umland-Regionen bis einschließlich Zone 2 von benachbarten Gebiets- oder höheren Zentren. Da Stadt-Umland-Regionen der Kreis- und höheren Zentren bis einschließlich Zone 2 zudem eine relativ ausgeglichene Arbeitskräftebilanz aufweisen und Kreis- und höhere Zentren den periodisch auftretenden erweiterten Grundbedarf für Zone 2 komplex befriedigen können, sprechen wir von relativ *selbständigen (geschlossenen) Stadt-Umland-Regionen der Kreis- und höheren Zentren* bis einschließlich Zone 2.

Gegenwärtig bilden rund 160 Städte der DDR relativ selbständige Stadt-Umland-Regionen. Es sind diejenigen Städte, die für den täglichen Arbeits- und Lebensprozeß der Bevölkerung (bezogen auf die tägliche Arbeitspendelwanderung und die Befriedigung des periodischen Bedarfs) die gegenwärtig wichtigsten Städte in unserem Siedlungsnetz darstellen. Es bleibt zu klären, welche Auswirkungen der fortschreitende Urbanisierungsprozeß auf die gegenwärtig relativ selbständigen Stadt-Umland-Regionen (bis Zone 2) hat und welche Konsequenzen sich daraus für die Entwicklung der Siedlungsstruktur und die Bedürfnisbefriedigung der Bevölkerung ergeben.

2. Auswirkungen des Urbanisierungsprozesses auf die Stadt-Umland-Regionen

Die Überlegungen zur Ableitung der Stadt-Umland-Regionen der Zukunft beruhen auf Feststellungen zu wesentlichen Entwicklungsprozssen und -tendenzen der Territorialstruktur der gesellschaftlichen Reproduktion. Sie berücksichtigen zugleich die Orientierungen des IX. Parteitages der SED, der forderte:

„Die Territorialstruktur der DDR ist entsprechend den Anforderungen der weiteren Gestaltung der entwickelten sozialistischen Gesellschaft weiter zu vervollkommnen. Das stabile Wachstum der Produktion ist durch eine rationelle Standortverteilung der Produktivkräfte planmäßig zu unterstützen. Die territorialen Ressourcen sind in allen Gebieten der DDR mit hoher Effektivität für die Steigung der Produktion und die weitere Verbesserung der Lebensbedingungen zu nutzen“ (Direktive, 1976, S. 114).

Für die Ausbildung von *Stadt-Umland-Regionen der Zukunft* haben nach unserem Erachten folgende wechselseitig verbundenen *Prozesse* und *Tendenzen* besondere Bedeutung:

- die intensive Ausnutzung der vorhandenen Territorialstruktur und der Ressourcen, einschließlich der Naturressourcen, in allen Landesteilen,
- die sich mit der Entwicklung der Produktionsverhältnisse und der Produktivkräfte vollziehende und durch den wissenschaftlich-technischen Fortschritt beschleunigt zunehmende räumliche Konzentration von Wirtschaft und Bevölkerung,
- die mit der Ausformung der sozialistischen Lebensweise und wachsenden Ansprüchen der Bevölkerung an die Arbeits- und Lebensbedingungen zunehmende soziale und räumliche Mobilität der Bevölkerung,
- der auf „die Angleichung des gesellschaftlichen Entwicklungsniveaus zwischen den Landesteilen hinsichtlich der Befriedigung der materiellen und kulturellen Bedürfnisse ihrer Bewohner und der ökonomischen Leistungsfähigkeit der Gebiete im System der territorialen Arbeitsteilung“ gerichtete Prozeß des territorialen Niveauausgleichs (Kehrer 1976, S. 450),
- der fortschreitende Urbanisierungsprozeß, der sich im Wachstum einer begrenzten Zahl von Siedlungen und einer zunehmenden Verflechtung (Arbeitsteilung) zwischen den Siedlungen bei gleichzeitig intensiver Nutzung der in den Siedlungen akkumulierten Grundfonds sowie in der Ausbreitung städtischer Lebensformen äußert.

Die genannten, auf die Territorial- und Siedlungsstruktur wirkenden Tendenzen und Prozesse finden ihren komprimierten Ausdruck im *Urbanisierungsprozeß* (vgl. Scherf 1979). In ihm verbinden sich zugleich *Prozesse* der *Intensivierung, Konzentration* und *Integration* von Erscheinungen des gesellschaftlichen Lebens (Achijeser, Kogan und Janizki 1969; Belenkij 1976). Damit wird indirekt die Frage nach den Proportionen zwischen diesen Teilprozessen berührt. Einseitige Überbetonung des einen oder anderen Teilprozesses würde zu Fehlentwicklungen in der Siedlungsstruktur führen. Einseitige Intensivierung würde auf eine Konservierung überkommener Siedlungsstrukturen und einseitige Konzentration auf eine hypertrophe Entwicklung von Agglomerationen hinlaufen. Einseitige Betonung der Integration würde mit extremer Spezialisierung und Arbeitsteilung im weiterhin zersplitterten Siedlungsnetz verbunden sein.

Jede Einseitigkeit im Urbanisierungsprozeß behindert sowohl hohe Wachstumsraten der Produktion und des Nationaleinkommens als auch die Schaffung gleichwertiger Arbeits- und Lebensbedingungen in allen Landesteilen. Wenngleich die notwendigen Größenordnungen bzw. Gewichtungen für die einzelnen Teilprozesse bisher nicht konkret bestimmt sind, kann man davon ausgehen, daß in einer *geplanten Volkswirtschaft* „die *räumliche Organisation* der Volkswirtschaft immer *Resultat* zweier *entgegengesetzt wirkender Tendenzen* (ist). Die eine ist die Tendenz zur räumlichen Konzentration der Produktivkräfte — zur *Agglomeration*; die andere ist die Tendenz zu einer gleichmäßigeren räumlichen Verteilung der Produktivkräfte — zur *Deglomeration*" (Conrad, Roos 1976, S. 736).

Auch Bönisch, Kehrer u. a. (1977) weisen darauf hin, daß die territoriale Organisation Folge und Bedingung des wissenschaftlich-technischen Fortschritts und ein Optimierungsergebnis aus den Varianten des dialektischen Zusammenhangs von gegenläufigen Organisationsformen ist. Dabei werden jedoch richtigerweise vier Paare gegenläufiger *territorialer Organisationsformen des gesellschaftlichen Reproduktionsprozesses* unterschieden:

1. territoriale Konzentration	—	Verfeinerung des Standortnetzes
2. beschleunigte Entwicklung von Schwerpunktgebieten	—	kontinuierliche proportionale Entwicklung aller Gebiete
3. territoriale Spezialisierung	—	zunehmende Komplexität der Gebiete
4. territoriale (übergebietliche) Kooperation	—	regionale (innergebietliche) Kombination

Im Entwicklungsprozeß der Territorialstruktur von Gebieten und der DDR insgesamt wirken diese „gegenläufigen Organisationsformen" natürlich nicht paarweise, sondern in ihrer vielfältigen wechselseitigen Kombination. Für die Entwicklung der Stadt-Umland-Regionen erscheint ganz wesentlich, daß mit stärkeren Tendenzen zur territorialen Konzentration (mit ihren Folgewirkungen, nämlich beschleunigter Entwicklung von Schwerpunktgebieten, territorialer Spezialisierung und übergebietlicher Kooperation) eine in der Tendenz *verstärkte regionale, innergebietliche Kombination* einhergehen muß. Mehr noch, es ist notwendig, daß eine solche regionale Kombination in räumlich erweiterten Regionen erfolgt, um auf diese Weise eine zunehmende Komplexität der Gebiete, damit zugleich eine kontinuierliche proportionale Entwicklung aller Gebiete und gleichsam ein verfeinertes Standortnetz in diesen erweiterten Regionen zu erhalten.

2.1. Konzentrationstendenzen und Verringerung der Anzahl regiontragender Zentren

Es ist unbestritten, daß der wissenschaftlich-technische Fortschritt zu verstärkter Konzentration von Wirtschaft und Bevölkerung zwingt, was seine Widerspiegelung in einem bevorzugten Wachstum ausgewählter Städte und entprechenden Bevölkerungsverteilungen findet. Wir wollen daher der *Konzentration* bzw. *Dispersion der Bevölkerung* der DDR und entsprechenden Veränderungen seit 1939 noch etwas stärkere Aufmerksamkeit schenken, um daraus Schlußfolgerungen für die mögliche Anzahl der regiontragenden Zentren zu ziehen. *Einwohnerverteilung* und *Einwohnerentwicklung* werden nicht nach Siedlungen, sondern *nach Gebieten*, die in ihrer Größenordnung den Stadt-Umland-Regionen entsprechen, untersucht. Die Bezirke mögen stellvertretend für die Stadt-Umland-Regionen der Bezirksstädte bis einschließlich Zone 3 und die Kreise (bzw. Stadt- und ihre Landkreise zusammengenommen) für die Stadt-Umland-Regionen der Kreisstädte bis einschließlich Zone 2 stehen.

Tab. 1 zeigt, daß sich die *Differenzen in* den *Bevölkerungsdichten* zwischen den Bezirken *seit 1939 tendenziell verringert* haben. Das ist nicht nur eine Folge der Bevölkerungsumverteilungen in den Kriegs- und unmittelbaren Nachkriegsjahren, sondern diese Tendenz setzt sich bis in die Gegenwart fort. Zwischen den Bezirken überwiegen Dis-

Tabelle 1. Einwohnerdichte (EW/km²) und deren Veränderung seit 1939 für die Bezirke der DDR

	Einwohnerdichte (EW/km²)				Differenz der Einwohnerdichten		Differenz der Einwohnerdichten nach Transformation		
	1939	1950	1970	1975	1950 1975	1970 1975	1939 1975	1950 1975	1970 1975
DDR insgesamt	155	170	157	155	−15	−2	0	0	0
Berlin	3940	2950	2693	2725	−225	+32	−1215	−210	+35
Karl-Marx-Stadt	360	364	341	329	−35	−12	−31	−20	−10
Leipzig	313	329	300	291	−38	−9	−22	−23	−7
Dresden	291	294	278	272	−22	−6	−21	−7	−4
Halle	199	242	220	214	−28	−6	+15	−13	−4
Gera	158	189	184	184	−5	0	+26	+10	+2
Erfurt	160	186	171	169	−17	−2	+9	−2	0
Suhl	131	148	143	142	−6	−1	+11	+9	+1
Rostock	85	120	121	123	+3	+2	+38	+18	+4
Magdeburg	117	133	114	112	−21	−2	−5	−6	0
Cottbus	91	97	104	106	+9	+2	+15	+34	+4
Frankfurt	89	90	95	96	+6	+1	+7	+21	+3
Potsdam	89	97	90	89	−8	−1	0	+7	+1
Schwerin	53	80	69	68	−12	−1	+15	+3	+1
Neubrandenburg	47	66	59	58	−8	−1	+11	+7	+1
Differenz Karl-Marx-Stadt—Neubrandenburg	313	298	282	271					

persionstendenzen, wodurch sich in den Bezirken mit geringer Bevölkerungsdichte die Möglichkeiten zur Entwicklung leistungsfähiger Städte verbessern.

Die Tab. 2 und 3 zeigen, daß die Bevölkerungsentwicklung der Kreise seit 1939 bis zur Gegenwart sehr differenziert verlaufen ist. Für den Gesamtzeitraum von *1939—1975* werden noch deutlich die Kriegszerstörungen in den größeren Städten durch Abnahme der Bevölkerungszahlen ihrer Regionen (Kreise) angezeigt. Andererseits weisen die Regionen (Kreise), die Klein- und Mittelstädte als Zentren haben, 1975 eine meist deutlich über den Werten von 1939 liegende Bevölkerungszahl auf. Hierin widerspiegeln sich die Bevölkerungsumverteilungen in den Kriegs- und Nachkriegsjahren. Die Gesamtperiode ist in der *Tendenz* durch eine *gleichmäßigere Bevölkerungsverteilung* auf die Kreise gekennzeichnet.

Im Gesamtzeitraum *1950—1975* und auch in den Jahren 1970—1975 verläuft die Entwicklung anders. Innerhalb der Bezirke vollzieht sich eine *Konzentration der Bevölkerung auf* bevorzugte Kreise und — wie wir wissen — insbesondere auf deren *Zentren. Kreise von Großstädten* und *großen Mittelstädten* sind die bevorzugten Konzentrationsgebiete. Kreise von kleinen Mittelstädten und Kleinstädten haben oft erhebliche Bevölkerungsverluste zu verzeichnen. Diese Tendenz setzt sich, wie aus der Konzentration des Wohnungsbaus geschlossen werden muß (Direktive 1976), mit Sicherheit zumindest gegenwärtig noch fort.

Tabelle 2. Prozentualer Anteil der Kreise[1]) mit einer Einwohnerentwicklung über dem DDR-Durchschnitt bzw. unter dem DDR-Durchschnitt, geordnet nach der Einwohnerzahl der Kreisstädte

Einwohner der Kreisstädte (1975)	Entwicklungszeitraum	< DDR ⌀ %	> DDR ⌀ %	absolute Zahl der Kreise < DDR ⌀	absolute Zahl der Kreise > DDR ⌀
> 80000	1939–1975	59	41	10	7
	1950–1975	18	82	3	14
	1971–1975	18	82	3	14
40000–80000	1939–1975	32	68	10	21
	1950–1975	55	45	17	14
	1971–1975	58	42	18	13
25000–40000	1939–1975	44	56	14	18
	1950–1975	66	34	21	11
	1971–1975	75	25	24	8
10000–25000	1939–1975	27	73	21	58
	1950–1975	80	20	63	16
	1971–1975	80	20	63	16
< 10000	1939–1975	21	79	7	27
	1950–1975	85	15	29	5
	1971–1975	91	9	31	3

[1]) Stadt- und zugehörige Landkreise sind zusammengefaßt, ebenso Halle + Halle-Neustadt + Saalkreis und Angermünde + Schwedt.

Auf Grund des *Zusammenhangs* zwischen *Bevölkerungspotential* und Komplexität sowie Qualität der Leistungen für die *Bedürfnisbefriedigung in der Region* ergeben sich aus der skizzierten Entwicklungstendenz *Konsequenzen* für die weitere Entwicklung der Stadt-Umland-Regionen. Regionen mit starkem Bevölkerungsrückgang lassen bei Fortsetzung dieses Prozesses langfristig ein relatives Zurückbleiben der Bedürfnisbefriedigung in der Region erwarten. Andererseits bieten sich in Regionen mit Bevölkerungszunahme und in Regionen mit verbleibendem hohem Bevölkerungspotential bessere Möglichkeiten für die Entwicklung leistungsfähiger Zentren und für eine progressive Entwicklung der Bedürfnisbefriedigung (besonders bei Übernahme bestimmter Leistungen für relativ zurückbleibende Nachbarregionen). Von den gegenwärtigen Entwicklungstendenzen ausgehend müssen wir annehmen, daß *nur ausgewählte heutige Kreisstädte* so leistungsfähig erhalten bzw. entwickelt werden können, daß sie relativ selbständige *Stadt-Umland-Regionen der Zukunft* auszubilden vermögen.

In der Periode 1950–1975 hatten lediglich 60 Kreise eine günstigere Einwohnerentwicklung, als es dem DDR-Durchschnitt entsprach. Im Zeitraum 1971–1975 waren es nur 54 Einheiten. Neumann (1978) kam bei der Untersuchung des Migrationsgeschehens über Kreisgrenzen für den Zeitraum 1970–1975 zu dem Ergebnis, daß lediglich 59 Kreise einen Migrationsdominanzbereich ausbildeten. Er kam zu dem Schluß, daß darin der gegenwärtige Konzentrationsprozeß sichtbar wird, insgesamt aber wesentlich weniger Kreise begünstigt als Städte konzipiert bzw. erforderlich sind, um ungerechtfertigte territoriale Unterschiede in den Arbeits- und Lebensbedingungen aufzuheben. Offensichtlich entspricht eine solche starke Konzentrationstendenz den gegenwärtigen volkswirtschaftlichen Möglichkeiten und Erfordernissen und sollte daher zumindest in einer Entwicklungsvariante künftiger Stadt-Umland-Regionen gebührend berücksichtigt werden.

Tabelle 3. Einwohnerentwicklung der Kreise[1]), geordnet nach der Einwohnerzahl der Kreisstädte

Einwohner der Kreisstädte (1975)	1939–1975 (DDR ⌀ = 100,5%) Anzahl der Kreise				1950–1975 (DDR ⌀ = 91,5%) Anzahl der Kreise				1971–1975 (DDR ⌀ = 98,5%) Anzahl der Kreise			
	< 95%	95–99,9%	100–105%	> 105%	< 88%	88–91,4%	91,5–95%	> 95%	< 97%	< 97–98,4%	98,5–100%	> 100%
150000	5	0	0	3	0	1	1	6	0	1	1	6
80000–150000	2	3	0	4	2	0	0	7	2	0	2	5
40000– 80000	5	5	7	14	9	8	2	12	9	9	4	9
25000– 40000	6	8	2	16	17	4	1	10	18	6	4	4
10000– 25000	13	8	11	47	53	10	6	10	43	20	12	4
10000	3	4	8	19	27	2	0	5	23	8	1	2
Summe	34	28	28	103	108	25	10	50	95	44	24	30

[1]) Stadt- und zugehörige Landkreise sind zusammengefaßt, ebenso Halle + Halle-Neustadt + Saalkreis und Angermünde + Schwedt.

Die *Zahl der Einheiten* (Stadt-Umland-Regionen bzw. regionbildende Städte) läßt sich mit rund 75 angeben, wenn man davon ausgeht, daß

— alle Kreise mit Kreisstädten über 40000 Einwohnern, unabhängig von der Einwohnerentwicklung,
— alle Kreise mit Kreisstädten zwischen 25000 und 40000 Einwohnern, sofern die Bevölkerungsentwicklung der Kreise nicht wesentlich unter dem DDR-Durchschnitt liegt, und
— Kreise mit Kreisstädten zwischen 10000 und 25000 Einwohnern, sofern die Einwohnerentwicklung der Kreise deutlich über dem DDR-Durchschnitt liegt,

Voraussetzungen für die Ausbildung *leistungsfähiger Zentren mit relativ selbständigen Stadt-Umland-Regionen haben* (vgl. Tab. 3).

Die aus der Einwohnerentwicklung von Kreisen und den Einwohnerzahlen ihrer Kreisstädte abgeleitete Variante mit ca. 75 Städten stimmt mit konzeptionellen Vorstellungen zur Weiterentwicklung der Siedlungsstruktur überein, wie sie Anfang der siebziger Jahre im Institut für Städtebau und Architektur der Bauakademie und in der Forschungsleitstelle für Territorialplanung der SPK entwickelt wurden.

Eine Variante mit 75 Einheiten berücksichtigt einseitig die gegenwärtig ablaufenden Konzentrationsprozesse, vernachlässigt jedoch die gegenwärtigen Struktur- und Organisationsformen unserer Siedlungsstruktur und die Notwendigkeit der intensiven Nutzung aller in ihr enthaltenen Potenzen. Darüber hinaus muß mit einer gewissen Abschwächung der gegenwärtigen Konzentrationstendenzen gerechnet werden (Kretschmer, Weissfinger 1976; Kretschmer 1978).

Im einzelnen ist auf weitere *Aspekte* hinzuweisen, die *bei* der *Bestimmung* der Anzahl *regiontragender Zentren* beachtet werden sollten:

— Die bestehende administrative Struktur mit ihren 196 Kreisstädten wirkt einer zu starken Konzentration entgegen. Die Kreisstädte sind die für den täglichen Lebensprozeß der Bevölkerung wichtigsten Städte (Grimm 1974), wobei 156 von ihnen mehr oder weniger voll wirksame Kreis- oder höhere Zentren sind.
— Das öffentliche Verkehrssystem ist stark an die gegenwärtige politisch-administrative Struktur angelehnt. Bei Berücksichtigung der gegenwärtigen Verkehrsinfrastruktur und des zersplitterten Siedlungsnetzes wurden längerfristig ca. 130 Städte als Zentren von Stadt-Umland-Regionen bis Zone 2 für notwendig angesehen, damit für alle Bürger eine von ihnen im Bedarfsfall täglich erreichbar bleibt.
— Aus der Sicht der weiteren Entwicklung der Standortverteilung der Produktion, die sich an bereits vorhandene Standorte anlehnen wird, und des damit verbundenen Wohnungsbaus sollen sich künftig ca. 130—140 Städte (Kretschmer 1975) vorrangig entwickeln. Dabei sind ca. 115 Städte mit gesamtstaatlicher Bedeutung Konzentrationspunkte der Produktivkräfte und gleichzeitig Städte mit vielfältigen Umlandbeziehungen.

Es kristallisiert sich eine Variante heraus, die ca. 125 Städte als Zentren künftig möglicher Stadt-Umland-Regionen umfaßt. Tab. 3 läßt erkennen, daß in diese Variante Kreisstädte zwischen 25000 und 40000 Einwohnern, deren Kreisbevölkerung stark abnimmt, und kleinere Kreisstädte mit „normaler" oder leicht positiver Einwohnerentwicklung ihrer Kreise eingehen müssen, um überhaupt auf ca. 125 Zentren zu kommen.

Zusammenfassend läßt sich feststellen, daß die mit dem Urbanisierungsprozeß einhergehende Konzentrationstendenz wahrscheinlich zu einer gegenüber der gegenwärtigen Zahl der Kreisstädte (einschließlich Bezirksstädte) geringeren Zahl von Städten führen wird, die aus der Sicht der Bedürfnisbefriedigung der Menschen relativ leistungsfähig sein werden. Es heben sich *zwei Varianten für* die mögliche *Zahl leistungsfähiger Siedlungszentren* ab:

— eine Basisvariante mit ca. 125 Städten und
— eine Zukunftsvariante mit ca. 75 Städten.

Das Netz der Städte der *Basisvariante* müßte sich vor allem aus dem Netz gegenwärtiger Kreisstädte entwickeln, das Netz der Städte der *Zukunftsvariante* aus demjenigen der Basisvariante. Dabei sollte man sich die Entwicklung nicht als ausschließliche zeitliche Aufeinanderfolge verschiedenartiger Entwicklungsetappen vorstellen, sondern als gleichzeitig ablaufenden Prozeß, d. h., mit der Herausbildung des Netzes der Basisvariante wäre eine gleichzeitig betonte Entwicklung der Städte der Zukunftsvariante vorzunehmen.

2.2. Tendenzen zunehmender Bevölkerungsmobilität und räumliche Ausweitung von Stadt-Umland-Regionen

Es gilt heute als unbestritten, daß mit wachsender sozialer Mobilität der Bevölkerung, die sich in Veränderungen der Klassenstruktur, der Berufs- und Beschäftigtenstruktur, der Struktur des Bildungsniveaus und anderem zeigt, auch eine erhöhte *räumliche Mobilität der Bevölkerung* einhergeht. Die räumliche Mobilität tritt in vielfältigen Formen der *Pendelwanderung* (Arbeitspendelwanderung, Versorgungspendelwanderung, Bildungspendelwanderung, Erholungspendelwanderung) und als *Migration* in Erscheinung. Bisher gibt es keine zusammenfassenden Untersuchungen darüber,

— unter welchen Bedingungen, in welchem Umfange und mit welchem Tempo sich die Intensität der Pendelwanderung innerhalb der Grenzen gegenwärtiger Stadt-Umland-Regionen erhöht,
— unter welchen Bedingungen es zu einer Ausweitung der Grenzen von Stadt-Umland-Regionen und ihrer Zonen (insbesondere der Zone 2) kommt und
— welche Voraussetzungen gegeben sein müssen, damit Pendelwanderung in Migration umschlägt.

Aussagen zur möglichen Ausweitung von Stadt-Umland-Regionen, auf die es hier vor allem ankommt, müssen sich auf verstreute Einzelaussagen, indirekte Schlüsse und Erfahrung stützen.

Die Migration hat in der DDR, auch bei Berücksichtigung der 1966 veränderten Meldeordnung, bis Ende der 60er Jahre ständig an Umfang abgenommen und ist seitdem wieder in leichtem Ansteigen begriffen und wird wahrscheinlich auch künftig weiterhin leicht zunehmen (Bose 1975; Forschungsbericht IGG, Leipzig 1978, Tab. 4).

Die *Migration* ist *in der DDR* vergleichsweise *gering*. Da sie jedoch tendenziell zur weiteren Konzentration der Bevölkerung in den relativ komplex mit Arbeitsplätzen und Versorgungseinrichtungen ausgestatteten Groß- und Mittelstädten führt, wirkt sie einer extremen Vergrößerung und räumlichen Ausweitung der Pendelwanderung entgegen. Das wird auch dadurch unterstrichen, daß der Wanderungsverlust in denjenigen Kreisen besonders groß ist, die sich entwickelnden Zentren benachbart liegen. Ausnahmen bilden hier lediglich die Randkreise Berlins (vgl. Forschungsbericht IGG, Leipzig 1978).

Es muß dennoch damit gerechnet werden, daß die *Pendelwanderung* insgesamt *zugenommen* hat und wahrscheinlich *weiter zunehmen* wird. Dafür sprechen vor allem die ständig gewachsenen Beförderungsleistungen des Kraftverkehrs und des Werkverkehrs

Tabelle 4. Binnenwanderung über Kreisgrenzen (Personen in Tausend)

Jahr	1955	1960	1965	1970	1975	1976
Personen	771	622	499	270	279	292

(nach Statistischen Jahrbüchern der DDR)

(bei etwa gleichbleibenden Leistungen der Eisenbahn und des städtischen Nahverkehrs; vgl. Tab. 5) sowie der gewachsene und in der Gegenwart beschleunigt wachsende Motorisierungsgrad der Bevölkerung (vgl. Tab. 6).

Die Arbeitspendelwanderung hat in den zurückliegenden Jahren und Jahrzehnten sowohl absolut als auch in Relation zur Gesamtbeschäftigtenzahl zugenommen. So ist beispielsweise zwischen 1964 und 1971 in den meisten Stadtkreisen der DDR ein Anstieg der Auspendlerquoten zu verzeichnen (vgl. Forschungsbericht IGG, Leipzig 1978) und im gleichen Zeitraum stieg die Zahl der Beschäftigten, die über Kreisgrenzen pendelten, von 10 auf 15% (Stempell, Weber 1978). In beiden Fällen geht wahrscheinlich ein

Tabelle 5. Personenbeförderungsleistungen (Millionen Personenkilometer)

Jahr	Eisenbahn	Kraftverkehr (einschl. Werkverkehr)	Städtischer Nahverkehr
1955	22905	4986	6399
1960	21288	9935	7369
1965	17446	13507	6972
1970	17666	17284	6304
1975	21305	21039	7298
1976	21955	21870	7560
1977	22350	22437	7792

(nach Statistischen Jahrbüchern der DDR)

Tabelle 6. Personenkraftwagen je 100 Haushalte (ohne Fahrzeuge, die gewerblich bzw. von Verwaltungen benutzt werden)

Jahr	1955	1960	1965	1970	1975	1976	1977
PKW/100 Hh	0,2	3,2	8,2	15,6	26,2	28,8	31,6

(nach Statistischen Jahrbüchern der DDR)

beträchtlicher Anteil der Zunahme auf die 1966 veränderte Meldeordnung zurück, ist also ein statistischer Effekt. 1971 wurden die Weitwohner als „Pendler" erfaßt, was 1964 nur teilweise der Fall war.

Dennoch ist mit einem erheblichen Umfang *täglicher Arbeitspendelwanderung über die Kreisgrenzen* zu rechen, denn immerhin gehörten 1971 39 Kreisstädte zur Intensitätsstufe 2a von benachbarten Kreisstädten bzw. Bezirksstädten. Darüber hinaus gehörten 41 weitere Kreisstädte zur Intensitätsstufe 3a benachbarter Kreis- bzw. Bezirksstädte. Für die letztgenannten deutet sich die Möglichkeit an, daß sie bei verbessertem Verkehrsanschluß und bewußtem Ausbau als Wohnstandort langfristig in die Zone 2 benachbarter Kreis- und Bezirksstädte einbezogen werden können. Allgemein wird damit gerechnet, daß sich die Intensität der Arbeitspendelwanderung zwischen Zone 1 bzw. Zone 2 und Zentrum in der Vergangenheit erhöht hat und damit die Siedlungen der Zonen 1 und 2 enger mit ihrem Zentrum verbunden wurden (LÜDEMANN, GRIMM, KRÖNERT, NEUMANN (Hrsg.) 1979).

Beispieluntersuchungen weisen darauf hin, daß die *räumliche Ausweitung der Arbeitspendelwanderung nach Gebietstypen differenziert* zu beurteilen ist. NEUMANN (1974) konnte für das Beispielgebiet Dessau—Wittenberg—Bitterfeld zeigen, daß der Konzentrationsprozeß der Arbeitsstätten schneller als derjenige der Bevölkerung verläuft, was zu einem absoluten Anwachsen der Arbeitspendelwanderung führt. Es wird bei künftig verbesserten Wohnbedingungen in den Pendlerwohnorten und einer Erhöhung ihres Freizeitwertes eher mit einer Zunahme als mit einer Abnahme der Arbeitspendelwanderung gerechnet. Dagegen zeigten sich die Einzugsbereiche der Einpendlerzentren als außerordentlich stabil.

In den stärker agrarisch strukturierten Gebieten der DDR haben sich die Auspendlerzahlen der Landgemeinden und die Einpendlerzahlen der Hauptzielorte deutlich erhöht. In der jüngsten Zeit wurde an Beispielen nachgewiesen, daß die Auspendlerzahlen aus verkehrsgünstig zu den Zentren liegenden Siedlungen und zum Teil auch aus Kleinstädten nicht mehr zunehmen. In der Vergangenheit war in den drei Nordbezirken nicht nur eine Intensivierung der Arbeitspendelwanderung zu verzeichnen, sondern auch eine tendenzielle Ausweitung der Einzugsbereiche, vor allem der großen Kreis- und Bezirksstädte, erkennbar (vgl. Forschungsberichte Sektion Geographie der Ernst-Moritz-Arndt-Universität Greifswald 1977 und des IGG Leipzig 1978). Der weiteren räumlichen Ausweitung der Pendelbereiche von Kreis- und Bezirksstädten sind aber auch hier wegen der bereits großen Distanzen Grenzen gesetzt.

Die Entstehung und Umbildung von Pendlereinzugsbereichen, die mit der Herausbildung von Zentren der landwirtschaftlichen Großproduktion verbunden sind, können hier außerhalb der Betrachtung bleiben, da sie in der Regel unterhalb der hier behandelten Hierarchieebenen von Stadt-Umland-Regionen wirksam werden.

Die *planmäßige Gestaltung der Arbeitspendelwanderung* erweist sich als *schwierig*, weil mehrere sich z. T. widersprechende *Bedingungen* zu erfüllen sind:

- Sicherung des bevölkerungsmäßigen Wachstums der Siedlungszentren;
- Abbau ungünstiger Pendlerrelationen,
- Aufrechterhaltung einer bestimmten Pendlerbevölkerung zur Stabilisierung der Auspendlerorte,
- Beachtung unterschiedlicher Pendlerbereiche für männliche und weibliche Pendler,
- Verknüpfung von Pendlerrelationen mit anderen Elementen des Beziehungskomplexes Zentrum—Umland (Forschungsbericht der Sektion Geographie der Ernst-Moritz-Arndt-Universität Greifswald 1977).

Aus den gleichen Gründen ist es schwierig, die Entwicklungstendenzen der Arbeitspendelwanderung einzuschätzen.

Den gegenwärtigen Erkenntnisstand zusammenfassend kann gesagt werden, daß *künftig* noch mit einer *Intensivierung der Arbeitspendelwanderung in bestehenden Stadt-Umland-Regionen* gerechnet werden kann, daß sich dagegen eine Ausweitung der Umlandzonen 1 und 2 von Stadt-Umland-Regionen der Kreis- und Bezirksstädte, soweit sie auf der Arbeitspendelwanderung basiert, nur sehr langsam und in begrenztem Umfange vollziehen wird.

Überlegungen zur räumlichen Ausdehnung der Umlandzonen von Stadt-Umland-Regionen können sich nicht allein auf die Entwicklungstendenzen der Arbeitspendelwanderung beschränken. Die Intensität und Reichweite der *Versorgungspendelwanderung* hat trotz Rekonstruktion und Erweiterung von Handels-, Gesundheits- und Dienstleistungseinrichtungen in nahezu allen Städten und großen Dörfern ganz offensichtlich *zugenommen.* Das ist eine Folge der zunehmenden Spezialisierung und raschen Entwicklung dieser Einrichtungen in den Groß- und Mittelstädten bei gleichzeitig rasch zunehmender individueller Motorisierung, welche diese Einrichtungen für die Umlandbevölkerung zunehmend zugänglich macht.

Die Spezialisierung der Berufsschulen und die Zunahme vielfältiger Formen der Weiterbildung, für die vielfach Einrichtungen der größeren Städte beansprucht werden, haben zu einer Intensivierung und räumlichen Ausdehnung der *Bildungspendelwanderung* geführt. Es darf allerdings nicht übersehen werden, daß einer raschen Ausweitung der Umlandzone 2 ausgewählter Städte die bestehende Kreisgliederung, die Tendenz der ständigen Komplettierung der infrastrukturellen Einrichtungen in allen Kreisstädten und die recht starke Anlehnung der Busnetze an die Kreisgrenzen entgegenwirken.

Dem Entwicklungstrend aller Formen der Pendelwanderung und den gegebenen Möglichkeiten für eine langfristig verbesserte Verkehrserschließung des Umlandes folgend, läßt sich insgesamt mit einer *Intensivierung der Verflechtung* von Siedlungen *innerhalb* von *Stadt-Umland-Regionen bei gleichzeitiger* langsamer *Ausweitung* der Grenzen der *Umlandzonen von Städten,* die sich rasch entwickeln bzw. die gegenüber Nachbarstädten um ein Mehrfaches größer sind, rechnen. Diese Annahme ist auch deshalb berechtigt, weil heute anerkannt wird, daß Stadt-Umland-Beziehungen wichtige und notwendige territoriale Beziehungen für die Überwindung wesentlicher Unterschiede zwischen Stadt und Land bzw. die Schaffung günstiger Arbeits- und Lebensbedingungen in Stadt und Land sowie für die Weiterentwicklung der Siedlungsstruktur im fortschreitenden Urbanisierungsprozeß sind.

3. Basis- und Zukunftsvariante von Stadt-Umland-Regionen

3.1. Auswahl der regiontragenden Städte und Zuordnung des Umlandes

Auswahl- und Zuordnungskriterien

Nachdem die Zahl der Zentren der Basisvariante mit ca. 125 Städten und die der Zukunftsvariante mit ca. 75 Städten grob bestimmt sind und eine allmähliche Ausweitung der Umlandzonen von ausgewählten Städten wahrscheinlich gemacht werden konnte, läßt sich die *namentliche Auswahl der Städte* als Reduktion aus einer größeren Zahl von Städten vornehmen. Den in der Basis- und Zukunftsvarainte verbleibenden Städten werden jeweils ein Kreis oder mehrere Kreise als potentielles Umland (bis einschließlich Zone 2) zugeordnet. Jeder Kreis wird in der Basis- bzw. Zukunftsvariante nur einer Stadt zugeordnet. Eine strenge Anlehnung an die Bezirksgrenzen erfolgt dabei nicht. Wesentlich ist, daß das Staatsterritorium vollständig in die möglichen Stadt-Umland-Regionen einbezogen wird.

Das Verfahren ist grob. Die so gefundenen Stadt-Umland-Regionen können nur als erste Näherung verstanden werden. Der große Vorteil des Verfahrens besteht darin, daß bei der weiteren Analyse dieser Regionen mit Daten der Kreisstatistik gearbeitet werden kann. Bei der *Auswahl der Städte* sind *Größen-, Funktions-* und *Ausstattungsmerkmale* sowie *Lagemerkmale* heranzuziehen (Rumpf, Schulz 1977). Die *Zuordnung des Umlandes* verlangt vor allem die Einbeziehung von *Lage-* und *Größenmerkmalen.* Besonders aussagekräftig sind zu Typen verdichtete Funktionsmerkmale der Städte, da sie die wesentlichsten und charakteristischsten Merkmale der Städte ausdrücken (Windelband 1973).

Größenkriterien

Als wesentliches Kriterium der Größe wird die *Einwohnerzahl von Stadt und Umland bis Zone 2* verwendet. Dieses Kriterium ist deshalb besonders wichtig, weil in einer Stadt-Umland-Region bis Zone 2 eine *Mindestbevölkerung mit* einem *Mindestbedarf an Versorgungsleistungen* leben muß, um komplex ausgestattete Versorgungseinrichtungen ökonomisch effektiv betreiben bzw. entwickeln zu können. Diese Aussage entspricht der als allgemeingültig anzusehenden Ausgangsprämisse der Zentralorttheorie. Außerdem besteht ein *Zusammenhang* zwischen *Bevölkerungspotential* einer Stadt-Umland-Region bis Zone 2 und qualitativem und quantitativem *Arbeitsplatzangebot.* Diese Aussage folgt aus der relativen Geschlossenheit der Stadt-Umland-Region bis Zone 2 als Arbeitsregion.

Als ergänzende Größenkriterien werden die Einwohnerzahlen der in die Überlegungen einbezogenen Städte herangezogen. Die Einwohnerzahl gibt erste Hinweise auf das mögliche Aussattungs- und Funktionsspektrum, wenngleich der Zusammenhang nicht völlig eindeutig ist und deshalb Ausstattungs- und Funktionskriterien der Städte der Vorzug zu geben ist. Ebenfalls als ergänzendes Kriterium wird die Fläche der Kreisterritorien herangezogen, weil sich über die mittleren maximalen Radien eines Kreises Schlüsse auf die Erreichbarkeit einer Kreisstadt ergeben.

Funktions- und Ausstattungskriterien

Städte müssen neben einer *Mindestgröße* eine *Mindestausstattung*, eine *Mindestfunktion* und eine *Mindestreichweite* haben, damit sie relativ *selbständige Stadt-Umland-Regionen der Zukunft* ausbilden können. Wir gehen davon aus, daß hierfür nur Kreisstädte sowie die Städte Wittenberge und Mittweida die Voraussetzungen haben. Städte wie Hennigsdorf, Falkensee, Wolfen, Zella-Mehlis, Radebeul, Markkleeberg, Crimmitschau Meerane, Burgstädt, Limbach-Oberfrohna werden nicht in die Grundgesamtheit, aus der die Auswahl getroffen wird, einbezogen, weil sie Kreisstädten sehr nahe liegen und mit diesen Städtekomplexe bilden. Als Funktions- und Ausstattungskriterien werden *Partialtypen über* jeweils *mehrere Merkmale der Städte* verwendet.

1. Typ der Zentren nach ihrer gesamten Umlandbedeutung,
2. Typ der Zentren nach ihrer Bedeutung als Einpendlerzentren,
3. Kombinationstyp der Zentren nach ihren Umland- und Fernfunktionen.

Der Typ der *Zentren nach ihrer gesamten Umlandbedeutung* bringt die umlandwirksame Ausstattung am umfassendsten zum Ausdruck. Mit diesem Typ wird der hierarchische Rang der Ausstattung ausgedrückt. Die Reichweite ist nur grob gekennzeichnet, da sie zum Teil mit Schätzverfahren bestimmt wurde (Grimm, Hönsch 1974).

Der Typ der *Zentren nach ihrer Bedeutung als Einpendlerzentrum* drückt aus,
- ob die Arbeitspendlerregion der Kreisstadt den gesamten Kreis umfaßt bzw. über den Kreis hinausreicht oder ob sie nur Teile des Kreises einschließt,
- wie viele Einwohner in der Arbeitspendlerregion wohnen,
- ob und in welchem Umfang sich Arbeitspendlerregionen von Kreisstädten überlagern.

Mit diesem Partialtyp wird der Rang der Umlandwirksamkeit der Stadt als Arbeitszentrum gekennzeichnet (Krönert 1980).

Der Kombinationstyp der *Zentren nach ihren Umland- und Fernfunktionen* kennzeichnet die funktionale Stellung der Kreisstädte in der Siedlungsstruktur der DDR. Er läßt Rückschlüsse auf ihre ökonomische Basis zu. Es wird sichtbar, ob Umland- bzw. Fernfunktionen der Einwohnergrößenklasse der Stadt entsprechen und ob eine proportionale oder disproportionale funktionale Struktur vorliegt (Grimm 1977; Krönert 1980).

Lagekriterien

Bei der Bestimmung des zentralen Städtenetzes von Stadt-Umland-Regionen der Zukunft ist davon auszugehen, daß diese Städte *relativ gleichmäßig über* das *Staatsterritorium verteilt* sein müssen, damit für alle Bürger unseres Landes eine dieser Städte zeitgünstig erreicht werden kann. Zugleich muß die Möglichkeit bestehen, daß sich Stadt-Umland-Beziehungen mit einer mittleren Intensität zu diesen Städten entwickeln können, damit allmählich das gesamte Staatsterritorium in Stadt-Umland-Regionen bis einschließlich Zone 2 dieser Städte einbezogen wird. Entfernungen, Verkehrsmaße, aber auch die sich aus Distanz und Größenproportionen der Siedlungen ergebenden Wahrscheinlichkeiten für künftige Bindungen erhalten damit als Lagekriterien besonderes Gewicht.

Da die Siedlungsstruktur jederzeit voll funktionsfähig bleiben muß, können sich Stadt-Umland-Regionen der Zukunft nur *schrittweise aus* den *bestehenden* heraus *entwickeln.* Die Bedingungen des Übergangs vom Ist-Zustand in den erwarteten sind dann besonders günstig, wenn zu den potentiellen Zentren bereits mehr oder weniger intensive Stadt-Umland-Beziehungen bestehen. Die realen *Beziehungen* zwischen den Städten *unserer Grundgesamtheit* (198 Städte) und die bereits vorhandenen Überlagerungen ihrer Einzugsbereiche haben *hohen prognostischen Wert* zur Einschätzung künftiger Entwicklungen.

Im einzelnen werden vor allem Kriterien herangezogen, die Auskunft über die Lagebeziehungen der Städte der Grundgesamtheit geben. Die Kreisstädte stehen stellvertretend für ihren Kreis. Dieser Ansatz ist für eine Überblicksuntersuchung, die lediglich die Zuordnung ganzer Kreisterritorien zu potentiellen Zentren anstrebt, hinreichend.

Als Entfernungskriterium wird eine *maximale potentielle Reichweite* der Städte der Basis- und Zukunftsvariante angenommen. Wir gehen von der Annahme aus, daß die potentiellen Zentren der Basisvariante ihren mittleren Einzugsbereich bis Zone 2 um etwa 5 km und die potentiellen Zentren der Zukunftsvariante um weitere 10 km erweitern können (jedoch nicht unbedingt erweitern müssen). Danach ergeben sich vom gegenwärtigen Zustand ausgehend die Größenordnungen, die Tab. 7 zeigt.

Als Verkehrsmaße werden die Reisezeit und die Erreichdauer (nach Rutz 1971) zwischen den Kreisstädten (Stand 1973/74) verwendet. Zur Kennzeichnung der Stadt-Umland-Beziehungen steht lediglich die Arbeitspendelwanderung zur Verfügung. Drei sich ergänzende Einzelkriterien werden herangezogen. Ein Hinweis auf künftig wahrscheinliche Bindungen zwischen einem potentiellen Zentrum und einer zugeordneten Stadt kann auch aus dem Vergleich der gegenwärtigen Einwohnerzahl eines potentiellen Zentrums mit der nach dem Gravitationsmodell berechneten, notwendigen Einwohnerzahl dieses Zentrums gewonnen werden (Krönert 1980).

Auswahl der Städte und Zuordnung des Umlandes

Die Auswahl der *regiontragenden Städte* erfolgt *durch schrittweise Reduktion* der in die Grundgesamtheit einbezogenen 198 Städte auf ca. 125 bzw. ca. 75 Städte.

Tabelle 7. Maximale Reichweiten von Stadt-Umland-Regionen (bis einschließlich Zone 2)

	gegenwärtige Reichweite (km)	potentiell mögliche Reichweite (km)	
		Basisvariante	Zukunftsvariante
Berlin	40	45	55
Bezirkszentren im Norden	19,9–25,4	25–30	40
Bezirkszentren im Süden	17,0–19,9	20–25	35
Gebiets- und Kreiszentren im Norden der DDR	14,8–20,0	20–25	35
Gebiets- und Kreiszentren im Süden der DDR	9,3–15,2	15–20	30

Reduktion auf die Basisvariante

Im ersten Schritt der Reduktion werden alle Städte ausgesondert, deren Kreisbevölkerung einschließlich Kreisstadt weniger als 40000 Einwohner in Agrargebieten bzw. weniger als 50000 Einwohner in Industriegebieten beträgt. Unterhalb dieser Bevölkerungsschwellen lassen sich ganz offensichtlich *leistungsfähige Kreiszentren,* die wir als Prototyp der Städte der Basisvariante ansehen, schwer entwickeln (vgl. Tab. 8).

Tabelle 8: Zusammenhang von Zentrumstyp nach der Umlandbedeutung und Kreisbevölkerung

Zentrumstyp nach der Umlandbedeutung	Zahl der Kreisstädte mit einer Kreisbevölkerung (einschl. Kreisstadt)		
	< 40000 Einw.	40000 bis 50000 Einw.	> 50000 Einw.
E/V, EF (Lokalzentren)	11	1	1
DE (partielle Kreiszentren)	11	3	14
D^- (mittlere Kreiszentren)	18	18	26
D (große Kreiszentren)	—	4	50

Im zweiten Schritt der Reduktion werden aus den verbliebenen 156 Städten diejenigen ausgesondert, die innerhalb der obengenannten möglichen Entfernungsbereiche zu potentiellen Zentren liegen, sofern sie bereits zu den Intensitätsstufen 2a oder 3a der potentiellen Zentren gehören. Als Ausnahmen werden die bevölkerungs- und in der Regel auch leistungsstarken Städte Neustrelitz, Rudolstadt, Freital, Glauchau, Oranienburg, Fürstenwalde und Schönebeck in der Basisvariante belassen.

Im dritten Schritt der Reduktion werden aus den verbliebenen 136 weitere 9, meist kleine Kreisstädte mit geringem Funktionsspektrum bzw. in einem Fall (Auerbach) mit kleiner Kreisfläche, herausgenommen. Somit verbleiben *123 Städte* für die *Basisvariante des regiontragenden Städtenetzes.*

Die Zuordnung eines Umlandes bis einschließlich Zone 2 zu diesen 123 Städten ist leicht möglich. Dem *potentiellen Umland* wird der eigene Kreis in jedem Fall zugerechnet. Die Kreise der nicht in die Basisvariante einbezogenen Städte werden nach der jeweils günstigsten Lage der Kreisstädte zu den potentiellen Zentren der Basisvariante zuge-

Abb. 1. Stadt-Umland-Regionen (bis Zone 2)
– Basisvariante,
– Zukunftsvariante

schlagen. Das Verfahren ist grob und nicht immer optimal, weil Teile von Kreisen kleinerer Kreisstädte ihre intensivsten Beziehungen zu durchaus verschiedenen benachbarten Kreisstädten haben können. Das Ergebnis ist in Abb. 1 niedergelegt.

Reduktion auf die Zukunftsvariante

Die Auswahl der *potentiellen Zentren* und die Zuordnung eines Umlandes bis einschließlich Zone 2 erfolgen ganz analog. Als Ausgangsgesamtheit dienen die Städte der Basisvariante. Die Zentren sollten *leistungsfähiger* sein *als* die *gegenwärtigen typischen Kreiszentren.* Als *Prototyp* werden die *Gebietszentren* und die *Kreisstädte mit mehr als 40000 Einwohnern* angesehen. Als Basisbevölkerung für Stadt und Umland bis Zone 2 werden 80000 Einwohner in Agrargebieten und 100000 Einwohner in Industriegebieten für erforderlich gehalten. Das Ergebnis enthält Abb. 1.

Auch künftig wird es für zahlreiche Städte der Basis- und Zukunftsvariante eine Umlandzone 3 geben. Auf eine weitere Erörterung dieses Problems muß hier verzichtet werden, es ist aber darauf hinzuweisen, daß die Umlandzonen 3 aller Bezirksstädte und Berlins eine große räumliche Ausdehnung behalten werden, so daß sich eine innere Gliederung der Zonen 3 auch künftig empfiehlt.

3.2. Bewertung der Auswahl der Städte und der Zuordnung des Umlandes

3.2.1. Räumliche Verteilung der Städte

Nachdem die Städte der Basis- und Zukunftsvariante künftiger Stadt-Umland-Regionen bestimmt sind, soll zunächst geprüft werden, ob diese Städte relativ gleichmäßig über das Staatsterritorium verteilt sind; denn eine relativ *gleichmäßige Verteilung* ist *Grundvoraussetzung ihrer Erreichbarkeit.* Als Methode bietet sich die *Nächstnachbar-Analyse* an.

„Die Analyse basiert auf der Messung der tatsächlichen Luftlinienentfernung, die einen Punkt von seinem Nachbarpunkt beliebiger Richtung trennt, und auf dem Vergleich dieser Entfernung mit jenen, die zu erwarten wären, hätten die Punkte innerhalb des gleichen Gebietes eine zufällig verteilte Lage" (HAGGETT 1973, S. 290). Die Werte für den Nächstnachbar-Koeffizienten R_n „reichen von 0, für den Fall der größtmöglichen Ballung aller Punkte, über 1, für den Fall einer Zufallsverteilung, bis 2,15 für ein regelmäßiges Dreieck-Gitter" (HAGGETT 1973, S. 115).

Die Großstädte der DDR mit mehr als 200000 Einwohnern, die Städte der Zukunftsvariante und die Städte der Basisvariante sind bei R-Werten über 1,40 recht gleichmäßig über das Territorium der DDR verteilt. Eine völlig regelmäßige Verteilung der Städte der Basis- und Zukunftsvariante in Dreieck- oder Sechseckgittern ist, wegen der Ableitung der Varianten aus dem bestehenden Städtenetz heraus, ohnehin nicht zu erwarten. Ihre *Verteilung* ist aber *gleichmäßiger als* die der *gegenwärtigen Gebiets-* und *höheren Zentren.*

Die Entfernungen zwischen nächsten Nachbarn unterscheiden sich zwischen dem Nord- und dem Südgebiet der DDR deutlich. Mit größeren Abständen zwischen nächsten Nachbarn in der Basis- und der Zukunftsvariante im Norden der DDR wird der geringeren Bevölkerungsdichte nördlich der Linie Magdeburg—Cottbus Rechnung getragen.

Tabelle 9. Nächstnachbar-Koeffizienten für Städteverteilungen und mittlere Entfernungen zwischen nächsten Nachbarn in der DDR[1])

Variante	Anzahl der Städte	R-Wert	Entfernung zwischen nächsten Nachbarn (km)		
			DDR insges.	DDR Norden	DDR Süden
Großstädte > 200000 Einwohner	8	1,45	84		
Bezirksstädte	15	1,35	57	63	51
Gebiets- und höhere Zentren	40	1,27	33	38	30
Zukunftsvariante[2])	71	1,41	27	32	24
Basisvariante	123	1,42	21	27	17

[1]) An den Berechnungen waren Frau Dipl.-Geogr. U. Jäger und Dipl.-Lehrer O. Margraf beteiligt.

[2]) ohne Merseburg

3.2.2. Gebiete mit gegenwärtig schwacher Annäherung an die Basis- und Zukunftsvariante

Bei der Bestimmung von Basis- und Zukunftsvarianten künftiger Stadt-Umland-Regionen wurde so verfahren, daß die potentiell mögliche und nach dem Konzept der Stadt-Umland-Region wünschenswerte Siedlungsstruktur aus der bestehenden heraus entwickelt werden kann. Der Anschluß an den Ist-Zustand bleibt gewahrt. Dennoch wurde bei der Ableitung erkennbar, daß in den Teilräumen der DDR die tendenzielle Annäherung an die Basisvariante oder gar an die Zukunftsvariante sehr unterschiedlich weit fortgeschritten und das Entwicklungspotential der Gebiete regional sehr differenziert ist. Es gibt ausgewiesene Zentren, die zur Zeit sehr leistungsschwach sind, und andererseits Kreise, die an die ausgewiesenen Zentren bisher sehr schwach angebunden sind. Schließlich existieren größere zusammenhängende Gebiete geringer Bevölkerungsdichte mit Bevölkerungsabnahme und damit ungünstigen Voraussetzungen einer Funktionsaufwertung ihrer Zentren.

Es wurde geprüft, für welche Regionen das potentielle Zentrum einer Stadt-Umland-Region der Basis- oder Zukunftsvariante gegenwärtig zu leistungsschwach ist und für welche Regionen die zugeordneten Kreise offenbar noch unzureichend angebunden bzw. funktional verbunden sind. Eine solche Beurteilung erlaubt, *Gebiete mit gegenwärtig schwacher Annäherung an die Basis- und Zukunftsvariante* zu erkennen. Sie werden nur dann ausgewiesen, wenn in ihnen im Zeitraum 1971 bis 1975 ein überdurchschnittlicher Bevölkerungsrückgang stattgefunden hat (vgl. Abb. 2). Wir halten den Ausweis dieser Gebiete für erforderlich, damit

- die in ihnen ablaufenden Entwicklungsprozesse bewußt und kritisch beobachtet und in ihren Auswirkungen auf die Siedlungsstruktur dieser Gebiete eingeschätzt,
- Möglichkeiten zur Funktionsaufwertung der Zentren bzw. zur intensiveren Verkehrsanbindung der betroffenen Gebiete geprüft und
- Schlußfolgerungen für die weitere planmäßige Gestaltung regionaler Siedlungssysteme angeregt werden.

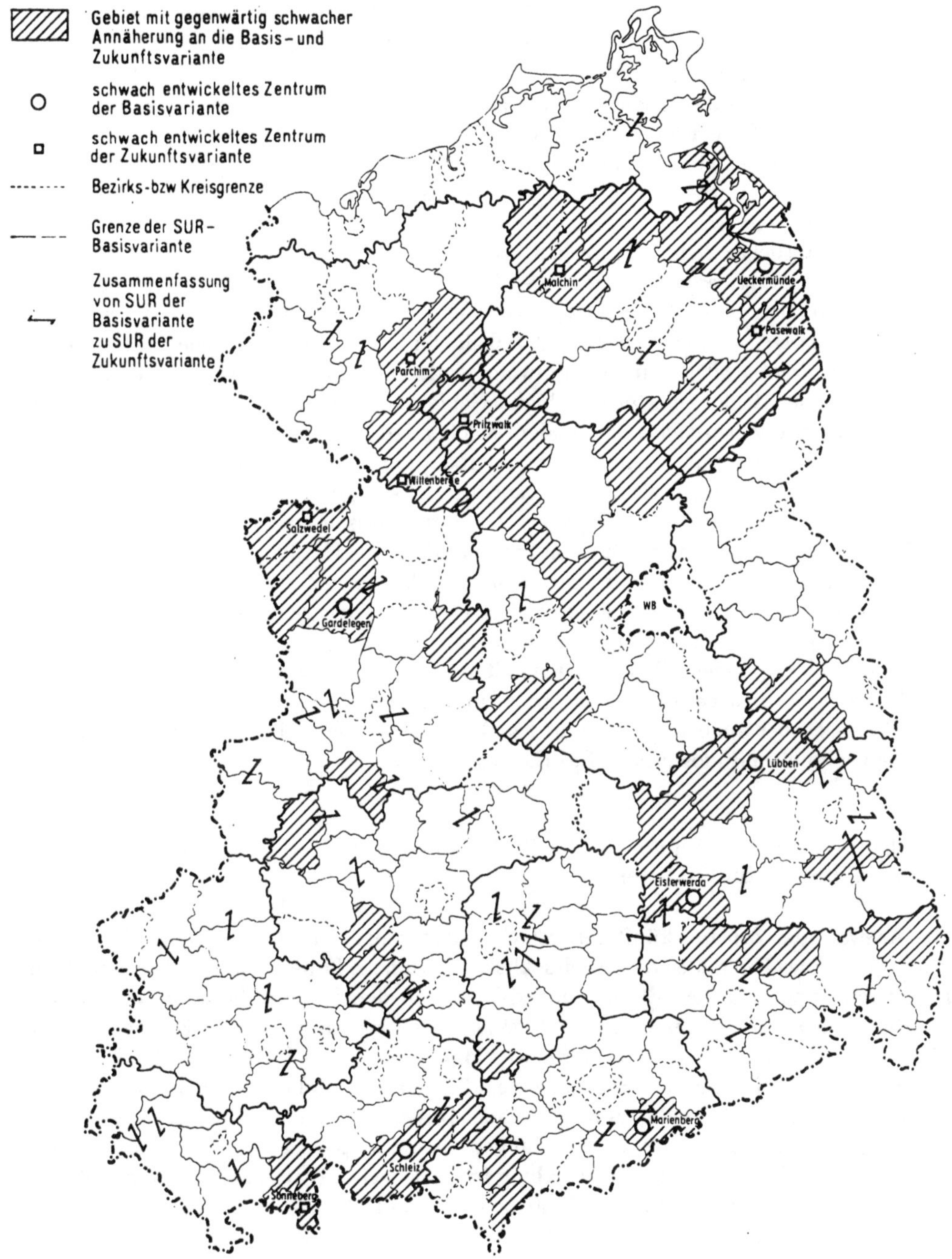

Abb. 2. Gebiete mit gegenwärtig schwacher Annäherung an die Basis- und Zukunftsvariante

Es sei ausdrücklich betont, daß *Gebiete regionaler Dimension* angesprochen werden. Innerhalb dieser, aber auch in nicht ausgewiesenen Arealen, kann die weitere Entwicklung von lokalen Siedlungssystemen oder von Einzelsiedlungen (etwa den Klein- und Kleinstsiedlungen) außerordentlich vielfältige Probleme aufwerfen. Das sind zwei Hierarchie- bzw. Dimensionsebenen, die hier außerhalb der Diskussion bleiben. Auf regionale Problemgebiete aufmerksam zu machen, ist deshalb besonders wichtig, weil sie großflächig auftreten, die ablaufenden Prozesse aus regionaler Sicht oft schwer erkennbar sind und weil Lösungen wahrscheinlich siedlungspolitische Entscheidungen aus gesamtstaatlicher Sicht erforderlich machen.

Bei den *Gebieten mit schwach entwickelten Zentren* handelt es sich in der Regel um Stadt-Umland-Regionen, deren Zentren *zu gering ausgebildete Fernfunktionen* haben und deren *Pendlereinzugsbereiche unzureichend* entwickelt sind. Die wirtschaftliche Stärkung der Zentren und eine Stabilisierung der Einwohnerzahlen der Regionen wäre für eine stabile Entwicklung der Regionen erforderlich. Als Gebiete schwacher Anbindung an die potentiellen Zentren ergeben sich insbesondere solche Kreise, deren Kreisstädte sehr große Entfernungen zu den potentiellen Zentren haben und die unzureichende Bindungen zu ihnen aufweisen. Häufig besitzt die zugeordnete Stadt gegenwärtig eine ralativ große Bedeutung als Arbeitsort in ihrem Kreis. Die hypothetisch notwendige Einwohnerzahl des Zentrums der Region wird oft nicht erreicht, d. h., die Größenproportionen zwischen Zentrum und zugeordneter Stadt sind ungünstig. Als Lösungen bieten sich die stärkere Anbindung der zugeordneten Städte (und Kreise) und eine gleichzeitige Funktionsaufwertung der potentiellen Regionszentren an.

Bei den ausgewiesenen Gebieten handelt es sich *fast ausschließlich* um *Randkreise von Bezirken*. Sie sind besonders ausgeprägt in den Bezirken Neubrandenburg, Potsdam und Cottbus, aber auch im Südosten des Bezirkes Schwerin, im Norden des Bezirkes Magdeburg und im Südosten des Bezirkes Gera.

3.3. Einwohnerentwicklung der Stadt-Umland-Regionen der Basisvariante und ihre Einflußfaktoren

Die Auswahl der Zentren künftiger, relativ selbständiger Stadt-Umland-Regionen, die Zuordnung eines Umlandes bis einschließlich Zone 2 bzw. Zone 3 und die Bewertung der gebildeten hypothetischen Stadt-Umland-Regionen der Zukunft beruhen auf starken Verallgemeinerungen gegenwärtig existierender Strukturen sowie auf Einschätzungen künftig notwendiger und möglicher Entwicklungsprozesse. Es bleibt Aufgabe der weiteren Forschung, die Entwicklungsprozesse, die sich in Stadt-Umland-Regionen vollziehen, direkt und tiefgründig zu untersuchen. Das schließt ein, Bedingungen, Ursachen und Folgen dieser oder jener Entwicklungen ebenfalls mit zu erfassen. Nur auf diese Weise läßt sich klären, ob die Entwicklung in der skizzierten und nach unserem Erachten auch notwendigen Richtung verläuft oder ob sich Entwicklungen vollziehen, welche die Hypothese in Frage stellen.

Es würde den gesteckten Rahmen dieses Beitrages sprengen, den gesamten Komplex von Entwicklungsprozessen und deren Ursachen feingliedrig analysieren zu wollen. Am Beispiel der *Bevölkerungsentwicklung* soll *ein Aspekt der Entwicklung von Stadt-Umland-Regionen* angesprochen werden. Es geht dabei nicht um abgeschlossene Ergebnisse zum Entwicklungs- und Stabilitätsverhalten von Stadt-Umland-Regionen, sondern vielmehr sollen Problemstellungen sichtbar werden, denen im künftigen Forschungsprozeß weiter nachzugehen ist. Dieser Zielstellung ist die Methode angepaßt. Wichtigstes *methodisches Prinzip* ist der *Bezug* der Analyse *auf* die *regionale Einheit Stadt-Umland-Region.* Die verfügbaren Daten werden für die Regionen insgesamt, bei weitgehender Vernachlässigung ihrer inneren Struktur, zusammengefaßt. Das ermöglicht, die *Unterschiede* bzw. die *Einheitlichkeit zwischen den Regionen* deutlich herauszuarbeiten. Ein solches Vorgehen bietet zudem den Vorteil, daß die für Kreise vorliegenden Daten verwendet werden können, durch die Aggregation auf 123 Einheiten (bei Analyse der Basisvariante) die Datenmenge überschaubar bleibt und die statistische Analyse und kartographische Darstellung erleichtert werden. Es werden Kartogramme sowie Regressions- und Korrelationsanalysen eingesetzt, um Grundzusammenhänge zu erkennen.

Die Bevölkerungsentwicklung kann nur vor dem Hintergrund der räumlichen Verteilung der Bevölkerung richtig beurteilt werden. Abb. 3 zeigt die *räumliche Differenzierung der Einwohner-Beschäftigten-Dichte* in der DDR. Der Bezug auf Stadt-Umland-Regionen bis Zone 2 der Basisvariante nivelliert zwar die auf Gemeindebasis bezogenen Abbilder der Bevölkerungsverteilung, wie sie aus Karten im Atlas der DDR und aus Karten der Kartenserie zur Auswertung der Volks-, Berufs-, Wohnraum- und Gebäudezählung 1971 bekannt sind, läßt aber die Grundzüge der räumlichen Verteilung der Bevölkerung klar erkennen. Die Einbeziehung der Beschäftigtendichte verstärkt diesen Effekt. Die Abbildung spiegelt zugleich die Raumbeanspruchung durch Wirtschaft und Bevölkerung, bezogen auf die Aktions- und Kommunikationsräume der Bevölkerung der Zukunft, in komprimierter Form wider.

Die bekannte Differenzierung zwischen Nord- und Südgebiet der DDR ist augenfällig. Die vier Ballungsgebiete der DDR werden gut sichtbar. Darüber hinaus heben sich die Regionen der drei Großstädte mit mehr als 200000 Einwohnern (Rostock, Magdeburg, Erfurt) deutlich ab. Im Süden der DDR fügen sich mehr oder weniger stark verdichtete Regionen zu zwei sich kreuzenden Achsen (Magdeburg—Aue; Erfurt—Görlitz) zusammen. Das kleinere Verdichtungsgebiet Suhl—Sonneberg bleibt erkennbar. Dagegen heben sich Stadt-Umland-Regionen von Städten zwischen 40000 und 100000 Einwohnern bei gering verdichtetem Umland nur noch wenig im Kartenbild gegenüber benachbarten, von kleineren Mittelstädten und Kleinstädten getragenen Regionen heraus. Das unterstreicht erneut, daß *Stadt-Umland-Regionen nicht nur nach* dem *Zentrumstyp, ondern zugleich nach* dem *Gebietstyp* zu *beurteilen* sind.

Die *Veränderung der Einwohnerzahlen* für die drei Zeitintervalle 1939—1975, 1950 bis 1975 und 1971—1975 geben die Abbn. 4, 5, 6 wider. Bei annähernd gleicher Bevölkerungszahl 1939 und 1975 auf dem Staatsterritorium der DDR widerspiegeln sich für den Gesamtzeitraum *1939—1975* die starken *kriegsbedingten räumlichen Umverteilungen der Bevölkerung* und die Umverteilungen, die sich in der Phase des sozialistischen Aufbaus vollzogen. Den starken Bevölkerungszunahmen in den drei Nordbezirken und den mittleren Bezirken sowie starken Bevölkerungszunahmen in der östlichen Altmark, in der Prignitz, in den Bezirken Cottbus, Halle, Suhl und in Teilen der Bezirke Erfurt, Gera, aber auch Leipzig, stehen starke Bevölkerungsrückgänge vor allem in den Regionen der stark kriegszerstörten Städte gegenüber, die bisher nicht kompensiert werden konnten. Das Gesamtergebnis ist eine *1975 im Vergleich zu 1939 relativ gleichmäßigere Bevölkerungsverteilung.*

Ein ganz anderes Bild zeigt die Bevölkerungsentwicklung 1950—1975 und in ähnlicher Weise 1971—1975. Die Regionen der Bezirksstädte weisen eine im Vergleich zur Mehrzahl der Regionen ihrer Bezirke relativ günstige Entwicklung auf. Außerdem heben

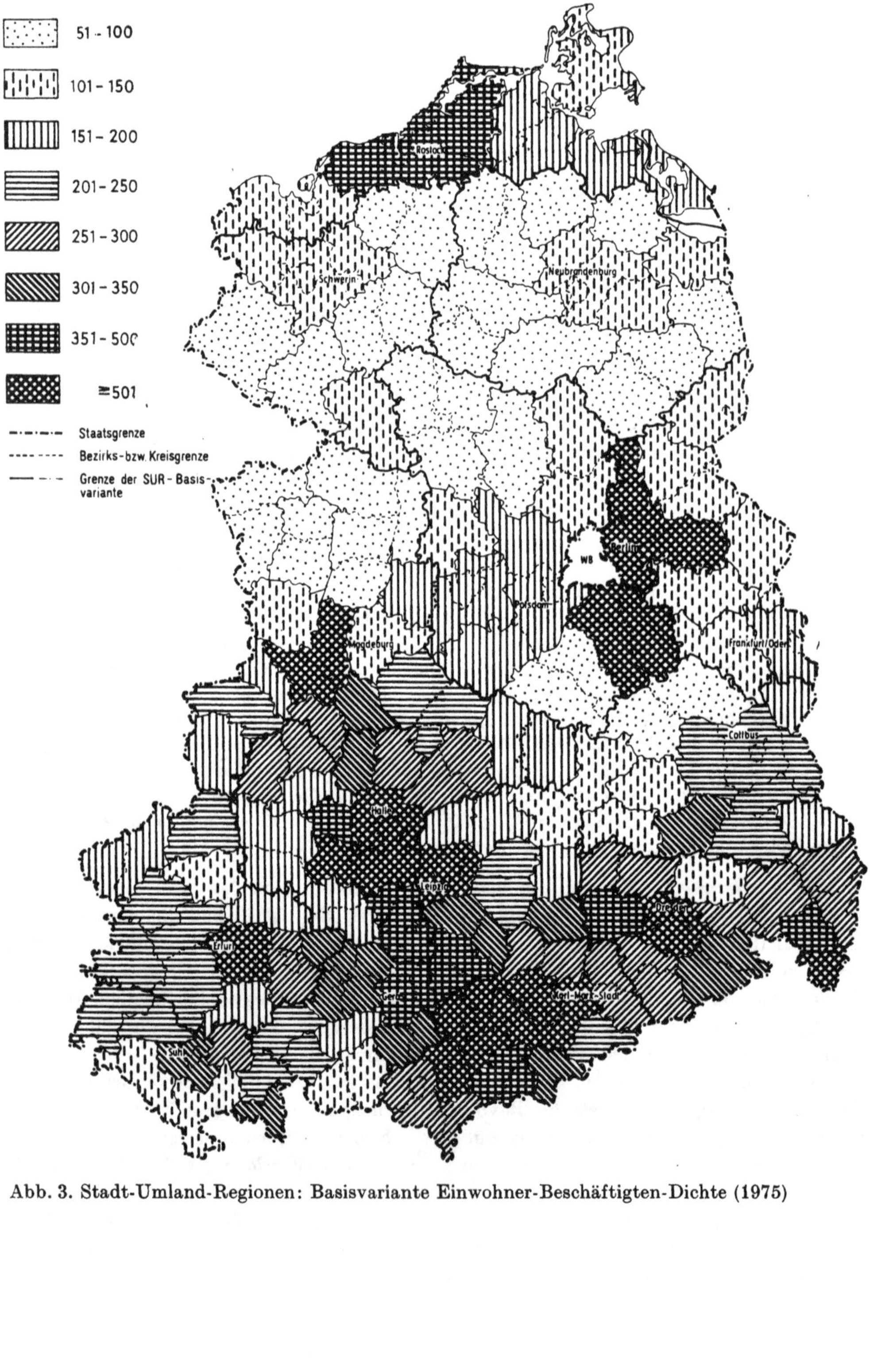

Abb. 3. Stadt-Umland-Regionen: Basisvariante Einwohner-Beschäftigten-Dichte (1975)

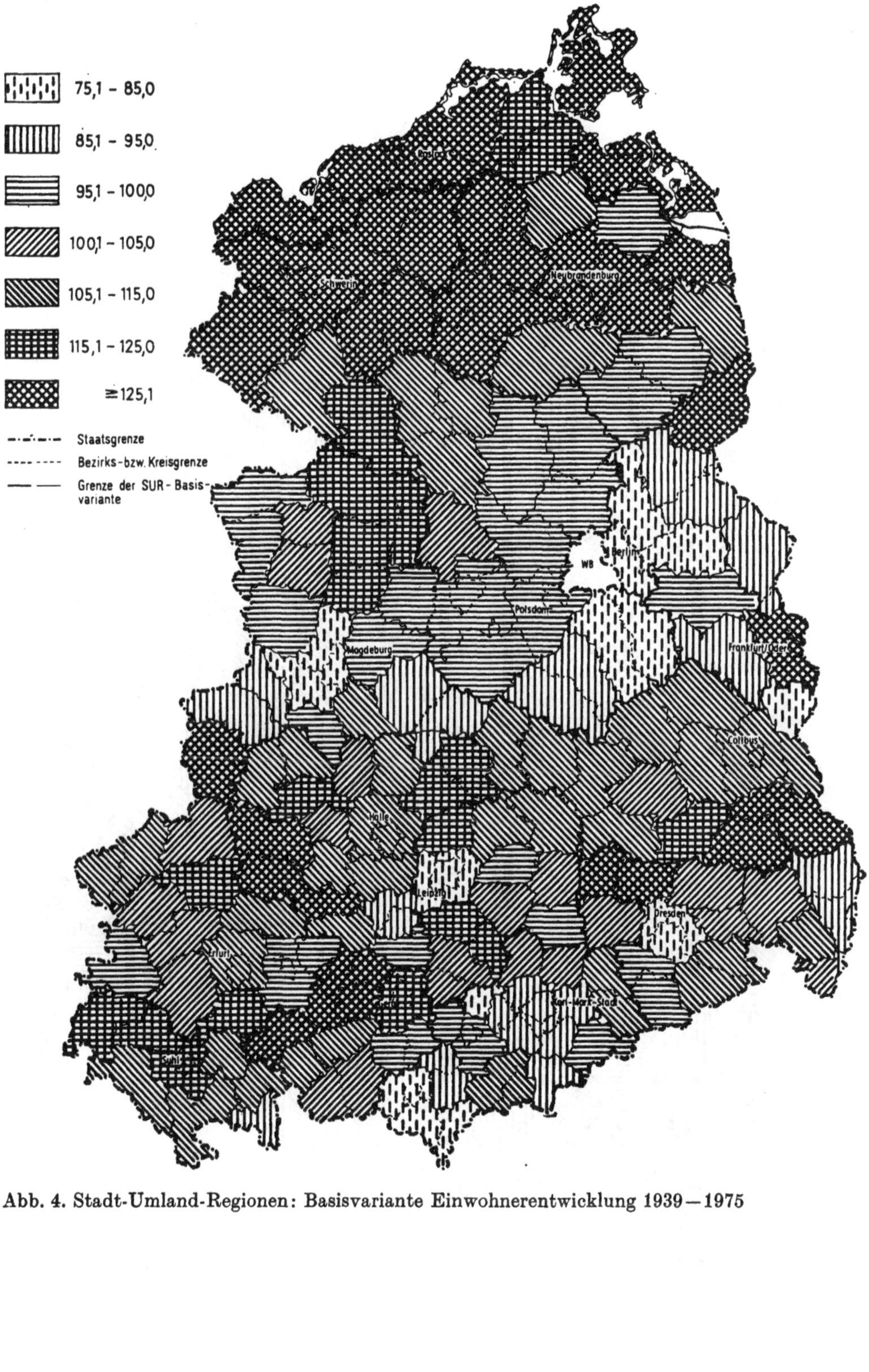

Abb. 4. Stadt-Umland-Regionen: Basisvariante Einwohnerentwicklung 1939—1975

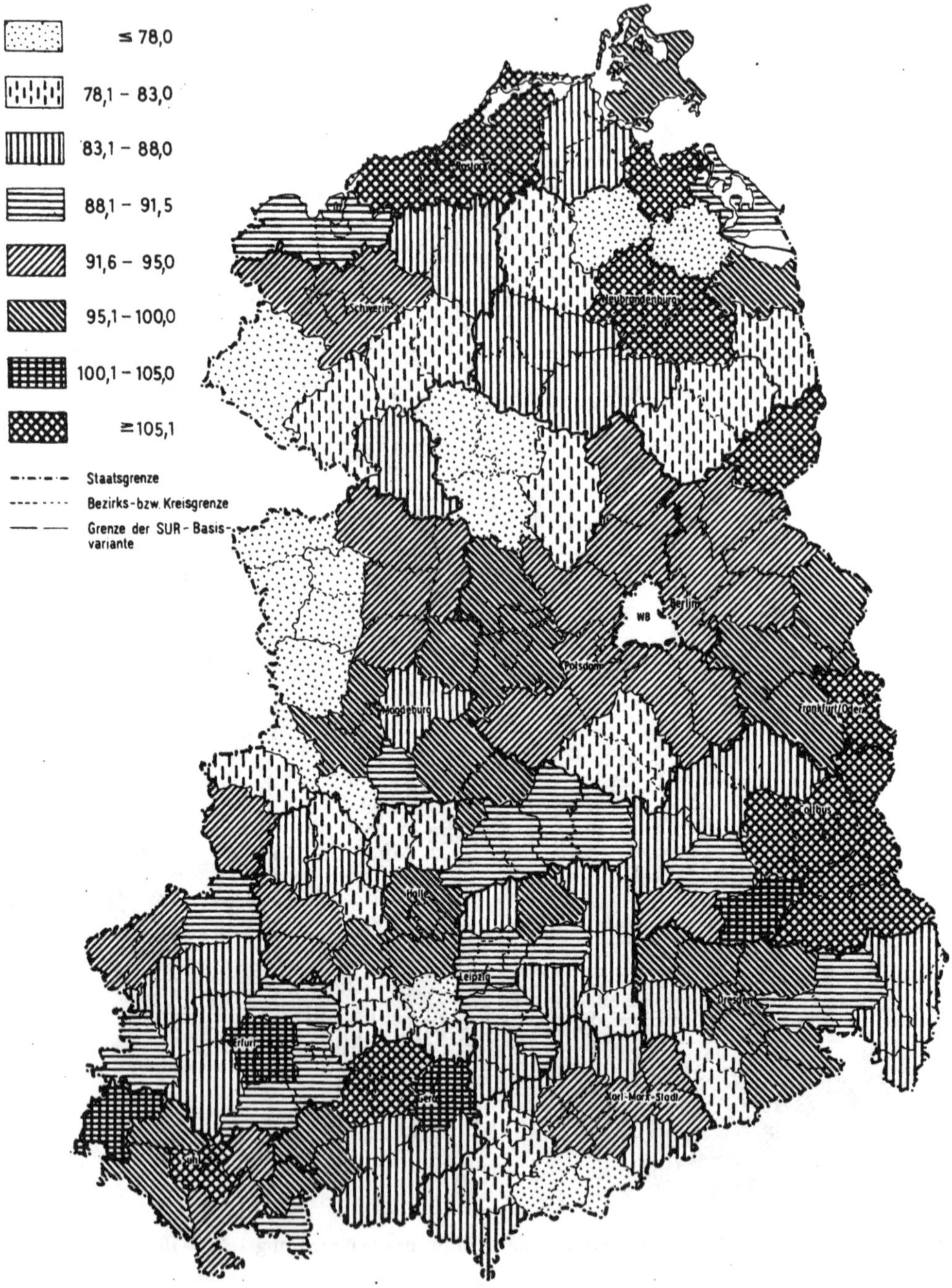

Abb. 5. Stadt-Umland-Regionen: Basisvariante Einwohnerentwicklung 1950—1975

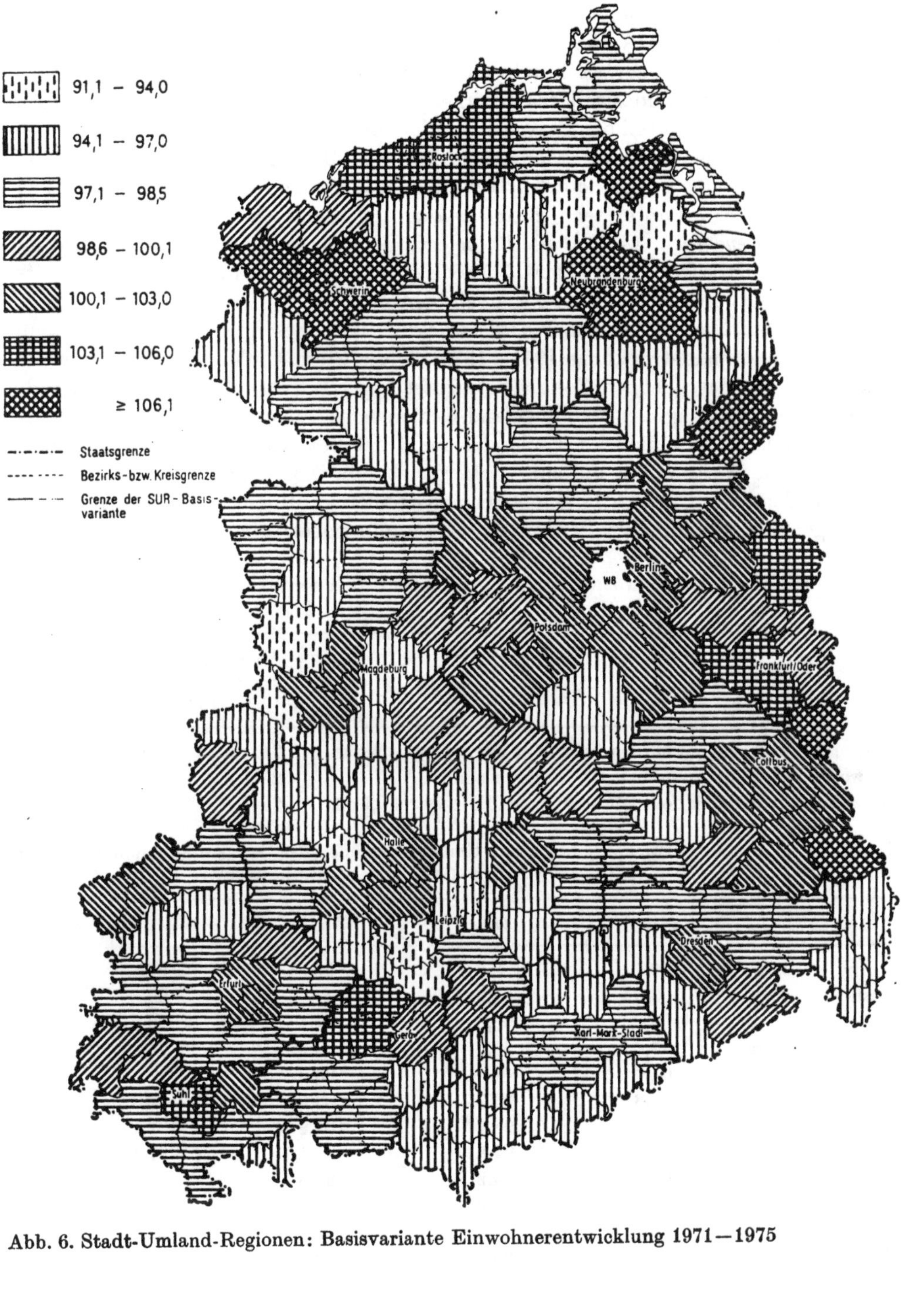

Abb. 6. Stadt-Umland-Regionen: Basisvariante Einwohnerentwicklung 1971—1975

sich durch günstige Einwohnerentwicklung solche Regionen heraus, deren Zentren über einen längeren Zeitraum Aufbauschwerpunkte waren oder sind. Dagegen verzeichnen die stärker agrarisch und agrarisch-industriell geprägten Regionen, aber auch zusammenhängende Gebiete im Südostteil des Bezirkes Gera, des Westteiles des Bezirkes Karl-Marx-Stadt und der Ostteil des Bezirkes Dresden, deren Wirtschaftsprofil in stärkerem Maße von der Leichtindustrie geprägt wird, starke Bevölkerungsrückgänge. In der *Gegenwart* verläuft die *Einwohnerentwicklung* der Stadt-Umland-Regionen (bis einschließlich Zone 2, Basisvariante) sehr *ungleichmäßig*. Es dominieren *Konzentrations-* und *Zentralisationstendenzen*, wie Tabelle 10 belegt. Bemerkenswert ist, daß die Zahl der relativ begünstigten Regionen (63 bzw. 71) noch etwas unter der Zahl der für die Zukunftsvariante als notwendig erkannten Regionen bleibt.

Die *innerbezirklichen Konzentrationstendenzen* werden besonders augenfällig, wenn man die Einwohnerentwicklung 1971–1975 für die Stadt-Umland-Regionen der Bezirksstädte bis einschließlich Zone 3 betrachtet (vgl. Tab. 11). Die Tabelle zeigt die Einwohnerentwicklung der Stadt-Umland-Regionen bis Zone 2 der Bezirksstädte und die Einwohnerentwicklung der Umlandzonen 3 der Bezirksstädte, differenziert nach Subzonen. Die Werte weisen auf eine im Vergleich zum DDR-Durchschnitt bemerkenswerte Tendenz hin. Die *Bezirksstädte* haben zusammen mit ihren Umlandzonen 1 und 2 eine gegenüber dem übrigen Bezirksterritorium günstigere, *häufig* sogar *positive Ein-*

Tabelle 10. Verlauf der Einwohnerentwicklung 1950–1975 und 1971–1975 in Stadt-Umland-Regionen (Basisvariante)

	Anzahl der Regionen	
	1950–1975	1971–1975
Einwohnerentwicklung deutlich über dem DDR-Durchschnitt	34	22
Einwohnerentwicklung um den DDR-Durchschnitt	29	49
Einwohnerentwicklung deutlich unter dem DDR-Durchschnitt	60	52

Tabelle 11. Einwohnerentwicklung der Stadt-Umland-Regionen der Bezirksstädte und der Hauptstadt der DDR, Berlin, 1971–1975 (DDR-Durchschnitt: 98,5%)

	Zone bis 2	3a	3b	3c
Berlin	100,7	98,2	99,9	n. b.
Rostock	103,3	96,3	–	99,5
Schwerin	109,2	96,8	97,4	96,2
Neubrandenburg	107,4	95,5	95,9	96,4
Potsdam	101,0	–	98,0	98,2
Frankfurt	105,8	99,7	98,3	101,0
Cottbus	104,4	98,7	101,8	97,1
Magdeburg	101,0	94,8	96,4	97,4
Halle	103,9	94,2	95,6	97,6
Erfurt	102,0	98,0	97,3	98,4
Gera	99,9	95,3	–	100,9
Suhl	104,3	98,5	99,3	97,8
Dresden	100,1	96,6	97,2	96,6
Leipzig	96,5	97,2	98,9	96,0
Karl-Marx-Stadt	98,2	95,3	96,0	95,4

wohnerentwicklung. Diese Tendenz ist insgesamt zu befürworten, weil damit eine weitere Steigerung der Leistungsfähigkeit der Bezirksstädte verbunden ist.

Notwendig ist jedoch eine gleichzeitige Entwicklung weiterer Zentren und ihrer Regionen. Das scheint gegenwärtig noch nicht in dem erforderlichen Maß gewährleistet zu sein. Besonders *ungünstig* ist die *Entwicklung in der inneren Zone 3* der Stadt-Umland-Regionen *der Bezirksstädte.* Dies ist aber wegen der relativen Nähe zu den Bezirksstädten vom Gesichtspunkt der Arbeits- und Lebensbedingungen nicht allzu problematisch. Die peripheren Teile der Bezirke weisen in der Mehrzahl recht ungünstige Entwicklungen auf, die sich nicht fortsetzen sollten. Zwar kennen wir die Schwellen nicht, bis zu denen bei Fortsetzung eines Einwohnerrückganges stabile regionale Siedlungssysteme in peripheren Regionen weiterbestehen können, doch ist zu erwarten, daß bei Überschreitung bestimmter Schwellen entweder nur mit ökonomischen Verlusten die notwendige Stabilität aufrecht erhalten werden kann oder daß die Entwicklung des Arbeits- und Lebensniveaus nicht mit demjenigen sich besonders progressiv entwickelnder Landesteile Schritt hält. Eine sehr intensive Verkehrsanbindung des gesamten Bezirks an die Bezirksstädte scheidet schon aus der Sicht der gegenwärtig und sicher auch künftig sehr differenzierten Verkehrsanbindung der Kreisstädte an die Bezirksstädte als Lösungsvariante aus. Die *Bevölkerungsentwicklung der Stadt-Umland-Regionen und deren Ursachen* sollten aus den genannten Gründen in künftigen Untersuchungen zur Dynamik und zum Stabilitätsverhalten der Stadt-Umland-Regionen einen *zentralen Platz* einnehmen.

Die stark differenzierte Einwohnerentwicklung zwischen den Stadt-Umland-Regionen, aber insbesondere der rasche Bevölkerungsrückgang in einer Reihe bereits bevölkerungsschwacher Regionen, zwingen zur Klärung der Ursachen dieser Prozesse. Bestandteil dieser Aufgabe ist die Untersuchung der *Migration* und ihrer unmittelbaren Ursachen. Hierzu liegt eine Reihe von Arbeiten vor (Bose 1975a, b; Stempell, Weber 1978; Neumann 1978), so daß auf diese Problematik hier nicht weiter eingegangen werden soll.

Der visuelle Vergleich der *Abbildung der Bevölkerungsentwicklung* 1971—1975 (Tab. 11) mit Arbeitskarten für weitere Merkmale der Stadt-Umland-Regionen weist auf bestimmte *Ähnlichkeiten der Strukturbilder* hin, weshalb der Zusammenhang zwischen Bevölkerungsentwicklung und ausgewählten Merkmalen der Territorialstruktur in *Regressions-* und *Korrelationsanalysen* näher untersucht wird.

Geprüft wird der *Zusammenhang* zwischen *Bevölkerungsentwicklung* und dem *Wohnungsneubau 1971—1975,* bezogen auf 1000 Einwohner (Stand 1971), weil bekannt ist, daß der Wohnungsneubau stark stimulierend auf die Bevölkerungsumverteilung (Migration) wirkt. Weiter soll geprüft werden, ob die Einwohnerentwicklung in korrelativem Zusammenhang mit Merkmalen steht, die auf Quantität und Qualität von Arbeitsmöglichkeiten hinweisen. Das *Verhältnis der in der Region arbeitenden zu* den *in der Region wohnenden wirtschaftlich Tätigen* (1971) ist relativer Ausdruck des Pendlersaldos der Region. Dieses Verhältnis wird bei den hier verwendeten Raumeinheiten stark durch Weitwohnerbeziehungen geprägt. Es muß damit gerechnet werden, daß Weitwohner das Bestreben haben, ihren Wohnsitz in die Nähe des Arbeitsortes zu verlegen, was sich letztlich in einer Umverteilung der Bevölkerung ausdrücken muß.

Bei der Prüfung des *Zusammenhangs* der *Einwohnerentwicklung* mit dem Merkmal *Anteil der Wohnbevölkerung über 18 Jahre mit Hoch- und Fachschulabschluß* (1971) gehen wir von der Annahme aus, daß Hoch- und Fachschulabsolventen nicht proportional der Bevölkerungszahl der Regionen, sondern konzentriert in denjenigen Regionen eingesetzt werden, in denen bereits relativ hohe Anteile von Hochschul- und Fachschulkadern tätig sind, d. h., in denen eine Konzentration von wissenschaftlichen und kulturellen Einrichtungen, von Forschungsabteilungen der Industrie und von Leitungsorganen der verschiedensten Art vorhanden ist. Wir rechnen mit einem positiven Zusammenhang zwischen Einwohnerentwicklung und Anteil an Hoch- und Fachschulkadern.

Die *Zahl der Lehrlinge* pro 1000 Beschäftigte weist zwischen den Regionen bedeutende Unterschiede auf. Das ist offensichtlich Ausdruck der demographischen Struktur und teilweise einer gezielten Umverteilung der Lehrlinge zur Arbeitskräftezuführung in ausgewählte Regionen. Wir nehmen auch hier einen positiven Zusammenhang zur Einwohnerentwicklung an, weil erweiterte Reproduktion der Arbeitskräfte einer Region letztlich zum Bevölkerungswachstum dieser Region führen sollte.

Von wesentlichem Einfluß auf die Einwohnerentwicklung ist die *Altersstruktur.* Da die Anteile der Bevölkerung im Rentenalter hoch mit den Anteilen im Kindesalter korreliert sind, beziehen wir vorerst nur den Bevölkerungsanteil im Rentenalter in die Regressions- und Korrelationsanalyse ein. Es wird mit einem Einwohnerrückgang bei hohen Rentneranteilen zu rechnen sein.

Bei Einfachregression zwischen Einwohnerentwicklung und jeweils einem der genannten Merkmale wird der Zusammenhang am besten durch eine quadratische Regressionsfunktion ausgedrückt (Tab. 12). Da die lineare Regressionsgleichung den Zusammenhang ähnlich gut angibt, beschränken wir uns auf die Darstellung und Interpretation dieses Zusammenhanges (vgl. Abb. 7). Sehr *eng* ist der *Zusammenhang* zwischen *Wohnungsneubau* und *Bevölkerungsentwicklung.* Das unterstreicht die gegenwärtig stark stimulierende Wirkung des Wohnungsneubaus für die Einwohnerentwicklung. Für 10 Regionen weichen die berechneten Werte allerdings um mehr als plus oder minus 3% von den empirischen Werten ab. Die Bevölkerungsentwicklung verlief günstiger als errechnet in den Regionen Schwerin, Weißwasser, Heiligenstadt und Bad Salzungen. Die Einwohnerentwicklung verlief ungünstiger als errechnet in den Regionen Anklam, Demmin, Pasewalk, Weißenfels, Zeitz, Gera. Die Ursachen können zunächst nur vermu-

Tabelle 12. Korrelationskoeffizienten zur Einfachregression zwischen Einwohnerentwicklung 1971—1975 (y) und verschiedenen Merkmalen der Territorialstruktur (x_n)

	linear	quadratisch	exponentiell	potentiell
x_1 Wohnungsneubau 1971—1975 pro 1000 Einw. (1. 1. 1971)	0,894	0,900	0,891	0,801
x_2 Anteil der arbeitenden wirtschaftlich Tätigen an den wohnenden wirtschaftlich Tätigen (1971) in %	0,490	0,496	0,496	0,490
x_3 Anteil der Wohnbevölkerung über 18 Jahre mit Hoch- und Fachschulabschluß (1971)	0,561	0,586	0,569	0,582
x_4 Lehrlinge pro 1000 Beschäftigte 1974/75	0,584	0,654	0,581	0,539
x_5 Anteil der Personen im Rentenalter 1974/75 an der Wohnbevölkerung	−0,567	0,612	−0,569	−0,590

Signifikanz bei 1% Irrtumswahrscheinlichkeit $r = 0{,}236$ bei $N = 123$.

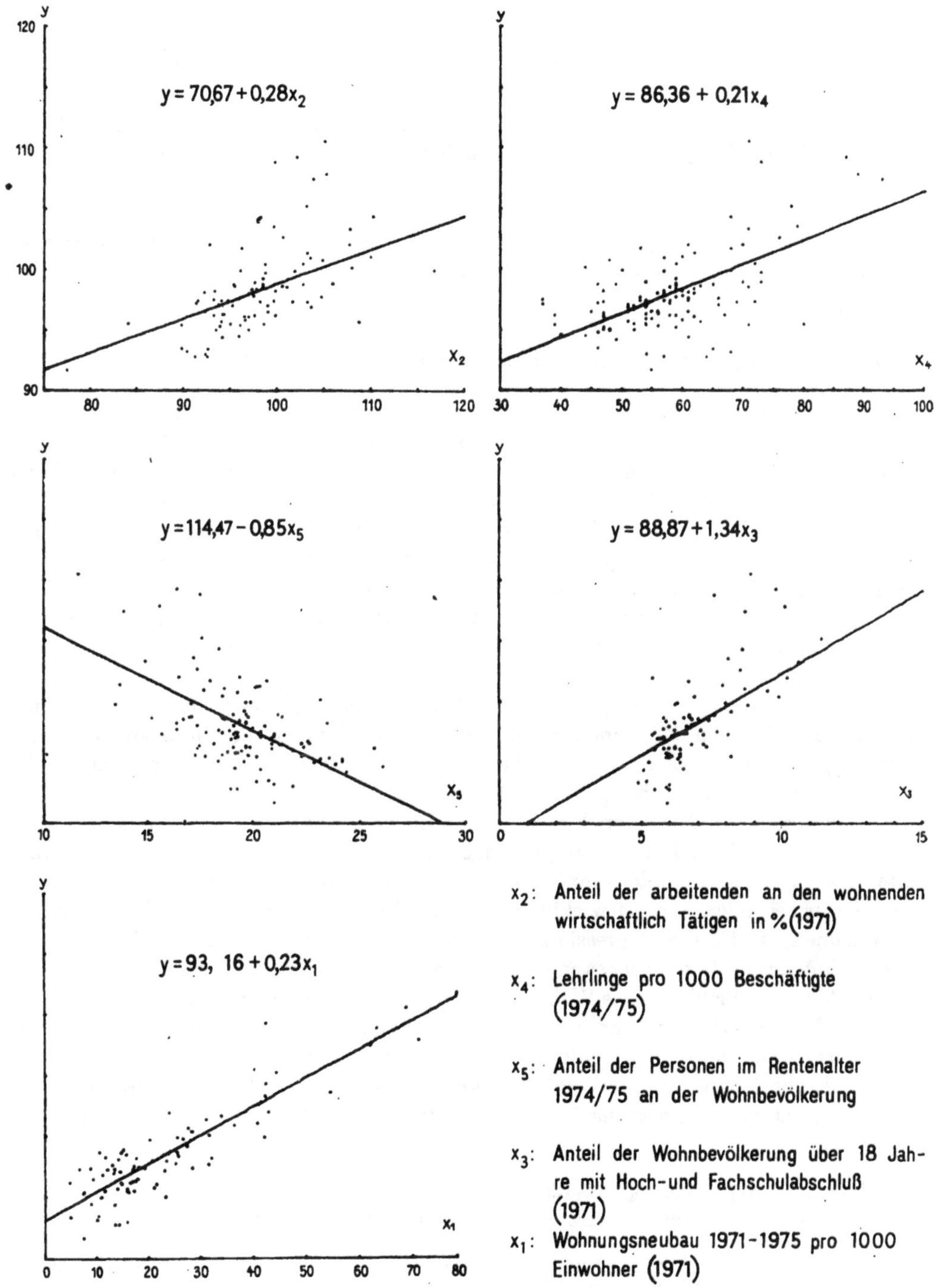

Abb. 7. Zusammenhang zwischen Einwohnerentwicklung 1971—1975 (y) und Merkmalen der Territorialstruktur (x_n)

tet werden. Gezielte Arbeitskräftezuführung in Aufbauschwerpunkte, günstige Arbeitsmöglichkeiten, relativ gute Altbausubstanz auf der einen und ungünstige Arbeitsmöglichkeiten und überalterte Bausubstanz auf der anderen Seite könnten einzeln oder kombiniert als weitere Ursachen wirken.

Weniger gut, aber signifikant, ist der Zusammenhang mit den anderen vorgestellten Merkmalen. Die Zahl der Regionen mit Abweichungen von mehr als ± 3% ist relativ groß. Die Regressionsgleichungen eignen sich keinesfalls für die Vorausberechnung der Einwohnerentwicklung.

Eine *multiple Regressionsfunktion,* in die arbeitsbezogene und demographische Merkmale als Variable eingehen, bildet die *Einwohnerentwicklung* bereits recht gut ab:

$$y = 84{,}69 + 0{,}12x_2 + 0{,}62x_3 + 0{,}08x_4 - 0{,}38x_5,$$

$r = 0{,}730$; Signifikanz bei 1% Irrtumswahrscheinlichkeit $r \geqq 0{,}236$ bei $N = 123$.

Für 20 Stadt-Umland-Regionen bis Zone 2 der Basisvariante beträgt die Abweichung der errechneten Werte von den empirischen Werten mehr als ± 3%. Hohe positive Abweichungen, und damit eine *günstigere Einwohnerentwicklung* als errechnet, haben die Regionen Schwerin, Schwedt, Elsterwerda, Guben, Weißwasser, Wittenberg, Heiligenstadt, Ilmenau, Altenburg, Eilenburg und Marienberg. In den meisten von ihnen waren die Zentren Schwerpunkte extensiver Industrieentwicklung mit entsprechenden Arbeitskräftezuführungen. Aber auch andere Faktoren dürften eine Rolle spielen, wie günstige Arbeitsmöglichkeiten in unmittelbar benachbarten Regionen (für Elsterwerda und Altenburg) oder auch hohe Geburtenraten (für Heiligenstadt).

Hohe *negative Abweichungen* von den errechneten Werten zeigen dagegen die Regionen Stralsund, Anklam, Demmin, Neustrelitz, Malchin, Eisenhüttenstadt, Oschersleben, Bitterfeld und Eisleben. Es handelt sich fast ausschließlich um solche, in deren Nachbarschaft Regionen mit sich rasch entwickelnden Zentren liegen, wodurch offensichtlich die „normalen" Zusammenhänge „gestört" werden.

Die *Regressionsfunktion* eignet sich *nicht für Bevölkerungsvorausberechnungen.* Es zeigt sich aber, daß die Bevölkerungsentwicklung durch arbeitsbezogene und demographische Merkmale abgebildet werden kann. Durch Berücksichtigung weiterer Merkmale, die insbesondere die Entwicklung von Quantität und Qualität der Arbeitsplätze kennzeichnen, dürfte die Regressionsfunktion wesentlich zu verbessern sein. Weitere Untersuchungen in dieser Richtung sind dringend erforderlich, weil wir damit rechnen müssen, daß nach Erfüllung des Wohnungsbauprogramms die Bevölkerungsentwicklung von Stadt-Umland-Regionen stark von Qualität und Quantität der Arbeitsmöglichkeiten und natürlich von der demographischen Struktur abhängen wird.

Durch Einbeziehung des Merkmals *Wohnungsneubau* in eine *Vierfachregression* wird die Anpassung der Regressionsgleichung an die empirischen Werte wesentlich verbessert:

$$y = 91{,}84 + 0{,}20x_1 + 0{,}04x_2 + 0{,}12x_3 - 0{,}14x_5,$$
$r = 0{,}902$; Signifikanz bei 1% Irrtumswahrscheinlichkeit $r \geqq 0{,}236$ bei $N = 123$.

Da die Abweichungen der errechneten Werte von den empirischen Werten für 9 Regionen noch immer groß bleiben, wird nochmals unterstrichen, daß weitere hier noch nicht berücksichtigte Faktoren wirksam sein müssen.

Zusammenfassend läßt sich feststellen, daß die *Veränderung der Bevölkerungszahlen von Stadt-Umland-Regionen* (bis einschließlich Zone 2 der Basisvariante) in der DDR *sehr differenziert* verlaufen ist. Eine besonders ungünstige Einwohnerentwicklung weisen Regionen in der Nachbarschaft von Regionen mit sich rasch entwickelnden Zentren und die nach ihrer Wirtschaftsstruktur noch stärker agrarisch und leichtindustriell geprägten Regionen auf. Innerhalb der Stadt-Umland-Regionen von Bezirksstädten (bis einschließlich Zone 3) zeigen sich deutliche *Konzentrationstendenzen auf* die Regionen der *Bezirksstädte* und wenige weitere Regionen. Die Einwohnerentwicklung ist eng mit dem Wohnungsneubau korreliert, jedoch lassen sich auch deutliche Zusammenhänge zwischen arbeitsbezogenen sowie demographischen Merkmalen und der Einwohnerentwicklung der Regionen nachweisen. Es muß angenommen werden, daß die *Arbeitsbedingungen* und *Arbeitsmöglichkeiten* sowie *demographische Faktoren* künftig verstärkt auf die Veränderung der Bevölkerungszahlen von Stadt-Umland-Regionen und das Stabilitätsverhalten von Stadt-Umland-Regionen wirken werden.

Als Schlußfolgerung für die künftige Forschung ergibt sich, daß die *Arbeitsbedingungen* und *Arbeitsmöglichkeiten* sowie die *demographische Struktur in* ihrem *Einfluß auf* die *Mobilität der Bevölkerung* (Migration und Pendelwanderung) und die *Einwohnerentwicklung* von Stadt-Umland-Regionen wesentlich *tiefgründiger untersucht* werden müssen, als es bisher möglich war. In diesem Zusammenhang sollte geklärt werden, ob und unter welchen Umständen die sich sehr dynamisch entwickelnde Land- und Nahrungsgüterwirtschaft (bzw. die Ernährungswirtschaft) künftig ein quantitativ und qualitativ hinreichendes Arbeitsplatzangebot bereithält, damit sich auf der ökonomischen Basis dieses Volkswirtschaftsbereiches relativ selbständige Stadt-Umland-Regionen der Zukunft erhalten und stabil entwickeln können.

4. Einige Schlußfolgerungen für die Stadt-Umland-Planung

Es wurde bereits früher (Krönert 1977) darauf hingewiesen, daß sich aus dem regelhaften, hierarchischen Aufbau von Stadt-Umland-Regionen zwangsläufig Schlußfolgerungen für die Stadt-Umland-Planung ergeben. Es sind unterschiedliche *Strategien der Stadt-Umland-Planung* zu entwickeln *für* die *Regionen*

- der Hauptstadt Berlin,
- der Groß- und Bezirkszentren,
- der Gebiets- und Kreiszentren,
- der partiellen Kreiszentren und Lokalzentren.

Innerhalb dieser Klassen ist weiter nach wirtschaftsräumlichen Gebietstypen zu differenzieren.

Aus der Zonierung der Stadt-Umland-Regionen wird abgeleitet, daß

- Stadt und Umland bis einschließlich Zone 1 einen Planungsraum erster Stufe,
- Stadt und Umland bis einschließlich Zone 2 einen Planungsraum zweiter Stufe,
- Stadt und Umland bis einschließlich Zone 3 einen Planungsraum dritter Stufe

abgeben sollten.

In Abhängigkeit vom Zeithorizont kann sich die *Stadt-Umland-Planung* auf die Stadt-Umland-Regionen der Gegenwart, der Basis- oder der Zukunftsvariante beziehen. Wichtiges Prinzip der Stadt-Umland-Planung muß die systematische und umfassende

Berücksichtigung der *Funktionsteilung zwischen Zentrum und Umlandzonen*, insbesondere zwischen Zentrum und Nebenzentren der Region sein.

Alle Aussagen beziehen sich auf Stadt-Umland-Regionen im Sinne von Aktions- und Kommunikationsräumen der Bevölkerung und von elementaren Siedlungssystemen. Aus dem prognostizierten Übergang von Stadt-Umland-Regionen der Gegenwart in Stadt-Umland-Regionen der Basis- und Zukunftsvariante ergeben sich auch Schlußfolgerungen für eine stärkere Berücksichtigung des *Entwicklungsaspektes in den Siedlungskategorien*. Sie sollten in folgender Weise unterteilt werden:

Siedlungskategorie 1: — Hauptstadt

Siedlungskategorie 2: — Großzentrum
- großes Bezirkszentrum (über 200000 Einwohner)
- kleines Bezirkszentrum
- Gebietszentrum mit Bezirksstadtfunktion

Siedlungskategorie 3: — Gebietszentrum der Zukunftsvariante mit 80000 bis 150000 Einwohnern
- sonstiges Gebietszentrum der Zukunftsvariante
- Kreiszentrum der Basisvariante
- sonstiges Kreiszentrum

Siedlungskategorie 4: — partielles Kreiszentrum mit Kreisstadtfunktion
- sonstiges partielles Kreiszentrum
- Lokalzentrum mit Kreisstadtfunktion
- sonstiges Lokalzentrum
- Kleinstadt, Großgemeinde ohne Umlandfunktionen (über 5000 Einwohner)

Siedlungskategorie 5: — Mittelpunktorte (große Dörfer oder kleine Kleinstädte mit Umlandfunktionen)
- große Dörfer ohne Umlandfunktionen.

In der *Siedlungskategorie 1* ist nur die Hauptstadt Berlin enthalten. Die *Siedlungskategorie 2* umfaßt die Großstädte mit Bezirkstadtfunktion. Dieser Kategorie werden auch Bezirksstädte zugeordnet, die gegenwärtig und wahrscheinlich auch künftig nach der Mehrzahl ihrer Funktionen, aber auch nach der Größe, Gebietszentren sind. Hierzu rechnen Frankfurt/Oder und Suhl. Die Bezirksstadtfunktion hebt sie aber deutlich von den übrigen Gebietszentren ab, selbst wenn letztere eine größere Einwohnerzahl aufweisen. Städte der Siedlungskategorien 1 und 2 sind in jedem Fall Städte der Zukunftsvariante.

Die *Siedlungskategorie 3* umfaßt die große Gruppe der Mittelstädte bzw. der gegenwärtigen und potentiellen Gebiets- und Kreiszentren. Ihre Untergliederung ist besonders wichtig. Ihr werden, abweichend von den bisherigen Vorstellungen, auch Gebietszentren zwischen 80000 und 150000 Einwohnern zugeordnet. Städte dieser Größenordnung sind unter den Bedingungen der DDR, sofern sie keine Bezirksstadtfunktion haben, hinsichtlich ihres Funktionsspektrums Mittelstädte.

Die *Städte der Zukunftsvariante* sollten in der Regel die *Funktionsausstattung von Gebietszentren* erhalten. In bevölkerungsschwachen Regionen dürfte das kaum erreichbar sein. Deshalb werden auch Städte mit einer Ausstattung von Kreiszentren in der Zukunftsvariante für möglich gehalten. Städte der Basisvariante sollten wenigstens Kreiszentren sein. Da nicht alle gegenwärtigen Kreiszentren der Basisvariante zugerechnet wurden, verbleiben wenige sonstige Kreiszentren, die der Siedlungskategorie 3 zugeordnet werden. Eine derartige Untergliederung der Siedlungskategorie 3 dürfte die notwendigen Festlegungen der künftigen Funktionen und der Funktionsausstattung für unsere Mittelstädte erleichtern, ohne daß hierzu bereits direkte Aussagen gemacht werden.

Die *Siedlungskategorie 4* umfaßt im wesentlichen die Kleinstädte verschiedener Funktion. Wir rechnen ihnen auch diejenigen partiellen Kreiszentren zu, die im Prozeß der Siedlungsentwicklung wenig Aussicht haben, sich zu Kreiszentren zu entwickeln. Dagegen sollten Kleinstädte mit weniger als 2000 bis 3000 Einwohnern bereits der *Siedlungskategorie 5* zugeordnet werden, sofern sie eine einseitige ökonomische Basis haben und wenn ihre Infrastrukturausstattung nur das Niveau der großen Dörfer erreicht.

Eine konsequente Berücksichtigung von *Tendenzen* der Siedlungsstrukturentwicklung führt nicht nur zu der soeben beschriebenen Modifikation der Siedlungskategorisierung, sondern vor allem auch zu einer gegenüber gegenwärtigen Vorstellungen *geringeren Zahl von Städten in den Kategorien 2, 3 und 4.*

Werden die Stadt-Umland-Regionen von Städten der Basis- und Zukunftsvariante zur Grundlage gebietlicher Planungen gewählt, sind nicht nur gegenüber heute veränderte Grenzen der Regionen zu berücksichtigen, sondern ebenso die Dynamik von Zentrum und Nebenzentren und damit die Dynamik der funktionalen Beziehungen zwischen den Zentren. Das wirft vielfältige Fragen auf, die gegenwärtig nicht beantwortet werden können. In jedem Fall ist die beabsichtigte Funktionsteilung zwischen Zentrum und Umlandzonen festzulegen. Vorschläge für die Art der Funktionsteilung können hier nicht unterbreitet werden. Der herausgearbeitete Grundaufbau von Stadt-Umland-Regionen der Zukunft gestattet jedoch, einen Denkansatz für die Ermittlung der Funktionsteilung bei Berücksichtigung von Prioritäten, entsprechend der Intensität der Beziehungen zwischen Stadt und Umland, abzuleiten.

Резюме

Тенденции развития регионов города и окрестности больших и средних городов ГДР

Во вступлении характеризуются структура и функции регионов города и окрестности. При этом особое внимание уделяется их иерархии. Быстрое развитие процесса урбанизации оставляет однако ожидать, что количество существующих в настоящее время 160 регионов города и окрестности включая зону 2, постепенно уменшится. Исходя из наблюдаюшихся тенденций концентрации в размещении производительных сил и тенденции повышения мобильности населения, были разработаны на будущее варианты с 125 и с 75 регионами города и окрестности, включая зону 2.

Приспособление структуры поселений к этим прогнозным вариантам развития в настоящее время порайонно очень различно и сильно отличается друг от друга. Здесь автор ссылается на некоторые вытекающие отсюда проблемы.

Изменение численности населения регионов города и окрестности включая зону 2, первоначального варианта протекает очень различно. Сильное сокращение численности населения наблюдается в регионах с быстро развивающимися центрами и в регионах в народнохозяйственной структуре, которых преобладают сельскохозяйственная, пищевая или лёгкая промышленности. Прирост населения отмечается в регионах областных городов, а также в некоторых регионах с расширенной промышленной базой в их центрах.

Развитие населения тесно связано со строительством новых жилых массивов. Оставляют также внимания значительные взаимосвязи между трудовыми и демографическими признаками и развитием численности населения регионов. Нужно принять во внимание, что условия труда и возможности его приложения, а также демографические факторы в будущем усилят своё влияние на изменение численности жителей регионов города и деревни.

В конце приводятся некоторые выводы о планировании города и окрестности и уточнение категорий поселения как категорий плана.

Summary

Tendencies in the development of city-hinterlands regions of towns with more than 40,000 residents in the GDR

The paper begins with a description of the structure and function of city-hinterland regions, referring especially to their hierarchy. The proceeding process of urbanization allows the conclusion that the number of 160 city-hinterland regions (including zone 2) that do not overlapp each other will decline gradually. Based on the steadily increasing concentration in the location of the productive forces and the tendency of the increasing mobility of the population the author presents two variants of city-hinterland regions: one includes 125 regions, the other variant contains the 'futural' 75 regions (including zone 2).

The adaptability of the settlement structure to the variants forecast differs regionally. Problems resulting from the different level or scope of adaptability are discussed in detail.

There are also differences in the growth of the population in the city-hinterland regions of the first variant. Regions in the neighbourhood of steadily developing economic centres show a drop in population. The same holds for regions characterized by agriculture and light industries.

On the other hand there is an increase in the population of the regions of Bezirk towns as well as in few regions with extending industries in their centres.

There is a close correlation between the changes in the number of residents and new home-building. The author sees significant interrelations between features of labour, demographic features and the number of residents of a region. The changes in the number of the population within a city-hinterland region may possibly be influenced by the variety of labour, the living and working conditions and demographic factors.

Conclusions from these facts have lead to proposals for city-hinterland-planning and a precised determination of settlement categories as 'planning categories'.

Literatur

ACHIJESER, A. S.; KOGAN, L. B. und JANIZKI, O. N.: Urbanisierung, Gesellschaft und wissenschaftlich-technische Revolution. Sowjetwissenschaft, Gesellschaftswiss. Beiträge, 22 (1969) 10, S. 1019–1030.

BELEN'KIJ, V. R.: Urbanizacija sel'skoj mestnosti i razvitie seti sel'skich poselenij v edinoj sisteme rasselenija. In: Meždunarodnyj geografičeskij kongress, Symposium K 22, Kiev 1976, S. 8–11.

BÖNISCH, R.; KEHRER, G. u. a.: Die Standortverteilung der Industrie als Gegenstand und Faktor der Intensivierung der gesellschaftlichen Reproduktion. Hochsch. f. Ökonomie B. Leuschner Berlin, Forschungsinformation, Berlin 1977.

BÖNISCH, R.; MOHS, G.; OSTWALD W. (Hrsg.): Territorialplanung. Berlin 1976.

BOSE, G.: Ergebnisse der Tendenzen der Binnenwanderung in der Deutschen Demokratischen Republik im Zeitraum 1953–1972. Diss. (B), Halle 1975.

CONRAD, D.; ROOS, H.: Territoriale Wirtschaftsorganisation und intensiv erweiterte Reproduktion. In: Gesetzmäßigkeiten der intensiv erweiterten Reproduktion bei der weiteren Gestaltung der entwickelten sozialistischen Gesellschaft (Hrsg. W. HEINRICHS; H. MAIER), Berlin 1976, S. 761–790.

Direktive des IX. Parteitages der SED zum Fünfjahrplan für die Entwicklung der Volkswirtschaft der DDR in den Jahren 1976–1980. IX. Parteitag der SED Berlin, 18.–22. 5. 1976, Berlin 1976.

Forschungsberichte des Instituts für Geographie und Geoökologie der Akademie der Wissenschaften der DDR, Leipzig 1973–1978.

Forschungsberichte der Sektion Geographie der Ernst-Moritz-Arndt-Universität Greifswald, Greifswald 1973, 1975, 1977.

Forschungsberichte der Sektion Geographie der Humboldt-Universität Berlin, Berlin 1974–1976.

GRIMM, F.: Die Kreisstädte der DDR und ihre Rolle im Siedlungssystem. Geogr. Berichte, 19 (1974) 4, S. 229–247.

GRIMM, F.: Zur Stellung der Städte der DDR im Siedlungssystem nach ihren Innen-, Umland- und Fernfunktionen. Sitz.-Ber. Akad. Wiss. DDR, Berlin, 19N (1977) S. 20–39.

GRIMM, F. und I. HÖNSCH: Zur Typisierung der Zentren der DDR nach ihrer Umlandbedeutung. Peterm. Geogr. Mitt., 118 (1974) 4, S. 282–288.

GRUNDMANN, L.: Territoriale Differenzierung der Arbeitspendelwanderung in der DDR. Potsdamer Forschungen der PH „Karl Liebknecht" Potsdam, Naturwiss. Reihe (R. B), Potsdam, 5 (1957), S. 55–60.

HAGGET, P.: Einführung in die kultur- und sozialgeographische Regionalanalyse. Berlin-W./New York 1973.

HEIDENREICH, G.: Stadt-Umland-Planung. Schr.-Reihe Bauforsch., Reihe Städtebau u. Archit., Berlin 40 (1972).

KEHRER, G.: Territorialer Niveauausgleich in der DDR — Ausdruck kontinuierlicher Entwicklung in unserem sozialistischen Staat. Z. f. d. Erdkunde-Unterricht, 28 (1976) 12, S. 449–457.

KLUGE, K.: Die Bedeutung der Siedlungskategorien für die Planung der Siedlungsstruktur. Inform. Forschungsleitstelle f. Territorialpl., Berlin, 4 (1974) 3, S. 1–20.

KRETSCHMER, K.: Regionale Bilanzrechnungen wichtiger Elemente der Territorialstruktur — ein Beitrag zur Weiterentwicklung der langfristigen territorialen Planung. Inform. Forschungsleitstelle f. Territorialpl., Berlin, 5 (1975) 12, S. 1–16.

KRETSCHMER, K.: Städteentwicklung und Reproduktion der Wohnsubstanz in den Städten. Inform. Forschungsleitstelle f. Territorialpl., Berlin, 8 (1978) 3, S. 1–4.

KRETSCHMER, K.; WEISSFINGER, E.: Der Platz der langfristigen Planung der Standortverteilun des Wohnungsbaus in der langfristigen territorialen Planung. Inform. Forschungsleitstelle f. Territorialpl., Berlin, 6 (1976) 12, S. 24–36.

Krönert, R.: Stadt-Umland-Regionen von Groß- und Mittelstädten der DDR. Geogr. Berichte, **22** (1977) 2, S. 81–101.

Krönert, R.: Die Stadt-Umland-Regionen von Groß- und Mittelstädten als Aktions- und Kommunikationsräume der Bevölkerung in der Deutschen Demokratischen Republik – Struktur und Tendenzen ihrer Entwicklung. Diss. (B), Leipzig 1980.

Krönert, R. und H. Neumann: Stadt-Umland-Regionen als Aktions- und Kommunikationsräume der Bevölkerung. Archit. d. DDR, **27** (1978) 3, S. 184–185.

Lüdemann, H.; Grimm, F.; Krönert, R.; Neumann, H. (Hrsg.): Stadt und Umland in der Deutschen Demokratischen Republik. Peterm. Geogr. Mitt., Erg.-H. Nr. 279, Gotha/Leipzig 1979.

Neumann, H.: Territoriale Wirkungsbedingungen und Entwicklungstendenzen der Pendelwanderung – Möglichkeiten und Aspekte künftiger Gestaltung (dargestellt anhand der Analyse der Pendelwanderung und ihrer Wechselbeziehungen mit territorialen Einflußfaktoren in einem Beispielgebiet). Diss (A), Halle 1974.

Neumann, H.: Hauptrichtungen der Bevölkerungsmigration über die Kreisgrenzen. Inform. Forschungsleitstelle f. Territorialpl., Berlin, **8** (1978) 3, S. 15–22.

Rumpf, H. und M. Schulz: Zu Bedeutung und Problemen der Auswahl und Entwicklung von Städten der Makrostruktur. Wiss. Z. Humboldt-Univ. Berlin, Math.-nat. Reihe, **26** (1977) 6, S. 723–731.

Rutz, W.: Erreichdauer und Erreichbarkeit als Hilfswerte verkehrsbezogener Raumanalyse. Raumforsch. u. Raumordn., Köln, **29** (1971) 4, S. 145–156.

Scherf, K.: Zu einigen ökonomischen, sozialen und territorialen Aspekten der sozialistischen Urbanisierung in der DDR. Wirtschaftswiss., Berlin, **27** (1979) 1, S. 31–46.

Statistische Jahrbücher der DDR, Berlin 1960ff.

Stempell, D. und E. Weber: Zur Entwicklung der Bevölkerung und des gesellschaftlichen Arbeitsvermögens in der DDR. Inform. Forschungsleitstelle f. Territorialpl., Berlin, **8** (1978) 3, S. 4–14.

Windelband, U.: Typologisierung städtischer Siedlungen. Gotha/Leipzig 1973.

Prof. Dr. sc. nat. Rudolf Krönert, Akademie der Wissenschaften, Institut für Geographie und Geoökologie, 7010 Leipzig, Dimitroffplatz 1

Beiträge zur Geographie	Bd. 31	S. 215–233	Berlin 1983

Zu einigen Veränderungen der versorgungsräumlichen Stadt-Umland-Beziehungen in der DDR

Von RALF SCHMIDT

1. Einführung und Zielstellung

Eine wichtige gesellschaftliche Zielstellung ökonomisch-geographischer Forschungen besteht in der Bereitstellung wissenschaftlicher Grundlagen für die Territorialplanung. Die Territorialplanung selbst hat zur Schaffung solcher territorialer (räumlicher) Bedingungen beizutragen, die der weiteren Erhöhung des materiellen und kulturellen Lebensniveaus des Volkes, der allseitigen Entfaltung der Persönlichkeit dienen sowie ein hohes Entwicklungstempo der Produktion, die Erhöhung der Effektivität, den wissenschaftlichen Fortschritt und das Wachstum der Arbeitsproduktivität gewährleisten (BÖNISCH u. a. 1976, S. 12). Das heißt, die Territorialplanung muß einen spezifischen Beitrag zur *Steuerung gesellschaftlicher Prozesse* leisten.

Im Unterschied dazu sind die ökonomisch-geographischen Forschungen in der DDR bisher vielfach auf die Bestimmung und Untersuchung aktueller Raumstrukturen orientiert. Selbstverständlich lassen sich auch aus solchen Untersuchungsergebnissen, vor allem, wenn Entstehungsursachen, Einflußfaktoren, Zusammenhänge u. a. erfaßt werden, wichtige Erkenntnisse für die Territorialplanung ableiten. Das schließt jedoch nicht aus, daß in der ökonomisch-geographischen Forschung dem *Entwicklungsaspekt* unbedingt größere Aufmerksamkeit gewidmet werden muß.

Diese allgemeine Einschätzung gilt prinzipiell auch für die am Institut für Geographie und Geoökologie Leipzig in den zurückliegenden Jahren betriebenen Stadt-Umland-Forschungen.[1])

Eine wichtige Ausgangsbasis für die Ableitung künftiger Entwicklungstendenzen ist die Einschätzung bisheriger Veränderungen. Der vorliegende Beitrag hat deshalb das *Ziel*, einige in den zurückliegenden Jahrzehnten in der DDR erkennbare *Entwicklungstendenzen versorgungsräumlicher Stadt-Umland-Beziehungen* einzuschätzen. Es wird versucht, Veränderungen sowohl der Versorgungs- und Betreuungsfunktionen der entsprechenden Zentren als auch in bezug auf Richtung, Reichweite und Intensität versorgungsräumlicher Stadt-Umland-Beziehungen aufzuzeigen.

Mit dem Begriff „*versorgungsräumliche Stadt-Umland-Beziehungen*" (künftig: SUB) werden in den folgenden Ausführungen durch Personenströme gekennzeichnete Beziehungen zwischen Stadt und Umland verstanden, die überwiegend der individuellen Konsumtion dienen. Im einzelnen sind dabei folgende *Versorgungs-* und *Betreuungsleistungen* erfaßt:

---

[1]) Wichtige Ergebnisse dieser Forschungen und damit auch Grundlagen, auf denen der vorliegende Beitrag aufbaut, sind veröffentlicht in „Stadt und Umland in der DDR", Erg.-Heft Nr. 279 zu Petermanns Geographischen Mitteilungen, Gotha/Leipzig 1979.

— Versorgung mit materiellen Gütern (Einzelhandel);
— Versorgung mit hauswirtschaftlichen Dienstleistungen;
— medizinische Betreuung und soziale Fürsorge (Gesundheits- und Sozialwesen);
— Bildung und Erziehung (Volksbildung, Hoch- und Fachschulwesen).

2. Allgemeine Ursachen und Bedingungen für die Veränderungen versorgungsräumlicher Stadt-Umland-Beziehungen

Die versorgungsräumlichen SUB und ihre Veränderungen sind Ausdruck der von den Städten und Gemeinden ausgeübten Versorgungs- und Betreuungsfunktionen. Bei Realisierung dieser Funktionen in Form von Versorgungs- und Betreuungsleistungen für die Bevölkerung werden verschiedene funktionale Beziehungen (u. a. auch versorgungsräumliche SUB) eingegangen. Selbstverständlich besitzen im bestimmten Umfang auch vorhandene versorgungsräumliche SUB Einfluß auf die Herausbildung der entsprechenden Funktionen. Ursachen und Bedingungen für die Veränderungen versorgungsräumlicher SUB sind jedoch primär in der Dynamik der entsprechenden Versorgungs- und Betreuungsfunktionen zu suchen.

Die Herausbildung und die Veränderungen der Versorgungs- und Betreuungsfunktionen der Städte und Gemeinden sind von verschiedenen Ursachen und Bedingungen abhängig, die sich für einen allgemeinen Überblick in *drei Komplexe* zusammenfassen lassen:

1. Die wesentlichen Entwicklungstrends der Versorgungs- und Betreuungsfunktionen sowie die Herausbildung der zwischen ihnen bestehenden grundlegenden Proportionen — beides prinzipiell großräumig, meist sogar im Landesmaßstab nachzuweisen — werden durch das allgemeine gesellschaftliche Entwicklungsniveau bestimmt. Wesen, Inhalt und Veränderungen versorgungsräumlicher SUB sind grundsätzlich durch allgemeine Gesetzmäßigkeiten der jeweiligen Gesellschaftsformation determiniert (vgl. „Stadt und Umland ...“ 1979, S. 11/12). Insbesondere beeinflussen der erreichte *Entwicklungsstand der Produktivkräfte* in Verbindung mit dem *Niveau der Produktionsverhältnisse* sowie die generellen Entwicklungstrends der *Bedürfnisse der Bevölkerung* und der volkswirtschaftlichen Möglichkeiten für die Bedürfnisbefriedigung Inhalt, Reichweite, Richtung und Intensität der SUB.

   Diese durch allgemeine gesellschaftliche Bedingungen und Ursachen hervorgerufenen grundlegenden Entwicklungstrends und -proportionen der Versorgungs- und Betreuungsfunktionen bzw. der versorgungsräumlichen SUB werden territorial in großer Vielfalt modifiziert.
2. Vorrangig werden diese Differenzierungen in der Entwicklung der Versorgungs- und Betreuungsfunktionen durch die *territorial verschiedene Ausprägung* der *Bedürfnisse der Menschen in Wechselwirkung mit* dem räumlich unterschiedlichen *Entwicklungsstand der* unmittelbar der Bedürfnisbefriedigung dienenden *Volkswirtschaftszweige* hervorgerufen. Speziell betrifft das bei den versorgungsräumlichen SUB auf der einen Seite die Bedürfnisse der Menschen nach Versorgung mit materiellen Gütern, medizinischer und sozialer Betreuung sowie Bildung und Erziehung und andererseits die Entwicklung der Wirtschaftszweige Einzelhandel, hauswirtschaftliche Dienstleistungen, Gesundheits- und Sozialwesen, Volksbildung, Hoch- und Fachschulwesen.

3. Weiterhin muß beachtet werden, daß die historisch gewachsene *Standortverteilung* der gesellschaftlichen Aktivitäten und die entsprechenden *Raumstrukturen gebietlich differenzierte Potenzen* für die Entwicklung der Versorgungs- und Betreuungsfunktionen der Städte/Gemeinden und damit der versorgungsräumlichen SUB darstellen. Die speziell in der Territorialstruktur begründeten Ursachen und Bedingungen nehmen in doppelter Hinsicht Einfluß auf die Entwicklung versorgungsräumlicher SUB:
   - *allgemein* durch ihre modifizierende Wirkung auf die Entwicklung der einzelnen Bedürfnisse sowie Wirtschaftszweige und damit auf Inhalt und Umfang der Versorgungs- und Betreuungsfunktionen,
   - *speziell* in der konkreten Einflußnahme auf die Standortverteilung der Versorgungs- und Betreuungseinrichtungen bei Neugründung von Standorten und bei Weiterentwicklung am gegebenen Standort sowie auf die spezifischen Formen und Möglichkeiten der Herausbildung der SUB (z. B. Verkehrs- und Lagegunst).

Für diese drei allgemeinen Ursachenkomplexe läßt sich für ausgewählte Typen der Städte und Gemeinden eine unterschiedliche Einflußnahme auf die Versorgungs- und Betreuungsfunktionen nachweisen.

3. Veränderungen der Versorgungs- und Betreuungsfunktionen von Städten und Gemeinden in der DDR

Einen konzentrierten Eindruck von den Veränderungen der Versorgungs- und Betreuungsfunktionen vermittelt die Einschätzung der *Bedeutungsänderungen von Versorgungs- und Betreuungszentren*[2]):

- Bedingt durch den immer weiter voranschreitenden Prozeß der gesellschaftlichen Arbeitsteilung, das Auftreten speziellerer Bedürfnisse sowie auch im Zusammenhang mit der generellen Erhöhung der Mobilität der Bevölkerung treten *Bedeutungserhöhungen* vor allem *bei höherrangigen Zentren* auf. In Verbindung mit der politisch-administrativen Bezirksstadtfunktion kam es zur *Stärkung aller Bezirkszentren* und zum weiteren Ausbau der Funktionen von *Großzentren.*
- Durch die Übernahme von Bezirksstadtfunktionen hat sich die Bedeutung einiger Städte als Versorgungs- und Betreuungszentrum soweit erhöht bzw. gefestigt, daß sie als frühere Gebietszentren den Status eines Bezirkszentrums oder eines partiellen Bezirkszentrums erreichten.
- Die *früheren Gebietszentren* einschließlich der partiellen Gebietszentren haben eine z. T. *divergierende Entwicklung* genommen. Ein Teil von ihnen hat sich zu Bezirkszentren entwickelt, andere stagnierten in ihrer Entwicklung bzw. hatten sogar einen Bedeutungsrückgang zu verzeichnen. Letztere sind heute nur noch der Übergangsform partielles Gebietszentrum oder dem Typ Kreiszentrum zuzuordnen.

---

[2]) Der Einschätzung liegt eine Gliederung der Versorgungs- und Betreuungszentren in
5 Elementartypen (Lokalzentren, Kreiszentren, Gebietszentren, Bezirkszentren, Großzentren und Hauptstadt) und
4 Übergangsformen (Mittelpunktsorte, partielle Kreiszentren, partielle Gebietszentren, partielle Bezirkszentren)
zugrunde (vgl. GRIMM und HÖNSCH 1974, SCHMIDT 1975, „Stadt und Umland in der DDR" 1979).

— Die *Kreiszentren* haben ihre Bedeutung als Versorgungs- und Betreuungszentren *gefestigt.* Früher niedriger einzustufende Zentren erreichten nach Übernahme der Kreisstadtfunktion vielfach das Niveau eines Kreiszentrums. Die *Zunahme der Zahl* der Kreiszentren ist in den zurückliegenden Jahren die bemerkenswerteste Änderung im hierarchischen Aufbau der Versorgungs- und Betreuungszentren in der DDR. In geringem Umfang haben sich frühere Kreiszentren zu partiellen Gebietszentren entwickelt, insbesondere dort, wo Nachbarkreise nur eine schwach entwickelte Kreisstadt (partielles Kreiszentrum) besaßen.
— Eine *divergierende Entwicklung* nahmen die früheren *Lokalzentren.* Ein Teil von ihnen hat sich nach Übernahme von Kreisstadtfunktionen zu Kreiszentren, vielfach jedoch nur zu partiellen Kreiszentren entwickelt. Andere wiederum haben z. T. oder auch völlig ihre zentralörtliche Bedeutung verloren. Das betrifft vor allem viele kreisangehörige Kleinstädte in dichter besiedelten Landkreisen.
— Die *Anzahl der Mittelpunktsorte* ist durch die Bedeutungsminderung einiger früherer Lokalzentren, besonders aber durch die planmäßige Förderung der Versorgungs- und Betreuungsfunktionen ausgewählter Industrie- und Landgemeinden, *erheblich gestiegen.*

Einen besonders großen Einfluß auf Veränderungen der Versorgungs- und Betreuungsfunktionen der Städte besitzen die *politisch-administrativen Funktionen.* Nur in wenigen Ausnahmefällen weichen die Versorgungs- und Betreuungsfunktionen wesentlich von der Reichweite der politisch-administrativen Funktionen ab. Es überwiegt die Tendenz, daß sich die Versorgungs- und Betreuungsfunktionen in ihrer Reichweite den politisch-administrativen Funktionen angleichen. Am *Beispiel* der *Kreisstädte* werden im folgenden einige spezielle Ursachen für diese Erscheinung näher charakterisiert.

Die Kreisstädte erfuhren seit der Gründung der DDR besonders umfassende Förderung. Sie waren nicht nur Schwerpunkt des Wohnungsbaues und der Schaffung neuer, vor allem industrieller Arbeitsplätze, sondern hier wurden auch die Versorgungs- und Betreuungseinrichtungen wesentlich erweitert. Mit dem Ausbau der Möglichkeiten für die Inanspruchnahme von Versorgungs- und Betreuungsleistungen in den Kreisstädten orientierten sich die kreisangehörigen Städte und Gemeinden mehr und mehr auf ihre Kreisstadt.

Im einzelnen bewirkten folgende Ursachen eine *Aufwertung der Kreisstädte* als Versorgungs- und Betreuungszentren:

1. Der bevorzugte Ausbau der Kreisstadt liegt in ihrer Rolle als meist wichtigstes Zentrum der Arbeiterklasse im eigenen Landkreis und als Zentrum der Machtausübung der Arbeiterklasse begründet.
2. Nahezu alle Kreisstädte in der DDR sind wichtige Standorte von Mittel- und Großbetrieben und zugleich Arbeitskräfte-Einpendlerzentren.
3. Der in der Kreisstadt ansässige Rat des Kreises mit seinen Fachabteilungen ist verantwortliches Planungs- und Koordinierungsorgan für die Gestaltung der Arbeits- und Lebensbedingungen der Bevölkerung im Kreis. Die Planungs- und Koordinierungstätigkeit der Kreisplankommission sowie der Bereiche Handel, Gesundheitswesen, Volksbildung, Örtliche Versorgungswirtschaft und Verkehr sichert den schwerpunktmäßigen Ausbau der Kreisstadt als Versorgungs- und Betreuungszentrum sowie die rationelle räumliche Verteilung der Versorgungs- und Betreuungseinrichtungen. Damit wird — wenn zumeist auch indirekt — Einfluß auf die Gestaltung der versorgungsräumlichen SUB genommen.
4. Der Besuch von staatlichen Einrichtungen und der Kreisleitungen der Parteien und gesell-

schaftlichen Organisationen durch die Bewohner eines Landkreises wird vielfach mit der Inanspruchnahme von Versorgungs- und Betreuungsleistungen gekoppelt.

5. Die Rolle der Kreisstadt in ihrem Einfluß auf die versorgungsräumlichen SUB wird zusätzlich noch dadurch verstärkt, daß sich neben den staatlichen und politischen Organen im Laufe der Zeit weitere Einrichtungen und Betriebe dort niedergelassen haben. Es sind dabei Größenordnungen von mindestens 50—70 Betrieben und Einrichtungen bzw. deren Neben-, Außen- oder Zweigstellen erreicht worden. Ihre Funktionsbereiche stimmen sehr oft völlig, zumindest aber teilweise mit dem jeweiligen Kreisterritorium überein. Die dadurch bedingten wechselseitigen Verflechtungsbeziehungen zwischen Kreisstadt und übrigem Kreisterritorium bewirken ebenfalls eine verstärkte Orientierung der versorgungsräumlichen SUB auf die Kreisstadt.[3])

In die Einschätzung der *Veränderungen* von Versorgungs- und Betreuungsfunktionen dürfen nicht nur die Zentren einbezogen werden. Auch die *übrigen Gemeinden* erfuhren Veränderungen ihrer Funktionen und übten dadurch einen Einfluß auf die Gestaltung der versorgungsräumlichen SUB aus.

Überdurchschnittliche Verbesserungen der Versorgungs- und Betreuungsleistungen erfolgten grundsätzlich in Städten und Gemeinden, in denen vorrangig Arbeiter wohnen und/oder arbeiten. In ausgeprägten *Arbeiterwohngemeinden* führte das jedoch meist nicht zur Herausbildung eines Bedeutungsüberschusses in den Versorgungs- und Betreuungsfunktionen. Vielmehr blieb größtenteils die Bindung an ein höherrangiges Zentrum bestehen, oder es entstanden neue versorgungsräumliche SUB.

In den *Industrieorten* mit Standorten von Mittel- und Großbetrieben wurden gewöhnlich auf dem Betriebsgelände bzw. in dessen unmittelbarer Nähe Versorgungseinrichtungen des Einzelhandels, vielfach auch im Zusammenhang mit anderen Einrichtungen, neu geschaffen bzw. wesentlich erweitert. In Industrieorten, die früher keine Zentrumsfunktionen wahrnahmen, bildeten sich dadurch z. T. partielle überörtliche Funktionen heraus. Die Bedeutungszunahme war gemeinhin aber nicht so groß, daß es dadurch zum Entstehen eines Versorgungszentrums mit einem komplexen Leistungsangebot (z. B. eines Lokalzentrums) kam.

Die Mehrzahl der *Landgemeinden* besaß jahrhundertelang keine bzw. nur unzulängliche Versorgungs- und Betreuungseinrichtungen für ihre Einwohner; vielfach dominierte die Eigenversorgung. In den letzten Jahrzehnten sind in der DDR diesbezüglich grundsätzliche Veränderungen eingetreten. Die Notwendigkeit resultierte aus der Bündnispolitik der Arbeiterklasse und Bauernschaft und fand ihren Ausdruck u. a. im Entstehen von Landwirtschaftlichen Produktionsgenossenschaften und dem damit einhergehenden Rückgang der Eigenversorgung der Genossenschaftsbauern sowie in den wesentlich gestiegenen Bedürfnissen der Landbevölkerung. Ausgehend davon erfolgten auf dem Lande systematische Neu- und Erweiterungsbauten von Versorgungs- und Betreuungseinrichtungen.

Gemeinden mit leistungsstarken LPG, mit *Dienstleistungseinrichtungen für die Landwirtschaft* und in den letzten Jahren verstärkt auch mit *kooperativen* und *zwischengenossenschaftlichen Einrichtungen* der Landwirtschaft gewannen oft eine *Vorrangstellung.* Sie wurden durch den Neu- bzw. Ausbau bestimmter Einrichtungen gezielt befähigt, z. T. auch über den eigenen Ort hinausgehend Versorgungs- und Betreuungsaufgaben zu übernehmen.

Die in den letzten Jahrzehnten neugeschaffenen Möglichkeiten für die Inanspruchnahme von Versorgungs- und Betreuungsleistungen auf dem Lande haben das Versor-

---

[3]) Zu weiteren Ausführungen über die Bedeutung der Kreisstädte siehe GRIMM 1974.

gungsniveau der Landbevölkerung wesentlich erhöht und zu einer größeren Streuung in der Standortverteilung der Versorgungs- und Betreuungseinrichtungen geführt. Das half vielfach verhindern, daß versorgungsräumliche SUB mit ungerechtfertigter Reichweite und Intensität auftraten.

Mit den differenzierten Bedeutungszu- und -abnahmen der Versorgungs- und Betreuungsfunktionen der Städte und Gemeinden sind vielfältige *Veränderungen* in bezug auf Richtung, Reichweite und Intensität der versorgungsräumlichen SUB verbunden. So ist eine Erhöhung der Umlandbedeutung der Versorgungs- und Betreuungszentren gleichzusetzen mit größerer Reichweite und/oder Intensität der versorgungsräumlichen SUB. Bedeutungsabnahmen z. B. der Kleinstädte führten zu Umorientierungen der SUB, zur Verstärkung der Beziehungen zu höherrangigen Zentren oder auch für die Gemeinden im Umland der Kleinstadt zur Erhöhung der Eigenversorgung. Diese allgemeinen Einschätzungen beziehen sich auf die versorgungsräumlichen SUB insgesamt; die Entwicklungstendenzen der einzelnen versorgungsräumlichen SUB können davon mehr oder weniger abweichen.

4. Veränderungen in der Richtung, Reichweite und Intensität ausgewählter versorgungsräumlicher Stadt-Umland-Beziehungen

4.1. Veränderungen der Einkaufsbeziehungen der Bevölkerung

In der Literatur (z. B. bei PAEPER 1967, DLOUHY 1967, DALICHOW/KRIEGER 1972) werden verschiedene *Einflußfaktoren* für die Entwicklung des Warenverbrauchs und die Gestaltung der Einkaufsbeziehungen genannt. Eine erste Gruppe von Einflußgrößen ist in den Grundsätzen unserer *Gesellschaftspolitik* begründet:

- Einrichtung und Vervollkommnung der Territorialplanung in den Kreisen und Bezirken,
- die ständige Steigerung des Versorgungsniveaus der Bevölkerung,
- Entwicklung (insbesondere die Tendenz der Angleichung) der Geldeinnahmen der Bevölkerung,
- Gleichberechtigung der Frau und Grad ihrer Einbeziehung in den Arbeitsprozeß,
- besondere Förderung der Arbeiterversorgung,
- Erhöhung des Bildungsniveaus und des Freizeitfonds der Bevölkerung,
- Erhöhung des Fremdenverkehrs einschließlich des visafreien Grenzverkehrs.

Weitere Faktoren ergeben sich vor allem aus der Entwicklung einzelner *Bedürfnisse der Bevölkerung*:

- Veränderungen im Anteil der einzelnen Warenhauptgruppen und Sortimente am Warenangebot,
- höhere Qualitätsanforderungen der Bevölkerung an die einzelnen Waren und an die Breite des Warenangebots in den Verkaufsstellen,
- Rückgang der Selbstversorgung und Erhöhung des Versorgungsniveaus der Landbevölkerung,
- Veränderungen im Einkaufsrhythmus bei Vergrößerung der Warenmenge je Einkauf.

Schließlich sind noch spezielle Faktoren zu nennen, die unmittelbar aus der *Handelstätigkeit* erwachsen, wie z. B.

- Erhöhung der Verkaufskultur,
- Schaffung größerer Kapazitätseinheiten,
- territoriale Differenzierung in der Warenstreuung.

Von den genannten Einflußgrößen gehen unterschiedliche, z. T. sogar gegensätzliche Wirkungen auf die Einzelhandelsfunktionen der Städte und Gemeinden aus. Damit sind in bezug auf die Entwicklung der Einkaufsbeziehungen ebenfalls verschiedene Ergebnisse nachweisbar.

Mit der antifaschistisch-demokratischen Umwälzung nach 1945 und dem sich anschliessenden Aufbau des Sozialismus in der DDR gab es für die Entwicklung des Einzelhandels und für die Gestaltung des *Verkaufsstellennetzes* einschließlich der Einkaufsbeziehungen der Bevölkerung neue Gesichtspunkte. Illgen (1970, S. 109) schätzt das zusammenfassend wie folgt ein:

„Die grundlegenden gesellschaftlichen Veränderungen nach der Zerschlagung der faschistischen Herrschaft schufen ... Voraussetzungen für eine planmäßige Organisation des Verkaufsstellennetzes des sozialistischen Einzelhandels. In Erfüllung handelspolitischer Beschlüsse und Direktiven von Partei und Regierung wurde durch die Schaffung neuer Verkaufseinrichtungen schrittweise die aus dem Kapitalismus übernommene Vernachlässigung der ländlichen Gebiete, der Stadtrandzonen und der Arbeiterwohngebiete beseitigt."

Ergänzt werden muß in diesem Zusammenhang noch die Errichtung neuer Verkaufsstellen in größeren Betrieben und Einrichtungen (Betriebsverkaufsstellen) zur Verbesserung der Arbeiterversorgung.

Die Schaffung der neuen Verkaufseinrichtungen in den Betrieben, Landgemeinden und Wohngebieten ist gleichzusetzen mit einer *standörtlichen Dekonzentration* im Verkaufstellennetz. Seine größten Ausmaße besaß dieser räumliche Entwicklungsprozeß offensichtlich bis zu Beginn der 60er Jahre. Nach Menzel (1964, S. 21 und 27) wurden durch die Konsumgenossenschaften von 1946 bis 1961 in der DDR 2000 Landverkaufsstellen und Landwarenhäuser errichtet. Weitere Verkaufsstellen gewann man durch Um- und Ausbauten. Ein typisches Beispiel für die Entwicklungstendenzen im Verkaufsstellennetz nach 1945 bietet der *Landkreis Strasburg.*

In den 48 Gemeinden unter 2000 Einwohnern bestanden 1945 insgesamt nur 28 Gemischtwarenverkaufsstellen, Bäckereien und Fleischereien; d. h. in der Mehrzahl der Gemeinden gab es keine Einkaufsmöglichkeiten. Bis 1962 erhöhte sich die Anzahl der Verkaufsstellen auf 98, die sich wie folgt auf die Gemeindegrößengruppen und Branchen verteilen (nach Menzel, 1964, Anlage 3):

Gemeindegrößengruppen	Anzahl der Gemeinden	Anzahl der Verkaufsstellen		
		Nahrungs- u. Genußmittel	Industriewaren	Gemischtwaren
unter 200 EW	3	—	—	3
200 bis unter 500 EW	36	23	6	26
500 bis unter 1000 EW	8	20	5	11
1000 bis unter 2000 EW	1	3	—	1

Im Untersuchungsraum *Dessau* (= Stadtkreis Dessau, Landkreise Bitterfeld, Gräfenhainichen, Köthen, Roßlau, Wittenberg, Zerbst) konnten ähnliche Tendenzen nachgewiesen werden:

Eine deutliche Aufwertung ihrer Einzelhandelsfunktionen erfuhren in den 50er und 60er Jahren sowohl Gemeinden agrarischer Prägung, insbesondere wenn die landwirtschaftliche Produktion eine besondere Förderung erfuhr (Cobbelsdorf, Gossa, Reuden, Steutz, Prosigk, Tornau), als auch Industriestandorte wie z. B. Weißandt-Gölzau, Holzweißig, Zschornewitz, Rodleben, Edderitz, Osternienburg, Reinsdorf (vgl. SCHMIDT 1975).

Diese standörtliche Dekonzentration der Verkaufsstellen hatte in zweifacher Hinsicht Auswirkungen auf die Einkaufsbeziehungen der Bevölkerung. Vielfach muß angenommen werden, daß der *Ausbau des Verkaufsstellennetzes* parallel zum Anstieg der Bedürfnisse der Bevölkerung und zum Rückgang der Selbstversorgung vieler Bewohner ländlicher Gemeinden erfolgte. Das heißt, es wurde von vornherein vermieden, daß es zur Herausbildung von Einkaufsbeziehungen größerer Reichweite und/oder Intensität kam.

Eine zweite Wirkung standörtlicher Dekonzentration auf die Einkaufsbeziehungen besteht darin, daß einzelne Gemeinden und Wohngebiete eine wesentliche *Erhöhung ihrer Einzelhandelsfunktionen* erfuhren, deren Einwohner bisher zumindest z. T. außerhalb ihrer Wohnstandorte Einkäufe tätigten. Das heißt, es trat in diesen Fällen eine Verringerung der Einkaufsbeziehungen bzw. ihrer Reichweite ein.

Gleichzeitig mit der standörtlichen Dekonzentration sind auch Tendenzen der *räumlichen Konzentration* im Verkaufsstellennetz und entsprechende Veränderungen der Einkaufsbeziehungen festzustellen. Der Konzentrationsprozeß im Verkaufsstellennetz kann sich in zwei unterschiedlichen Formen vollziehen:

— durch die Schaffung größerer Kapazitätseinheiten bei Verringerung der Standorte von Verkaufseinrichtungen, höheren Spezialisierungsgrad im Warenangebot und höherer Leistung (Umsatz) sowie
— durch die Zunahme der Standorte von Verkaufseinrichtungen in Verbindung mit einer wesentlichen Umsatzsteigerung in ausgewählten, bereits bestehenden zentralen Einkaufsorten bzw. in neu entstehenden zentralen Einkaufsorten, jeweils bei Rückgang der Einkaufsmöglichkeiten und des Umsatzes in den Gemeinden des Umlandes.

Der Konzentrationsprozeß findet allgemein seinen Ausdruck u. a. darin, daß trotz nachgewiesener standörtlicher Dekonzentration die Anzahl der Verkaufsstellen in der DDR insgesamt (wie auch in den einzelnen Bezirken) ständig abnahm:

1952	195921
1960	186065
1966	163400
1971	127553.

Im gleichen Zeitraum erhöhte sich die Umsatzleistung auf 299% (vgl. Statist. Jahrbuch 1974).

Die Zahlen weisen darauf hin, daß sich seit Mitte der 60er Jahre die Tendenz der räumlichen Konzentration — offensichtlich hervorgerufen durch die Schaffung größerer Verkaufseinrichtungen — verstärkte. Im einzelnen bewirkten vor allem folgende Maßnahmen diese Erscheinung:

— die Einrichtung und der Neubau von Centrum- und Konsument-Warenhäusern mit einem umfassenden, spezialisierten Warenangebot in den Großstädten der DDR;

- das Entstehen von Kontakt- und Magnet-Warenhäusern in einer Vielzahl der Kreisstädte;
- die planmäßige Einrichtung und der Neubau von großen Spezialgeschäften, von nach Bedarfskomplexen gegliederten Verkaufseinrichtungen und das konzentrierte Angebot von Spezialartikeln, besonders in den Stadtzentren.

Die zunehmenden Konzentrationstendenzen im Verkaufsstellennetz bewirken eine *Bedeutungserhöhung ausgewählter zentraler Einkaufsorte.* Entsprechende Triebkräfte dafür sind neben ökonomischen Gesichtspunkten auch die Bedürfnisse der Bevölkerung an einem Warenangebot mit größerer Sortimentsbreite und das Anwachsen des Spezialisierungsgrades der Waren.

Planmäßig berücksichtigt werden diese Gesichtspunkte mit dem in der Handelsliteratur vorgestellten „Prinzip des konzentrischen Aufbaues des Verkaufsstellennetzes" (vgl. u. a. Heinrichs 1962, Illgen 1970). Dieses Dislokationsprinzip fordert entsprechend dem Spezialisierungsgrad und damit auch der Nachfragehäufigkeit der Waren durch die Bevölkerung einen gestuften Aufbau des Verkaufsstellennetzes innerhalb von Städten und das Bestehen von Einkaufszentren und zentralen Einkaufsorten unterschiedlicher Ordnung.

Zwischen standörtlicher Dekonzentration und räumlicher Konzentration müssen bestimmte Proportionen eingehalten werden, damit aktuelle Strukturen erhalten bleiben oder bestehende räumliche Unterschiede abgebaut werden können. Die Förderung der *Tendenzen des räumlichen Niveauausgleichs* ist unter sozialistischen/kommunistischen Bedingungen ein grundlegendes gesellschaftliches Ziel und beinhaltet u. a. auch die Beseitigung ungerechtfertigter Unterschiede im Versorgungsniveau der Bevölkerung.

Auf der Grundlage von Einschätzungen des Einzelhandels-Umsatzes lassen sich für den Zeitraum 1955/1973 eindeutig Tendenzen des Niveauausgleichs zwischen den einzelnen Bezirken der DDR nachweisen (Statistisches Jahrbuch 1974):

Nahrungs- und Genußmittel-Umsatz in der DDR	Pro-Kopf-Umsatz der Bezirke	Durchschnittliche Streuung der bezirklichen Pro-Kopf-Umsätze	
		absolut	relativ
1955	1025 M	± 210 M	± 20%
1973	2330 M	± 198 M	± 8%
Industriewaren-Umsatz in der DDR	**Pro-Kopf-Umsatz der Bezirke**	**Durchschnittliche Streuung der bezirklichen Pro-Kopf-Umsätze**	
		absolut	relativ
1955	755 M	± 132 M	± 18%
1973	2060 M	± 283 M	± 14%

Selbstverständlich gibt es dabei auf Grund handelspolitischer Zielstellungen, der spezifischen Entwicklung der Bedürfnisse der Bevölkerung und den Möglichkeiten ihrer materiellen Deckung durch die Produktion Differenzierungen zwischen Nahrungs- und Genußmitteln und Industriewaren.

Im Zusammenhang mit dem Prozeß des territorialen Ausgleichs lassen sich die Bezirke in der DDR entsprechend der Höhe der *Zuwachsraten des Pro-Kopf-Umsatzes* gruppieren.

Gruppierung der Bezirke	Steigerungsraten 1955/1973 in % (1955 ≙ 100%)	
	Nahrungs- und Genußmittel	Industriewaren
1. Bezirke Rostock, Schwerin, Neubrandenburg, Frankfurt, Cottbus, Erfurt, Suhl	250	290
2. Bezirke Halle, Gera, Leipzig, Karl-Marx-Stadt und Berlin	210	260
3. Bezirke Magdeburg, Dresden (= DDR-Durchschnitt)	230	270

Durch den Vergleich der Bezirkswerte wird der Abbau großräumiger Niveauunterschiede gekennzeichnet. Die Bezirke können dabei als vergleichbare Raumeinheiten angesehen werden, weil sich die Kauffondswanderungen über die Bezirksgrenzen gegenseitig weitgehend aufheben.

Grundsätzlich andere Aussagen liefert der Vergleich von Umsatz-Angaben der Kreise: Streuung des Pro-Kopf-Industriewaren-Umsatzes der Kreise in der DDR:

1956 $\pm$ 237 M = 31%
1971 $\pm$ 479 M = 28%.

Die durchschnittliche Streuung der Pro-Kopf-Umsätze der Kreise ist eindeutig größer als die der Bezirke. Diese Tatsache ist darauf zurückzuführen, daß über die Kreisgrenzen in stärkerem Maße als über die Bezirksgrenzen Kauffondswanderungen in Form der Einkaufsbeziehungen der Bevölkerung auftreten. Eine große Zahl der über die Kreisgrenzen verlaufenden Einkaufsbeziehungen ist mit hoher Wahrscheinlichkeit volkswirtschaftlich und bezüglich des persönlichen Aufwandes der Bevölkerung vertretbar. Die Angaben über die durchschnittliche Streuung des Pro-Kopf-Umsatzes der Kreise kennzeichnen demnach sowohl die Entwicklung nicht gerechtfertigter territorialer Unterschiede als auch — und das in viel stärkerem Maße — bestimmte Tendenzen durchaus zu befürwortender Vergrößerungen der Reichweite der Einkaufsbeziehungen.

Eine Ermittlung nicht vertretbarer Unterschiede zwischen den einzelnen Kreisen auf der Grundlage ihrer *Umsatzleistung* ist nicht möglich. Eine entsprechende Einschätzung wäre nur denkbar, wenn statt des Umsatzes der durchschnittliche *Verbrauch an Waren* durch die Wohnbevölkerung als Grundlage für einen Vergleich zwischen den Kreisen herangezogen würde.

Eine entsprechende Datenbasis wird durch die Statistik nicht zur Verfügung gestellt. Auf Grund detaillierter Analysen der Einkaufsbeziehungen im Untersuchungsraum Dessau (Schmidt 1975) wurde eine *Methode zur Berechnung von Näherungsgrößen* über den *durchschnittlichen Pro-Kopf-Verbrauch der Bevölkerung an Industriewaren in den Stadt- und Landkreisen der DDR* entwickelt. Durch eine nacheinander erfolgende, zweimalige Berechnung des arithmetischen Mittels der Umsatzgrößen eines Kreises einschließlich seiner Nachbarkreise ist eine überschlägliche Einschätzung des tatsächlichen Verbrauchs an Waren durch die Wohnbevölkerung möglich. Es wird angenommen, daß die Kauffondswanderungen über die Kreisgrenzen dadurch rechnerisch in etwa eliminiert werden.

Die unter gleichen Voraussetzungen für *1956* und *1971* vorgenommenen Berechnungen ergaben, daß sich bei einer Verdopplung des Industriewaren-Umsatzes in der DDR die territorialen Unterschiede zwischen den Kreisen bezüglich des Pro-Kopf-Verbrauchs an Industriewaren wesentlich verringerten; relatives Streuungsmaß 1956: ± 17% gegenüber 1971: ± 8% (vgl. Abb. 1 und Abb. 2). Der Anteil der Stadt- und Landkreise, die in ihrem Pro-Kopf-Verbrauch an Industriewaren mehr als 12% unter dem DDR-Durchschnitt liegen, ist von 1956: 25% auf 1971: 7% zurückgegangen.

4.2. Veränderungen weiterer versorgungsräumlicher Stadt-Umland-Beziehungen

Die *hauswirtschaftlichen Dienstleistungen* und Reparaturen für die Bevölkerung werden über zwei verschiedene Einrichtungen realisiert: über das Annahmestellennetz der Dienstleistungskombinate und -betriebe sowie direkt über die Handwerks- und Dienstleistungsbetriebe. Für letztere erfolgten im Beispielgebiet *Dessau* detaillierte Untersuchungen.

Es wurde die Anzahl der in Handwerks- und Dienstleistungsbetrieben Tätigen, die für die Bevölkerung hauswirtschaftliche Dienstleistungen erbringen (im folgenden als Dienstleistungs-Beschäftigte bezeichnet), für die Jahre 1958 und 1970 analysiert. Diese Methode ergibt selbstverständlich nur Näherungslösungen; es existieren jedoch keine anderen äquivalenten Datenunterlagen.

Ein wichtiges Ergebnis dieser Untersuchungen besteht darin, daß sich die *Anzahl der Orte mit* einem *Bedeutungsüberschuß* bei hauswirtschaftlichen Dienstleistungen im Zeitraum 1958–1970 von 46 auf 33 *verringerte*:

Gemeindegrößenklasse	Anzahl der Gemeinden mit Bedeutungsüberschuß	
	1958	1970
unter 500 Einwohner	10	5
500 bis unter 1000 Einwohner	9	2
1000 bis unter 2000 Einwohner	6	5
2000 bis unter 5000 Einwohner	9	9
5000 bis unter 10000 Einwohner	4	4
10000 EW und darüber	8	8

Diese Gegenüberstellung weist darauf hin, daß besonders die kleineren Orte mit Bedeutungsüberschuß vom Rückgang der Dienstleistungs-Beschäftigten und den mit der Bildung von Produktionsgenossenschaften des Handwerks einhergehenden Veränderungen betroffen waren.

Es darf aber auch nicht unerwähnt bleiben, daß z. B. die Kreisstädte eine Abnahme in der absoluten Höhe ihres Bedeutungsüberschusses aufweisen. Demgegenüber sind zwischen 1958 und 1970 bei einigen kreisangehörigen Kleinstädten im Beispielsgebiet Dessau geringe relative und z. T. sogar absolute Bedeutungszunahmen zu erkennen, die aber nicht annähernd den generellen Rückgang der Dienstleistungs-Beschäftigten in anderen Städten und Landgemeinden ausgleichen.

Durch die Entwicklung und den Ausbau von Dienstleistungskombinaten und eines verzweigten Netzes von Annahmestellen wurde in den letzten Jahren versucht, die vielerorts vorhandenen Unterschiede zwischen Bedarf der Bevölkerung und Leistungsaufkommen abzubauen.

Die im Beispielsgebiet Dessau gewonnenen Erkenntnisse führen zu der Annahme, das-

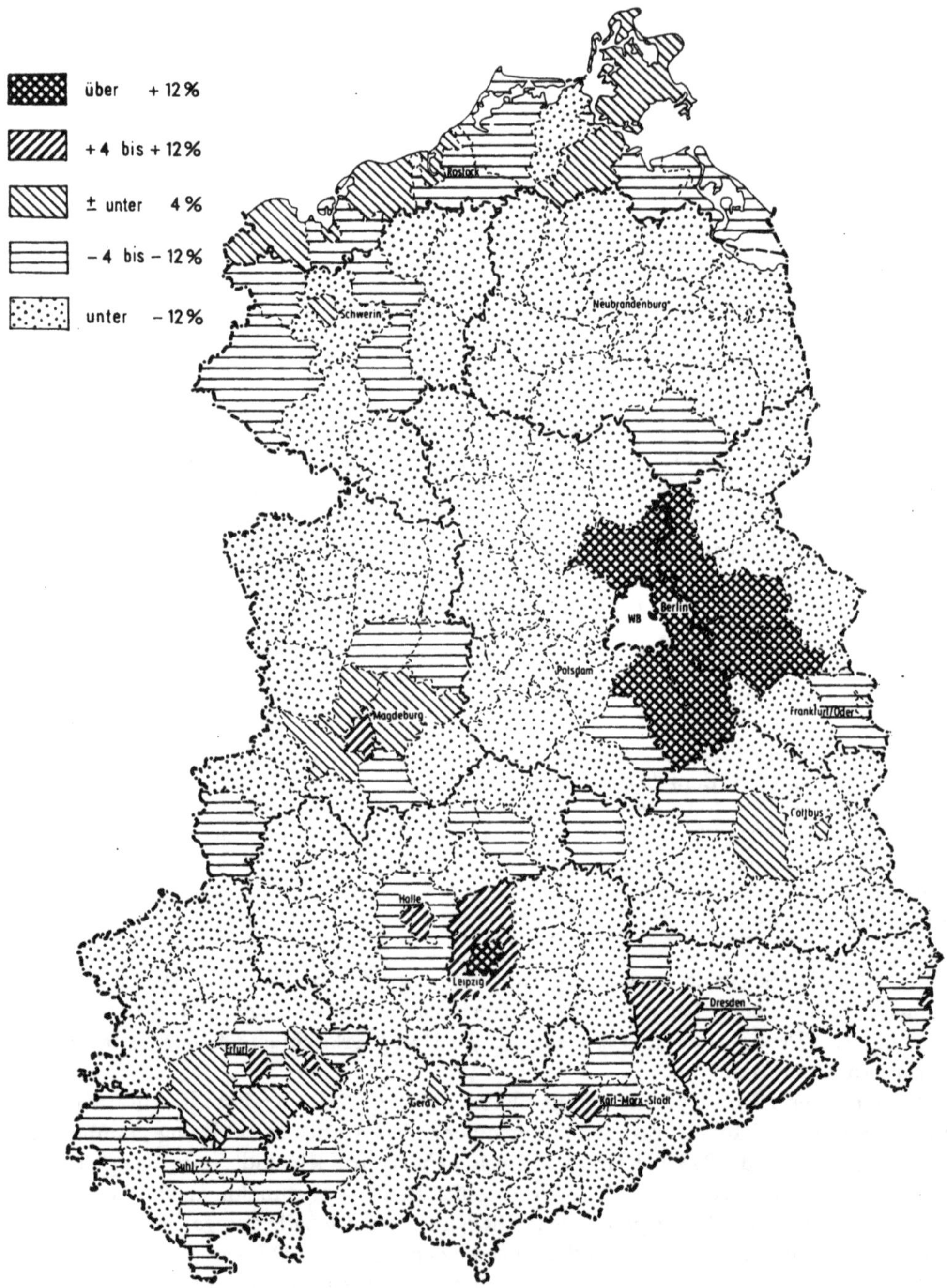

Abb. 1. Pro-Kopf-Verbrauch der Bevölkerung an Industriewaren im Jahre 1956 (Angaben auf Kreisbasis) – Prozentuale Abweichung vom DDR-Durchschnitt

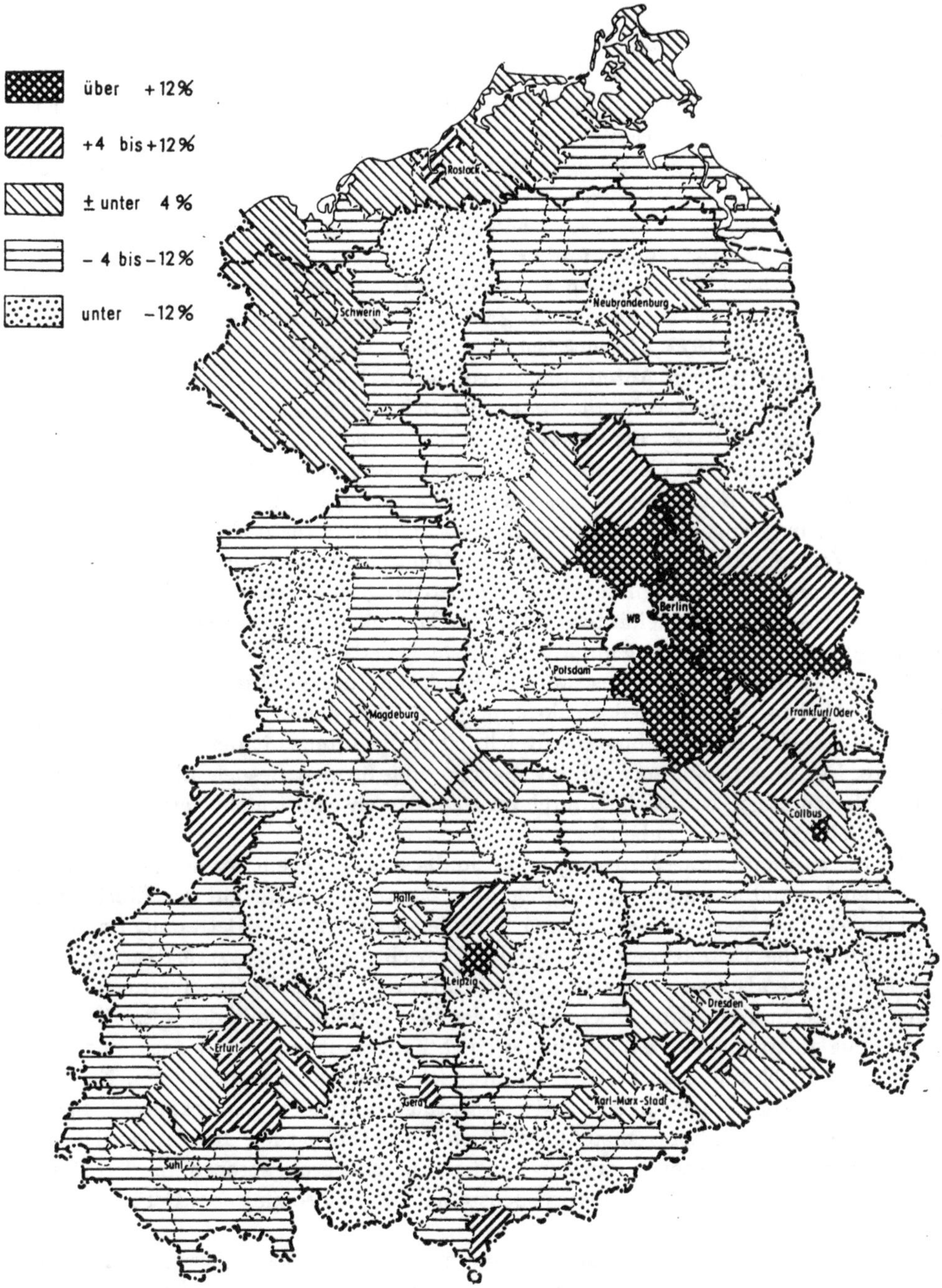

Abb. 2. Pro-Kopf-Verbrauch der Bevölkerung an Industriewaren im Jahre 1971 (Angaben auf Kreisbasis) — Prozentuale Abweichung vom DDR-Durchschnitt

die *Reichweite* und *Intensität der SUB für hauswirtschaftliche Dienstleistungen* in den zurückliegenden Jahren offensichtlich *zunahmen*, wobei zwischen einzelnen Leistungsarten und Gebieten z. T. erhebliche Unterschiede in der Größenordnung auftraten. Weiterhin ist zu vermuten, daß die Inanspruchnahme von hauswirtschaftlichen Dienstleistungen vielfältige Umorientierungen erfuhr und damit Richtungsänderungen der entsprechenden SUB eingetreten sind. Insbesondere für Kleinstädte und Kreisstädte ist, wenn man bei letzteren die vorrangige Errichtung von Annahmestellen der Dienstleistungskombinate mit berücksichtigt, vielfach eine Aufwertung der Zentralität für hauswirtschaftliche Dienstleistungen festzustellen.

Eine differenzierte Einschätzung der Veränderungen ist auch für die SUB des *ambulanten Gesundheitswesens* notwendig. Die Zahl der Ärzte je 10000 der DDR-Bevölkerung ist von 1952: 7,0 auf 1972: 16,8 gestiegen. An dieser Steigerungsrate hat das ambulante Gesundheitswesen großen Anteil, wenn man bedenkt, daß sich im gleichen Zeitraum die Zahl der Einrichtungen für die ambulante Behandlung mehr als verdoppelte.

Die Zunahme der Anzahl der Standorte für die *allgemeinmedizinische Betreuung* führte zur Herausbildung einer Vielzahl neuer, meist kleinerer Behandlungszentren. Die allgemein-medizinische Betreuung in diesen Orten dient vor allem der eigenen Wohnbevölkerung; nur in geringem Umfang sind es Leistungen von überörtlicher Bedeutung. Zur besseren Versorgung der Bevölkerung mit medizinischen Leistungen trugen auch wesentlich die neugeschaffenen Einrichtungen des Betriebsgesundheitswesens bei.

Der durchschnittliche Zeitaufwand für das Erreichen von Einrichtungen der allgemeinmedizinischen Betreuung müßte sich entsprechend der deutlich ausgeprägten standörtlichen Dekonzentration ebenso wie die Reichweite der spezifischen SUB tendenziell verringert haben. Dem steht jedoch ein ständiger Anstieg der Arzt-Konsultationen gegenüber, so daß sich bei Abnahme der Reichweiten die Intensität der auftretenden SUB erhöhte. Der Gesamt-Zeitaufwand der Bevölkerung für den Besuch allgemeinmedizinischer Einrichtungen wird sich dadurch im DDR-Durchschnitt nicht verringert, sondern vermutlich sogar erhöht haben.

Für die *spezialärztliche Betreuung* ist ebenfalls eine — gegenüber der allgemeinmedizinischen Behandlung sogar noch größere — Zunahme der Anzahl der Einrichtungen und der Zahl der Ärzte zu verzeichnen. Für die spezialärztliche Betreuung erfolgte vor allem durch die Erweiterung bestehender Einrichtungen ein systematischer Ausbau der Kreisstädte als Zentren der medizinischen Betreuung für die Bevölkerung der jeweiligen Kreisterritorien. Eine Orientierung der in Verbindung mit der spezialärztlichen Betreuung auftretenden SUB auf die jeweilige Kreisstadt und damit auch eine Verringerung der Reichweiten dieser SUB konnte nicht generell erreicht werden. Es ist vielmehr festzustellen, daß immer wieder Ansprüche auftreten, „anerkannte" Spezialisten in den größeren Zentren zu konsultieren. Zum Teil werden diese Ansprüche auch durch den immer weiter voranschreitenden Spezialisierungsprozeß in der Medizin, insbesondere auch durch den Einsatz hochspezialisierter medizinischer Geräte und Anlagen, unterstützt.

Den Erscheinungen der räumlichen Konzentration und Spezialisierung wird, ausgehend von den Einrichtungen in der Kreisstadt, mit dem Aufbau eines Netzes von *Außenstellen mit zeitweiligen Sprechstunden der Spezialärzte* versucht entgegenzuwirken. Das ruft eine *Bedeutungserhöhung der kleineren Behandlungszentren* und eine teilweise Verringerung der Reichweiten der entsprechenden SUB hervor.

5. Veränderungen versorgungsräumlicher Stadt-Umland-Beziehungen als Bestandteil räumlicher Entwicklungsprozesse

Die dargestellten Veränderungen versorgungsräumlicher SUB sind ein Ergebnis von *drei* allgemeinen *räumlichen Entwicklungsprozessen*: der räumlichen Dekonzentration, der räumlichen Konzentration und des räumlichen Niveauausgleichs.

Die *räumliche Dekonzentration* äußert sich vor allem in einer größeren Streuung von Versorgungs- und Betreuungseinrichtungen und damit in einer größeren räumlichen Verbreitung von Versorgungs- und Betreuungsfunktionen. Die räumliche Dekonzentration von Versorgungs- und Betreuungsfunktionen ist gleichzusetzen mit geringeren Reichweiten der versorgungsräumlichen SUB und Bedeutungserhöhungen besonders der kleineren Versorgungs- und Betreuungszentren bzw. ausgewählter sonstiger Gemeinden. Triebkräfte der räumlichen Dekonzentration sind u. a. die Zunahme bzw. immer weitere Verbreitung bestimmter Bedürfnisse und das Bestreben, bessere Bedingungen für die Befriedigung grundlegender Bedürfnisse zu schaffen. Die Tendenz der räumlichen Dekonzentration wird bei der Erforschung der Territorialstruktur oft unterschätzt bzw. nicht berücksichtigt, weil sie durch die räumliche Konzentration und Spezialisierung überlagert wird und letztere auffälligere räumliche Strukturformen hervorbringt.

Die *räumliche Konzentration* beinhaltet sowohl die Schaffung größerer Kapazitätseinheiten mit einem vielfältigen Angebot an Spezialleistungen als auch eine Zunahme der Standorte von Versorgungs- und Betreuungseinrichtungen in ausgewählten Städten, Stadtteilen und Landgemeinden. Beide Formen der räumlichen Konzentration rufen ähnliche Veränderungen versorgungsräumlicher SUB hervor. Die räumliche Konzentration und Spezialisierung von Versorgungs- und Betreuungsfunktionen führt zu grösseren Reichweiten der versorgungsräumlichen SUB und zur Erhöhung der Umlandbedeutung insbesondere der höherrangigen Versorgungs- und Betreuungszentren. Triebkräfte der räumlichen Konzentration sind u. a. das Auftreten neuer, d. h. zunächst relativ seltener Bedürfnisse sowie ökonomische Erfordernisse (z. B. größere Kapazitätseinheiten, Kombination verschiedener Leistungsangebote).

Sowohl die räumliche Dekonzentration als auch die räumliche Konzentration sind Prozesse, die innerhalb größerer Zeitabschnitte und räumlicher Dimensionen nicht für sich allein auftreten dürfen. Sonst kommt es zum Entstehen von versorgungsräumlichen SUB, die nicht der vollen Bedürfnisbefriedigung der Menschen dienen, einen hohen persönlichen Aufwand hervorrufen und/oder volkswirtschaftlich nicht vertretbar sind. Es ist entscheidend, daß *richtige Proportionen zwischen* den räumlichen Entwicklungsprozessen der *Konzentration* und *Dekonzentration* bestehen. Damit kann erreicht werden, daß das Entstehen unnötiger territorialer Unterschiede bei der Inanspruchnahme von Versorgungs- und Betreuungsleistungen durch die Bevölkerung von vornherein vermieden und gegenwärtig existierende ungerechtfertigte Unterschiede weiter verringert werden.

Dieser Prozeß des *räumlichen Niveauausgleichs* beinhaltet den Abbau solcher Differenzierungen, die eine gleichartige Bedürfnisbefriedigung aller Menschen in der DDR behindern oder bei denen bestimmte Grenzen des volkswirtschaftlichen Aufwandes überschritten werden. Es müssen diejenigen territorialen Unterschiede in der Ausstattung der Städte und Gemeinden mit Versorgungs- und Betreuungsfunktionen abgebaut werden, die nicht durch rationelle versorgungsräumliche SUB ausgeglichen werden können (z. B. bei unvertretbar großen Reichweiten).

Für das Auftreten der verschiedenen räumlichen Entwicklungsprozesse sind sowohl wirtschaftliche als auch soziale Komponenten verantwortlich. Es ist wichtig, daß beide Seiten stets im Zusammenhang gesehen werden. Ebenso muß langfristig und innerhalb bestimmter gebietlicher Zusammenhänge eine Proportionalität zwischen den einzelnen räumlichen Entwicklungsprozessen gesichert sein.

Alle diese Gesichtspunkte bedürfen noch der weiteren wissenschaftlichen Durchdringung, der Bearbeitung neuer Beispiele und theoretischer Überlegungen, um fundierte Grundlagen für die Einschätzung künftiger Entwicklungen von Raumstrukturen zu gewinnen. Die Kenntnisse über spezielle Triebkräfte der *Veränderung von Raumstrukturen,* ihre Bewertung und wechselseitige Abhängigkeit, ihr Wirkungsgrad und ihre gebietliche Differenzierung sind weiter zu vervollkommnen.

Zusammenfassung

1. Unter versorgungsräumliche Stadt-Umland-Beziehungen werden durch Personenströme gekennzeichnete Beziehungen zwischen Stadt und Umland verstanden, die inhaltlich die
   - Versorgung mit materiellen Gütern (Einzelhandel),
   - Versorgung mit hauswirtschaftlichen Dienstleistungen,
   - medizinische Betreuung und soziale Fürsorge (Gesundheits- und Sozialwesen),
   - Bildung und Erziehung (Volksbildung, Hoch- und Fachschulwesen)

   umfassen.
2. Die versorgungsräumlichen Stadt-Umland-Beziehungen und ihre Veränderungen sind ein Ausdruck der in den Städten und Gemeinden ausgeübten Versorgungs- und Betreuungsfunktionen. Bei Realisierung dieser Funktionen werden verschiedene funktionale Beziehungen (u. a. auch versorgungsräumliche Stadt-Umland-Beziehungen) eingegangen.
3. Herausbildung und Veränderungen der Versorgungs- und Betreuungsfunktionen der Städte und Gemeinden bzw. der versorgungsräumlichen Stadt-Umland-Beziehungen sind auf drei allgemeine Ursachen-Komplexe zurückzuführen:
   - allgemeine gesellschaftliche Bedingungen und Ursachen in Abhängigkeit vom erreichten Entwicklungsniveau der Produktivkräfte und Produktionsverhältnisse,
   - territorial unterschiedliche Entwicklungen der Bedürfnisse der Menschen sowie der unmittelbar der Bedürfnisbefriedigung dienenden Volkswirtschaftszweige,
   - Unterschiede in der Standortverteilung der Produktivkräfte und in den Raumstrukturen, die gebietlich differenzierte Entwicklungspotenzen darstellen.
4. Bedeutungsänderungen in den Versorgungs- und Betreuungsfunktionen der Städte und Gemeinden kommen vor allem in Hierarchie-Veränderungen der Versorgungs- und Betreuungszentren zum Ausdruck. Eine dominierende Rolle nehmen dabei für die Stabilisierung bzw. Veränderung der Versorgungs- und Betreuungsfunktionen die politisch-administrativen Funktionen ein. Überdurchschnittliche Verbesserungen der Versorgungs- und Betreuungsleistungen erfolgten auch in vielen Städten und Gemeinden, in denen vorrangig Arbeiter wohnen und/oder arbeiten sowie in ausgewählten Landgemeinden.

5. Die Veränderungen der Versorgungs- und Betreuungsfunktionen bzw. der versorgungsräumlichen Stadt-Umland-Beziehungen sind das Ergebnis von drei allgemeinen räumlichen Entwicklungsprozessen: der räumlichen Dekonzentration, der räumlichen Konzentration und des räumlichen Niveauausgleichs. Zwischen diesen drei räumlichen Entwicklungsprozessen müssen innerhalb längerer Zeiträume und größerer räumlicher Dimensionen bestimmte Proportionen eingehalten werden, damit eine höchstmögliche Bedürfnisbefriedigung der Menschen bei hoher volkswirtschaftlicher Effektivität gewährleistet ist.

Резюме

К некоторым изменениям пространственно-снабженческих отношений города-окрестности в ГДР

1. Под пространственно-снабженческими отношениями понимаются характерные людскими потоками отношения между городом и его окрестностями, которые по содержанию охватывают:
   - обеспечение товарами [розничная торговля]
   - обеспечение домашно-хозяйственными услугами
   - медицинское обслуживание и социальное обеспечение [здравоохранение, социальное обеспечение]
   - образование и воспитание [народное образование, высшее и среднее специальное образование].
2. Пространственно-снабженческие отношения город-окрестность и их изменения являются выражением снабженческих и обслуживающих функций в городах и общинах. При реализации этих функций возникают различные функциональные отношения [также пространственно-снабженческие отношения город-окрестность].
3. Преобразование и изменение снабженческих и обслуживающих функций городов и общин или пространственно-снабженческих отношений город-окрестность можно свести к трем общим причинам-комплексам:
   - общие общественные условия и причины в зависимости от достигнутого уровня производительных сил и производственных отношений
   - территориально-различные развития человеческих потребностей, а также непосредственное удовлетворение обслуживающих народно-хозяйственных отраслей
   - различия в территориальном размещении производительных сил и пространственных структур, которые выражают территориально-дифференцированную степень развития.
4. Значительные изменения в снабженческих и обслуживающих функциях городов и общин выражаются прежде всего во иэрархических изменениях снабженческих и обслуживающих центров. Доминирующую роль стабилизации и изменении этих функций играют политико-административные функции. Недюжинные улучшени снабженческих и обслуживающих услуг происходят во многих городах и общинах, в которых живут и/или работают рабочие, а также в некоторых селах.

5. Изменения снабженческих и обслуживающих функций или пространственных снабженческих отношений город-окрестность — результат трех общих пространственных процессов развития: пространственная деконцентрация, пространственная концентрация и пространственное выравнивание уровней. Между этими тремя пространственными процессами развития нужно, в течении длительных промежутков времени и больших пространственных размерностей, сохранить определенные пропорции, чтобы наиболее полно удовлетворить человеческие потребности при высокой народно-хозяйственной эффективности.

Summary

On some changes in th escope of relations of supply between town and hinterland in the GDR

1. 'Supplying relations' are determined by several specific relations between towns and their hinterland including
   - the supply with material goods (retail trade),
   - the variety of services offered,
   - medical care and social care,
   - education and training facilities.
2. These particular town-hinterland relations and their changes are closely connected with the quality of the corresponding functions of the local authorities.
   There are various realization forms of the functional relations concerning the supply situation as an integrated part of town-hinterland relations.
3. Development and changes in the functions of supplying and the corresponding town-hinterland relations can be derived from three causes:
   - general social conditions and causes which are dependent from the level of the development of the productive forces and the conditions of production,
   - a regionally different scope of the rising demands of the population and of the economic facilities primarily aimed at the satisfaction of the demands,
   - differences in the distribution of labour/of the productive forces and the spatial structures representing regionally different possibilities for development.
4. Changes in the evaluation of the supply for towns and rural communities are reflected in a new hierarchy of supplying centres. The politico-administrative functions play a leading part in the process of the stabilization of supply. Communities with a high percentage of working class population and a few selected rural communities obtained the best results.
5. Changes in the functions of 'supply' and 'care' and the corresponding town-hinterland relations can be derived from three general spatial processes: deconcentration, concentration and 'levelling'. Adequate proportions between the three trends have to be balanced in order to meet the rising demands of the people and to guarantee an effective development of economy.

Literatur

BÖNISCH, R., G. MOHS und W. OSTWALD: Territorialplanung. Berlin 1976.

DALICHOW, K.-H. und H. KRIEGER: Information des Instituts für Marktforschung zur Entwicklung des Einzelhandelsumsatzes — eine Entscheidungshilfe für die örtlichen Staatsorgane. Marktforschung **11** (1972) H. 3.

DLOUHY, W.: Einige Probleme der perspektivischen Verbrauchsentwicklung bei Nahrungs- und Genußmitteln. Marktforschung, Sonderheft, Leipzig 1967.

GRIMM, F.: Die Kreisstädte der DDR und ihre Rolle im Siedlungssystem. Geogr. Berichte, **19** (1974) H. 4.

GRIMM, F. und I. HÖNSCH: Zur Typisierung der Zentren in der DDR nach ihrer Umlandbedeutung. Peterm. Geogr. Mitt., **118** (1974) H. 4.

HEINRICHS, W.: Ökonomik des Binnenhandels in der DDR. Berlin 1962.

ILLGEN, K.: Geographie und territoriale Organisation des Binnenhandels. Gotha/Leipzig 1970.

MENZEL, E.: Einige Grundfragen der langfristigen Entwicklung des ländlichen Verkaufsstellennetzes. Diss. Berlin 1964.

PAEPER, H.: Die Entwicklungstendenzen im Einzelhandels- und Gaststättenwesen der DDR bis 1980. Deutsche Architektur, **16** (1967) H. 9.

SCHMIDT, R.: Umfang und Bedeutung ausgewählter versorgungsräumlicher Stadt-Umland-Beziehungen in der DDR. Diss. (A), Halle 1975

Stadt und Umland in der DDR. Peterm. Geogr. Mitt., Ergänzungsheft 279, Gotha/Leipzig 1979.

Statistischer Jahresbericht: Bezirke der DDR 1956. Berlin 1957.

Statistisches Jahrbuch 1971 der Bezirke Rostock, Schwerin, Neubrandenburg, Potsdam, Frankfurt, Cottbus, Magdeburg, Halle, Erfurt, Gera, Suhl, Dresden, Leipzig, Karl-Marx-Stadt.

Statistisches Jahrbuch der Deutschen Demokratischen Republik. Berlin 1971, 1972, 1974.

Dr. rer. nat. RALF SCHMIDT, Akademie der Wissenschaften der DDR, Institut für Geographie und Geoökologie, 7010 Leipzig, Dimitroffplatz 1

Beiträge zur Geographie	Bd. 31	S. 235–254	Berlin 1983

Regelhafte Erscheinungsformen der Migration in der DDR

Von HANS NEUMANN

Die Bedeutung der Migration für die territoriale Bevölkerungsentwicklung insgesamt und damit für die Bevölkerungsumverteilung, die sich infolge der Spezifik der natürlichen Bevölkerungsbewegung in der DDR zunehmend erhöht, bewirkt in der Ökonomischen Geographie, in Territorialforschung und -planung ein verstärktes Interesse an Erkenntnissen über Regelhaftigkeiten und Gesetzmäßigkeiten der territorialen Erscheinungsformen der Migration und über das ihnen zugrunde liegende Bedingungsgefüge (Ursachen und Motive). Die Frage nach den „Gesetzen" der Migration, den ihren Umfang, ihre Intensität, Richtung und Reichweite bestimmenden Einflußfaktoren beschäftigt die Forschung bereits seit Ende des vorigen Jahrhunderts (RAVENSTEIN 1885). Seitdem konnten wiederholt bestimmte *regelhafte Erscheinungsformen der Migration* festgestellt werden, deren *wesentlichste* wie folgt charakterisiert werden können:[1])

1. Die Stärke des Wanderungsstromes zwischen einem Quell- und einem Zielort wird bestimmt durch die Größe dieser Orte und die Entfernung zwischen ihnen (analog zum Gravitationsgesetz).
2. Jede Siedlungskategorie (Größengruppe) verzeichnet in der Regel gegenüber denjenigen der jeweils niedrigeren Kategorien Wanderungsgewinn und gegenüber den höheren Wanderungsverlust. Das schließt ein, daß die Wanderungsströme vorrangig von den niedrigeren nach den höheren Siedlungskategorien gerichtet sind, wobei die Ströme nach der jeweils nächsthöheren Kategorie dominieren. Dieser Komplex von Erscheinungen wird in der Literatur als „Etappenwanderung" bezeichnet.[2])
3. Die Zusammensetzung der Migranten insgesamt bzw. ihre Zusammensetzung nach Distanzbereichen weist hinsichtlich der Alters- und Sozialstruktur bestimmte typische Merkmale auf. Probleme der Zusammensetzung der Migranten sollen jedoch bei den folgenden Ausführungen ausgeklammert werden.

Die hier genannten Erscheinungsformen können jedoch keinesfalls als verabsolutierte, gleichsam „neutrale" Gesetzmäßigkeiten territorialer Verhaltensweisen der Menschen betrachtet werden, sondern sie sind vielmehr bereits *Ausdruck* des der Migration zugrunde liegenden *territorialen Bedingungsgefüges* (und seiner subjektiven Bewertung),

---

[1]) Es kann nicht Anliegen dieses Beitrages sein, die bisherige Migrationsforschung zu analysieren und die Aussagen der in ihrer Zahl nahezu unübersehbaren Autoren zu kommentieren.

[2]) Die scheinbar im Widerspruch dazu stehenden Erscheinungen der „Suburbanisation" lassen sich durchaus in diese Tendenz einordnen, wenn der Begriff „Siedlungskategorie" nicht mit den Siedlungen in ihren administrativen Grenzen identifiziert wird.

das in einzelnen Siedlungskategorien bestimmte typische Merkmale aufweist und das letztlich in bestimmtem Umfange auch den Entfernungsfaktor mit beeinflußt. Der Ursachenkomplex der Migration umfaßt neben dem genannten territorialen Bedingungsgefüge auch rein persönliche (z. B. familiäre) Gründe des einzelnen, entscheidend sind jedoch die realen territorialen Bedingungen, von denen wiederum die unterschiedlichen *Arbeits- und Lebensbedingungen* den *Hauptimpuls für* die *räumliche Mobilität der Bevölkerung* darstellen (im Durchschnitt etwa zwei Drittel aller Wanderungsmotive, siehe BOUSTEDT 1975). Die territorial unterschiedlichen Arbeits- und Lebensbedingungen unterliegen außerdem der vergleichenden subjektiven Wertung von bisherigem Wohnort und möglichem Zielort durch die potentiellen Migranten mit dem Ziel der Verbesserung dieser Bedingungen, und erst diese bewirkt die persönliche Entscheidung zum Wohnortwechsel oder zum Verbleib am Wohnort.

SCHMIDT-RENNER (1973) formuliert die Zielvorstellungen der Migranten beispielsweise wie folgt:

„Migrationen könnte man als Unternehmungen zum Erwerb geographisch vorteilhafterer Positionen für die Reproduktion, als die Suche nach geeigneteren Bio- und Soziotypen bezeichnen, als die Suche nach geeigneteren Orten für den Erwerb und/oder Entfaltung eines höheren Sozialstatus, für den Erwerb eines breiteren Spielraumes der Qualifikation, als Suche nach einer ‚Arena' für höhere Leistungen für die sozialistische Gesellschaft" (S. 192).

PEREVEDENCEV (1970) bezeichnet die Wanderungsbilanz einer territorialen Einheit sogar als Gradmesser der dort vorhandenen Arbeits- und Lebensbedingungen.

Die im Verlaufe der bisherigen Migrationsforschung unternommenen Versuche der Formalisierung des Zusammenhanges zwischen territorialen Einflußfaktoren und Umfang der Migration haben gezeigt, daß es nicht ausreicht, ausschließlich siedlungstypische Merkmale des territorialen Bedingungsgefüges zu berücksichtigen. Modelle, die zunächst nur in einfacher Form das Gravitationsgesetz anwendeten und demzufolge nur die *Siedlungsgröße* bewerteten (z. B. ZIPF 1946), erbrachten deshalb auch nur bedingt aussagefähige Ergebnisse. Erforderlich ist eine konkrete Gewichtung der Arbeits- und Lebensbedingungen an Herkunfts- und Zielorten (siehe z. B. die detaillierten theoretischen Überlegungen von ZASLAVSKAJA 1973 und SIEBERT 1972). Bei der *Modellierung von Wanderungsströmen*, die nicht nur einfache Regelhaftigkeiten, sondern gleichzeitig die Arbeits- und Lebensbedingungen in den untersuchten räumlichen Einheiten anhand ausgewählter Merkmale berücksichtigt, liegen auch in der DDR bereits wertvolle Erfahrungen vor (z. B. KIND 1975; THÜRMER 1976). Die komplizierte Problematik der Erfassung und Bewertung der Bedingungen soll jedoch nicht Gegenstand dieses Beitrages sein.

Wenn bisher festgestellt wurde, daß allgemeine Regelhaftigkeiten der Migration bestehen und diese wiederum Ausdruck typischer territorialer Bedingungen in bestimmten Siedlungskategorien sind, die Modellierung von Migrationsbeziehungen sich jedoch nicht auf die Verwendung siedlungstypischer Faktoren beschränken kann, sondern der *konkreten Gewichtung* der jeweiligen Unterschiede der Arbeits- und Lebensbedingungen bedarf, so ergibt sich die Frage nach dem Verhältnis zwischen allgemeinen, d. h. typischen, und spezifischen Erscheinungsformen des gegenwärtigen Wanderungsgeschehens in der DDR.

Spezifische Erscheinungsformen der Migration können beispielsweise durch gebietstypische Unterschiede der Arbeits- und Lebensbedingungen oder der demographischen

Strukturen bei Zentren gleicher Bedeutung oder Größenordnung hervorgerufen werden. Entscheidenden Anteil an spezifischen Erscheinungsformen und insbesondere *Tendenzen der Wanderungsströme und -bilanzen* haben jedoch die bisherigen und gegenwärtigen gezielten planerischen Maßnahmen zur Gestaltung der Territorialstruktur der DDR in Form der Investitionstätigkeit bei Einrichtungen der materiellen Produktion und der Infrastruktur. Diese Maßnahmen verliefen sowohl in Richtung des Ausgleichs des Niveaus der Arbeits- und Lebensbedingungen zwischen den einzelnen Gebieten (Bezirken) als auch in Richtung der Verbesserung dieser Bedingungen in ausgewählten Zentren innerhalb der Gebiete. Eine Reihe von Erscheinungsformen und Tendenzen der Migration ist somit zunächst nur für die gegenwärtige Situation typisch, trägt also spezifischen Charakter.

Aufgabe der folgenden Ausführungen soll es sein, an Beispielen darzustellen, inwieweit das gegenwärtige Wanderungsgeschehen allgemeine Regelhaftigkeiten einerseits und spezifische Züge andererseits aufweist. Der Schwerpunkt liegt dabei auf der Herausarbeitung regelhafter Erscheinungsformen, die mehr oder weniger Charakter von Gesetzmäßigkeiten besitzen. Die nachfolgenden Ausführungen stützen sich auf Ergebnisse der Untersuchung der *Migration* der Bevölkerung *innerhalb und zwischen Stadt-Umland-Regionen.*

Da sich Stadt- und Umland-Regionen als Aktions- und Kommunikationsräume der Bevölkerung im Ergebnis der Erhöhung der räumlichen Mobilität, der Existenz von stabilen Pendlerbeziehungen im weiteren Sinne herausgebildet haben, stand bei der Erforschung ihrer Struktur die Frage des Verhältnisses zwischen der zentrumsorientierten Migration und Pendelwanderung, konkret der *Arbeitspendelwanderung,* mit im Vordergrund des Interesses; dies um so mehr, als auch die Arbeitspendelwanderung weitestgehend ähnliche formale Merkmale und Erscheinungsformen aufweist wie die Migration. Deshalb soll auch auf diese Problematik etwas näher eingegangen werden.

Migrationsbeziehungen zwischen städtischem Zentrum und Umland

Eine amtliche Statistik, welche analog zur Arbeitspendelwanderung die Personenströme von Gemeinde zu Gemeinde ausweist, existiert für die Migration nicht. Eine Untersuchung der Wanderungsströme zwischen Zentrum und Umland ist nur dann möglich, wenn für ausgewählte Zentren eine maschinelle Aufbereitung der Zu- und Wegzüge nach Herkunfts- und Zielorten vorgenommen wird. Bei einer solchen Auswahl ist es erforderlich, die *wichtigsten Zentrums- und Gebietstypen*[1]) zu berücksichtigen. Im vorliegenden Falle wurden 7 Zentren ausgewählt:

— Leipzig (Großzentrum, Ballungsgebiet)
— Karl-Marx-Stadt (Bezirkszentrum, Ballungsgebiet)
— Schwerin (Bezirkszentrum, Nordgebiet)
— Altenburg (Gebietszentrum, Ballungsgebiet)
— Stendal (Gebietszentrum, Nordgebiet)
— Dessau (Gebietszentrum, Ballungsgebiet)
— Wittenberg (Gebietszentrum, Südgebiet außerhalb der Ballungsgebiete)

[1]) Terminologie nach GRIMM/HÖNSCH (1974) und KRÖNERT (1977).

Die Intensität der Beziehungen (gemessen an der Zahl der Zu- und Wegzüge pro 1000 EW.) zwischen Zentrum und Umland sowie der Saldo des Umlandes gegenüber dem Zentrum ist für die einzelnen Intensitätszonen und -stufen der Stadt-Umland-Regionen[1]) dieser 7 Zentren in den Tabellen 1 bis 3 dargestellt. Die Angaben beziehen sich auf das Jahr 1974.

Sowohl bei den *Wegzügen aus dem Umland in das Zentrum* (vgl. Tab. 1) als auch bei den *Zuzügen aus dem Zentrum ins Umland* (Tab. 2) ist bei allen 7 Stadt-Umland-Regionen in der Tendenz die Intensität der Migrationsbeziehungen im unmittelbaren Umland am größten und nimmt mit zunehmender Entfernung vom Zentrum ab. Dies entspricht den bisherigen Erfahrungen der Migrationsforschung im internationalen Maßstab und unterstreicht die eingangs als allgemeine Gesetzmäßigkeit formulierte *Abhängigkeit des Umfanges der Wanderungsströme* zwischen zwei Orten *von der Entfernung* (siehe auch KIND/STEINDORF 1971).

Diese Tatsache widerspiegelt sich letztlich auch im *Anteil bestimmter Distanzbereiche am Gesamtwanderungsvolumen* der DDR: Im Jahre 1946 betrug der Anteil der Wande-

Tabelle 1. Zuzüge aus dem Umland in das Zentrum pro 1000 EW (1974)

	Intensitätsstufen					Stadt-Umland-Region (bis einschl. Zone 2)
	1a	1b	1c	2a	2b	
Leipzig	11,3	13,5	6,8	7,9	3,4	8,7
Karl-Marx-Stadt	12,3	14,9	8,9	5,1	5,0	6,8
Schwerin	—	16,3	8,7	9,8	3,8	9,9
Altenburg	—	15,0	11,0	7,2	4,6	8,1
Stendal	—	13,0	9,4	7,5	4,2	7,9
Dessau	—	6,3	8,9	5,6	4,8	5,8
Wittenberg	—	10,6	7,3	3,7	3,7	7,5

Tabelle 2. Wegzüge aus dem Zentrum in das Umland pro 1000 EW (1974)

	Intensitätsstufen					Stadt-Umland-Region (bis einschl. Zone 2)
	1a	1b	1c	2a	2b	
Leipzig	9,0	8,1	4,2	4,2	2,6	6,1
Karl-Marx-Stadt	6,2	6,6	3,7	1,5	1,9	2,5
Schwerin	—	6,6	1,8	2,4	1,1	3,2
Altenburg	—	7,5	6,1	2,7	2,8	3,7
Stendal	—	2,8	4,0	0,7	0,7	1,7
Dessau	—	2,0	2,3	2,2	2,1	2,2
Wittenberg	—	5,4	2,7	1,1	1,7	3,3

[1]) Zur Konzeption der Stadt-Umland-Region vgl. KRÖNERT (1977); zum Verständnis der inneren Gliederung der Stadt-Umland-Region sei an dieser Stelle nur vermerkt, daß das Umland in Abhängigkeit von der Intensität der Stadt-Umland-Beziehungen in 3 Intensitätszonen (1, 2 und 3) und diese wiederum in Intensitätsstufen (1a, 1b, 1c, 2a, 2b, 3a) untergliedert werden. Die in den folgenden Ausführungen genannten Zahlenangaben (Tabellen) beziehen sich, wenn nicht ausdrücklich anders vermerkt ist, auf die Stadt-Umland-Region bis einschließlich Zone 2.

rungen über die Bezirksgrenze an der Gesamtzahl der Wanderungen über die Gemeindegrenzen 34,0%, der Anteil der Wanderungen zwischen den Kreisen der Bezirke 34,2% und der Anteil der Wanderungen innerhalb der Kreisgrenzen 31,8%. Somit erfolgen gegenwärtig also zwei Drittel aller Wohnsitzveränderungen innerhalb der Bezirke. Die bereits von BOSE (1975) beschriebene Tendenz des Rückgangs des ursprünglich wesentlich höheren Anteils der überbezirklichen Wanderung (1963 noch 41%), die im engen Zusammenhang mit dem Übergang von der extensiven Erweiterung der Produktion in einigen Bezirken (Sicherung des Arbeitskräftebedarfs) zur verstärkten Intensivierung der Produktion steht, kann also mit gewissem Recht als Entwicklung zum „Normalfall" betrachtet werden.

Die festgestellte „*Distanzempfindlichkeit*" der Wanderung hat auch unmittelbar praktische Konsequenzen. Für die Territorialplanung ergibt sich hieraus die Notwendigkeit, der innerbezirklichen bzw. kleinräumigen Wanderung stärkere Beachtung zu schenken. Eine sichere Planung künftiger Wanderungsströme kann nicht vorrangig auf weiträumigen Bevölkerungsverschiebungen, beispielsweise zwischen Nord- und Südbezirken, basieren.

In der Wirkung des Faktors „*Entfernung*" spiegeln sich vor allem folgende Einflüsse wider (in Anlehnung an SIEBERT 1972):

1. Je größer die Entfernung, desto geringer sind die Informationen über den potentiellen Zielort der Migranten, desto höher aber gleichzeitig der Aufwand zur Beschaffung solcher Informationen.
2. Je größer die Entfernung, desto unterschiedlicher ist das soziale Milieu, desto geringer wird bei einem Wegzug die Möglichkeit der Aufrechterhaltung bisheriger sozialer Kontakte.
3. Je größer die Entfernung zwischen zwei Orten, desto größer die Zahl derjenigen Orte, die in kürzerer Entfernung ebenfalls als potentielle Zielorte in Frage kommen.
4. Je größer die Entfernung, desto größer sind die Kosten der Raumüberwindung.

Die mit den genannten Beispielen festgestellte Stadt-Umland-Relevanz der Migration gestattet es, ebenso wie bei den Pendlerbeziehungen, relativ *geschlossene Einzugsbereiche* („Migrationseinzugsbereiche") abzugrenzen. Auf diese Problematik kann hier jedoch nicht eingegangen werden (vgl. dazu NOVAKOVA—HŘIBOVA 1971; NEUMANN 1978 und 1981).

Vergleicht man bei den 7 ausgewählten Zentren die Wanderung aus dem Umland in die Stadt mit der Abwanderung aus dem Zentrum in das Umland, so ist festzustellen, daß die Intensität der *zentripetalen Wanderungsströme* in allen Fällen größer ist als die der *zentrifugalen*, so daß alle Zentren gegenüber jeder Intensitätszone bzw. -stufe ihres Umlandes einen positiven Wanderungssaldo verzeichnen. Auch die Salden pro 1000 EW nehmen in der Regel mit zunehmender Entfernung vom Zentrum ab (vgl. Tab. 3).

Bemerkenswert ist der vergleichsweise geringe Wanderungsverlust der Umlandzonen der Stadt-Umland-Region *Leipzig* gegenüber dem Zentrum. Dies resultiert aus der großen Intensität der Wanderungsströme aus Leipzig in das Umland (s. Tab. 2). Die Zuzüge pro 1000 EW aus dem Zentrum sind im Umland von Leipzig (bis einschl. Zone 2) etwa doppelt so hoch wie im Umland von Schwerin oder Karl-Marx-Stadt. Trotz nach wie vor positiver Bilanz der Stadt Leipzig deuten sich hier eventuell schon Ansätze einer künftigen Stadtrandwanderung an, wie das ja in vielen Ländern zu beobachten ist.

Generell ist die Intensität der in das Umland gerichteten Wanderungsströme in den Ballungsgebieten und dem übrigen Südgebiet größer als im Nordgebiet. Dies gilt insbesondere für die Umlandzone 2. Im engeren Umland (Zone 1) ist dagegen, zumindest in Schwerin, die Intensität der zentrifugalen Beziehungen vergleichsweise hoch.

Trotz aller bisher festgestellter Gemeinsamkeiten der Wanderung zwischen Zentrum und Umland bei den ausgewählten 7 Zentren wird insbesondere in Tab. 1 (Intensität der Zuzüge aus dem Umland) ein grundlegender *Unterschied zwischen* diesen *Zentren* deutlich: Das Intensitätsgefälle der zentrumsorientierten Wanderung, das mit zunehmender Entfernung auftritt, hat ein unterschiedliches Ausgangsniveau. So ist beispielsweise die Zahl der Zuzüge nach dem Zentrum pro 1000 EW sowohl im unmittelbaren Umland als auch im Durchschnitt der Stadt-Umland-Region bei den einzelnen Zentren recht unterschiedlich. Hier wird die bereits eingangs erwähnte „*Gewichtung*", die unterschiedliche Bedeutung der einzelnen Städte im Wanderungsgeschehen der DDR, sichtbar.

Tabelle 3. Saldo des Umlands gegenüber dem Zentrum pro 1000 EW (1974)

	Intensitätsstufen					Stadt-Umland-Region (bis einschl. Zone 2)
	1a	1b	1c	2a	2b	
Leipzig	−2,3	−5,5	−2,6	−3,7	−0,8	−2,6
Karl-Marx-Stadt	−6,1	−8,3	−5,2	−3,6	−3,2	−4,3
Schwerin	—	−9,7	−6,9	−7,4	−2,7	−6,7
Altenburg	—	−7,5	−5,9	−4,5	−1,8	−4,4
Stendal	—	−10,4	−5,4	−6,8	−3,5	−6,2
Dessau	—	−4,3	−6,6	−3,4	−2,7	−3,6
Wittenberg						

Diese Unterschiede werden noch wesentlich deutlicher, wenn man gebietstypische Unterschiede der Siedlungsstruktur eliminiert und als Gradmesser der Orientierung des Umlandes auf das jeweilige Zentrum der *Anteil der Wegzüge nach* dem *Zentrum an* der *Gesamtzahl der Wegzüge* aus dem Umland verwendet wird.

Das vorhandene statistische Datenmaterial gestattet einen solchen Vergleich für alle Stadtkreise der DDR, indem als „Umland" der zum jeweiligen Stadtkreis gehörige Landkreis aufgefaßt wird. Tab. 4 zeigt *für* die *Stadtkreise der DDR* den *Anteil der Wegzüge* aus den jeweiligen Landkreisen an der Gesamtzahl der Wegzüge aus diesen Landkreisen im Zeitraum 1971 bis 1973. Darüber hinaus enthält Tab. 4 auch Angaben über die *zentrumsorientierten innerkreislichen Wanderungsströme* für einige kreisangehörige Städte, die anhand von Zusatzauswertungen gewonnen wurden: Wittenberg (1971/72), Zerbst (1972), Roßlau (1969/70), Altenburg und Stendal (1974).

Die *Unterschiede der Orientierung der Wegzüge* aus den Landkreisen in den zugehörigen Stadtkreis bzw. die Kreisstadt sind außerordentlich groß. Während aus dem Landkreis Neubrandenburg 43,9% aller Abwanderungen nach der Stadt Neubrandenburg gehen, sind die Wegzüge des Kreises Roßlau nur zu 12% auf die eigene Kreisstadt orientiert. Generell kann festgestellt werden, daß die *Orientierung der Landkreise auf* das Zentrum bei den größten Städten, insbesondere bei den *Bezirksstädten*, am deutlichsten ausgeprägt ist. Eine geringere Konzentration auf eine Bezirksstadt tritt dort auf, wo in den umgebenden Landkreisen im untersuchten Zeitraum andere, wenn auch kleinere, Anziehungs-

Tabelle 4. Orientierung der Wegzüge über die Gemeindegrenzen aus dem Landkreis auf den zugehörigen Stadtkreis bzw. auf die Kreisstadt im Zeitraum 1971—1973 (in %)

Neubrandenburg	43,9	Magdeburg	28,6
Cottbus	43,6	Stendal	27,7
Leipzig	41,9	Potsdam	27,5
Jena	40,6	Zwickau	25,3
Suhl	39,7	Eisenhüttenstadt	24,9
Erfurt	37,6	Dessau	24,4
Halle	37,3	Görlitz	24,0
Rostock	37,0	Stralsund	23,9
Plauen	36,1	Altenburg	23,4
Schwedt	34,7	Wismar	22,9
Schwerin	34,4	Wittenberg	21,7
Dresden	33,8	Weimar	18,5
Karl-Marx-Stadt	33,2	Zerbst	14,3
Gera	32,1	Roßlau	12,0
Brandenburg	29,3		

punkte für die Migranten vorhanden waren (z. B. Magdeburg und Potsdam). Bei den Stadtkreisen ohne Bezirksstadtfunktion sowie den hier mit betrachteten kreisangehörigen Städten ist die Bedeutung als Wanderungsziel der Migranten aus den zugehörigen Landkreisen wesentlich geringer. Ausnahmen bilden jedoch Schwedt und Jena als wichtige Investitionsschwerpunkte und Plauen. Bemerkenswert ist die außerordentlich *geringe Umlandbedeutung* der *kleineren Kreisstädte* im Wanderungsgeschehen (Zerbst, Roßlau).

Wenngleich diese Analyse nur für Stadtkreise, d. h. Großstädte und große Mittelstädte, repräsentativ ist und die letztgenannten Städte zunächst nur als Vergleichsbeispiele dienen sollten, wird doch offensichtlich folgende Tatsache deutlich: Gegenwärtig vollzieht sich die bereits an anderer Stelle erläuterte „Etappenwanderung" in der DDR nicht so sehr in der ursprünglichen Form: die „Etappe" Kreisstadt wird bei Kleinstädten und kleinen Mittelstädten in vielen Fällen übersprungen, d. h., die *Abwanderungen aus* den *kleineren Gemeinden* dieser Kreise erfolgen *meist direkt in* die *größeren Zentren*, in der Regel die Bezirksstädte. Dieses Überspringen, wie aus Tab. 8 ersichtlich und statistisch nachweisbar ist, gilt auch für eine Reihe von größeren Mittelstädten, z. B. Weimar, Wismar, Stralsund, Eisenhüttenstadt. Eine geringere Orientierung des Umlandes auf das Zentrum steht jedoch, wie die Beispiele Dessau und Altenburg belegen, nicht zwangsläufig im Zusammenhang mit einer untergeordneten Stellung dieser Städte im Wanderungsgeschehen, sondern ist auf das Wirken weiterer nahegelegener Zielorte zurückzuführen.

Vergleich der Intensitäten der Migrations- und Pendlerorientierung auf die Zentren von Stadt-Umland-Regionen

Eine Untersuchung des Verhältnisses zwischen zentrumsorientierter Migration und Arbeitspendelwanderung in Stadt-Umland-Regionen setzt voraus, beide Formen der räumlichen Mobilität vergleichbar zu machen. Dies wird erreicht, indem der Ermittlung der Intensität der Migrationsbeziehungen das gleiche Prinzip zugrunde gelegt wird wie der Ermittlung der Pendlereinzugsbereiche und damit der Erfassung der Stadt-Umland-Regionen überhaupt, nämlich der *Grad der Orientierung* der Beziehungen *auf das jeweilige Zentrum.* In Tab. 5 sind deshalb für die einzelnen Intensitätszonen und -stufen der sieben ausgewählten Stadt-Umland-Regionen die *Anteile der Migranten bzw. Pendler nach dem Zentrum an* der *Gesamtzahl der Wegzüge bzw. Auspendler* einander gegenübergestellt.

Die Tabelle zeigt, daß für die Summe der Gemeinden der Stadt-Umland-Regionen insgesamt wie auch der einzelnen Intensitätsstufen des Umlandes innerhalb dieser Region bei allen Zentren die *Intensität der Pendlerbeziehungen größer* ist *als* die der *Migrationsbeziehungen.* Während im unmittelbaren Umland (Stufen 1a und 1b) die Pendlerorientierung auf das Zentrum meist über 70% bis fast 80% beträgt, übersteigt der Anteil der Wegzüge in das Zentrum in den genannten Intensitätsstufen niemals 50% und liegt bei den 4 untersuchten Gebietszentren sogar wesentlich darunter.

Die vergleichsweise *geringere Zentrumsorientierung der Migration* wird verständlich, wenn man beachtet, daß Wanderungsmotive nicht allein aus der Bewertung der Arbeits- und Lebensbedingungen resultieren, sondern im Vergleich zur Pendelwanderung dabei in sehr starkem Maße rein persönliche Gründe (u. a. familiäre) eine Rolle spielen. Auf diese Weise ist die „Bündelung" der Ströme bei der Migration wesentlich geringer. Wie Tab. 5 zeigt, erfolgt mit zunehmender Entfernung die Abnahme der Intensität der Beziehungen bei der Migration langsamer als bei der Pendelwanderung, so daß die Unterschiede des Grades der Zentrumsorientierung zwischen Migration und Pendelwanderung innerhalb der Stadt-Umland-Region (bis Zone 2) nach außen immer geringer werden. Schließlich wird außerhalb der Stadt-Umland-Region (bis Zone 2) ein Punkt erreicht, an dem die Orientierung der Migranten auf das Zentrum diejenige der Pendler übertrifft.

Das beweist Tab. 6, in der für Leipzig, Karl-Marx-Stadt und Schwerin Pendler- und Migrationsorientierungen nach Herkunftskreisen gegenübergestellt werden: Während im zugehörigen Landkreis des jeweiligen Zentrums sowie einigen anderen unmittelbar

Tabelle 5. Anteil der Wegzüge nach dem Zentrum an der Gesamtzahl der Wegzüge und Anteil der Pendler nach dem Zentrum an der Gesamtauspendlerzahl in den Intensitätsstufen des Umlandes (1974)

		Intensitätsstufen					Stadt-Umland-Region (bis einschl. Zone 2)
		1a	1b	1c	2a	2b	
Leipzig	Migranten	45,7	49,9	27,4	25,4	10,9	32,1
	Pendler	74,2	75,2	43,3	22,7	19,6	49,2
Karl-Marx-Stadt	Migranten	48,5	47,0	33,7	19,2	18,4	25,5
	Pendler	73,5	67,3	45,8	26,9	16,2	36,2
Schwerin	Migranten	—	43,7	22,7	35,3	11,7	28,1
	Pendler	—	78,8	45,9	42,2	17,7	49,3
Altenburg	Migranten	—	37,0	31,8	22,8	13,1	23,9
	Pendler	—	71,0	44,5	22,9	17,7	44,6
Stendal	Migranten	—	31,8	23,9	26,9	11,9	22,4
	Pendler	—	68,9	48,7	59,7	19,1	45,0
Dessau	Migranten	—	26,7	30,2	26,5	14,1	24,1
	Pendler	—	40,3	38,6	33,5	18,7	31,6
Wittenberg	Migranten	—	42,5	20,8	17,3	17,3	28,5
	Pendler	—	74,9	44,9	21,1	17,4	54,2

benachbarten Kreisen die Intensität der Pendelwanderung größer ist als die der Migration, ist es bei allen weiteren Herkunftskreisen gerade umgekehrt (siehe auch NOVAKOVA-HŘIBOVA 1971). Stellt man die *Intensitätsabnahme von Migrations- und Pendelwanderung in Abhängigkeit von der Entfernung* in Form von Kurven dar, so ergibt sich folgender schematischer Verlauf:

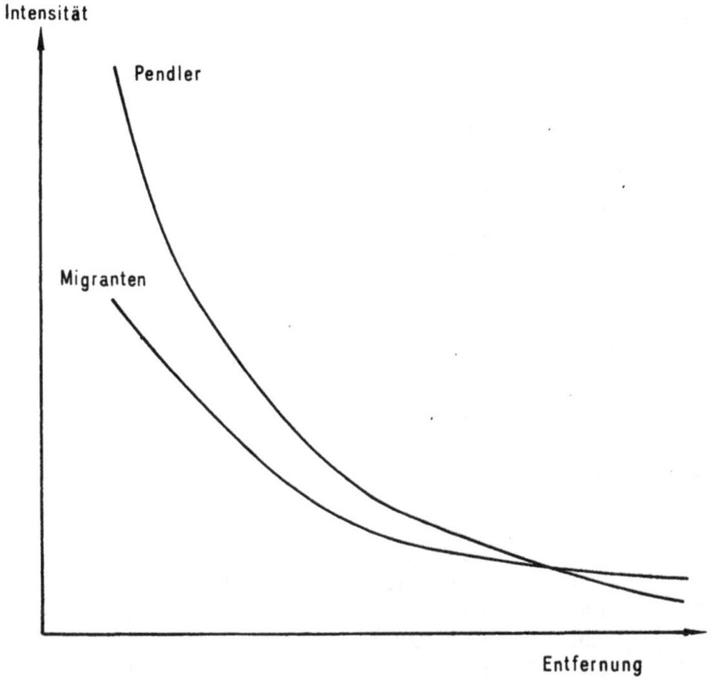

Abb. 1. Abnahme der Intensität von Migrations- und Pendelwanderung in Abhängigkeit von der Entfernung

Der unterschiedliche Kurvenverlauf mit zunehmender Entfernung resultiert aus der Spezifik der *Pendelwanderung* als *periodische*, d. h. wiederholte Beziehung im Gegensatz zur *Migration* als *einmaligem Vorgang*. Der Faktor Entfernung als Ausdruck des Zeitaufwandes und damit der Zumutbarkeit besitzt auf Grund dessen bei der Pendelwanderung ein höheres Gewicht.

An welcher Stelle wird nun der Schnittpunkt beider Kurven erreicht? Tabelle 5 zeigte, daß in der bisher nur bis einschließlich Zone 2 betrachteten Stadt-Umland-Region die Pendlerorientierung noch überwiegt. Eine *flächenhafte Abgrenzung* einer sich nach außen anschließenden *Umlandzone 3* ausschließlich *mittels* der *Arbeitspendelwanderung auf Gemeindebasis* erweist sich als *nicht möglich*. Um zu einer weiteren Zonierung zu kommen, wurden in den Kreisen, die teilweise zur Stadt-Umland-Region bis Zone 2 eines Zentrums gehören, die außerhalb der Grenze der Zone 2 liegenden Gemeinden, d. h. die Restkreise, zu einer weiteren Umlandzone zusammengefaßt. Diese Zone ist in etwa identisch mit der bei der (*auf Kreisbasis abgegrenzten*) Basisvariante der Stadt-Umland-Region (siehe KRÖNERT 1979) ausgewiesenen *Zone 3a*. Sie kann deshalb auch als *innere Umlandzone 3*

Tabelle 6. Orientierung der Pendler und Migranten aus Umlandkreisen nach ausgewählten Zentren dargestellt als prozentualer Anteil an der Gesamtpendlerzahl bzw. den Gesamtabwanderungen der Kreise

	Pendler	Migranten		Pendler	Migranten
Leipzig			*Karl-Marx-Stadt*		
Leipzig—Land	61,0	43,0	Karl-Marx-Stadt	48,2	36,5
Delitzsch	14,8	11,8	Land		
	(10,7)[1]	(11,9)	Rochlitz	5,4	8,2
Eilenburg	12,8	10,5	Hainichen	18,3	16,4
	(11,5)	(11,6)	Flöha	29,5	23,5
Wurzen	21,3	11,9	Zschopau	11,9	14,9
	(13,7)	(8,7)	Stollberg	13,6	13,1
Grimma	12,9	12,0	H.-Ernstthal	18,7	12,0
	(11,2)	(11,4)	Marienberg	6,3	11,4
Geithain	6,6	5,4	Annaberg	4,9	10,0
	(5,2)	(4,5)	Glauchau	4,3	8,3
Borna	6,5	11,7	Schwarzenberg	1,1	5,1
	(2,1)	(11,7)	Aue	2,0	7,5
Altenburg	4,8	6,3	Gera—Land	0,2	0,5
Schmölln	1,5	5,0	Geithain	0,8	3,3
Bitterfeld	1,1	2,3			
Gräfenhainichen	0,8	1,2			
Dessau	2,7	2,8			
Wittenberg	1,6	1,3	*Schwerin*		
Merseburg	2,1	1,7	Schwerin—Land	66,1	37,1
		(1,2)	Gadebusch	33,1	24,1
Weißenfels	5,9	1,9	Hagenow	10,4	11,1
		(0,9)	Ludwigslust	6,1	9,2
Zeitz	2,4	2,1	Parchim	13,1	8,2
Köthen	0,6	1,2	Sternberg	15,3	12,5
Rochlitz	0,6	1,7	Wismar—Land	3,3	2,3
Gera—Land	0,2	0,9			
Gera—Stadt	0,7	31,5			
Zerbst	0,4	1,0			
Jessen	0,9	3,0	*Dessau*		
Glauchau	0,7	3,0	Köthen	10,3	10,6
Altenburg			Gräfenhainichen	8,7	8,2
Altenburg	25,1	23,3	Bitterfeld	2,0	5,6
Borna	1,2	3,3	Roßlau	26,4	21,2
Schmölln	7,3	14,8	Wittenberg	0,9	0,8
Zeitz	0,4	3,8	Delitzsch	0,2	0,8
Gera—Land	0,02	3,3	Eilenburg	0,1	0,3
			Zerbst	5,8	4,0
Geithain	1,6	2,4	Belzig	1,5	1,2
Glauchau	0,3	4,0	Jüterbog	0,1	0,4
			Jessen	0,1	0,4

[1]) Zahlen in Klammern = „Restkreise“ (vgl. Erläuterung im Text)

Fortsetzung (Tab. 6)

	Pendler	Migranten		Pendler	Migranten
Stendal					
Stendal	59,2	27,7			
Osterburg	9,2	5,6			
Havelberg	6,9	4,8			
Tangerhütte	10,3	7,3			
Kalbe	6,8	13,4			
Wittenberg					
Jüterbog	1,2	2,5			
Belzig	1,5	2,5			
Jessen	7,9	5,9			
Wittenberg	60,5	30,3			
Gräfenhainichen	1,9	3,2			
Roßlau	9,1	10,6			
Dessau	1,2	4,6			
Bitterfeld	0,2	2,4			

bezeichnet werden. In dieser Zone zeigt sich bei den 7 ausgewählten Zentren folgendes Bild (Angaben in %):

	Migrationsorientierung	Pendlerorientierung
Leipzig	6,3	11,0
Karl-Marx-Stadt	10,3	6,4
Schwerin	9,1	6,9
Altenburg	6,3	2,9
Stendal	4,6	7,0
Dessau	5,0	2,3
Wittenberg	2,8	1,4

Mit Ausnahme von Leipzig ist also in dieser Zone die Orientierung der Migranten auf das Zentrum bereits größer als die der Pendler. Daß das stärkere Hervortreten der Migration aber auch bereits bei *Leipzig* einsetzt, wird deutlich, wenn man die betrachtete Zone in die einzelnen „*Restkreise*" auflöst:

	Delitzsch	Eilenburg	Wurzen	Grimma	Geithain	Borna	Merseburg	Weißenfels
Migranten	11,9	11,6	8,7	11,4	4,5	11,7	1,2	0,3
Pendler	10,7	11,5	13,7	11,2	5,2	2,1	1,3	2,3

Es kann also festgestellt werden, daß sich der *Wechsel der Dominanz von Migrations- und Pendlerbeziehungen innerhalb* der *inneren Umlandzone 3* vollzieht. Zwar ist es nicht gerechtfertigt, hier generell von einem „Umschlag" von der Pendelwanderung zur Migration zu sprechen. Dies träfe nur zu, wenn nur diejenigen Migranten erfaßt worden wären, die vorher Pendler waren. Trotzdem lassen sich daraus wichtige Schlußfolgerungen ableiten:

1. Die Lage des „Kurvenschnittpunktes" im Umland ist ein echter Hinweis für die Abgrenzung des Bereiches der zumutbaren Pendlerdistanzen. Die Lage dieses

Punktes innerhalb der inneren Umlandzone 3 unterstreicht damit aber letztlich die These, daß die Stadt-Umland-Region bis Zone 2 in der Regel den Bereich der täglichen Erreichbarkeit im Sinne von Zumutbarkeit umfaßt, da der „Umschlag“ bereits *in* der inneren Umlandzone 3 erfolgt und die Zone 2 somit nicht wesentlich überschritten wird. Es ist weiterhin zu berücksichtigen, daß die Lage des Schnittpunktes jeweils in der gleichen Umlandzone aller untersuchten Zentren nicht identisch ist mit gleicher Entfernung vom jeweiligen Zentrum. In Abhängigkeit von der Umlandbedeutung der einzelnen Zentren bedecken die einzelnen Umlandzonen unterschiedlich große Flächen. Das bedeutet aber, daß die innere Zone 3 und damit die Grenze des Bereiches der Zumutbarkeit bei den einzelnen Zentren in unterschiedlicher Entfernung liegen.

2. Der Punkt, von dem an die Orientierung der Migranten auf das jeweilige Zentrum diejenige der Pendler überwiegt, markiert wichtige qualitative Veränderungen in den zentrumsorientierten Wanderungsströmen. Hier wäre nach Ansicht des Verfassers die *Trennung von Nah- und Fernwanderung* vorzunehmen. Für beide Formen ist anhand bisheriger Erfahrungen der Migrationsforschung (zusammenfassend dargestellt bei BOUSTEDT 1975) eine unterschiedliche Motivationsstruktur typisch: Bei der *Nahwanderung* dominiert die Gruppe der *wohnungsbedingten Motive*, bei der *Fernwanderung* dagegen treten die *arbeitsbedingten Motive* stärker hervor. Selbstverständlich sind in jeder Entfernungszone alle Motivgruppen vertreten, lediglich ihre Gewichtung ist unterschiedlich. Diese Unterschiede haben jedoch erhebliche Auswirkungen auf die Migrationsbereitschaft von Pendlern oder Nichtpendlern im Nahbereich oder Fernbereich und damit auf die Möglichkeiten und Formen der Beeinflussung durch planerische Maßnahmen. Geht man von den genannten Erfahrungen aus, so müßten beispielsweise Pendler aus dem Nahbereich bei der Bereitschaft zum Wohnungswechsel an den Arbeitsort höhere Anforderungen an die Wohnung bzw. die Wohnbedingungen im weiteren Sinne stellen als Fernpendler, müßten Nichtpendler aus dem Fernbereich für eine Ansiedlung vorrangig durch günstige Arbeitsplatzangebote gewonnen werden.

Aus dem bisher Gesagten ergibt sich vor allem die Notwendigkeit, *künftig* eine *nach Wanderungsdistanzen differenzierte Untersuchung der zentrumsorientierten Migration* vorzunehmen und dabei sowohl die realen Arbeits- und Lebensbedingungen als auch deren subjektive Bewertung in den einzelnen Herkunftszonen zu berücksichtigen.

Inner- und überregionale Migration der Bevölkerung der Stadt-Umland-Regionen der Stadtkreise der DDR

Die Wanderungsstatistik bietet kreisweise Angaben zur Zahl der Wanderungen über die Kreis- und Gemeindegrenzen sowie zu den zwischenkreislichen Wanderungsströmen innerhalb der Bezirke. Auf diese Weise ist es möglich, von den auf Kreisbasis abgegrenzten Stadt-Umland-Regionen der Basisvariante (siehe KRÖNERT 1977 und 1979) die Stadt-Umland-Regionen der Stadtkreise in die Analyse der inner- und überregionalen Migration einzubeziehen, indem die dem Stadtkreis zugeordneten Landkreise und ihre *Wanderungsbilanzen* als „übrige Region“ dem Zentrum gegenübergestellt werden können. Analysiert wurde der Zeitraum 1971—1975.

Tab. 7 zeigt für die Stadt-Umland-Regionen der Stadtkreise den Wanderungssaldo der Region insgesamt, den Saldo des jeweiligen Zentrums, den Saldo der übrigen Region,

d. h. des Umlandes, den Saldo des Zentrums gegenüber dem Umland sowie den Gebieten außerhalb der jeweiligen Region (Außensaldo des Zentrums), den Außensaldo der übrigen Region. Im untersuchten Zeitraum hatte *ein Drittel* der *Stadt-Umland-Regionen der Stadtkreise* eine *negative Bilanz*: Stralsund, Wismar, Brandenburg, Eisenhüttenstadt, Weimar, Görlitz, Leipzig, Plauen und Zwickau. Die *Bilanz der Zentren* ist mit Ausnahme von Görlitz und Zwickau *stets positiv*, die der übrigen Region in jedem Falle negativ.

Tabelle 7. Wanderungssaldo der Stadt-Umland-Regionen der Stadtkreise der DDR 1971–1975

Stadt-Umland-Region	Saldo der Regionen insgesamt	Saldo des Zentrums	Saldo der übrigen Region (Umland)	Saldo des Zentrums gegenüber der Region	Außensaldo des Zentrums	Außensaldo der übrigen Region
	1	2	3	4	5	6
Rostock	+	+	–	+	+	+
Stralsund	–	+	–	+	–	–
Wismar	–	+	–	+	–	–
Schwerin	+	+	–	+	+	–
Neubrandenburg	+	+	–	+	+	–
Potsdam	+	+	–	+	+	+
Brandenburg	–	+	–	+	–	–
Frankfurt	+	+	–	+	+	–
Eisenhüttenstadt	–	+	–	+	–	–
Schwedt	+	+	–	+	+	–
Cottbus	+	+	–	+	+	–
Magdeburg	+	+	–	+	+	+
Halle	+	+	–	+	+	–
Dessau	+	+	–	+	+	–
Erfurt	+	+	–	+	+	–
Weimar	–	+	–	+	–	–
Gera	+	+	–	+	+	+
Jena	+	+	–	+	+	+
Suhl	+	+	–	+	+	+
Dresden	+	+	–	+	+	–
Görlitz	–	–	–	+	–	–
Leipzig	–	+	–	+	–	–
Karl-Marx-Stadt	+	+	–	+	+	–
Plauen	–	+	–	+	+	–
Zwickau	–	–	–	+	–	–

Das bedeutet also, daß der Wanderungssaldo der Gesamtregion dann negativ ist, wenn die Wanderungsgewinne des Zentrums nicht groß genug sind, um die Wanderungsverluste der übrigen Region auszugleichen. Unterteilt man den Wanderungssaldo des Zentrums in Innen- und Außensaldo (Spalten 4 und 5), so zeigt es sich, daß die Zentren ohne Ausnahme gegenüber ihrem Umland einen Wanderungsgewinn verzeichnen, ihr Außensaldo jedoch in 8 Fällen negativ ist. Mit Ausnahme von Plauen sind die Städte mit negativem Außensaldo identisch mit den Stadt-Umland-Regionen mit negativer Gesamtbilanz. *Die Wanderungsbilanz der Stadt-Umland-Region insgesamt wird also in erster Linie durch die überregionale Bilanz des jeweiligen Zentrums bestimmt.* Die überregionale Bilanz des jeweiligen Umlands ist in einigen Fällen positiv (Rostock, Potsdam, Magdeburg, Gera, Jena, Suhl); mit Ausnahme von Görlitz ist sie im Vergleich zur überregionalen Bilanz der zugehörigen Zentren jedoch stets ungünstiger (Spalte 6).

Die sichtbar gewordene entscheidende Rolle der Zentren für das Wanderungsgeschehen der Region erfordert eine nähere Betrachtung der Spezifik der *Zu- und Abwanderungsströme der Zentren.* Tab. 8 soll dies am Beispiel der bereits in den vorhergehenden Abschnitten untersuchten 7 ausgewählten Zentren verdeutlichen:[1])

1. Das Territorium, gegenüber dem die Zentren Wanderungsgewinne verzeichnen, ist in der Regel nicht auf die jeweilige Stadt-Umland-Region beschränkt. Bereits in den Forschungsberichten des IGG (vgl. Neumann 1981) wurde nachgewiesen, daß die *Bezirksstädte* als bedeutendste Anziehungspunkte für Migranten in der DDR nahezu ohne Ausnahme *gegenüber allen Kreisen ihrer Bezirke* einen *positiven Wanderungssaldo* besitzen. Auch die 7 ausgewählten Zentren, die zum untersuchten Zeitpunkt Schwerpunkte des Wohnungsbaues waren, haben gegenüber dem eigenen Bezirk eine positive Wanderungsbilanz; ihre überbezirkliche Bilanz ist z. T. wesentlich ungünstiger und bei Leipzig und Dessau bereits negativ.
2. Der Anteil der *überbezirklichen Wanderung* ist bei allen 7 Städten *bei* den *Wegzügen größer* als bei den Zuzügen. Je größer das Zentrum ist, desto mehr überwiegt bei den Wegzügen der überbezirkliche Anteil.
3. Der *Anteil der Großstädte* und *großen Mittelstädte* am Wanderungsvolumen der 7 Zentren ist (mit Ausnahme von Wittenberg) außerordentlich *hoch.* Er ist bei den Wegzügen wiederum wesentlich höher als bei den Zuzügen. Der Anteil der genannten Städtegruppen ist bei der überbezirklichen Wanderung größer als bei der Wanderung insgesamt.
4. Die *kleineren der 7 Zentren* (Stendal, Wittenberg, Altenburg, Dessau) besitzen gegenüber der Städtegruppe > 100000 EW eine negative, gegenüber der Städtegruppe von 50—100000 EW eine ausgeglichene bzw. positive Bilanz. Von den 3 Groß- bzw. Bezirkszentren haben Karl-Marx-Stadt und Schwerin gegenüber den Städten von 50—100000 EW einen positiven Saldo. Leipzig verzeichnet sowohl gegenüber den Großstädten als auch den großen Mittelstädten Wanderungsverluste. Der Wanderungsverlust bzw. die nur ausgeglichene Bilanz von Karl-Marx-Stadt und Schwerin gegenüber der Gruppe der Großstädte resultiert aus der großen Zahl der Abwanderungen nach Berlin.

Diese anhand der Tab. 8 ersichtlichen Aussagen bestätigen eine der allgemeinen Gesetzmäßigkeiten der Migration, nämlich die der sogenannten „*Etappenwanderung*", deren Wirksamkeit auch im Wanderungsgeschehen der DDR z. T. bereits in einigen Untersuchungen nachgewiesen wurde (z. B. von Wunsch 1974 und Bose 1975) und die folgendermaßen konkretisiert werden kann:

— Ausgehend davon, daß *in der Regel* eine Siedlung Wanderungsgewinne aus den jeweils kleineren und Wanderungsverluste gegenüber den größeren Siedlungsgrößengruppen verzeichnet, ist die *Zuwanderung* nach städtischen Zentren vorwiegend eine *Land-Stadt-Wanderung,* die *Abwanderung* dagegen in stärkerem Maße eine *Stadt-Stadt-Wanderung.*

[1]) Es sei an dieser Stelle nochmals vermerkt, daß sich die Angaben zu den 7 ausgewählten Städten auf das Jahr 1974 beziehen. In der Zwischenzeit sind Veränderungen eingetreten. Insbesondere die Stadt Leipzig verzeichnet seitdem eine wesentlich positivere Tendenz der Wanderungsbilanzen.

Tabelle 8. Zu- und Wegzüge ausgewählter Zentren nach ihrer Herkunft (1974)

		Wanderung insgesamt (Saldo)	inner-[1]) bezirklich	über-[1]) bezirklich	Städte > 100 T EW[1])	Städte 50–100 T EW[1])	Städte < 50 T EW[1])	Städte < 50 T EW[2]) außerhalb des Bezirkes
Leipzig	Saldo	+	+	–	–	–	–	–
	Wegzüge		26,9	73,1	18,8	9,2	28,0	37,4
	Zuzüge		38,7	59,4	8,8	6,2	15,1	23,6
Karl-Marx-Stadt	Saldo	+	+	+	–	+	–	–
	Wegzüge		36,3	63,7	17,3	5,0	22,3	31,4
	Zuzüge		61,1	38,9	7,9	3,3	11,2	23,2
Schwerin	Saldo	+	+	+	±	+	+	+
	Wegzüge		37,5	62,5	26,4	7,6	34,0	54,4
	Zuzüge		55,6	44,4	11,6	5,1	16,7	37,6
Dessau	Saldo	+	+	–	–	±	–	–
	Wegzüge		41,3	58,7	24,0	10,4	34,4	38,3
	Zuzüge		60,4	39,6	9,4	6,9	16,3	23,1
Altenburg	Saldo	+	+	+	–	±	–	–
	Wegzüge		44,4	55,7	29,4	3,8	33,2	41,9
	Zuzüge		44,9	55,6	11,6	1,6	13,2	18,4
Wittenberg	Saldo	+	+	+	±	+	+	–
	Wegzüge		21,9	78,1	10,9	3,4	14,3	11,9
	Zuzüge		42,8	57,5	7,1	3,6	10,8	8,1
Stendal	Saldo	+	+	+	–	+	±	–
	Wegzüge		43,8	56,2	20,8	8,0	28,8	37,9
	Zuzüge		67,4	32,5	7,6	6,4	14,1	30,4

Bedeutung der Zahlenwerte: [1]) Prozentualer Anteil an der Gesamtzahl der Wegzüge bzw. Zuzüge der Stadt
[2]) Prozentualer Anteil an der Zahl der überbezirklichen Wegzüge bzw. Zuzüge der Stadt

— Zwar ist, wie im vorhergehenden Abschnitt nachgewiesen wurde, bei Zu- *und* Wegzügen die Intensität der Ströme im unmittelbaren Umland am größten und nimmt mit zunehmender Entfernung ab, die *„Distanzempfindlichkeit"* *der Wegzüge* aus städtischen Zentren ist jedoch wesentlich *geringer.*

Wenn also in den vorangehenden Abschnitten festgestellt werden konnte, daß die Bedeutung der überbezirklichen Wanderung nicht überschätzt werden darf und daß der Anteil dieser überbezirklichen Wanderung im letzten Jahrzehnt weiter zurückgegangen ist, so muß dies dahingehend präzisiert werden, daß die *Land-Stadt-Wanderung* in stärkerem Maße *Umland-Stadt-Wanderung* ist und wird.[1]) Die Bedeutung der Stadt-Stadt-Wanderung über größere Distanzen ist nach wie vor hoch. Dabei ist jedoch weniger der Umfang dieser Ströme, sondern ihr Effekt von Bedeutung. Wenn also festgestellt werden konnte, daß die Bilanz einer Region entscheidend von dem Außensaldo des jeweiligen Zentrums bestimmt wird, so heißt das aber letztlich, daß die *Wanderungsbilanz einer Region mit der Anziehungskraft, der „Attraktivität", des jeweiligen Zentrums im Vergleich zu anderen Zentren, insbesondere Zentren gleicher Kategorie, im Zusammenhang steht.*

Eine Einflußnahme auf die Anziehungskraft der Städte durch die staatlichen Planungsorgane setzt die Kenntnis der Attraktivitätsunterschiede zwischen den Städten voraus. Eine Messung dieser Unterschiede wäre in Anlehnung an Wieting (1969) mittels der Matrix der Migrationsströme zwischen den Städten und der Errechnung eines *„Attraktivitätsindexes"* möglich. Leider liefert die amtliche Statistik gegenwärtig keine Angaben über Migrationen zwischen den Städten (mit Ausnahme der Ströme zwischen Berlin und den Stadtkreisen sowie zwischen den Stadtkreisen innerhalb eines Bezirkes). Das nachstehende Beispiel soll deshalb lediglich das genannte Verfahren erläutern und beinhaltet die *Wanderungsströme zwischen Großstädten*, für die für das Jahr *1974* Angaben auf Grund einer maschinellen Auswertung vorhanden waren.[2])

nach/von	Berlin	Leipzig	Dresden	Karl-Marx-Stadt	Schwerin
Berlin	—	606,3	314,0	319,6	215,6
Leipzig	16,5	—	66,3	66,7	34,2
Dresden	31,8	150,8	—	153,3	115,5
Karl-Marx-Stadt	31,3	150,0	64,8	—	52,6
Schwerin	46,4	291,7	87,0	190,0	—
	126,0	1198,8	532,1	729,6	417,9

Die Berechnung des Indexes erfolgte nach der Formel

$$\frac{\text{Wegzüge von x nach y}}{\text{Zuzüge von y nach x}} \cdot 100.$$

[1]) Diese Tatsache wird u. a. durch die Veränderung der Herkunft der Zuzüge der Stadtkreise der DDR bewiesen (Neumann 1981). Die dabei auftretende sehr unterschiedliche Orientierung des Umlandes auf das jeweilige Zentrum und die daraus letztlich resultierende unterschiedliche Ausdehnung der jeweiligen „Umländer" (im Sinne der Zahlen) macht auch Tab. 4 deutlich.

[2]) Auf die Heranziehung der hierfür vorhandenen Daten einiger Mittelstädte mußte verzichtet werden, da wegen der vergleichsweise geringen Zahl der Wanderungsfälle die Aussage verzerrt worden wäre.

Sowohl die Zeilen- als auch die Spaltensumme lassen die Rangfolge der Attraktivität der einzelnen Zentren im Vergleich zu den übrigen einbezogenen Zentren erkennen: Berlin, Schwerin, Dresden, Karl-Marx-Stadt, Leipzig.

Zusammenfassung

Die in diesem Beitrag untersuchten Beispiele haben bewiesen, daß auch im Wanderungsgeschehen der DDR bestimmte regelhafte (gesetzmäßige) Erscheinungsformen auftreten. Diese Erscheinungsformen stehen in Übereinstimmung mit den eingangs genannten, durch die Migrationsforschung im internationalen Maßstab und auch in der DDR erkannten Gesetzmäßigkeiten und gestatten deren weitere Konkretisierung bzw. Präzisierung.

Die beobachteten *allgemeinen Zusammenhänge* sollen zusammenfassend an dieser Stelle nochmals genannt werden:

1. Aus der tendenziell erkennbaren Abhängigkeit der Intensität der Wanderungsbeziehungen zwischen Ziel- und Herkunftsorten von der Entfernung zwischen ihnen ergibt sich die Dominanz des Anteils der Wanderung über vergleichsweise kürzere Distanzen (Nahwanderung) am Gesamtwanderungsvolumen. Der Vergleich der Intensitäten von zentrumsorientierter Migration und Pendelwanderung gestattet Aussagen über die Abgrenzung von Nah- und Fernwanderung und damit im Zusammenhang auch über den Bereich der zumutbaren Pendelwanderung.
2. Das Intensitätsgefälle der Migration mit zunehmender Entfernung ist bei den einzelnen Städten sehr unterschiedlich und hat vor allem ein unterschiedliches Ausgangsniveau. Hier wird das unterschiedliche „Gewicht“ der Stellung der Städte im Wanderungsgeschehen, das insbesondere aus realen Unterschieden der Arbeits- und Lebensbedingungen bzw. deren subjektiver Bewertung resultiert, sichtbar. Darüber hinaus wird die Bedeutung einzelner Zentren der Migranten von ihrer Lage zu anderen Schwerpunkten beeinflußt.
3. Die Zuwanderung nach städtischen Zentren ist vorwiegend eine Land-Stadt-Wanderung im Sinne von *Um*land-Stadt-Wanderung; die Abwanderung dagegen in stärkerem Maße eine Stadt-Stadt-Wanderung. Daraus ergibt sich die beobachtete Tatsache, daß die Wanderungsbilanz eines Gebietes (einer Region) entscheidend von der Bilanz des jeweiligen Zentrums, und zwar von dessen übergebietlicher (überregionaler) Bilanz bestimmt wird. Der Haupteinflußfaktor dieser übergebietlichen Wanderungsbilanz ist wiederum die Bilanz gegenüber anderen Städten, insbesondere die unterschiedliche Anziehungskraft gegenüber Zentren gleicher Kategorie (Größenordnung).

Neben dem Nachweis allgemeiner Gesetzmäßigkeiten wurden jedoch auch spezifische Erscheinungsformen der Migration in der DDR sichtbar, durch die diese allgemeinen Zusammenhänge modifiziert bzw. überlagert werden. Zweifellos sind die unter Punkt 3 gemachten Aussagen eine konkrete Erscheinungsform der „Etappenwanderung“, beinhalten jedoch in gewissem Sinne auch deren Einschränkung. Die Tatsache, daß eine Siedlung in der Regel gegenüber den Siedlungen niedrigerer Kategorien Wanderungsgewinne, gegenüber denen höherer Kategorie jedoch Wanderungsverluste verzeichnet, gilt nur für die *Bilanz der Gesamtheit der Siedlungen der jeweiligen Kategorie*, was auch jedes statistische Jahrbuch zeigt.

Wie die Beispiele beweisen, braucht dies *im konkreten Einzelfalle* durchaus nicht immer zuzutreffen. Hier tritt dann die erwähnte unterschiedliche Anziehungskraft, das *unterschiedliche „Gewicht"* der einzelnen Städte zutage. Dieses unterschiedliche Gewicht ist jedoch durch planerische Maßnahmen beeinflußbar und resultiert, wie bereits einleitend erwähnt, aus der vorrangigen, mitunter zeitweiligen Entwicklung ausgewählter, die Siedlungsstruktur der DDR tragender Zentren. Daraus resultieren, wie selbst die wenigen Beispiele beweisen, mitunter bei einzelnen Städten sowohl ausgeglichene Bilanzen gegenüber der höheren Größengruppe von Städten als auch sogar Wanderungsverluste gegenüber der niedrigeren Größengruppe von Städten. Derartige Erscheinungen treten jedoch meist nicht über einen längeren Zeitraum hinweg auf. Die unterschiedliche Anziehungskraft und damit die unterschiedlichsten Bilanzen der Migrationsströme zwischen den Siedlungen ein und derselben Kategorie werden stets weiterbestehen, wie dies am Beispiel der Großstädte nachgewiesen wurde. Aus der gezielten Beeinflussung dieses Faktors ergeben sich jedoch günstige Möglichkeiten der *planmäßigen Steuerung* der *übergebietlichen Wanderungsströme* und damit der *gebietlichen Wanderungsbilanzen.*

Eine weitere *Modifizierung der Etappenwanderung* (im umfassenden Sinne des Begriffes) konnte, da sich die Beispiele im wesentlichen nur auf Großstädte und große Mittelstädte bezogen, nur angedeutet werden: Gegenwärtig sind die Wanderungsströme in der DDR nur auf wenige städtische Zentren konzentriert, insbesondere die Hauptstadt und die Bezirksstädte (Neumann 1978 und 1981). Die wenigen Beispiele von kleineren Kreisstädten (Tab. 4) ließen erkennen, daß die Orientierung der Wegzüge aus dem betreffenden Landkreis auf die eigene Kreisstadt sehr gering ist. Daraus folgt letztlich, daß — in der Bilanz der Migration zwischen den einzelnen Siedlungsgrößengruppen noch nicht sichtbar — offensichtlich gegenwärtig die jeweils nächsthöhere Siedlungskategorie nicht mehr dominantes Ziel der Migranten ist. Indem insbesondere bei den Landgemeinden gegenwärtig die Wanderung in verstärktem Maße unmittelbar auf die jeweilige Bezirksstadt bzw. auf eine sich stark entwickelnde Mittelstadt und nicht so sehr auf die kleineren Kreisstädte gerichtet ist, wird praktisch eine „Etappe" übersprungen. Um das tatsächliche Ausmaß einer solchen tendenziellen Entwicklung, die für einzelne Gebiete sehr negative Folgen nach sich ziehen kann, zu erfassen, bedarf es weiterer vertiefender Untersuchungen.

Резюме

Закономерные формы проявления миграций в ГДР

Ряд примеров доказывают, что также в миграционных явлениях ГДР выступают закономерные формы проявления. Они согласованы с закономерностями, которые нашли свое подтверждение в исследованиях миграционных явлений в международном масштабе, а также и в ГДР. В настоящей работе эти выводы дальше конкретизированы и уточнены.

Из зависимости интенсивности миграционных отношений между двумя пунктами по отдаленности между ними, были произведены общие высказывания о соотношении между ближними и дальними перемещениями, а также между миграцией и маятниковой миграцией. С помощью сравнения интенсивности миграционных потоков между выбраными городами и окрестностями, явно видна различная притягательная сила отдельных городов. Эти различия возникают из-за различных трудоьых и бытоьых условий в городах, а также местоположения к альтернативным местам мигрантов. Дальше показано, как миграционный баланс отдельных регионов в значительной степени определяется балансом центров касающихся регионов. Баланс центров в свою очередь сильно зависит от баланса других регионов, особенно городов подобных категорий в других регионах.

Рядом с общими связями в ГДР можно видеть также специфические формы проявления миграций. Эти специфические формы проявления — результат преимущественного развития выбранных городов при содействии планировочных мероприятий. Часто они носят временный характер. При этом могут в конкретном отдельном случае возникать сильные модификации закономерных форм проявления, особенно отклонения от так называемых „поэтапных миграций".

Summary

Regularities in GDR migration

The existence of regular phenomena within the internal migration of the GDR is verified by several examples. The phenomena correspond to the regularities that have been recognized by the international and GDR research on migration. This paper provides detailed information on the phenomena mentioned.

The intensity of migration between two places depends on their distance from each other. Starting from this fact it is possible to derive general statements on the relation between short-distance and long-distance migration as well as on the relation between migration and commuting to work. Comparing the intensitiy of migration between selected towns and their environment the author exemplifies the variant attractiveness of single towns. The distinctions in the attractiveness of the towns are especially caused by the different working and living conditions as well as by their distance from other destinations.

The net migration of regions is decisively determined by the net migration of the central town of the corresponding region. The net migration of the central town for its part is very much dependent on its balance with the net migration of other regions characterized by similar features.

Conclusions can also be drawn regarding specific trends of internal migration in the GDR. These specific phenomena of GDR migration have been obtained by planning measures aimed at the predominant development of some selected towns. Often they are characterized by temporariness. In some cases regular phenomena are modified, especially as regards the so-called 'step by step migration'.

Literatur

Bose, G.: Ergebnisse und Tendenzen der Binnenwanderung in der DDR im Zeitraum 1953—1972. Diss. (B), Martin-Luther-Universität Halle—Witt. 1975.

Boustedt, O.: Grundriß der empirischen Regionalforschung, Teil II: Bevölkerungsstrukturen. Hannover 1975.

Grimm, F. und I. Hönsch: Zur Typisierung der Zentren in der DDR nach ihrer Umlandbedeutung. Peterm. Geogr. Mitt., 118 (1974) 4.

KIND, G.: Zur Anwendung des Modells AMOS in der Siedlungsnetz- und Stadtplanung. Informationen der Forschungsleitstelle für Territorialplanung, **5** (1975) 1.

KIND, G. und H. STEINDORF: Mathematisch-statistische Untersuchungen der Binnenwanderung. Geogr. Berichte, **16** (1971) 3.

KRÖNERT, R.: Stadt-Umland-Regionen von Groß- und Mittelstädten der DDR. Geogr. Berichte, **22** (1977) 2.

KRÖNERT, R.: Die Stadt-Umland-Regionen von Groß- und Mittelstädten als Aktions- und Kommunikationsräume der Bevölkerung in der DDR — Struktur und Tendenzen ihrer Entwicklung. Dissertation [B], 1979.

NEUMANN, H.: Hauptrichtungen der Bevölkerungsmigration über die Kreisgrenzen. Informationen der Forschungsleitstelle für Territorialplanung, **8** (1979) 3.

NEUMANN, H.: Tendenzen der standortorientierten Migration in der DDR. Geogr. Berichte, **26** (1981) 1.

NOVAKOVA-HŘIBOVA, B.: Migration Regions of Towns in the Czech Socialist Republic. Studia Geographica, **21** (1971), Brno.

PEREVEDENCEV, V. I.: Migracija i nekotorie socialnye processy v SSSR. Problemy migracii naselenija i trudovych resursov. Moskva 1970.

RAVENSTEIN, E. G.: The laws of migration. Journal of the Royal Statistical Society. **48** (1885) und **52** (1889).

SCHMIDT-RENNER, G.: Über territoriale Verhaltensweisen bei der Reproduktion von Arbeitskraft und Bevölkerung in der DDR. Peterm. Geogr. Mitt., **117** (1973) 3.

SIEBERT, H.: Regionales Wirtschaftswachstum und interegionale Mobilität. Tübingen 1970.

THÜRMER, R.: Aufdecken, Abbilden und Bewerten von Beziehungen in einem Kausalkomplex am Beispiel der Beziehungen zwischen Migration und territorialem Bedingungsgefüge im Bezirk Dresden. Wiss. Z. d. Päd. Hochschule Potsdam, **20** (1976) 3.

WIETING, W. G.: Zur Struktur der Wanderungsbewegungen im Bundesgebiet. In: Der Städtetag, N. F., **22** (1969), S. 596.

WUNSCH, R.: Methodische Grundlagen der territorialen Bevölkerungs- und Arbeitskräfteprognostik. Diss. [A], Hochschule f. Ökonomie, Berlin—Karlshorst 1974.

ZASLAVSKAJA, T. I.: Metodologičeskie problemy izučenija migracii sel'skogo naselenija. In: Statistika migracii naselenija. Moskva 1973.

ZIPF, G. K.: The P_1P_2/D-Hypothesis: On the Intercity Movement of Persons. American Sociological Review **11** (1946).

Dr. rer. nat. HANS NEUMANN, Akademie der Wissenschaften der DDR, Institut für Geographie und Geoökologie, 7010 Leipzig, Dimitroffplatz 1

Beiträge zur Geographie	Bd. 31	S. 255–269	Berlin 1983

Zur Verbindung zwischen Zentren und Umland gemäß der Reisezeit im öffentlichen Personenverkehr der DDR[1])

Von Günter Taege

Als Ergebnis der Untersuchungen werden zwei kartographische Darstellungen (Abb. 2, Beilage 1) sowie drei statistische Zusammenstellungen (Abb. 1, Tab. 1 und 2) vorgestellt und erläutert. Sie beinhalten Aussagen zum Reisezeitaufwand für die Bevölkerung beim Eisenbahn- und Kraftomnibusverkehr, der zur gegenseitigen Kontaktnahme zwischen Zentren und ihrem Umland erforderlich ist.

Ausgelöst wurden die Untersuchungen zur verkehrlichen Verbindung zwischen Zentren und Umland durch die Forschungen des Instituts für Geographie und Geoökologie der AdW der DDR zur sozialräumlichen Umlandbedeutung von städtischen Zentren für die Entwicklung der sozialistischen Arbeits- und Lebensbedingungen in der DDR (Lüdemann 1974). Dabei stellte die Ermittlung von Verkehrsströmen der verschiedenen Verkehrsträger einen Aspekt der Forschung dar. Einerseits sollten damit die derzeitig potentiellen Bedingungen für Stadt-Umland-Beziehungen im Verkehrssystem kenntlich gemacht werden, und zum anderen galt es, Hinweise auf Richtung, Reichweite und Intensität dieser Beziehungen zu erlangen.

Die Bedeutung dieses Forschungsaspekts wird beispielsweise auch dadurch unterstrichen, daß die wachsende Inanspruchnahme von Zentren im Siedlungsnetz sowie die Verbesserung der Siedlungsnetzverbindungen (v. Känel 1970; Koker 1972; Autorenkollektiv 1974b, 1979) unter anderem eine Zunahme von Verkehrsleistungen (Statistisches Jahrbuch 1975) bedingt.

Geeignete Daten zur Analyse dieser Erscheinung fanden sich im öffentlichen Personenverkehr und seiner Fahrplangestaltung. Sie können als komplexer Ausdruck verschiedenartiger Fahrtzwecke angesehen werden und zeigen in gewissem Maße die Verkehrswahrscheinlichkeit von Personenverkehrsströmen an. Auf diese Weise spiegeln sie die Verkehrsmöglichkeiten im Rahmen der Stadt-Umland-Beziehungen wider. Es erwies sich als zweckmäßig, die Fahrpläne des öffentlichen Personenverkehrs auszuwerten, um Aussagen zur Verkehrsanbindung aller Gemeinden in der DDR an ihre nächstgelegenen Zentrumstypen zu gewinnen. Von den Zentrumstypen[2]) kamen daher insbesondere die Kreis-, Gebiets- und Bezirkszentren in Betracht.

[1]) Eine ausführliche Darlegung der im folgenden Beitrag behandelten Probleme gibt die Diss. (A) des Verfassers „Zur Erreichbarkeit von Städten in der DDR aus dem Umland, dargestellt auf Grund des öffentlichen Personenverkehrs", 1981.

[2]) Es wurde die Zentrumstypisierung nach Grimm/Hönsch verwendet, wie sie von den genannten Autoren in diesem Band vorgestellt wird.

Bedeutung des öffentlichen Personenverkehrs in der DDR

Die Zugrundelegung des öffentlichen Personenverkehrs für die Darstellung der Verkehrsanbindung an Zentren ist vor allem wegen der hohen gesellschaftlichen Bedeutung der Massenverkehrsmittel in der DDR sowie durch ihre großen Anteile am Personentransport in allen Gebieten des DDR-Territoriums geeignet. Bedeutung und *Hauptteile des öffentlichen Personenverkehrs* in der DDR können durch folgende statistische Angaben gekennzeichnet werden:

Personenbeförderung 1974[1])

insgesamt in (Mill.)	darunter (in %): öffentlicher Personenverkehr			Individualverkehr
	Eisenbahn	Kraftverkehr und Werkverkehr	städtischer Nahverkehr	
beförderte Personen 6750	9,2	19,3	26,6	44,3
Personenbeförderungsleistung (Pkm) 100000	20,8	20,5	7,0	49,8

Diese Zahlen ergeben ca. 415 Fahrten je Einwohner im Jahre 1974[2]) mit den genannten individuellen und Massenverkehrsmitteln, von denen mehr als die Hälfte durch den öffentlichen Verkehr realisiert wurde.

Die *verkehrspolitische Orientierung* der DDR ist darauf gerichtet, die verschiedenen Verkehrsträger und ihre Transportmittel zu einem *einheitlichen sozialistischen Verkehrswesen* zusammenzufassen und miteinander abzustimmen, wobei den öffentlichen Massenverkehrsmitteln Vorrang gegeben wird (Arndt 1973a und b, 1974; Schleife 1974). So ist es unter anderem die Aufgabe der *Eisenbahn*, den *Berufsmassenverkehr und* den *Fernverkehr* zu realisieren, während der *öffentliche Kraftverkehr vorrangig* die *Nahverbindungen* zwischen Gemeinden und Kreisstädten bzw. Fernverkehrsknoten herstellt sowie ebenfalls die Beziehungen im Arbeitspendelverkehr und Gelegenheitsverkehr berücksichtigt (Jacob u. a. 1969, Autorenkollektiv 1974a).

Die Arbeitsteilung und Bedeutung der Verkehrsträger im Territorium veranschaulichen Angaben zur *mittleren Beförderungsweite* (Statistisches Jahrbuch 1975). Für die Eisenbahn[3]) ergibt sich eine mittlere Beförderungsweite von ca. 42 km, darunter ca. 55 km mit Normaltarif (ca. 25% der Eisenbahnreisenden) und 15 km im Berufsverkehr (ca. 51% der Eisenbahnreisenden), während die mittleren Beförderungsweiten für den Kraftverkehr insgeasmt wie im Berufsverkehr nur ca. 15 km ergeben.

---

[1]) Angaben zum öffentlichen Personenverkehr entsprechend dem Statistischen Jahrbuch 1975. Zum Individualverkehr erfolgte eine eigene Überschlagsrechnung auf Grund des Kraftfahrzeugbestandes (Statistisches Jahrbuch 1975) in Verbindung mit Kennwerten für Jahresfahrleistungen und Besetzungsgrade von Kraftfahrzeugen (Richter 1973; Schleife u. a. 1973; Böhme 1974; Böhme/Schleife 1975).

[2]) einschließlich Kalkulation der von der Fahrpreispflicht befreiten Kinder unter 5 Jahren

[3]) ohne Berliner S-Bahn; diese beförderte 198 Mill. Personen im Jahre 1974 bei einer durchschnittlichen Beförderungsweite von ca. 15 km (Statistisches Jahrbuch 1975).

In der DDR sind die verkehrsinfrastrukturellen Bedingungen für den öffentlichen Personenverkehr durch ein *dichtes Eisenbahn- und Straßennetz* gekennzeichnet; insgesamt besitzt die DDR (Statistisches Jahrbuch 1975) 14252 km Eisenbahnstrecken und 47603 km Autobahnen, Fernverkehrs- und Landstraßen; das ergibt eine Dichte von 57,2 km Verkehrsstrecken je 100 km². Es existieren kaum Gebiete in der DDR, die mehr als 10 km Luftlinie vom nächstgelegenen Bahnhof entfernt sind. Noch günstigere Bedingungen besitzt das Straßennetz.

In der Linienführung des innerstaatlichen öffentlichen Personenverkehrs haben die Richtungen von den Orten zu ihren jeweils höherrangigen administrativen Zentren Vorrang (vgl. Autorenkollektiv 1974a, Fahrpläne), nämlich

— von Landgemeinden zur Kreisstadt,
— von Kreisstädten zur Bezirksstadt,
— von Bezirksstädten zur Hauptstadt der DDR, Berlin

sowie außerdem die Verkehrslinien

— zwischen Bezirksstädten,
— in Richtung Gebietszentren,
— zu Einpendlerzentren,
— zu Erholungsgebieten.

Die Fahrtrichtungen individueller Verkehrsmittel entsprechen erfahrungsgemäß in etwa den Leitlinien des öffentlichen Verkehrs (Schlums 1929; Lehner 1963), wie auch ein Vergleich mit Ergebnissen der Straßenverkehrszählung 1971 (Gericke 1976) zeigt.

Methodisches zur Verkehrsanbindung

Auf Grund sozialräumlicher Stadt-Umland-Beziehungen der Städte, ihrer administrativen Stellung und ihrer Lagebeziehungen zu anderen Zentren konnte die Umlandbedeutung der Städte innerhalb der Siedlungsstruktur der DDR bestimmt werden (Grimm und Hönsch 1974). Als wichtigste *Zentrumstypen* werden unterschieden (vgl. Beilage 1)

Groß- und Bezirkszentren — 11 Städte mit Bedeutung für ca. 1 Bezirk oder weiterreichend,
Gebietszentren — 40 Städte mit Bedeutung in der Größenordnung von zwei oder mehreren Kreisen,
Kreiszentren — 157 Städte mit Bedeutung in der Größenordnung eines Kreises.

Hierbei ist zu beachten, daß die höherrangigen Typen auch die Funktionen der niedrigen Zentrentypen ausüben, so daß sich als ausschließliche Gebiets- und Kreiszentren 29 bzw. 117 Städte ergeben (vgl. Beilage 1). Außerdem sei darauf hingewiesen, daß einige Kreisstädte bzw. Bezirksstädte zwar für ihr Kreis- bzw. Bezirkszentrum die politisch-administrativen Verwaltungsfunktionen ausüben, jedoch bei anderen sozialräumlichen Beziehungen von benachbarten Zentren überlagert werden. In diesen Fällen wurden entsprechend der Zentrentypisierung die Kreisstädte den Lokalzentren bzw. die Bezirksstädte den Gebietszentren zugeordnet.

Für diese Zentrumstypen — und auch Verwaltungsstädte — wurde die *Verkehrsverbindung mit ihren Umlandgemeinden* anhand der Fahrpläne des öffentlichen Personenverkehrs der Eisenbahn und des Kraftomnibusverkehrs festgestellt und berechnet. Zur

Berechnung der Verkehrsanbindung wurden Verkehrsmerkmale ausgewählt, die sowohl für den Verkehr als auch für Stadt-Umland-Beziehungen wesentlich sind: *Reisezeit* und *Fahrthäufigkeit* (Taege 1975).

Die hier verwendete *Reisezeit* versteht sich als Zeit von der Abfahrt bis zur Ankunft eines Transportmittels einschließlich Umsteigezeit. Die Reisezeit wurde als mittlere Reisezeit aller täglich in Frage kommenden Verbindungen zwischen Umlandgemeinden (Sitz bzw. Mittelpunkt der Gemeinde) und Zentrum (Mittelpunkt bzw. wichtigste Umsteig- oder Endhaltestellen) der Eisenbahn und des Kraftomnibusverkehrs bestimmt. Die Reisezeiten im Eisenbahn- und Kraftverkehr wurden zusammen gemittelt. Für die Reisezeiten zwischen Gemeinden und Gebiets- sowie Kreiszentren war der Regionalverkehr (Ort-auf-Ort-Verkehr) maßgebend, während für die Verkehrsanbindung an Bezirkszentren von Gemeinden über ca. 50 km Entfernung auch der Fernverkehr (D-, E-Züge, E-Busse) einbezogen wurde. Als pauschale Vereinfachung sind für die meisten Umsteigfälle 20 Minuten angenommen; des weiteren wurden bis zu 2 km von der Haltestelle entfernte Gemeinden als an der Haltestelle gelegen betrachtet.

Für die Auswertung ist vor allem zu beachten, daß mittlere Reisezeiten berechnet wurden. Erfahrungsgemäß bestehen im Nahbereich der Zentren für Berufsverkehrsfahrten kürzere Reisezeiten, während für entferntere Umlandgemeinden mit gebrochenen Verkehrsverbindungen die Umsteigepauschale die Reisezeit erhöht. Eine komplexe Reisezeit, bei der die dem Reisenden entstehenden Wegezeiten zu bzw. von den Haltestellen mit enthalten sind, kann ca. 10 bis 15 min höhere Werte ergeben.

Verkehrsanbindung an Kreiszentren

Die häufigsten Beziehungen zwischen Umland und einem Zentrentyp bestehen zwischen den Gemeinden der Kreise und ihrer Kreisstadt bzw. ihrem Kreiszentrum, und zwar durch die territorial fixierten Stadt-Umland-Beziehungen (z. B. staatliche Verwaltungsaufgaben), aber auch durch vielfache und häufige territorial flexible Beziehungen (insbesondere bei Versorgungs- und Betreuungsfunktionen) mit täglicher bzw. periodischer Frequenz (Schmidt 1974). Außerdem sind auf die Kreiszentren als wichtige Arbeitsstandorte starke Einpendlerbeziehungen gerichtet.

Fast alle Gemeinden eines Kreises sind mit der Kreisstadt durch direkte Verkehrslinien verbunden. Für etwa 88% der Bevölkerung der DDR sind die Kreiszentren von den Kreisterritorien aus innerhalb von *40 min Reisezeit* erreichbar, wie Abb. 1 ausweist.

Dieses Maß korrespondiert auch etwa mit dem täglichen Arbeitspendeln und wird als ein gewisser Grenzwert zeitlicher Belastung angesehen (Andrä 1972, Schubert 1974, Grundmann 1974, Neumann 1974, Schmidt u. a. 1974, Swetletschny 1976). Entsprechung finden diese Relationen in der mittleren Reiseweite des Berufsverkehrs mit 15 km. Für die Umrechnung der Entfernung in Reisezeit gilt, daß öffentliche Verkehrsmittel im Nahbereich ca. 1,5 min/km (Eisenbahn) bzw. ca. 2 min/km (Kraftomnibus) Reisegeschwindigkeit leisten; wobei die Geschwindigkeit noch durch Haltestellenabstände und orographische Gegebenheiten geringfügig modifiziert wird (Taege 1981).

In der Beilage 1 sind die *40-min-Bereiche nach* ihrer *Zugehörigkeit zum Zentrumstyp* unterschiedlich ausgewiesen, und zwar so dargestellt, daß die 40-min-Reisezeitbereiche der höchstrangigen Zentren zuerst flächendeckend (in Farbe) dargestellt und dann die Bereiche der großen sowie mittleren Kreiszentren (durch waagerechte Strukturraster) und der partiellen Kreiszentren (durch senkrechte Strukturraster) kumulativ angefügt wurden. Diesem Verfahren liegt die Annahme zugrunde, daß die gewichtigeren Zen-

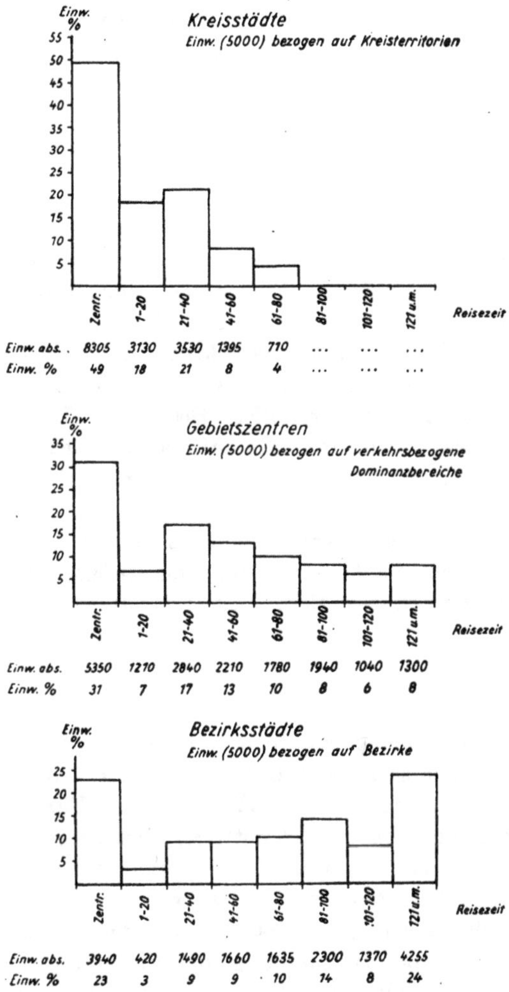

Erreichbarkeit gemäß Berechnungen des Instituts für Geographie und Geoökologie der AdW der DDR

Abb. 1. Erreichbarkeit von Kreisstädten, Gebietszentren und Bezirksstädten in der DDR gemäß der Reisezeit (in min)

trumstypen die stärkere Gravitation ausüben; deshalb wurde auf die Darstellung von Überlagerungen verzichtet, zumal diese — abgesehen von wenigen Ausnahmen — kaum eine Rolle spielen.

Die Farbkarte (Beilage 1) sowie die Säulendiagramme (Abb. 1) vermitteln einen Eindruck von den *zeitlich günstigen Erreichbarkeitsbedingungen der Kreiszentren* bzw. Kreisstädte aus ihren zugeordneten Territorien. Trotzdem verbleiben noch ca. 2 Mill. Einwohner bzw. 12% der Bevölkerung der DDR außerhalb der 40-min-Bereichsgrenze zum eigenen Kreiszentrum. Derartig ungünstige Situationen der Verkehrsanbindung fallen im Norden der DDR auf, wo auf Grund historischer Entwicklungen das Zentralnetz weitmaschig ist und die Bevölkerungsdichte gering; des weiteren an der Staatsgrenze.

Die vorrangige Verkehrsausrichtung der Kreisterritorien auf ihre eigenen Kreisstädte wird vom Ergebnis einer weiteren Untersuchung unterstrichen, nach der in Gemeinden mit günstigerer Reisezeit zu benachbarten Kreisstädten als zur eigenen Kreisstadt nur ca. 2,7% der Einwohner der DDR wohnen.

Verkehrsanbindung an Gebietszentren

Für die Gebietszentren ist ein Funktionsspektrum maßgebend, das durch seine Spezialisierung sowie bedeutende soziale, kulturelle und politische Institutionen einen intensiveren und weitreichenderen Einfluß ausübt als die Kreiszentren, deren Charakteristika in den Gebietszentren ebenfalls integriert sind. Das Funktionsspektrum des Gebietszentrums besitzt für die Entwicklung der sozialistischen Lebensweise sowohl der Bevölkerung der Zentren wie auch derjenigen des Umlandes erhebliche Bedeutung. Bei 11 Gebietszentren wird der Funktionstyp des Gebietszentrums durch Funktionen des Bezirkszentrums überlagert und verstärkt. Die *Gebietszentren* sind beachtliche *Verkehrsknoten für* den *Bereichs- und Fernverkehr.*

Ein besonderer Aspekt der Untersuchung der Verkehrsanbindung galt der *verkehrsräumlichen Abgrenzung* zwischen den Gebietszentren. Diese Abgrenzung erfolgte nach Berechnung von sog. *Anbindungszahlen* (vgl. Grimm u. a. 1972, Zimpel 1958)

$$AZ = \frac{\text{mittlere Reisezeit}}{\text{tägliche Fahrthäufigkeit}}$$

für jede Gemeinde und durch Zuordnung jeder Gemeinde zu einem Gebietszentrum entsprechend dem günstigsten Anbindungswert. Die so abgegrenzten Räume der Gebietszentren wurden als *verkehrsbezogene Dominanzräume* (Beilage 1) bezeichnet. Für die hier in Betracht kommenden Verkehrsverhältnisse naher und mittlerer Distanz erwies sich diese *formelhafte Verknüpfung von Reisezeit und Fahrthäufigkeit* als eine leicht handhabbare *Methode zur synthetischen Verkehrslagecharakteristik.* Es ist aber bei der Bewertung der verkehrsbezogenen Dominanzbereiche bzw. ihrer Grenzsäume zu bedenken, daß diese in ihrer Ausdehnung und Figuration von der Bestimmung und Verteilung der Gebietszentren abhängen. Sie sind also hauptsächlich für diejenigen Stadt-Umland-Beziehungen von Bedeutung, die ausschließlich in den Gebietszentren lokalisiert sind.

Um den weiterreichenden funktionalen Beziehungen dieses Zentrentyps in der Erfassung der Verkehrsanbindung gerecht zu werden, wurden zusätzlich zum 40-min-Bereich weitere Distanzen kartiert (Beilage 1). Die *60-min-Isochrone* (ca. 30 bis 50 km Entfernung im Regionalverkehr) verdient besondere Beachtung, da innerhalb dieser Zeit auch ein Halbtagsbesuch des Gebietszentrums zeitlich möglich ist und ein periodisches Aufsuchen des Gebietszentrums vertretbar erscheint. In diesem 60-min-Einzugsbereich — auf der Grundlage öffentlicher Personenverkehrsmittel — wohnen ca. zwei Drittel der DDR-Bevölkerung (vgl. auch Abb. 1).

Gebiete mit besonders *günstiger Verkehrsanbindung* sind die Ballungsgebiete und der Südwesten der DDR, wo die Gebietszentren — bedingt durch die historische Territorialentwicklung — relativ dicht gelegen sind und das Umland sogar mehrseitige Verkehrsanbindungen in diesem Zeitbereich besitzt. Ebenfalls sehr günstige Verkehrsanbindungen bestehen im Berliner Raum.

Relativ *ungünstig* sind die Gebiete in der DDR zu bewerten, wo auf Grund der Verteilung der Gebietszentren ausgedehnte verkehrsbezogene Dominanzbereiche errechnet sind. Falls hier charakteristische Funktionen eines Gebietszentrums nicht durch die Kreiszentren übernommen werden, benötigt gegenwärtig ca. ein Drittel der DDR-Bevölkerung mehr als 60 min Reisezeit, um die entsprechenden Gebietszentren zu erreichen. Zur Verbesserung dieser Situation können planerische Maßnahmen im Bereich der Siedlungsstruktur und des Verkehrs beitragen.

Verkehrsanbindung an Bezirkszentren

Die für die Bezirkszentren (einschließlich Berlin, Dresden und Leipzig als Großzentren) typischen Umlandfunktionen werden auf Grund ihrer Spezialität in der Regel persönlich nur aperiodisch in Anspruch genommen. Verkehrsmotive sind insbesondere Dienstreisen zu administrativen Organen der Bezirke, aber auch die Teilnahme an Veranstaltungen gesellschaftlicher Organisationen und das Aufsuchen von Spezialeinrichtungen für die Versorgung und Betreuung der Bevölkerung des Bezirkes. Darüber hinaus sind die Bezirksstädte meist auch die bedeutendsten Verkehrsknoten im Bezirk. Eine *äußere Reisezeitdistanz für bezirkszentrale Funktionen* (über die für den Bezirk territorial fixierten politisch-administrativen Beziehungen hinaus) kann nicht mit Bestimmtheit erkannt werden, wie das für Kreiszentren mit 40 min und für Gebietszentren mit ca. 60 min der Fall ist.

Bei einer max. *120-min-Begrenzung,* wie sie in der Karte der Reisezeit-Distanzen zu Bezirksstädten dargestellt ist (vgl. Abb. 2), muß bereits ein ganztägiges Reisevorhaben in Ansatz gebracht werden. Für derartige Entfernungen werden erfahrungsgemäß auch Schnell- bzw. Fernverkehrsverbindungen stärker genutzt. Deshalb wurden methodisch bei der Ermittlung der Reisezeiten auch die Schnellverbindungen des Personenverkehrs berücksichtigt, wodurch z. B. Städte mit Fernverkehrshalten auch außerhalb des geschlossenen 120-min-Bereiches inselartig erfaßt werden. Auf diese Weise erfolgt die Anbindung vieler weit entfernt von Bezirkszentren gelegenen Gebiets- und Kreiszentren. Trotzdem beträgt der Anteil der DDR-Bevölkerung außerhalb dieser Distanz noch ca. 22% (vgl. Abb. 1). Problematisch ist die Verkehrsanbindung an die Bezirkszentren auch für Landgemeinden oder Städte ohne Schnellverbindung bereits mit 80 oder 100 min Reisezeit, weil die komplexe Reisezeit, d. h. einschließlich Fußwegen und Wartezeit, sowie der gebrochene Verkehr die ermittelte Reisezeit in vielen Fällen verlängern und die Reisebedingungen umständlicher gestalten. Solche von den Bezirkszentren deutlich entfernt gelegenen Gebiete befinden sich vor allem im Norden der DDR.

Bei der Auswertung der Isochronenkarte (Abb. 2) ist zu beachten, daß in ihr die Reisezeit-Distanzen zu den politisch-administrativen Bezirksstädten nur aus den jeweils zugehörigen Bezirksterritorien dargestellt sind. Wären von den Bezirksstädten nur die 11 Bezirkszentren in Betracht gezogen worden, dann müßten zusätzlich große Teile der Bezirke Neubrandenburg, Gera, Suhl und Frankfurt als bezirkszentrumsfern ausgewiesen werden.

---

[1]) Dieser Karte liegt eine mittels EDV automatisch hergestellte Isolinienzeichnung zugrunde (rechentechnische Bearbeitung: S. Kuhn, Leipzig); die Berechnungsbasis bilden die vom IGG erfaßten Werte zur Verkehrsanbindung jeder Gemeinde (Bearbeitung: G. Taege).

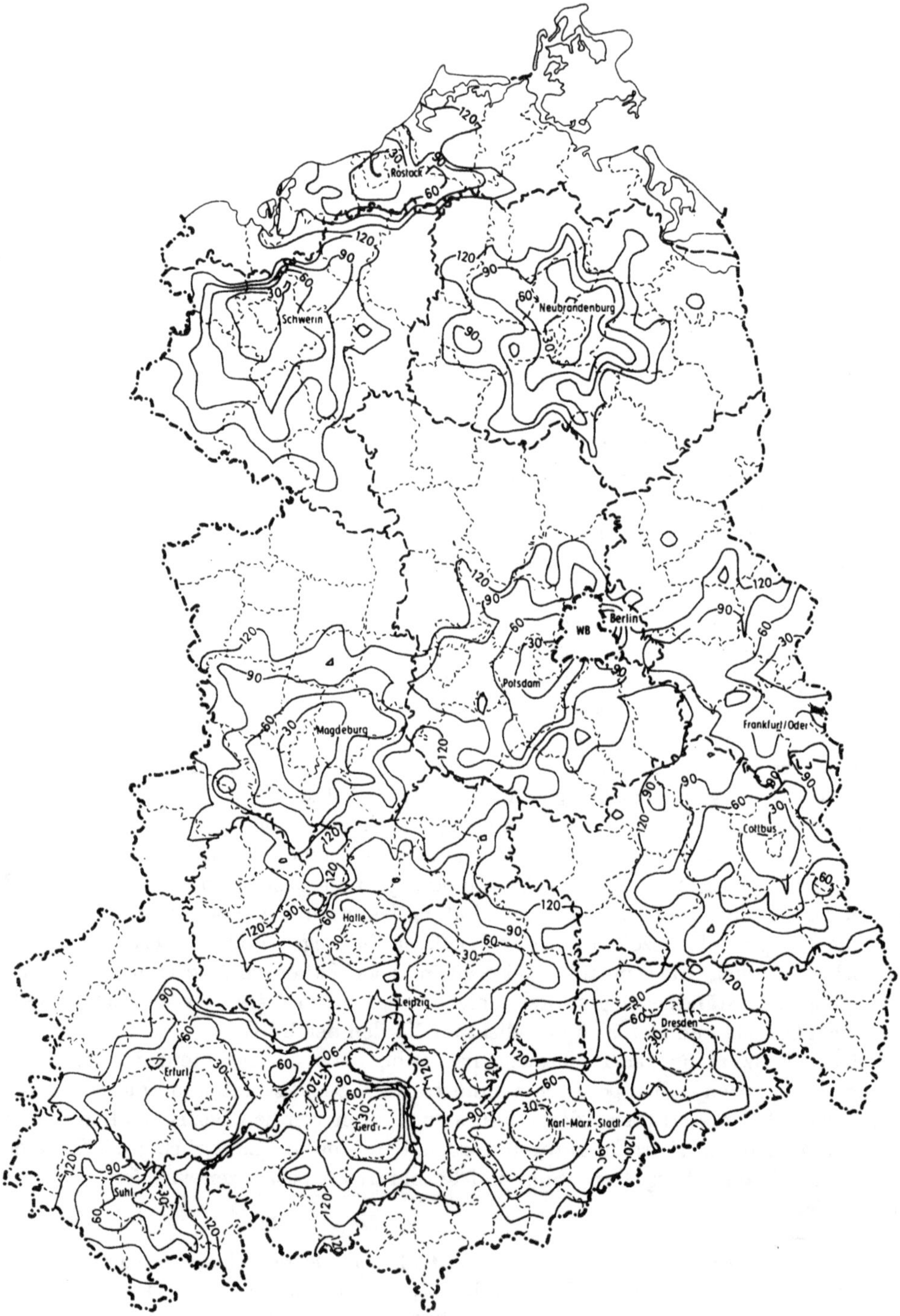

Abb. 2. Verkehrsanbindung von Gemeinden an ihre Bezirksstädte nach der Reisezeit (in min)

Überlagerungen der Reisezeitbereiche

Bei einer synoptischen Betrachtung der beigegebenen Karten (Abb. 2 und Beilage 1) werden Überlagerungen von Reisezeitbereichen und verschiedenen Zentrentypen sichtbar. Dabei lassen sich Gebiete erkennen und unterscheiden, die auf Grund ihrer Verkehrsanbindung und Zentrenverteilung relativ *günstige* bzw. *ungünstige Bedingungen* aufweisen. So verdienen beispielsweise solche Kreise eine besondere Beachtung, deren Umland zentrumsfern zu Gebiets- und Bezirkszentren gelegen ist, wie Sonneberg, Heiligenstadt, Salzwedel, Templin. Ebenfalls ist denjenigen Gebietszentren Bedeutung beizumessen, deren Umland außerhalb des geschlossenen Bereichs der 120-min-Isochrone zu Bezirkszentren gelegen ist und die ausschließlich verkehrsräumlich in ihrem Umland dominieren, wie z. B. Meiningen, Plauen, Greifswald, Stralsund.

In gewissem Maße können Bereiche jenseits der 60-min-Isochrone der Gebietszentren durch die 40-min-Verkehrsanbindungsmöglichkeiten an Kreiszentren oder Bereiche jenseits der 120-min-Isochrone von Bezirkszentren durch Verkehrsanbindungen an Gebietszentren ergänzt werden. Jedoch bleiben noch einige Gebiete außerhalb dieser Reisezeitmaße. Für diese Gebiete erscheinen Verbesserungen ihrer siedlungsstrukturellen Zuordnung dringend geboten.

Wie sich die *zentrenspezifischen Erreichbarkeitsdistanzen*

- 40 min Reisezeit zu Kreisstädten,
- 60 min zu Gebietszentren,
- 120 min zu Bezirksstädten,

bereichsmäßig überlagern und welche Kombinationen dadurch entstehen, zeigt Tab. 1. Bei der 40-min-Distanz ist dabei noch unterschieden zwischen der Erreichbarkeit von Kreisstädten und von Gebietszentren (einschl. Bezirksstädten), da in den höherrangigen Zentren die größte Vielfalt und Spezialität von Leistungen angeboten wird und diese wiederum für die Umlandbevölkerung von hoher Attraktivität sind.

Die folgende Zusammenstellung ordnet die *10 Kombinationsarten* (vgl. Tab. 1) nach den Reisezeitdistanzen sowie den erreichbaren Zentrentypen[1]) und gibt dazu die entsprechenden Einwohnerteile der DDR-Bevölkerung an:

- Kreisliche Erreichbarkeitsdistanz zu Gebietszentren
  - Kombinationsart: 6 und 1
  - Einw. in %: 48 + 7
- Kreisliche Erreichbarkeitsdistanz zu Kreisstädten nebst gebietszentrentypischer Erreichbarkeitsdistanz
  - Kombinationsart: 4 und 3
  - Einw. in %: 8 + 2
- Kreisliche Erreichbarkeitsdistanz
  - Kombinationsart: 5 und 2
  - Einw. in %: 13 + 10
- Gebietszentrentypische Erreichbarkeitsdistanz
  - Kombinationsart: 8 und 7
  - Einw. in %: 3 + 1

---

[1]) Für die Berechnung der Kombinationen gilt, daß Überlagerungen bzw. Überlagerungsmöglichkeiten gleichwertiger Areale nicht erfaßt sind.

Tabelle 1. Überblick über die Kombinationen von Reisezeitdistanzen in der Verkehrsanbindung an Kreisstädte, Gebietszentren und Bezirksstädte

Reisezeitdistanzen (in min)	Kombinationsarten von Reisezeitdistanzen („ + “ zutreffend; „ — “ nicht zutreffend)										Einwohner je Reisezeitdistanz	
											absolut (1000)	% von DDR insges. (17,1 Mill.)
bis:	1	2	3	4	5	6	7	8	9	10		
40 min zu Gebietszentrum	+	—	—	—	—	+	—	—	—	—	9416	55
40 min zu Kreisstadt	—	+	+	+	+	—	—	—	—	—	5737	33
60 min zu Gebietszentrum	—	—	+	+	—	—	+	+	—	—	2239	13
120 min zu Bezirksstadt	—	—	—	+	+	+	—	+	+	—	12902	75
EW je Kombination absolut (1000)	1162	1793	269	1402	2273	8254	142	427	547	800	X	X
EW je Kombination % (DDR = 100%)	7	11	2	8	13	48	1	3	3	5	X	X

Anmerkungen

a) Methodische Erläuterungen im Textteil

b) Gebietszentrum gemäß Forschungsbericht des Instituts für Geographie und Geoökologie der AdW der DDR 1973

c) zu Kombination 1: Von der Gesamteinwohnerzahl wohnen 32248 EW in Gemeinden, deren Verkehrsanbindung innerhalb 40 min zu Gebietszentren erfolgt, aber diese Gebietszentren für die Einwohner nicht zugleich die eigenen Kreisstädte sind;

d) zu Kombination 6: Analog zu Anmerkung c wurden hier 96027 EW ausgewiesen, die sich auf die Bezirke verteilen.

— Bezirksstädtische Erreichbarkeitsdistanz
  - Kombinationsart: 9
  - Einw. in %: 3
— Keine Erreichbarkeit
  - Kombinationsart: 10
  - Einw. in %: 5

Eine Aufschlüsselung der Bevölkerungsanteile nach Bezirken in *lagegünstigen Distanzen-Kombinationen* gibt Tab. 2 wieder. Nahezu ausnahmslos haben alle Bezirke ihre höchsten Anteile in der sehr günstigen Kombinationsart 6, insbesondere die Bezirke Leipzig (67%), Halle (59%), Karl-Marx-Stadt (52%) und Erfurt (49%). Die geringsten Einwohneranteile an den Kombinationen 6 und 1 zeigen der Bezirk Neubrandenburg (15%) sowie die Bezirke Frankfurt (28%), Suhl (29%), Potsdam (31%), Cottbus (39%) und Schwerin (40%). Dafür weisen die letztgenannten Bezirke beträchtliche Einwohneranteile in den weniger günstigen Kombinationen 5 und 2, für die oft nur die eigene Kreisstadt erreichbar ist, auf. Den lagegünstigen Kombinationsarten sind auch 4 und 3 zuzuordnen, da sie kreisliche sowie gebietszentrentypische Erreichbarkeitsdistanzen

Tabelle 2. Einwohner (von Gemeinden) der Bezirke in der DDR nach Kombinationen von Reisezeitdistanzen in der Verkehrsanbindung an Zentren (Einw. absolut — in 1000)

Bezirk	1	2	3	4	5	6	7	8	9	10	Kombinationen insges.
Rostock	234,4	84,2	15,6	25,5	26,7	315,9	24,7	11,8	24,3	96,2	859,4
Schwerin	29,9	66,5	2,5	45,8	133,5	208,6	2,5	8,8	32,3	67,8	598,2
Neubrandenburg	4,6	164,9	7,2	79,0	172,0	89,2	1,9	15,8	27,5	76,3	638,4
Potsdam	0	234,5	7,1	147,8	184,5	353,0	1,9	69,2	69,4	65,9	1133,3
Frankfurt	49,9	84,9	71,6	39,1	188,1	143,0	3,3	10,4	37,6	53,7	681,4
Cottbus	14,4	88,8	6,6	135,9	210,8	306,4	3,0	50,6	17,1	29,1	862,5
Magdeburg	87,0	133,7	21,6	181,5	132,9	599,5	20,3	16,3	46,6	80,7	1320,2
Halle	114,4	176,8	14,8	173,0	161,5	1140,8	20,8	28,8	36,8	57,7	1925,2
Erfurt	136,5	129,0	11,7	42,9	185,4	622,1	20,2	20,2	49,0	38,9	1255,8
Gera	12,1	107,7	8,6	93,7	126,2	327,1	7,9	18,1	8,4	29,4	739,3
Suhl	1,3	94,7	0	73,0	116,9	154,7	1,5	23,5	30,6	56,8	552,9
Dresden	223,7	211,1	29,5	126,6	261,8	829,9	14,3	39,9	79,0	61,0	1876,7
Leipzig	19,5	121,2	0,8	85,0	170,6	1002,1	1,9	29,6	40,2	20,4	1491,3
Karl-Marx-Stadt	234,7	95,2	71,2	153,8	201,8	1075,4	17,4	83,5	48,0	66,2	2047,3
Berlin	0	0	0	0	0	1086,4	0	0	0	0	1086,4
Bezirke mit Berlin	1162,2	1793,3	268,7	1402,4	2272,6	8254,0	141,7	426,6	546,6	800,0	17068,3
Bezirke ohne Berlin	„	„	„	„	„	7167,7	„	„	„	„	15981,9

Erläuterungen der Kombinationen von Reisezeitdistanzen siehe Text vereinen. Daran haben im DDR-Maßstab 11% der Bevölkerung Anteil; insbesondere die Bezirke Cottbus, Frankfurt, Magdeburg, Karl-Marx-Stadt.

In den Werten der Kombinationen 1 bis 6 zeigt sich die Bedeutung der Kreisstädte (bzw. Kreiszentren) sowie die Gebiets- und höheren Zentren in den Bezirken, was für insgesamt 88% der DDR-Bevölkerung zutrifft.

Den Arealen dieser Kombinationen räumlich benachbart sind die Areale der Kombinationen bis 10 gelegen, die nicht in einer 40-min-Reisezeitdistanz an Kreisstädte angebunden sind und deshalb als sehr lageungünstig charakterisiert werden müssen. Insbesondere sind die Kombinationen 9 und 10 als problematisch einzuschätzen, da deren Areale außerhalb der Erreichbarkeitsdistanz zu Gebiets- und Bezirkszentren bzw. -städten gelegen sind. Wiederum heben sich hierbei die nördlichen und mittleren Bezirke und der Bezirk Suhl durch höhere Anteile an Einwohnern und Arealen in diesen Kombinationen mit verkehrsfernen Distanzen von den übrigen Bezirken ab und sind als benachteiligt zu werten.

Schlußbemerkungen

Die Berechnungen und Darstellungen zeigen, daß das Verkehrsmerkmal „*Reisezeit*" Aufschlüsse über die derzeitigen Verkehrsanbindungen des Umlandes an die Zentren gibt und in gewissem Maße Stadt-Umland-Beziehungen repräsentiert. Die hier vorgestellten Ergebnisse sind inhaltlich wie methodisch nur Teilaspekte der verkehrsgeographischen Untersuchungen am Institut für Geographie und Geoökologie der AdW der DDR. Das Merkmal Reisezeit gestattet für die DDR wichtige Aussagen zur territorialen Differenziertheit der verkehrsgeographischen Lagebeziehungen. Diese Aussagen werden noch modifiziert durch die Merkmale Fahrthäufigkeit und Entfernung bzw. durch formelhafte Verknüpfungen derselben.

Bei Auswertung der auf den Karten dargestellten Reisezeitbeziehungen als auch für die Bewertung der statistischen Ergebnisse muß berücksichtigt werden, daß zwar die Zentren als maßgebende Knoten für das Umland im Blickpunkt stehen, daß sie aber mit dem Umland funktional eng verknüpft sind. Dementsprechend kann für bestimmte Aspekte der Stadt-Umland-Beziehungen, wie z. B. das Erholungswesen, auch die Erreichbarkeit des Umlandes vom Zentrum aus in Betracht kommen. Die Untersuchungsergebnisse werden zur siedlungsstrukturellen und verkehrlichen Planung genutzt, die der Verbesserung von Stadt-Umland-Beziehungen dienen soll (Autorenkollektiv 1979).

Резюме

К сообщению между центрами и их окрестностями согласно времени поездок на общественном пассажирском транспорте ГДР

Для важных типов центров ГДР [11 окружных и крупных центров, 40 областных, 157 районных центров] исследуется транспортная привязанность между центрами и окрестностями с помощью общественных транспортных средств сообщения [железнодорожного, автобусы]. Исследования охватили всю территорию ГДР. В настоящей работе транспортная привязанность отображается картографически и статистически [соотношение жителей] на основе времени поездок.

Внешними критериями продолжительности поездок для функциональных связей между центрами и окрестностями считаются:

— в окружных центрах 120 мин.
— в областных центрах 60 мин.
— в районных центрах 40 мин.

Две карты уточняют те области ГДР, которые транспортно расположены относительно благоприятно или неблагоприятно к центрам. Пояснения к исследованиям и картографическое изображение содержат, кроме того, методические указания и сведения о значении общественного пассажирского транспорта в ГДР.

Summary

Traffic connections of hinterlands to centres, as exemplfied by public transport in the GDR

The public transport facilities (railway and bus) linking centres and their hinterlands are studied for important centre types in the GDR (11 major and Bezirk centres, 40 regional centres, 157 Kreis centres). The studies cover the whole territory of the GDR. In the present paper the traffic connections based on travelling time are shown on maps an by statistical datas.

Applicable maximum criterions for travelling times enabling functional relations between centres and surrounding areas are

— 120 minutes for Bezirk centres,
— 60 minutes for regionals centres, and
— 40 minutes for Kreis centres.

In two maps the travelling time ranges for different centre types overlap showing areas of the GDR which are favourably or unfavourybly situated as regards traffic facilities to the centres. The text contains methodical notes and data on the importance of public transport in the GDR.

Literatur[1])

Andrä, J.: Einfluß von Wegezeit und Entfernung zwischen Wohn- und Arbeitsort auf die Größe der Pendlerbeziehungen. DDR-Verkehr, **5** (1972) 4.

Arndt, O.: Verkehrspolitische Ziele der DDR bei der komplexen Entwicklung der Verkehrswegenetze. DDR-Verkehr, **6** (1973a) 4.

Arndt, O.: Einheitliche Verkehrspolitik als Grundlage unserer Arbeit. DDR-Verkehr, **6** (1973b) 7.

Arndt, O.: 25 Jahre einheitliches sozialistisches Verkehrswesen — stabiles Fundament für die Aufgabe der Zukunft. DDR-Verkehr, **7** (1974) 1.

Autorenkollektiv: Verkehrsberufe — Verkehrsgeographie. Berlin 1974a.

Autorenkollektiv: Die Bezirke der DDR. Ökonomische Geographie. Gotha/Leipzig 1974b.

Autorenkollektiv: Komplexe Verkehrsentwicklung im Territorium. Berlin 1979.

---

[1]) Literatur zur Zentrumstypisierung im Beitrag von Grimm und Hönsch.

BÖHME, U.: Methodische Grundlagen der städtischen Verkehrsplanung (Personenverkehr). Handbuch städtischer Verkehr. H. GLISSMEYER (Hrsg.), Berlin 1974.

BÖHME, U. und H.-W. SCHLEIFE: System repräsentativer Verkehrsbefragungen — eine Grundlage zur weiteren Verbesserung der Qualität des Stadtverkehrs in der DDR. Internationale Transportannalen 1975, Praha, Berlin, Warszawa.

Fahrpläne der Deutschen Reichsbahn und des Kraftomnibusverkehrs der DDR 1971—1975.

GERICKE, M.: Das Quell- und Zielverkehrsaufkommen im Straßenverkehr — Kennziffer zur Widerspiegelung der Stellung von Kreis- und höheren Zentren innerhalb der Siedlungsstruktur der DDR. Diss. (A), Hochschule für Verkehrswesen „Friedrich List" Dresden, 1976.

GRIMM, F., I. HÖNSCH und G. TAEGE: Gebietliche Zentren in der DDR und ihre verkehrsbezogenen Dominanzbereiche. Geogr. Berichte, **17** (1972) 3/4.

GRIMM, F. und I. HÖNSCH: Zur Typisierung der Zentren der DDR nach ihrer Umlandbedeutung. Peterm. Geogr. Mitt., **118** (1974) 4.

GRUNDMANN, L. und H. NEUMANN: Territoriale Probleme der Arbeitspendelwanderung. Peterm. Geogr. Mitt., **118** (1974) 4.

JACOB, G. u. a.: Verkehr — Ökonomische Geographie der DDR. Autorenkollektiv (Hrsg.), Gotha/Leipzig 1969.

KÄNEL, A. v.: Siedlungsstruktur und Siedlungssystem in den mecklenburgischen Bezirken. Geogr. Berichte, **15** (1970) 4.

KOKER, T.: Entwicklung der Siedlungsstruktur und der Verkehrserschließung und -bedienung durch den öffentlichen Personenkraftverkehr — dargestellt am Beispiel des Bezirkes Dresden. Diss., Hochschule für Verkehrswesen „Friedrich List" Dresden, 1972.

LEHNER, F.: Siedlung, Wohndichte und Verkehr, Schriftenreihe für Verkehr und Technik, Heft **17**, Bielefeld 1963.

LÜDEMANN, H.: Aufgaben und Forschungsergebnisse des Geographischen Instituts der AdW der DDR. Geogr. Berichte, **17** (1974) 3.

NEUMANN, H.: Territoriale Wirkungsbedingungen und Entwicklungstendenzen der Pendelwanderung — Möglichkeiten und Aspekte künftiger Gestaltung. Diss. (A), Martin-Luther-Univ. Halle—Wittenberg, 1974.

PAETZOLD, W.: Die Entwicklung des Verkehrs in den Städten der DDR — Aufgaben für Forschung und Generalverkehrsplanung. DDR-Verkehr, **6** (1973) 9.

RICHTER, K.-J.: Ökonomisch-mathematische Modelle — Instrument zur weiteren Verbesserung des Verkehrs in Ballungsgebieten und industriellen Zentren. DDR-Verkehr, **6** (1973) 10.

SCHLEIFE, H.-W.: Die langfristige Planung der Verkehrswegenetze und die Generalverkehrsplanung in den Städten der DDR. Internationale Transportannalen 1974, Praha, Berlin, Warszawa.

SCHLEIFE, H.-W., W. ZIMMERMANN und M. MÜLLER: Die Entwicklung des Straßenverkehrs im Verkehrsgebiet Halle, Halle-Neustadt unter besonderer Berücksichtigung des öffentlichen Nahverkehrs. DDR-Verkehr, **6** (1973) 1.

SCHLUMS, J.: Landstraßenverkehr. Untersuchungen über Verkehrsgrößen, Bevölkerung, Fahrzeuge und Straßennetz und deren Beziehungsgrößen zueinander. Diss. Techn. Hochschule Dresden, 1929.

SCHMIDT, R., R. KRÖNERT und H. NEUMANN: Anwendung der Faktorenanalyse bei der Gemeindetypisierung. Peterm. Geogr. Mitt., **118** (1974).

SCHMIDT, R.: Umfang und Bedeutung ausgewählter versorgungsräumlicher Stadt-Umland-Beziehungen in der DDR. Diss. (A), Martin-Luther-Univ. Halle—Wittenberg, 1974.

SCHUBERT, W.: Zum volkswirtschaftlichen und verkehrswirtschaftlichen Aufwand des Berufsverkehrs in der DDR. DDR-Verkehr, **7** (1974) 7.

Statistisches Jahrbuch der DDR 1975: Herausgeber: Staatliche Zentralverwaltung für Statistik, Berlin 1975.

SWETLETSCHNY, B.: Der Verkehr im Leben der Stadt. Sputnik 1976, Heft 2 (Übersetzung aus dem Russischen).

TAEGE, G.: Verkehrsstatistische Aufgaben und Fragen der Siedlungsnetzforschung. Mitteilungsblatt Nr. 12 des Fachverbandes der Berufsgeographen der Geogr. Ges. d. DDR, Leipzig 1975.

TAEGE, G.: Zur Erreichbarkeit von Städten in der DDR aus dem Umland, dargestellt auf Grund des öffentlichen Personenverkehrs. Diss. (A), 1981.

TAEGE, G.: Verhältnis zwischen Luftlinien, Verkehrsstrecken und Reisegeschwindigkeiten öffentlicher Personenverkehrsmittel in der DDR. Informat. Forschungsleitstelle f. Territorialplanung, **11** (1981) 3.

ZIMPEL, H.-G.: Verkehrsbestimmte Systeme und Kulturraum- bzw. Kulturlandschaftsgliederung. Berichte z. Dt. Landeskunde, **21** (1958) 2.

Dr. rer. nat. GÜNTER TAEGE, Akademie der Wissenschaften der DDR, Institut für Geographie und Geoökologie, 7010 Leipzig, Dimitroffplatz 1

Beiträge zur Geographie	Bd. 31	S. 271–289	Berlin 1983

Zum Verhältnis von Verkehrsgeographie und sozialistischer Verkehrsplanung[1])

Von MANFRED GERICKE

1. Der Verkehr als Faktor der Volkswirtschaft

Der Verkehr gehört zu denjenigen Elementen des gesellschaftlichen Reproduktionsprozesses, mit dessen Entwicklung, Erscheinungsformen, Leistungsfähigkeit und gelegentlichen Unzulänglichkeiten jeder von uns tagtäglich zunehmend mehr konfrontiert wird. Das geschieht meist auf dem Weg von und zur Arbeitsstätte, auf Dienstreisen, während der Wochenenderholung und im Urlaub sowie bei anderen Gelegenheiten. Auf diese Weise erlebt jeder einzelne ständig selbst, welche enorme qualitative und quantitative Entwicklung sich auf dem Verkehrssektor vollzogen hat und auch zukünftig vollzieht. Diese Tendenz gilt aber nicht nur für den Personen- und Nachrichtenverkehr. Sie trifft ebenso auf den Güterverkehr zu. Allein der kontinuierlich steigende Produktionsausstoß unserer Volkswirtschaft und die Vertiefung der internationalen Kooperation und Spezialisierung im Rahmen der sozialistischen ökonomischen Integration stellen ständig neue und höhere Anforderungen an die Leistungsfähigkeit des sozialistischen Verkehrswesens (vgl. Tab. 1 und 2).

Aus diesen Gründen stellt die räumliche Überwindung der Entfernung zwischen Siedlungen, Produktionsstandorten usw. durch Personen, Güter und Nachrichten eine wesentliche materielle Voraussetzung für die Fortführung der vom VIII. Parteitag der Sozialistischen Einheitspartei Deutschlands beschlossenen Politik der Hauptaufgabe dar. Es ist deshalb auch gerechtfertigt, vom Verkehr als einem Wachstumsfaktor der Volkswirtschaft zu sprechen und seinen Einfluß auf die Herausbildung der sozialistischen Lebensweise hervorzuheben.

Unter diesen Gesichtspunkten erfüllt der Verkehr folgende *Hauptaufgaben* (vgl. Autorenkollektiv 1977):

- Er führt die Produktionselemente Arbeitskraft, Arbeitsgegenstand und Arbeitsmittel am Ort der Produktion zusammen.
- Er realisiert maßgeblich die Distribution und Zirkulation der Arbeitsprodukte und gewährleistet die gesellschaftliche und individuelle Konsumtion.
- Der Wirtschaftsbereich Verkehr, Post- und Fernmeldewesen erzeugt ca. 5% des Nationaleinkommens.
- Als wesentliche materielle Voraussetzung sichert der Verkehr zu einem großen Teil die soziale Kommunikation aller Mitglieder der Gesellschaft.

---

[1]) Das Manuskript dieses Aufsatzes wurde Anfang 1980 abgeschlossen. Dadurch konnten die seitdem veränderten gesellschaftlichen Rahmenbedingungen der Verkehrsentwicklung noch nicht berücksichtigt werden.

Tabelle 1. Personenbeförderungsentwicklung in der DDR für den Zeitraum 1955–1975[1])

Jahr	Öffentlicher Verkehr				Individualverkehr				Gesamtverkehr				Wohnbevölkerung	
	beförd. Pers. pro Einw.	1955 = 100	Pkm pro Einw.	1955 = 100	beförd. Pers. pro. Einw.	1955 = 100	Pkm pro Einw.	1955 = 100	beförd. Pers. pro Einw.	1955 = 100	Pkm pro Einw.	1955 = 100	Einwohner (10^6 Pers.)	1955 = 100
1955	171	100	1920	100	41	100	490	100	212	100	2410	100	17,8	100
1960	209	122	2260	118	79	193	1000	204	288	136	3260	135	17,2	97
1965	207	121	2270	118	186	454	1756	358	393	185	4026	167	17,0	96
1970	205	120	2500	130	245	598	2405	491	450	212	4905	204	17,1	96
1975	227	133	3050	159	319	778	3370	688	546	258	6420	266	16,8	94

[1]) Die Angaben wurden entnommen und zusammengestellt aus: Autorenkollektiv 1977 und Statistisches Jahrbuch der DDR 1979.

Tabelle 2. Gütertransportentwicklung in der DDR für den Zeitraum 1950–1978[1])

Jahr	Insgesamt				Eisenbahn				Straßenverkehr				Gesellschaftliches Gesamtprodukt	
	Transportmenge (10^6 t)	1950 = 100	Transportleistung (10^9 tkm)	1950 = 100	Transportmenge (10^6 t)	1950 = 100	Transportleistung (10^9 tkm]	1950 = 100	Transportmenge (10^6 t)	1950 = 100	Transportleistung (10^9 tkm)	1950 = 100	absolut (10^9)	1950 = 100
1950	225,8	100	18,6	100	128,5	100	15,1	100	87,3	100	1,9	100	63,1	100
1955	389,7	173	31,1	167	207,5	161	25,2	167	169,1	194	3,2	168	109,2	173
1960	522,1	231	50,6	272	237,8	185	32,9	218	270,3	310	5,0	263	161,2	255
1965	628,4	278	78,6	422	260,4	203	38,9	258	345,8	396	7,2	379	206,0	326
1970	764,0	338	128,0	688	262,9	205	41,5	275	463,6	541	12,2	642	278,1	441
1975	935,1	414	152,7	821	289,0	225	49,7	329	588,2	674	16,7	879	371,0	588
1978	1108,3	490	144,1	774	299,7	233	53,0	350	740,9	848	21,2	1115	424,8	673

[1]) Die Angaben wurden entnommen und errechnet aus: Autorenkollektiv 1977 und Statistisches Jahrbuch der DDR 1979.

Die Erfüllung dieser Aufgaben erfordert während des Verkehrsablaufes ein möglichst optimales Zusammenwirken von Verkehrsmitteln, Verkehrsinfrastruktur und Verkehrsorganisation im weiteren Sinne. Optimalitätskriterium ist dabei wie in jedem anderen gesellschaftlichen Bereich die Befriedigung der wachsenden Anforderungen durch einen hocheffektiven Einsatz der verfügbaren Fonds.

Die *Grundmittel des Verkehrs* repräsentieren heute einen *hohen Anteil unseres Volksvermögens*. Um welche Größenordnungen[1]) es sich handelt, wird schon dadurch verdeutlicht, daß allein das Eisenbahn- und Straßennetz sowie die Binnenwasserstraßen der DDR im Jahre 1971 einen Wert von ca. 58 Mrd. Mark verkörperten. Das entsprach zu diesem Zeitpunkt wertmäßig ungefähr 12% aller Grundmittel. Im Jahre 1974 entfielen auf diesen Wirtschaftsbereich etwa 15,5% des Grundmittelwertes der Volkswirtschaft. Zum gleichen Zeitpunkt betrug die durchschnittliche Grundmittelausstattung eines Beschäftigten in der DDR

in der Volkswirtschaft insgesamt	56,5 TM
in der Industrie	70,0 TM
im Verkehrswesen	ca. 98,0 TM

Die ständige Anpassung der Leistungsfähigkeit des Verkehrs an die Reise- und Informationsbedürfnisse der Bevölkerung und an die Erfordernisse, die sich aus seiner Wirkung auf Kontinuität, Stabilität und Effektivität der gesamten Volkswirtschaft ergeben, verlangen *hohe Investitionsraten*. Sichtbarer Ausdruck dafür sind in den letzten Jahren der zwei- und mehrgleisige Ausbau und die Elektrifizierung von Hauptstrecken der Deutschen Reichsbahn, der Autobahnbau Berlin—Rostock oder die Einrichtung von Expreßzugverbindungen zwischen der Hauptstadt Berlin und den Bezirksstädten im Entfernungsbereich von > 150 km.

Für die intensive Nutzung der verfügbaren Grundfonds des Verkehrs und einen hocheffektiven Einsatz der bereitgestellten Investitionsmittel trägt der Verkehrsplaner eine große Verantwortung. Ihm obliegt es in erster Linie, die Übereinstimmung zwischen der Leistungsfähigkeit des Verkehrs und den vielfältigen Verkehrsbedürfnissen von Bevölkerung und Wirtschaft in Gegenwart und Zukunft optimal herzustellen. Hinter dieser Aufgabe verbirgt sich jedoch eine sehr vielschichtige und komplizierte Problematik.

Eine zentrale Rolle spielt dabei derzeitig in allen sozialistischen und entwickelten kapitalistischen Ländern die hinreichend genaue *qualitative* und *quantitative Ermittlung des Personenbeförderungs- und Gütertransportbedarfs für verschiedene Zeithorizonte*. Für die Fundierung der Verkehrsplanung ist es notwendig, diese Ausgangsgrößen nach

— Art,
— Umfang,
— Richtung,
— Reichweite,
— zeitlichem Auftreten

[1]) Die folgenden Angaben wurden errechnet, entnommen bzw. zusammengestellt aus:
— Statistisches Taschenbuch der DDR 1973, S. 29;
— Autorenkollektiv 1977, S. 73—74;
— Schleife 1972, S. 114.

zu bestimmen.[1]) Ein allseits befriedigender Lösungsalgorithmus konnte jedoch bis heute noch nicht gefunden werden. Das gilt insbesondere für die Bestimmung von Verkehrsbeziehungen bzw. -strömen zwischen den Siedlungen einer Region, zwischen den Regionen eines Landes und im internationalen Verkehr (vgl. u. a. GRAHL 1975, BELLMANN/HEINRICH 1978).

Es ist eine Tatsache, daß *Verkehrsströme* wesentlich *durch* solche *geographischen Faktoren*, wie

- Konzentration und räumliche Verteilung der Bevölkerung,
- Bevölkerungsstruktur,
- Konzentration und räumliche Verteilung von Versorgungs- und Dienstleistungseinrichtungen,
- Lage der einzelnen Siedlungen bzw. Regionen zueinander,
- räumliche Ausbildung der Verkehrssysteme,
- natürliche Bedingungen des Territoriums

hervorgerufen und *beeinflußt* werden. Daraus leitet sich für den Verkehrsgeographen die Aufgabe ab, an der Entwicklung von Methoden zur Ermittlung von Verkehrsströmen bzw. von Methoden zur Berechnung der Verkehrsverteilung aktiv mitzuarbeiten.

2. Aufgaben und Stellung der Verkehrsgeographie

Es erhebt sich aus den bisherigen Darlegungen die Frage, welchen *Beitrag* die *Verkehrsgeographie* bei der in hohem gesellschaftlichem Interesse liegenden Lösung des Problems der Verkehrsverteilung leisten kann und muß. Darauf kann ohne historische Betrachtung der Entwicklung, die die Verkehrsgeographie in Übereinstimmung mit konkreten gesellschaftlichen Bedingungen und Prozessen genommen hat, keine befriedigende Antwort gegeben werden. Das bezieht sich nicht zuletzt auf den Zeitraum *nach 1945*, in dem die Entwicklung des Verkehrswesens in den sozialistischen Ländern anfangs darauf gerichtet war, die hauptsächlichsten *Zerstörungen* des zweiten Weltkrieges an den Hauptverkehrstrassen zu *beseitigen* sowie die Verluste an Transportmitteln weitestgehend auszugleichen.

Daher war das gesellschaftliche Interesse an umfangreicheren verkehrsgeographischen Forschungsergebnissen zunächst nur gering. Erst mit der Herausbildung eines *einheitlichen sozialistischen Transportwesens* in den sozialistischen Ländern und dem Aufbau einer dazu notwendigen, wissenschaftlich fundierten Verkehrsplanung gewann die Kenntnis der Zusammenhänge zwischen der Entwicklung des Verkehrs insgesamt (einschließlich seiner räumlichen Verteilung) sowie anderen territorialen, gesamtgesellschaftlich determinierten Prozessen zunehmend an Bedeutung.[2])

---

[1]) Entsprechende Hinweise sind in der verkehrswissenschaftlichen Literatur oft enthalten; das gilt u. a. für
- Autorenkollektiv 1977, S. 218;
- LOHSE/SEPELEV/ADASINSKIJ 1978, S. 379.

[2]) In der DDR ist diese Entwicklung vor allem ab Mitte der sechziger Jahre zu beobachten. Anschauliche Beispiele dafür sind in dieser Zeit die Gründung der Büros für Verkehrsplanung bei den Räten der Bezirke, die Ausarbeitung der ersten Generalverkehrspläne in den Bezirken und die beginnende konzeptionelle Arbeit in größerem Stil durch das Ministerium für Verkehrswesen und seine unmittelbar nachgeordneten Organe, wie das ehemalige Institut für Verkehrsforschung.

Insgesamt wurde der enge gesellschaftliche Bezug der Verkehrsgeographie jedoch schon bei ihrer Herausbildung als relativ eigenständiger geographischer Teildisziplin deutlich sichtbar. Entscheidende Impulse vermittelten zum Beispiel der Aufbau des europäischen Eisenbahnnetzes und die Entwicklung des Weltseeverkehrs im vergangenen Jahrhundert.[1]) Anfangs überwog dabei in der verkehrsgeographischen Arbeit die physisch-geographische bzw. naturwissenschaftliche Betrachtungsweise, indem vorrangig Fragen der Wegsamkeit von bestimmten Gebieten behandelt wurden. Dieser Gegenstand wurde mit der fortschreitenden technischen Vervollkommnung der Verkehrsmittel immer mehr aufgegeben und spielt gegenwärtig fast keine Rolle mehr. *Heute* beschäftigt sich die *Verkehrsgeographie vorrangig* mit den *Zusammenhängen zwischen* den verschiedenen *Erscheinungsformen des Verkehrs* und gesellschaftlich determinierten Gegebenheiten wie der *Standortverteilung der Produktivkräfte* oder den *Beziehungen zwischen Siedlungen.*

Auch dafür besteht eine lange Tradition, die im vorigen Jahrhundert maßgeblich deutsche Wissenschaftler mitbegründeten. Ein berühmtes Beispiel ist der Entwurf des deutschen Eisenbahnnetzes, der von Friedrich List in der ersten Hälfte des 19. Jahrhundert ausgearbeitet wurde.[2])

Mit dieser Tradition verbinden sich aber auch die Namen so bedeutsamer Geographen wie Riehl, Hettner, Ratzel, v. Richthofen und Schlüter (vgl. Otremba/a. d. Heide 1975). Recht modern erscheint zum Beispiel, wenn Hettner bereits im Jahre 1897 sinngemäß formulierte, daß sich der Verkehrsgeograph in seiner Arbeit an den Bedürfnissen der Praxis orientieren solle. In dieser Hinsicht sei der Verkehr als etwas Gegebenes anzunehmen und seine *Wirkungen auf* das *wirtschaftliche*, *geistige* und *staatliche Leben* zu untersuchen und davon ausgehend Erörterungen über die Umgestaltung und Verbesserung der Verkehrsverhältnisse anzustellen. Dazu sei es notwendig, die Gesetze zu erforschen, die der Entwicklung der Verkehrswegenetze, der Verkehrsarten und der Verkehrsströme zugrunde liegen (Hettner 1897).

Einigkeit besteht bei den Verkehrsgeographen bis heute dahingehend, daß sich die *Verkehrsgeographie an gesellschaftlichen Erfordernissen* und Entwicklungen *orientieren* muß. Übereinstimmend werden letztlich auch *Verkehrswegenetze*, *Verkehrsarten* und *Verkehrsströme* als *allgemeiner Gegenstand* anerkannt. Unterschiedliche Meinungen treten jedoch in der Gewichtung seiner drei Bestandteile auf. Das richtet sich u. a. nach den jeweiligen *Untersuchungszielen.* Als solche werden beispielweise bezeichnet (vgl. Belousov 1960, Blum 1936, Fochler-Hauke 1976, Jacob 1962, Otremba/a. d. Heide 1975):

— die Herausarbeitung von Verkehrsräumen unterschiedlicher Maßstabsdimensionen,
— die räumliche Verteilung des Verkehrs,
— Bedingungen und Besonderheiten seiner Entwicklung in Gebieten und Ländern,
— die Darstellung des Verkehrs als Wirtschaftsfaktor,
— die Herausarbeitung räumlicher Gesetzmäßigkeiten der Verkehrsentwicklung,
— die Herausarbeitung von Verkehrsräumen unterschiedlicher Ordnung,
— die Erforschung der Ursachen bzw. Gesetze der Verkehrsentwicklung,
— die Bestimmung der Beziehungen zwischen Verkehr und Landesnatur.

---

[1]) Auf die gesellschaftlichen, politischen und wirtschaftlichen Hintergründe dieser Prozesse kann hier nicht näher eingegangen werden.

[2]) Dieses Netz besteht in seinen realisierten Grundzügen noch heute!

Wie die Planungspraxis zeigt, hängen Nutzen bzw. Qualität solcher Untersuchungen oftmals davon ab, ob bzw. in welchem Maße es gelingt, entsprechende Verkehrsströme zu ermitteln. Aus diesem Grund betrachtete schon Blum (1936) die Beschäftigung mit den hauptsächlich *zwischen den Siedlungen bestehenden Verkehrsbeziehungen bzw. -strömen* als den zentralen Gegenstand der Verkehrsgeographie. Dieser Auffassung liegt die Überlegung zugrunde, daß die effektive Gestaltung der Verkehrswegenetze und die optimale Entwicklung der Verkehrsarten, Verkehrsträger usw. durch die realen bzw. zu erwartenden Verkehrsströme in besonderem Maße beeinflußt werden. Selbstverständlich bestehen auch hier Wechselwirkungen. Sie mindern jedoch keinesfalls die Bedeutung der angeführten Hauptbeziehung.

Die Zielstellungen verkehrsgeographischer Untersuchungen hatten bzw. haben oftmals vorwiegend ökonomische Hintergründe, die wesentlich von der jeweiligen Wirtschaftsordnung abhängen. Folgerichtig bezeichnete deshalb der bekannte sowjetische Verkehrsgeograph Belousov (1960) den *effektiven Beitrag*, den der Transport *für* die *ökonomische Entwicklung* in der Sowjetunion leisten muß, als den ausschlaggebenden Gesichtspunkt für jegliche verkehrsgeographische Arbeit. Dieses Herangehen kennzeichnet die sowjetische Verkehrsgeographie im allgemeinen bis heute. Damit wird von vornherein auf einen hohen gesellschaftlichen Nutzen ihrer Forschungsergebnisse orientiert.

Es ist das Verdienst von Jacob (1960), daß er eine solche Aufgabenstellung mit den besten Traditionen der deutschen Verkehrsgeographie verbunden hat. Damit und durch eine konsequente marxistisch-leninistische Betrachtungsweise hat er der Verkehrsgeographie in der DDR wichtige Impulse gegeben. Nach seiner Meinung muß die verkehrsgeographische Arbeit letztlich *auf* die *ökonomisch optimale regionale Verteilung der gesellschaftlichen Produktion gerichtet* sein.[1])

Die auf dem VIII. Parteitag der SED beschlossene Hauptaufgabe hat jedoch eine gesellschaftliche Entwicklung in der DDR eingeleitet, die ein Überdenken von Inhalt und Aufgaben der Verkehrsgeographie erfordert. Die Notwendigkeit dazu wird noch durch das auf dem IX. Parteitag angenommene Programm der SED für die Gestaltung der entwickelten sozialistischen Gesellschaft in der DDR erhöht.

Wirtschaftswachstum, Einfluß des wissenschaftlich-technischen Fortschritts, Realisierung des Wohnungsbauprogrammes, Vergrößerung des Freizeitfonds und des Einkommens der Werktätigen, Erhöhung des Bildungsniveaus usw. sind Prozesse, die oft mit einem steigenden Verkehrsbedarf einhergehen und kontinuierlich neue Verkehrsströme auslösen bzw. bereits vorhandene beeinflussen.

Dabei zeigt sich, daß für die volkswirtschaftlich optimale Gestaltung des Verkehrswegenetzes und der Verkehrssysteme außerökonomische Faktoren zunehmend an Bedeutung gewinnen. In diesem Zusammenhang stellt die Entwicklung des *Freizeitverkehrs* ein besonders markantes Beispiel dar, das wesentlich durch den in den letzten Jahren besonders gestiegenen Motorisierungsgrad, der u. a. ein Ergebnis der Erhöhung von Freizeitfonds und Einkommensniveau der Werktätigen darstellt, geprägt wurde. Damit stieg die Attraktivität bestehender touristischer und Freizeitzentren. Andererseits wurden entfernter liegende Erholungsgebiete erreichbar. Richtung und Intensität der dadurch ausgelösten Verkehrsströme veränderten und verändern sich aber auch mit Realisierung und Standortpolitik des Wohnungsbauprogrammes. Zweifelsohne gibt

---

[1]) Als wesentliches Beurteilungskriterium dafür betrachtet auch er die Kenntnis der Verkehrsströme innerhalb und zwischen den ökonomischen Rayons.

es noch eine Reihe weiterer sozial determinierter Prozesse, wie die Bevölkerungsmigration, die sich auf die Entwicklung des Freizeitverkehrs auswirken. Es steht außer Frage, daß sein Umfang und seine Bedeutung bei der weiteren Herausbildung der sozialistischen Lebensweise zunehmen werden. Es ist heute unbestritten, daß Wirkungsweise und -grad seiner auslösenden oder begrenzenden sozialen und räumlichen Ursachen ständigen, aber regional differenzierten Veränderungen unterliegen. Damit wird verständlich, daß eine Methodik der *Verkehrsstromermittlung* prinzipiell zu beachten hat, ob Aussagen für *kurz-*, *mittel-* oder *langfristige* Zeithorizonte benötigt werden.

Das vorgesehene Wirtschaftswachstum in der DDR erfordert, daß neben der Untersuchung der *Berufsverkehrsströme* (Arbeitspendler) insbesondere *Güterverkehrsströme* verstärkt zu einem wichtigen Gegenstand verkehrsgeographischer Arbeiten werden. Dabei sind neben den Einflüssen des wissenschaftlich-technischen Fortschritts hauptsächlich die Auswirkungen der sozialistischen ökonomischen Integration zu beachten. Außer der Berücksichtigung des zeitlichen Verlaufs dieser Faktoren müssen bei verkehrsgeographischen Untersuchungen unterschiedliche *Maßstabsdimensionen* betrachtet werden. Die Spezifik des Güterverkehrs bringt es mit sich, in erster Linie die Verflechtung von Gebieten zu untersuchen.

Auf Grund der gesellschaftlichen Entwicklungen ergeben sich somit für die Forschungen zur räumlichen Verteilung des Verkehrs neue Aufgaben. Die Qualität ihrer Lösung beeinflußt wesentlich die zukünftige Gestaltung des Verkehrswegenetzes, den effektiven Einsatz der vorhandenen Transportmittel, die weitere Verwirklichung des einheitlichen sozialistischen Transportwesens sowie die Herausbildung neuer Verkehrssysteme. Es liegt nahe, daß damit die Verantwortung der Verkehrsgeographie für eine fundierte Verkehrsplanung wächst.

3. Die Erfassung und Berechnung von Verkehrsströmen

Die verkehrsgeographische Behandlung der Verkehrsverteilung schließt von Beginn an Versuche zur quantitativen Beschreibung und Ermittlung von Verkehrsströmen ein. Das bekannteste Beispiel ist zweifelsohne das Lillsche Reisegesetz aus den achtziger Jahren, in dem erstmalig die Intensität der Personenverkehrsbeziehungen einer Großstadt zu den Siedlungen ihres Umlandes in Abhängigkeit von der Reisezeit dargestellt wurde. Bemerkenswert ist in dieser Hinsicht aber auch, daß das Bedürfnis nach exakten Kenntnissen über vorhandene Verkehrsströme bereits um die Jahrhundertwende auf den Landstraßen im damaligen Königreich Sachsen zu entsprechenden statistischen Erhebungen führte.

Die entscheidenden Impulse zur Entwicklung einer Methodik für die *Verkehrsstromberechnung* wurden jedoch in den zwanziger und dreißiger Jahren unseres Jahrhunderts gegeben. Wesentliche Ursachen waren in diesem Zusammenhang das starke Anwachsen des Kraftwagenverkehrs, das von einer Schrumpfung des bestehenden Eisenbahnnetzes in den entwickelten kapitalistischen Ländern begleitet war. Betriebswirtschaftliche Erwägungen der Eisenbahn und der notwendige Ausbau des Straßennetzes verstärkten das Bedürfnis nach einem methodischen Instrumentarium, das Verkehrsbeziehungen auch für überschaubare Zeiträume mit ausreichender Genauigkeit bestimmen konnte. Auf dem damals gelegten methodischen Fundament fußen wir eigentlich noch heute.

So wies Schlums (1928) mit einer stark beachteten Arbeit nach, daß enge korrelative

Zusammenhänge zwischen territorialen Gegebenheiten und dem Verkehrsaufkommen auf Landstraßen bestehen. Scheu (1927) veröffentlichte einen Aufsatz, der sich auf der Grundlage des Gravitationsansatzes mit der Bestimmung von Güterströmen zwischen einzelnen Produktionsgebieten beschäftigte. Buttstädt/Rudolph (1934) berechneten mit Hilfe des gleichen Ansatzes die verkehrlichen Einzugsbereiche deutscher Großstädte. Ähnliche Beispiele aus dieser Zeit — u. a. aus der amerikanischen Literatur — ließen sich weiter anführen.

Auf der Basis der vorhandenen Berechnungsansätze wurde das entsprechende methodische Instrumentarium in den fünfziger und sechziger Jahren zunächst in den kapitalistischen Industrieländern ständig verfeinert und vervollkommnet. Eine ähnliche Entwicklung begann in den sechziger Jahren auch in den sozialistischen Ländern.

Eine gewisse Ernüchterung in der Beurteilung der verfügbaren Methodik setzte seit Beginn der siebziger Jahre vor allem in den kapitalistischen Industrieländern ein (vgl. Leibbrand 1977). Der sachliche Hintergrund für diese neue Einstellung bestand darin, daß es dort trotz immenser Investitionen — beispielsweise im Verkehrswegebau — nicht gelungen war, teilweise chaotische Verkehrsverhältnisse zu verhindern. Deshalb wurde bzw. wird argumentiert, daß die verwendeten Verkehrsmodelle die Realität nicht genügend abbilden, dies oftmals bei entsprechenden Planungen bzw. Entscheidungen nicht ausreichend berücksichtigt worden sei und dadurch Fehlentwicklungen nicht zu vermeiden waren.

Das ist jedoch nur die halbe Wahrheit. Letztlich bestätigt die Verkehrsentwicklung in den kapitalistischen Industrieländern — wenn auch unter anderen politischen Voraussetzungen — die Richtigkeit der These vom einheitlichen sozialistischen Transportwesen, wie sie durch die sozialistische Verkehrspolitik schon seit längerem verfochten wird.

Sicher ist diese wichtige verkehrspolitische Zielstellung auch in der DDR noch nicht voll verwirklicht. Dafür gibt es eine Reihe von Ursachen. Eine der wesentlichsten besteht darin, daß es bisher *noch nicht* gelungen ist, eine *voll funktionierende integrierte Verkehrsplanung unter Einschluß aller Verkehrsträger und -arten* auf einer entsprechenden wissenschaftlichen Grundlage zu schaffen. Diese Feststellung ist jedoch weniger als Kritik zu verstehen; vielmehr drückt sich darin eine Forderung aus, die den heutigen Anforderungen an das Verkehrswesen (vgl. Tab. 1 und 2), seinem erreichten Niveau und der auch in diesem Bereich notwendigen Intensivierung als Hauptweg der weiteren Entwicklung entspricht. Das bezieht sich nicht zuletzt auf den überörtlichen Verkehr. Andererseits sind auf diesem Gebiet u. a. seit und mit Beginn der Ausarbeitung von *bezirklichen Generalverkehrsplänen* gegen Ende der sechziger Jahre wichtige Grundlagen geschaffen worden. Ebenso stellt die Konzipierung des *Generalverkehrsschemas der DDR* als Ausgangspunkt einer integrierten Ausbauplanung des Verkehrswegenetzes einen weiteren Fortschritt dar (vgl. Lindner 1978).

Solange es jedoch nicht zufriedenstellend gelingt, den relationsbezogenen Beförderungsbedarf — und damit letztlich auch die Verkehrsströme — für verschiedene Zeithorizonte zu ermitteln und der künftigen Verkehrsplanung zugrunde zu legen, so lange werden diesbezügliche Planungsdokumente einen unzureichenden Realitätsbezug aufweisen.

Wodurch werden bekannte Berechnungsansätze zur Ermittlung von Verkehrsströmen charakterisiert? In Beantwortung dieser Frage kann man zunächst feststellen, daß die Mehrzahl der entwickelten Modelle deterministische Verfahren sind, die man folgendermaßen systematisieren kann (vgl. Autorenkollektiv 1977):

— Steigerungsfaktorenmodelle,
— Gravitationsmodelle,
— Gelegenheitsmodelle,
— Zufallsmodelle,
— Regressionsmodelle,
— Zeitreihentrendextrapolation.

Gegenwärtig werden die ähnlich aufgebauten *Gravitations- und Gelegenheitsmodelle* am meisten angewendet. Das läßt sich damit erklären, daß diese, hin und wieder auch als Wahrscheinlichkeits- oder Kennwertmodelle bezeichneten Verfahren, die zu erwartenden Verkehrsströme aus bekannten bzw. abschätzbaren räumlichen Gegebenheiten, Prozessen usw. abzuleiten versuchen und dadurch dem Verkehrsplaner u. U. sehr aufwendige statistische Erhebungen und Auswertungen ersparen.

Der seit langem gebräuchliche *Gravitationsansatz* hat heute folgende Grundform (vgl. Gericke 1977):

$$F_{ij} = k \cdot \frac{(Q_i \cdot Z_j)^a}{S_{ij}{}^b} \cdot f(A) \qquad \text{mit } F_{ij} \neq F_{ji};$$

F_{ij} Anzahl der Fahrten von i nach j,
Q_i Quellverkehr von i,
Z_j Zielverkehr von j,
S_{ij} Entfernungsfunktion zwischen i und j,
k Konstante
a, b Exponenten; Maß für Einfluß von Q_i und Z_j bzw. S_{ij} auf F_{ij},
$f(A)$ Anpassungsfunktion für konkrete territoriale Bedingungen.

Für den zuerst in den USA entwickelten *Gelegenheitsansatz* wird nachstehendes Standardmodell angegeben (Autorenkollektiv 1976):

$$T_{ij} = O_i(e^{-LB} - e^{-LA});$$

T_{ij} Fahrten zwischen den Verkehrsgebieten bzw. -zellen i und j
O_i Quellverkehr von i,
A Summe aller Bestimmungsorte, die in einem bestimmten Zeitintervall zwischen i und j erreicht werden können (einschl. j),
B Summe aller Bestimmungsorte zwischen i und j,
L Wahrscheinlichkeitsdichte für ein Reiseziel unter vorgegebenen Bedingungen; wird entsprechend den realen territorialen Bedingungen variiert.

Der Vergleich beider Ansätze zeigt, daß sie die *räumlichen Einflußgrößen* der Verkehrsströme *unterschiedlich wichten*. So dominiert bei Gravitationsmodellen der Entfernungswiderstand, während Gelegenheitsmodelle stärker die in einem vorgegebenen Zeitintervall befindlichen gleichrangigen Zielgelegenheiten betonen. Infolgedessen richtet sich der praktische Anwendungsfall beider Ansätze nach den territorialen Bedingungen des betrachteten Untersuchungsraumes.

Gravitations- und *Gelegenheitsmodelle* werden sowohl zur *Ermittlung innerstädtischer Verkehrsbeziehungen* als auch *überörtlicher Verkehrsströme in verschiedenen Maßstabsdimensionen* eingesetzt. Das geschieht fast immer verkehrsträgerspezifisch und für unterschiedliche Zeithorizonte. Maßstabsdimension und Zeithorizont verbinden sich mit der großen Schwierigkeit, Inhomogenität und Entwicklungsdynamik des Territoriums im jeweiligen Modellansatz in geeigneter Weise zu erfassen. Ausdruck dessen ist nicht zuletzt, daß beispielsweise oft eine bemerkenswerte Unklarheit über den sachlichen Inhalt der Gravitationskonstante besteht (vgl. Lohse 1970).

Dadurch wird einerseits die Praktikabilität der bekannten Modelle stark eingeschränkt.[1]) Andererseits tritt damit die Notwendigkeit zutage, die theoretischen Grundlagen zum Einfluß des Raumes auf die Herausbildung von Verkehrsströmen usw. wesentlich zu vertiefen.

4. Die kanonische Korrelation als Verfahren zur räumlichen Analyse des Verkehrs

Die Ableitung neuartiger Ansätze für Verkehrsverteilungsmodelle setzt u. a. die bessere Kenntnis der Entstehung und Entwicklung von Verkehrsströmen in Abhängigkeit von der Verteilung und den untereinander bestehenden Beziehungen zwischen den Siedlungen eines Territoriums voraus. In diesem Zusammenhang ist davon auszugehen, daß allein die vergleichbare Ausstattung von Siedlungszentren mit kulturellen und Versorgungseinrichtungen, mit Bildungsstätten, mit Arbeitsplätzen, mit Verkehrsanlagen usw. bereits auf Grund der differenzierten Struktur ihres Umlandes durchaus unterschiedliche Verkehrsaufkommen und -verteilungen zur Folge hat. Deshalb gehört es zu den vordringlichsten Aufgaben, die unterschiedliche *verkehrsauslösende Wirkung gleichartiger siedlungsstruktureller Faktoren quantitativ* zu belegen.

Für die Lösung dieses Problems bietet sich methodisch die zur Gruppe der multivarianten mathematisch-statistischen Verfahren gehörende kanonische *Korrelationsanalyse* an.[2]) Dabei wird untersucht, welche lineare Abhängigkeit zwischen zwei auf gleiche Objekte bezogenen *Variablensätzen* besteht. Das setzt natürlich zwischen beiden irgendwie geartete Zusammenhänge voraus, wie sie beispielsweise zwischen den Strukturdaten und den Quellverkehrsströmen von Städten zu erwarten sind.

Formal können beide Variablensätze folgendermaßen dargestellt werden:

$$X = \begin{pmatrix} x_{11} \cdots\cdots x_{1p} \\ \vdots \qquad \vdots \\ x_{n1} \cdots\cdots x_{np} \end{pmatrix}; \qquad Y = \begin{pmatrix} y_{11} \cdots\cdots y_{1q} \\ \vdots \qquad \vdots \\ y_{n} \cdots\cdots y_{nq} \end{pmatrix}. \tag{1}$$

Die Indizes bedeuten:

n = Anzahl der betrachteten Objekte,
p = Anzahl der Variablen von X,
q = Anzahl der Variablen von Y.

---

[1]) Die Richtigkeit dieser Feststellung wird dadurch belegt, daß 1979 ein spezielles Kolloquium der ECE gerade dieser Problematik gewidmet war [vgl. UN ECOSOC, ECE, Committee on Housing, Building and Planning (HBP/WP. 3/GE. 1/R. 56) v. 2. 1. 79].

[2]) Im folgenden wird nur eine prinzipielle Darstellung dieses wenig genutzten Verfahrens gegeben. Detaillierte Beschreibungen einzelner Verfahrensschritte können der einschlägigen Literatur entnommen werden (vgl. u. a. Gaebe 1975, Berry 1968).

X und Y werden durch das Verfahren so transformiert, daß ihr linearer Zusammenhang maximal beschrieben werden kann. Dazu bildet man aus den Variablen beider Sätze Linearkombinationen, die zur Berechnung der sogenannten kanonischen Variablen U_k und V_k führen:

$$U_k = \sum_{i=1}^{p} a_{ik} X_i = a_{1k} X_1 + a_{2k} X_2 + \cdots + a_{pk} X_p, \tag{2}$$

$$V_k = \sum_{j=1}^{q} b_{jk} Y_j = b_{1k} Y_1 + b_{2k} Y_2 + \cdots + b_{qk} Y_q.$$

Dabei gelten folgende Bedingungen:

$1 \leqq k \leqq N$; $\quad N \leqq \min(p, q)$ mit $N =$ Anzahl der zu berechnenden kanonischen Korrelationen.

Zwischen den beiden kanonischen Variablen U_k und V_k, die ebenso wie die Größen X_i und Y_j Spaltenvektoren darstellen, wird der kanonische Korrelationskoeffizient $r_{U_k V_k}$ berechnet. Damit dieser ein Maximum annimmt, werden die Koeffizienten a_{ik} und b_{jk} entsprechend bestimmt. Dabei weist stets $r_{U_1 V_1}$ den absolut höchsten Betrag gegenüber allen anderen, möglichen kanonischen Korrelationskoeffizienten auf. Letztere sind das Ergebnis weiterer Linearkombinationen von X und Y, die nach dem o. g. Prinzip höchstens solange gebildet werden können, wie es die Bedingung $1 \leqq k \leqq N$ bei $N \leqq \min(p, q)$ zuläßt.

In einem anschließenden Rechengang können die Korrelationen bestimmt werden, die zwischen U_k und X_i bzw. V_k und Y_j bestehen. Die Höhe des Betrages der dabei ausgewiesenen Korrelationskoeffizienten $r_{X_i U_k}$ bzw. $r_{Y_j V_k}$ gibt an, wie eng der Zusammenhang der jeweiligen Objektvariablen mit der betreffenden kanonischen Variablen ist; seine Richtung wird durch das Vorzeichen ausgedrückt. Die praktische Bedeutung dieses Rechenganges ist noch nicht vollständig geklärt. Auf alle Fälle ergeben sich daraus Hinweise für die Interpretation der Koeffizienten a_{ik} und b_{jk}.

Nach dieser prinzipiellen Darstellung der kanonischen Korrelation soll *an* einem *praktischen Beispiel* gezeigt werden, wie mit Hilfe des Verfahrens die *unterschiedliche verkehrsauslösende Wirkung gleichartiger siedlungsstruktureller Faktoren* quantitativ bestimmt werden kann.

Dieses Beispiel ist ein Ergebnis der engen Kooperation zwischen der verkehrsgeographischen Forschung und Einrichtungen des Verkehrswesens der DDR. Im konkreten Fall hatte das Zentrale Forschungsinstitut des Verkehrswesens der DDR die Aufgabe, Lösungsvorschläge für die *rationellere Gestaltung des öffentlichen Personenverkehrs von Deutscher Reichsbahn* und *Kraftverkehr im Bezirk Gera* auszuarbeiten. Dafür wurden Angaben über die gegenwärtigen und zukünftigen Personenverkehrsströme pro Relation benötigt, die jedoch nicht im erforderlichen Umfang vorlagen. Diese Angaben sollten deshalb mit einem minimalen Aufwand ermittelt werden. Unter diesen Umständen wurde eine *kanonische Korrelationsanalyse* durchgeführt, um auf der *Basis* ihrer Ergebnisse möglichst *einfache Berechnungsansätze* für die gesuchten Zielgrößen formulieren zu können.

Zunächst wurde dabei das Untersuchungsgebiet in eine sachlich begründete, statistisch ausreichende Anzahl von 18 Verkehrsgebieten eingeteilt. Für jedes *Verkehrsgebiet* standen folgende *territoriale Angaben* zur Verfügung:

— Industriebeschäftigte,
— Beschäftigte im Bauwesen,
— Anzahl der Studienplätze an Hoch- und Fachschulen,

— Anzahl der Beherbergungsplätze (Hotels, FDGB-Ferienheime usw.),
— Anzahl der Ärzte,
— Einzelhandelsumsatz.

Diese Daten wurden mittels einer einfachen Korrelationsanalyse aus ursprünglich 19 Merkmalen auf Grund ihrer relativen linearen Unabhängigkeit ausgewählt. Außerdem waren Angaben über einige tägliche Personenverkehrsströme zwischen den Verkehrsgebieten vorhanden, denen Befragungen bzw. Zählungen des öffentlichen Personenverkehrs vorangegagnen waren.

Den *ersten Variablensatz X* bildeten die *Quellverkehrsströme*, die *von* den ausgewiesenen *18 Verkehrsgebieten* ausgehen. Dabei wurden nur die Personenströme berücksichtigt, die innerhalb des Bezirkes Gera zwischen diesen Verkehrsgebieten auftreten. Der *zweite Variablensatz Y* umfaßte die *ausgewählten 6 Strukturdaten pro Verkehrsgebiet.* Insgesamt wurden auf Grund der Bedingung $N = \min (18{,}6)$ sechs kanonische Korrelationen errechnet. Tab. 3 enthält auszugsweise die Koeffizienten a_{ik} und b_{jk} der Linearkombinationen für die ersten drei ausnahmslos hohen kanonischen Korrelationskoeffizienten.

Im Falle der ersten kanonischen Korrelation ist ersichtlich, daß mit $a_{ik} = 0{,}959$ nur die Quellverkehrsströme eines Verkehrsgebietes (Kahla) erklärt werden. Es zeigt sich, daß mit $b_{jk} = -0{,}790$ bzw. $-0{,}845$ die Industriebeschäftigten und die Beschäftigten des Bauwesens eine verkehrsanziehende Wirkung ausüben. Dagegen hat die Anzahl der Ärzte einen verkehrsauslösenden Einfluß ($b_{jk} = 1{,}620$). Interessant ist jedoch, daß das gleiche Verkehrsgebiet — zwar etwas schwächer — auch durch die zweite kanonische Korrelation mit $a_{ik} = -0{,}526$ erfaßt wird. Dabei wird mit $b_{jk} = -1{,}756$ bzw. $-1{,}159$ die verkehrsauslösende Wirkung durch die Industriebeschäftigten und den Einzelhandelsumsatz bestimmt, während sich mit $b_{jk} = 0{,}727$, $0{,}743$ und $1{,}159$ die Beschäftigten im Bauwesen, die Anzahl der Beherbergungsplätze und der Ärzte verkehrsanziehend auswirken.

Eine derartige *Interpretation des* dargestellten Beispiels scheint aus zwei Gründen *gerechtfertigt*:

1. Bei den analysierten Quellverkehrsströmen handelt es sich um Verkehrsbeziehungen über verhältnismäßig kurze Distanzen. Da sie sich außerdem über einen gesamten Tag verteilen, ist davon auszugehen, daß eine ankommende Person das Verkehrsgebiet auch am gleichen Tag wieder verläßt.
2. Ausstattung und Lage des Verkehrsgebietes Kahla sind dadurch gekennzeichnet, daß z. B. die Kleinstadt Kahla einerseits einen mittleren Industriestandort darstellt, der entsprechende Einpendlerbeziehungen aus dem Umland hervorruft. Andererseits begünstigt die Lage an der Saaletalbahn, daß aus der Stadt und einigen anderen Orten des Verkehrsgebietes Arbeitspendlerbeziehungen zu den industriellen Großstandorten Jena bzw. Rudolstadt-Saalfeld auftreten.

Der zweite Gesichtspunkt enthält jedoch ein noch ungelöstes methodisches Problem. Das betrifft das numerische Verhältnis der Beträge von a_{ik} bzw. b_{jk}, wenn sie für ein Verkehrsgebiet in den Linearkombinationen mehrerer kanonischer Korrelationen signifikant sind. Diese Frage hat nicht zuletzt für die Formulierung der Berechnungsansätze von Verkehrsströmen eine große praktische Bedeutung. Ähnliche Interpretationen mit analogen Schlußfolgerungen könnten auch noch für weitere Verkehrsgebiete vorgenommen werden. Wesentlich ist, daß auf der Grundlage dieser Ergebnisse ver-

Tabelle 3. Ergebnisse einer kanonischen Korrelationsanalyse zwischen Quellverkehrsströmen und territorialen Strukturdaten von Verkehrsgebieten im Bezirk Gera (Auszug)

1. Kanonische Korrelationskoeffizienten $r_{U\,V_k}$

$r_{U_1V_1} = 1,000$ $r_{U_2V_2} = 0,998$ $r_{U_3V_3} = 0,985$

2. Koeffizienten a_{ik} bzw. b_{jk} der entsprechenden Linearkombinationen X_k bzw. Y_k

mit $i = 1, \ldots, 12$ (Anzahl der Verkehrsgebiete)
$j = 1, \ldots, 6$ (Anzahl der Strukturdaten/Verkehrsgebiet)
$k = 1, \ldots, 3$ (Anzahl der kanonischen Korrelationen)

$a_{11} \cdots a_{121}$	0,062	0,018	−0,165	−0,198	0,009	0,009	−0,004	−0,018	−0,056	0,959	−0,019	0,026
$b_{11} \cdots b_{61}$	−0,790	−0,845	0,397	0,137	1,620	0,010						
$a_{12} \cdots a_{122}$	−0,321	0,466	0,629	−1,057	−0,089	−0,819	0,122	0,060	0,004	−0,526	0,085	0,598
$b_{12} \cdots b_{62}$	−1,756	0,727	−1,209	0,743	1,159	0,333						
$a_{13} \cdots a_{123}$	0,560	0,617	0,594	0,226	0,069	−0,862	0,273	0,044	−0,217	−0,193	0,101	0,798
$b_{13} \cdots b_{63}$	−1,551	−0,994	2,570	1,017	−0,578	0,772						

schiedene multiple Regressionsgleichungen aufgestellt wurden, die die territorial bedingte, individuell *unterschiedliche Verkehrswirkung von* Faktoren der *Siedlungsstruktur gezielt berücksichtigen.*

5. Praktische Hinweise zur Anwendung der kanonischen Korrelation

Bei einer Anwendung der kanonischen Korrelation im Rahmen der *Verkehrsstromermittlung* treten in jedem Fall folgende *Probleme* auf:

- Abgrenzung und Einteilung des Untersuchungsgebietes,
- Sicherung der Datengrundlage,
- Ableitung von Berechnungsansätzen für die Verkehrsverteilung.

Die Abgrenzung des Untersuchungsgebietes sowie seine Einteilung in Verkehrszellen oder dergleichen erfordern aus verschiedenen Gründen große Sorgfalt. Dabei stellt das Untersuchungsziel selbstverständlich das Hauptkriterium dar, weil davon abhängt, welche Verkehrsbeziehungen für die Untersuchung signifikant sind. Außerdem ist in diesem Zusammenhang auf den Effekt hinzuweisen, daß statistisch gesicherte Aussagen nur bei Vorliegen einer bestimmten Grundgesamtheit von Beobachtungseinheiten (Objekten) erwartet werden können.

Unter den Bedingungen der DDR sollte deshalb das *Untersuchungsgebiet* in der Regel ein Territorium in der *Größe eines kleineren politischen Bezirks* (wie z. B. Gera oder Leipzig) umfassen, weil damit eine Einteilung in eine statistisch ausreichende Anzahl von Verkehrszellen gewährleistet werden kann. In diesem Sinne und aus verschiedenen anderen Gründen erweist es sich generell als zweckmäßig, *Verkehrszellen* aus möglichst wenigen Städten und Gemeinden zu bilden.

Ein solches Vorgehen erleichtert auch die Zuordnung vorhandener territorialer Daten. Daneben haben bisherige Erfahrungen gezeigt, daß mit dem zunehmenden territorialen Umfang von Verkehrszellen die verkehrsrelevanten territorialen Unterschiede der Siedlungsstruktur durch die parallel dazu verlaufende höhere Datenaggregation verlorengehen können.

Die verwendeten *territorialen Strukturdaten* sollten sich in Anlehnung an SCHMIDT (1979) im allgemeinen auf folgende Grundfunktionen der Siedlungen beziehen:

- Produktionsfunktionen,
- Verkehrs- und Kommunikationsfunktionen,
- Versorgungs- und Betreuungsfunktionen,
- Leitungsfunktionen,
- Wissenschaftsfunktionen.

Die vorhandenen Unterlagen in den Büros für Territorialplanung in den Bezirken, der Bauakademie der DDR, des Instituts für Geographie und Geoökologie der AdW der DDR und ähnlicher Einrichtungen ermöglichen einen relativ schnellen Zugriff auf entsprechende Daten. Das gilt insbesondere im Vergleich zur Beschaffung von *Verkehrsstromdaten*, für die im allgemeinen nicht auf vorliegendes bzw. qualitativ befriedigendes statistisches Material zurückgegriffen werden kann. Statt dessen sind dazu meist *gesonderte Erhebungen* notwendig. Deshalb sollten bei den betrachteten Relationen von vornherein die Quelle-Ziel-Beziehungen differenziert für den Individualverkehr, den Werkverkehr, den öffentlichen Kraftverkehr und die Deutsche Reichsbahn erfaßt werden.

Praktisch verbindet sich damit über einen längeren Zeitraum ein *einmaliger Aufwand*, der aber für eine wissenschaftlich begründete, komplexe Verkehrsplanung unerläßlich ist. Im übrigen läßt sich der Umfang solcher Erhebungen durch die gezielte Auswahl der zu betrachtenden Relationen im Untersuchungsgebiet in Grenzen halten.

Für die gesamte Datengrundlage gilt, daß *alle Angaben zeitlich vergleichbar* sein müssen. Darüber hinaus setzt die kanonische Korrelation wie viele andere mathematisch-statistische Verfahren eine lineare Unabhängigkeit der betrachteten Objektvariablen voraus. Diese Forderung steht im allgemeinen in Widerspruch zur Realität und kann deshalb höchstens annähernd erfüllt werden. Dessen ungeachtet ist sie bei der Variablenauswahl nach Möglichkeit zu berücksichtigen und bei der Ergebnisinterpretation entsprechend zu beachten.

Die *Überleitung* von Ergebnissen, die aus der räumlichen Analyse des Verkehrs mittels kanonischer Korrelation resultieren, *in Algorithmen zur Verkehrsstromermittlung* bzw. *Verkehrsverteilung* stellt gegenwärtig ein Problem dar, das sowohl methodologisch als auch methodisch noch nicht zufriedenstellend gelöst ist. Das zeigte nicht zuletzt das angeführte praktische Beispiel aus dem Bezirk Gera, wo die Resultate der kanonischen Korrelation nur indirekt in die Verkehrsstromberechnungen einbezogen werden konnten. Es ist deshalb eine aktuelle Aufgabe der verkehrsgeographischen Forschung, im engen Zusammenwirken mit den Organen unserer sozialistischen Verkehrsplanung für dieses Problem praktikable Lösungen zu finden.

Theoretisch wird damit das Ziel verfolgt, das vorhandene Wissen über die räumlichen Beziehungen, die sich aus den Bedürfnissen unserer Menschen nach Wohnen, Arbeiten, Bildung, gesundheitlicher Betreuung, kultureller Betätigung sowie anderen sozialen Kontakten und den örtlich differenzierten Möglichkeiten und Grundlagen ihrer Befriedigung ergeben, zu erweitern. Diese Zielstellung ist sowohl für die Verkehrsgeographie als auch für andere geographische Zweigdisziplinen, z. B. die Siedlungsgeographie, von Interesse.

Praktisch bedeutet das für die Planungsorgane des Verkehrs die Vervollständigung der wissenschaftlichen Grundlagen ihrer auf die optimale Nutzung der Ressourcen ihres Verantwortungsbereiches gerichteten Tätigkeit. Das schließt die *Lösung solcher Probleme* ein, wie

— die Beschaffungspolitik für die Transportmittel und ihre maximale Auslastung durch die Verkehrszweige und -betriebe;
— eine gezielte Investitionstätigkeit im Verkehrsnetz durch Festlegung von Ausbaurangfolgen für die einzelnen Trassen;
— die Entwicklung des Individualverkehrs (beispielsweise im Freizeitbereich) u. a. m.

Резюме

О соотношениях географии транспорта и социалистического планирования транспортом

Исходя из понятия транспорта как фактора роста народного хозяйства — его доля в стоимости основных средств в народном хозяйстве ГДР составляет свыше 15% — характеризуется его влияние на формирование социалистического образа жизни.

Центральное место занимает точное количественное и качественное определение потребностей в пассажирских и товарных перевозках на различные отрезки времени.

Задача географии транспорта состоит при этом в участии в разработке методов по определению транспортного потока и в расчётах транспортного определения. Она занимается прежде всего взаимосвязями между различными формами проявления транспорта [как пространственное преодоление расстояний людьми, товарами и информацией] и общественными детерминантными условиями как размещение производительных сил или поселенческие связи.

География транспорта должна ориентироваться на общественные потребности, при чём её основным предметом являются транспортные сети, виды транспорта и его потоки и цель её состоит в экономически оптимальном региональном размещении общественного производства с учётом кратко-, средне- и долгосрочных отрезков времени и соответствующих масштабов, не пренебрегая при этом внеэкономическими факторами как, например, преобретающее всё большее значение — поездки выходного дня.

Генеральные планы транспорта округов и Генеральная схема транспорта ГДР являются значительной предпосылкой для создания на соответствующей научной основне всесторонне действующего интегрированного планирования транспортом. При учёте и расчётах транспортных потоков в настоящее время чаще всего применяются представленные здесь гравитационные и похожие модели.

Детально рассматривается канонический корреляционный анализ как самый применимый метод для пространственного анализа транспорта. На практическом примере рационального формирования общественного пассажирского железнодорожного и автомобильного транспорта в округе Гера, показано как с помощью мультивариантного метода можно количественно определить различные транспортные влияния аналогичных структурно-поселенческих факторов. При этом детально рассматривается транспортный район Кала. В заключении даны некоторые практические советы по применению канонической корреляции относительно размера территории, количества транспортных ячеек, применяемых структурно-территориальных данных, а также временная сравнимость и перечислены проблемы, возникающие при преобразованиях в алгоритмах определения и размещения транспорта.

Summary

On interrelations between transport geography and the socialist transport planning

Sophisticated transport systems are indispensable preconditions of economic growth and social progress. But it is also true that their operation and development require high costs and extensive investment. In that context, activities of transport planning authorities aim, last not least, at establishing a favourable cost-benefit ratio in this field. Therefore, on of the most significant scientific problems consists in determining passenger- and freight-transport demand referring to different periods of prognosis and administrative units such as districts or counties.

From This view, the author discusses how to contribute to a practicable solution of the problem above-mentioned by means of transport geography. The latter starts from a historical review concerning subject and aims of geographical work in the field of transport. It is shown that since the beginning of our century geographers have continuously investigated, among other things, the interrelations between traffic streams and spatially different distributions of productive forces. Nevertheless, methods most frequently used in practice for calculation traffic streams and transport demand, respectively, do not reflect spatial inhomogeneity and dynamics in an adequate way. This is clearly demonstrated by gravity models or intervening opportunity models.

As a conclusion, the article draws special attention to the canonical correlation analysis which seems to be a suitable means for analysing spatially determined reasons of traffic streams. The practicability of the procedure is illustrated by a practical example. The article ends with some hints concerning the number and size of the investigated spatial units and the data to be used.

Literatur

Autorenkollektiv: Ökonomie des Transports. Bd. 1. Transpress — VEB Verlag für Verkehrswesen, Berlin 1977.

Autorenkollektiv: Transportation and Traffic-Engineering Handbook, Prentice-Hall, Inc., Englewood Cliffs, New Jersey 1976.

BELLMANN, R. und G. HEINRICH: Das gesetzmäßige Anwachsen der Bedürfnisse im Sozialismus — Folgerungen für die Erforschung der Transportbedürfnisse. In: Sozialistische Intensivierung durch Wissenschaft und Technik im Transport- und Nachrichtenwesen. Transpress VEB Verlag für Verkehrswesen, Berlin 1978, S. 83—87.

BELOUSOV, I. I.: Probleme der Geographie des Transports. In: Sowj. Geographie. Moskau 1960, S. 380—395 (russ.).

BERRY, B.: A Synthesis of Formal and Functional Regions Using a General Field Theory of Spatial Behaviour. In: BERRY, B.; MARBLE, D. F. (Hrsg.): Spatial Analysis. A Reader in Statistical Geography. Prentice-Hall, Inc., Englewood Cliffs, New Jersey 1968, S. 419—428.

BLUM, O.: Verkehrsgeographie. Springer-Verlag, Berlin 1936.

BUTTSTÄDT, H. und A. RUDOLPH: Versuch einer mathematischen Bestimmung von Großstadtreichweiten. Geogr. Wochenschrift. Jg. 1934, S. 1109—1114.

FOCHLER-HAUKE, G.: Verkehrsgeographie. Wustermann-Verlag, Braunschweig 1976.

GAEBE, W.: Die Untersuchung räumlicher Beziehungen zwischen zwei Datenmengen mit der kanonischen Korrelationsanalyse. Gießener Geogr. Schriften. H. 32 (1975) Selbstverlag d. Geogr. Inst. d. J.-v.-Liebig-Univ. Gießen, S. 56—79.

GERICKE, M.: Das straßenseitige Quell- und Zielverkehrsaufkommen von Städten als Ausdruck ihrer Stellung innerhalb der Siedlungsstruktur der DDR. Diss. (A), Hochschule f. Verkehrswesen, Dresden 1977.

GRAHL, W.: Ermittlung von Verkehrsbeziehungen im Landstraßennetz. Die Straße, 15 (1975) 5, S. 185—190.

HETTNER, A.: Der gegenwärtige Stand der Verkehrsgeographie. Geogr. Zeitschr., Leipzig 3 (1897), S. 624—634 u. 694—704.

JACOB, G.: Zum Gegenstand der Verkehrsgeographie. Geogr. Berichte, 7 (1962) 1, S. 16—31.

LEIBBRAND, K.: Wandlungen des Verkehrsingenieurwesens. Internationales Verkehrswesen, 29 (1977) 3, S. 172—174.

LINDNER, W.: Positive Bilanz — höhere Maßstäbe der Verkehrsforschung. DDR-Verkehr, 11 (1978) 8, S. 256—257.

LOHSE, D.: Modelluntersuchungen für den städtischen Personenverkehr. Diss., Hochsch. f. Verkehrswesen, Dresden 1970.

LOHSE, D.; SEPELEV, N. P. und V. S. ADASINSKIJ: Ermittlung von Personenverkehrsströmen in den Städten und deren Randgebieten. Teil 2. Wiss. Zeitschr. Hochsch. f. Verkehrsw. Dresden, 25 (1978) 2, S. 363–379.

OTREMBA, E., und U. AUF DER HEIDE: Handels- und Verkehrsgeographie. Wiss. Buchgesellsch., Darmstadt 1975.

SCHEU, E.: Der Einfluß des Raumes auf die Güterverteilung. Ein wirtschaftsgeographisches Gesetz. Mitt. d. Vereins d. Geographen a. d. Univ. Leipzig, 7 (1927), S. 31–38.

SCHLEIFE, W.: Die langfristige Planung des Verkehrswegenetzes und die Generalverkehrsplanung in den Städten der DDR. In: Internationale Transportannalen 1974, Transpress — VEB Verlag für Verkehrswesen, Berlin 1974, S. 113–126.

SCHLUMS, J.: Landstraßenverkehr, Untersuchungen über Verkehrsgrößen, Bevölkerung, Fahrzeuge und Straßennetz und deren Beziehung zueinander. Diss., Technische Univ. Dresden 1929.

SCHMIDT R.: Bestimmung und Systematisierung von Siedlungs- und Stadtfunktionen sowie räumlicher Organisationsformen städtischer Siedlungen in der DDR. Unveröff. Mskr., Inst. f. Geographie u. Geoökologie d. AdW d. DDR, Leipzig 1979.

Statistisches Jahrbuch der Deutschen Demokratischen Republik 1979. Staatsverlag d. DDR, Berlin 1979.

Statistisches Taschenbuch der Deutschen Demokratischen Republik 1973. Staatsverlag d. DDR, Berlin 1973.

Dr. rer. oec. MANFRED GERICKE, Akademie der Wissenschaften der DDR, Institut für Geographie und Geoökologie, 7010 Leipzig, Dimitroffplatz 1

Beiträge zur Geographie	Bd. 31	S. 291–312	Berlin 1983

Einige Aspekte räumlich-funktionaler Beziehungen in der Land- und Nahrungsgüterwirtschaft der DDR

Von Meike Wollkopf

Die Land- und Nahrungsgüterwirtschaft der DDR befindet sich gegenwärtig in einem *tiefgreifenden Strukturwandel,* der — hervorgerufen durch die planmäßige Weiterentwicklung der sozialistischen Produktionsverhältnisse und speziell durch die weitere Durchsetzung industriemäßiger Produktionsmethoden, durch Wirkungen des wissenschaftlich-technischen Fortschritts, durch die zielstrebige Verbesserung der Arbeits- und Lebensbedingungen der Landbevölkerung — den Geographen zunehmend mit neuartigen raumrelevanten Sachverhalten konfrontiert. Ihn in seinen Grundzügen zu erkennen und zu werten, ist eine Verpflichtung speziell für jene geographisch Arbeitenden, die sich um eine praxisbezogene Analyse der Territorialstruktur bemühen.

Das zählebige Vorurteil, das sich lange im synonymen Gebrauch der Kategorien Agrarraum — Beharrungsraum — unterentwickeltes Gebiet ausdrückte, ist mehr und mehr dem Bewußtsein einer *starken agrarräumlichen Dynamik* gewichen. Früher waren agrarstrukturelle Wandlungen in der Tat oft erst bei einem Zeitmaß von Jahrzehnten oder nicht selten Jahrhunderten wirksam; gleiche oder ähnliche Produktionsweisen überdauerten Folgen von Generationen. In der Gegenwart vollziehen sich die strukturverändernden Prozesse wesentlich rascher und unter dem Leitaspekt gesamtgesellschaftlicher Planung.

Die Bodenreformmaßnahmen unmittelbar nach der Zerschlagung des Faschismus, die Zusammenschlüsse zu Landwirtschaftlichen Produktionsgenossenschaften, die Schaffung kooperativ verbundener Produktionseinheiten bzw. großer Spezialbetriebe der Pflanzen- und Tierproduktion sowie die Herausbildung des volkswirtschaftlichen Agrar-Industrie-Komplexes markieren wichtige Etappen dieser gegenwärtigen Entwicklung der Land- und Nahrungsgüterwirtschaft in der DDR. Den Aufbau einer industriemäßigen Produktionsbasis, die *planmäßige Gestaltung* neuer *agrarökonomischer Vielkomponentensysteme* sieht Anučin als wesentliche Charakteristika der modernen „grünen Revolution" an. (Mit diesem Begriff faßt er — nicht zuletzt auch mit Blick auf die globale Ernährungssituation — die Gesamtheit der Maßnahmen zusammen, die eine wirksame Beschleunigung der Nahrungsmittelerzeugung gewährleisten — vgl. Anučin 1972, S. 380 und 426).

In ihrer Rolle als territoriale Struktur- und Prozeßforschung und Grundlagenwissenschaft der territorialen Planung erforscht die Geographie große dynamische Raumsysteme (Gochman 1976, S. 75), betrachtet speziell die Ökonomische Geographie nach Lehmann (1967, S. 5) die „Gestaltungsprinzipien, die von der Gesellschaft und Wirtschaft ausgehen und ständig Veränderungen im Territorium erzeugen", und kommt der Agrargeographie schließlich die Aufgabe zu, vor allem Grundlagenforschung für die landwirtschaftliche Perspektivplanung zu betreiben (Roubitschek 1966, S. 321). Nach Lehmann (1968, S. 34) hat sie

„Richtung und Rhythmus einer agrarischen Entwicklung hinsichtlich jener Hauptmerkmale zu untersuchen ..., die das strukturelle und funktionale Gefüge eines Raumes verändern, d. h. die Beziehungen des wirtschaftlichen Verbrauchs und der wirtschaftlichen Verarbeitung zum Anbau, zur Verkehrslage, zur Tradition und zur gesellschaftlichen Gliederung."

Daß diese Aufgabe bisher noch nicht in allem befriedigend erfüllt werden konnte, deutet Sauškin (1973, S. 495/496) in seinem grundlegenden Werk „Ökonomische Geographie — Geschichte, Theorie, Methoden, Praxis" an:

„Es scheint, daß der territoriale, ökonomisch-geographische Aspekt einer allseitigen Bewertung der Natur-, Arbeitskräfte- und materiell-technischen Ressourcen größte praktische Bedeutung vor allem für die Landwirtschaft besitzen sollte. ... Und dennoch ist der Grad des Eindringens der Ökonomischen Geographie in die Probleme der landwirtschaftlichen Produktion sogar bei den sozialistischen Ländern bislang noch nicht so groß, wie es, genau genommen, im Interesse der Sache sein müßte."

Für die DDR allerdings ist festzustellen, daß namentlich durch die agrargeographisch-kartographischen Arbeiten Roubitscheks bereits vielseitige Kenntnisse in bezug auf die territoriale Ausprägung der modernen Land- und Nahrungsgüterwirtschaft gewonnen wurden. Studien von Scherf (1970) und Breuer (1972) haben die Notwendigkeit besonders verdeutlicht, der funktionalen Betrachtung der agraren Produktionsstandorte, ihrer vertikalen und horizontalen Verflechtung, ihrer Umlandbeziehungen und territorialen Versorgungsleistungen stärkeres Gewicht beizumessen.

Mit der *funktionalen Betrachtung* agrarisch bestimmter geographischer Tatbestände ist die Absicht verbunden, die sich entwickelnden *neuen räumlichen Strukturen* der Landwirtschaft von ihrer volkswirtschaftlichen Zweckbestimmung, ihrer dialektischen Verknüpfung her in das geographische Ordnungssystem aufzunehmen, ihre Grundzüge und ihre Veränderungen in räumlicher und zeitlicher Hinsicht zu erkennen. Diese Art der Untersuchung verspricht nicht nur allgemeinen Erkenntnisgewinn für die Ökonomische Geographie im traditionellen Sinn. Ihr kommt vor allem in Verbindung mit dem verstärkten Eindringen der Systemtheorie in die Geographie, wie dies sich gegenwärtig andeutet, ein besonderer integrierender Stellenwert zu.

Die räumlich-funktionale Betrachtung basiert vor allem auf *räumlich-funktionalen Beziehungen*. Sie können sich in der Ortsveränderung von Personen und Gütern, in der Übermittlung von Nachrichten äußern. Andererseits zeigen sie in komplexer Form als eine aus Nachbarschaftslage resultierende „Beeinflussung". Was die Land- und Nahrungsgüterwirtschaft anbelangt, so ist dort ein außerordentlich breites Spektrum solcher Beziehungen — übrigens beider Kategorien — vorhanden. Sie im einzelnen vollständig und vielschichtig vorstellen zu wollen, würde den Rahmen dieser Darstellung sprengen. Vielmehr kann es hier nur darum gehen, gewisse inhaltliche Grundzüge exemplarisch zu skizzieren, auf ihre Veränderlichkeit hinzuweisen und somit einige sachliche Ansätze der geographischen Funktionsanalyse im Bereich der modernen Land- und Nahrungsgüterwirtschaft aufzuzeigen. Abschließend wird eine *Funktionsanalyse* aus dem Sektor der *Obst- und Gemüseversorgung der DDR* vorgestellt.

Die Absicht, die funktionale Betrachtung und die Funktionsanalyse zum Diskussionsgegenstand zu machen, bedeutet dabei keineswegs, einem formalen „Funktionalismus" das Wort zu reden, wie er als eine mechanistisch-idealistische philosophische Strömung zu Beginn unseres Jahrhunderts in Reaktion auf den Ursache-Wirkungs-Determinismus und Positivismus des ausgehenden 19. Jahrhunderts entstanden und als eine Form teleologischen Denkens entwickelt worden ist (HARVEY 1974, russ. Ausgabe, S. 425ff.).

1. Die allgemeine Entwicklung der räumlich-funktionalen Betrachtung der Land- und Nahrungsgüterwirtschaft

Die funktionale Betrachtung der Landwirtschaft ist in der Geographie nicht neu. Man kann sie in Ansätzen bis zu BERNHARD (1915) zurückverfolgen. Im weitergefaßten Sinne ist hier auch auf das THÜNENsche Ringmodell sowie auf Arbeiten über landwirtschaftliche Betriebs- bzw. Bodennutzungssysteme (z. B. von BRINKMANN) zu verweisen.

Seit Ende der zwanziger Jahre gewannen Versuche an Bedeutung, die *Beziehungen zwischen der regionalen Differenzierung des Konsums und der Standortverteilung der Produktion* aufzudecken (W. SCHMIDT 1929, vgl. auch OTREMBA 1938, S. 219). NEEF (1935, S. 11) leitete daraus folgende Vorstellungen über eine funktionsbestimmte (agrar-) geographische Synthese ab:

„Die Produktionsräume treten in Beziehung zu Nachbarräumen, vor allem mit Konsumtionsräumen. Produktions- und Konsumtionsräume schließen sich nach bestimmten Gesetzen und in bestimmten Formen zu Räumen höherer Ordnung zusammen, die durch eine Einheit von Produktion, Güteraustausch und Verbrauch gekennzeichnet sind: zu Wirtschaftsgebieten oder Wirtschaftssphären."

Ebenfalls auf der Grundlage der Produktions-Konsum-Relationen beschreibt OTREMBA (1960, S. 57/59) verschiedene Typen von funktionalen agrargeographischen Raumeinheiten: wirtschaftspolitisch bestimmte Versorgungsgebiete, zentralorientierte Versorgungsgebiete, Gebiete einheitlichen Konsums agrarwirtschaftlicher Güter (Gebiete einheitlicher Ernährungsgewohnheiten); Konsumgebiete; Nahversorgungsgebiete, Fernversorgungsgebiete, Überschneidungsgebiete; Agrarüberschußgebiete, Agrarmangelgebiete, agrarautarke Gebiete — Gebiete also, die durch marktanalytische Studien auszuweisen sind.

Hauptsächlich von BOESCH ist die funktionale Betrachtung der Landwirtschaft auf die Vielfalt der *Beziehungen zwischen Produktionsstandorten* (Betrieben) ausgedehnt und in ein hierarchisch gestuftes *Ordnungsschema* eingeführt worden:

„Funktionale Beziehungen sind außerordentlich vielfältig, oft durchaus lokaler, manchmal weltweiter Beziehung. Das systematische Studium führt dazu, bestimmte Ordnungen und Anordnungen zu erkennen, die in ihrer Gesamtheit als die funktionale Struktur bzw. als funktionale Strukturen bezeichnet werden. In weniger entwickelten Ländern stellen wir relativ einfache und kleinräumige funktionale Strukturen fest. Die moderne Entwicklung führt innerhalb der funktionalen Struktur allgemein zu einer Schwerpunktverlagerung nach oben und gleichzeitig zur Ausweitung der entsprechenden Funktionalräume." (BOESCH 1969, S. 147).

BOESCH führt weiter aus, daß die Agrargeographie es im Rahmen der *funktionalen Betrachtung* in erster Linie mit folgenden Problemen zu tun habe:

— auf der untersten Stufe mit der Betriebseinheit, ihrer inneren Organisation und ihren äußeren Beziehungen;
— mit den lokalen Marktbeziehungen für landwirtschaftliche Produkte, dem Gemüsegürtel von Städten usw.;

— mit den Aufgaben der einzelnen Gebiete im Rahmen der nationalen Agrarwirtschaft;
— mit ihrer Stellung in der Weltwirtschaft.

In ähnlich weitgefaßter Sicht setzte sich LEHMANN (1973a, S. 46) dafür ein, das Netz funktionaler Beziehungen, die Form seiner flächendeckenden Ausprägung und nicht nur bestimmte Einzelelemente (z. B. Zentralität, Stadt-Umland-Beziehungen) mittels geographischer Funktionsanalysen zu untersuchen.

Hierbei vermögen neuartige Instrumentarien und Ordnungsprinzipien, wie sie etwa im Rahmen der *System- und Informationstheorie* entwickelt wurden, nützliche *Erkenntnishilfen* zu leisten (vgl. LEHMANN 1973b, S. 6/7). So regte SCHOLZ schon vor Jahren (1971, S. 85) an, die bisher in der Geographie üblichen Inhalte für die Begriffe Struktur und Funktion vor allem unter systemtheoretischem Aspekt zu durchdenken. Er verwies dabei auf die Arbeit „Grundlagen der Systematischen Heuristik" von MÜLLER (1970), in der das allgemeine Systemverhalten u. a. über zwei Funktionsklassen, die Übergangsfunktion (Art der Verflechtung/Kopplung zwischen Eingangs- und Ausgangsgrößen) und die Entwicklungsfunktion (Änderung bzw. Stabilität des Systemverhaltens in einer Zeiteinheit) charakterisiert und Begriffskategorien, wie Funktionswahrscheinlichkeit, Funktionswert u. a., beschrieben werden. Philosophische und mathematisch-kybernetische Quellen bieten mittlerweile ein sehr breites Spektrum von Anregungen auch *zur Qualifizierung der Begriffe Struktur, Funktion, System* u. a. an. Nachstehend gilt es, die sachlichen Ansätze der geographischen Funktionsanalyse in der modernen Land- und Nahrungsgüterwirtschaft etwas näher darzulegen.

2. Das Spektrum räumlich-funktionaler Beziehungen in der Landwirtschaft und Nahrungsgüterwirtschaft der DDR

Neben der Bonität (Produktionseignung) stellen *funktionale Beziehungen* wesentliche qualitative Charakteristika jedes Agrarstandortes dar. Sie lassen sich nach folgenden *Hauptarten* differenzieren:

1. Funktionen der Versorgung der Bevölkerung mit Agrarprodukten,
2. Funktionen bei Organisation und Ablauf des räumlich-arbeitsteiligen Produktionsprozesses der Land- und Nahrungsgüterwirtschaft,
3. Funktionen in bezug auf die Nutzung territorialer Arbeitskräftefonds,
4. Funktionen bei der Umweltgestaltung, der Entwicklung des Siedlungsnetzes und der allgemeinen Verbesserung der Arbeits- und Lebensbedingungen im Territorium.

Die *Versorgungsfunktionen* der Agrarstandorte im einzelnen und der agraren Produktionsräume im großen, innerhalb derer sich die Agrarstandorte zu Standortsystemen zusammenschließen, ergeben sich aus dem gesellschaftlichen Wechselverhältnis zwischen Konsumtion und Produktion, zwischen Bedarfs- (Bedürfnis)entwicklung und der als Äquivalent notwendigen Aufkommensleistung.

Die Land- und Nahrungsgüterwirtschaft stellt die wichtigsten Erzeugnishauptgruppen aller am Bedürfniskomplex „Ernährung" beteiligten Wirtschaftsbereiche (vgl. KNOBLOCH 1974), die bedarfsgerechte Erzeugung von Nahrungsmitteln ist das Hauptziel dieses Zweiges. Die Bestimmung seiner regionalen Versorgungsfunktionen, der regionalen Verbrauchswirksamkeit seiner Warenproduktion hat für komplexe territoriale Versorgungsbilanzen Bedeutung und kann letztlich auch zur Fixierung entsprechender Effektivitätskriterien und Ordnungsvorstellungen in bezug auf die Weiterentwicklung des agraren Standortgefüges entscheidend beitragen. Ein allgemeines Beispiel für eine *regionale Versorgungsbilanz* („Ernährungsbilanz") mit Schlußfolgerungen unter funktionalem Aspekt gilt eine von ROUBITSCHEK (1969, S. 14—16) für einige Bezirke der DDR vorgenommene Berechnung. Sie ergab für das Jahr 1966 im Bezirk Neubrandenburg als Grobwert eine agrare Überschußproduktion (Ausgangswert: Staatliches Aufkommen) zur Ernährung von rd. 1,2 Millionen Menschen, im Bezirk Halle immerhin noch für 0,3 Millionen und im Bezirk Karl-Marx-Stadt einen Zuschußbedarf für 1,3 Millionen Einwohner. Hinzuweisen ist auch auf die Bezirksbilanzen von GRÄFE und H. E. SCHMIDT (1963/64; 1967) mit ihrer Spezifizierung des Nahrungsverbrauches nach seinen elementaren Grundbestandteilen.

Die geographische Analyse der *Funktionsverknüpfungen zwischen Nahrungsmittelproduzenten und Nahrungsmittelkonsumenten* begegnet in der Praxis bestimmten Problemen. Sie ergeben sich beispielsweise aus dem Vorhandensein verschiedener zwischengeschalteter Reproduktionssphären und Einrichtungen mit eigener Funktionalität sowie besonderen territorialen Organisationsformen. Hierzu gehören der Binnenhandel als wichtigster Funktionsträger der Warenzirkulation (ILLGEN 1970, S. 57), in Verbindung damit Standorte der Lagerwirtschaft, Vermarktung und schließlich die Verarbeitungsindustrie — also Einrichtungen und Bereiche, für die, wie bei der landwirtschaftlichen Primärproduktion, mehr und mehr rationelle technologische Großeinheiten mit entsprechenden Einzugsgebieten und neu entstehenden Standortbedingungen charakteristisch werden.

So bauen sich im Rahmen der modernen Reproduktionsketten die direkten Lokalisationsbeziehungen zwischen Erzeugung und Endverbrauch, mithin also die früheren ökonomischen Zwänge zu weitgehender räumlicher Nähe zwischen Produktion und Endverbrauch, besonders bei jenen Agrargütern immer mehr ab, die langfristig lagerfähig bzw. konservierbar sind, relativ geringen Transportwiderstand bieten und ubiquitären Bedarf aufweisen, die also durch die Nahrungsgüterwirtschaft veredelt werden. In diesem Bereich vergrößert sich folgerichtig die Bedeutung der *Fernversorgungsfunktionen.*

Zwei Beispiele dazu:

a) So war der Süden der Republik zu Beginn der 70er Jahre auf Ergänzungslieferungen von Schlachtvieh (vor allem Rindfleisch) aus den aufkommensstarken Nordbezirken angewiesen (ADOMEIT 1971). Um den Verlust von Lebendviehmasse zu minimieren und den zur Verfügung stehenden Transportraum effektiv zu nutzen, erfolgen dieselben jetzt häufiger bereits in vermarktetem Zustand (Zerlegware).

b) Überbezirkliche Absatzbeziehungen kommen auch bei einigen Produkten der Milchwirtschaft zustande. Sie gehen aus von Standorten im Norden der DDR und in den Südwest-Bezirken, sie betreffen zahlreiche Dauermilcherzeugnisse, die wichtigsten Hart- und Streichkäsesorten.

Aber auch bei den typischen traditionellen Nahbedarfsgütern — den transportempfindlichen, zum Frischverbrauch bestimmten Agrarerzeugnissen (Obst, Gemüse, Zierpflanzen, Eier, Milch und Milchfrischprodukte, Fleisch) —, die den von MINEJEV (1962) aus sowjetischer agrarökonomischer Sicht eingehend dargestellten Spezialisierungstyp der „stadtnahen Landwirtschaft" (prigorodnoe sel'skoe chozjajstvo) charakterisieren und enge Raumkontakte zwischen Erzeugerstandorten und Konsum-Konzentrationspunkten bedingen, zeigen sich für das Territorium der DDR in der gegenwärtigen Entwicklungsphase bestimmte Modifikationen.

Die *Nahversorgungsfunktionen verstärken sich* vor allem im Bereich der *größten Konsumzentren* der DDR, deren Bedarf umfangreich genug ist, spezialisierte Großproduktionseinheiten auszulasten. Für *Berlin* beispielsweise stellten Seidel und Schulte (1974) das Projekt eines *Gemüsegürtels* auf der Basis industriemäßiger Produktionseinheiten dar. Er schließt Standorte in den Kreisen Potsdam-Land, Nauen, Oranienburg, Bernau und sogar sehr wichtige im Kreis Seelow (Oderbruch) ein.

Bei der Masse der *mittleren* und *kleinen Verbrauchszentren* der DDR jedoch nimmt die Lokalisationskraft in bezug auf Großproduktionsanlagen für agrare Frischprodukte deutlich ab; die Möglichkeiten zur Lokalisation sind variabler, Aufgaben der lokalen und regionalen Versorgungswirksamkeit ein stärker zu berücksichtigendes Moment. Hinzu kommt, daß vor allem beim Obst- und Gemüsebau immer mehr Kulturen aus dem traditionellen Verband stadtnah gebundener Produktionsrichtungen herausgelöst und in solchen Spezialanbaugebieten konzentriert werden, die durch entsprechende Naturbedingungen begünstigt sind. Dieser *Trend* zur *Abschwächung der historisch gewachsenen Nahversorgungsfunktionen* und der *Aufwertung naturbevorteilter Räume* ist international zu beobachten. Gasson (1966) zum Beispiel wies auf die so zu begründende deutliche West-Ost-Verlagerung des englischen und walisischen Gartenbaus während der ersten beiden Jahrzehnte nach dem II. Weltkrieg hin.

Für die DDR beweist er sich in dem Konzept zur „*Herausbildung geschlossener Gemüsebaugebiete*“ (Riedel 1975, S. 34). Danach wird unter den insgesamt 12 vorgesehenen u. a. auch die Kategorie „in natürlichen Eignungsräumen gelegene Hauptanbaugebiete“ ausgewiesen. Sie übernehmen in der Regel für weite Teile der Republik die Versorgung mit einzelnen Gemüsearten. Riedel nennt folgende *Gebiete* und *Kulturen*:

Gebiete	Kulturen
Magdeburger Börde Raum Leipzig Raum Erfurt	Lagerzwiebeln
Insel Rügen	Spätkopfkohl (besitzt ausgezeichnete Lagerfähigkeit)
Elbtal	frühes Freilandgemüse (bes. Kopfsalat)
Raum Erfurt	Blumenkohl
Raum Erfurt Oderbruch Magdeburger Börde	Sellerie
Raum Berlin	Möhren

Neben den Versorgungsbeziehungen spielen die *produktionsimmanenten Funktionen* bei der Entwicklung regionaler Strukturkomplexe der Landwirtschaft und Nahrungsgüterwirtschaft eine bedeutende Rolle. Sie bezeichnen die sich aus der Organisationsstruktur der territorial-arbeitsteiligen agraren Produktionsprozesse, aus der Nutzung von Konzentrations-, Kooperations-, Spezialisierungs- und Kombinationseffekten ergebenden Verflechtungen; sie charakterisieren damit die Verknüpfungen zwischen den verschiedenen agraren Standortsystemen wie auch den Zusammenhang der Einzelelemente innerhalb dieser Standortsysteme. Besondere Bedeutung kommt dabei *Kooperationsbeziehungen* zu. Wie vielgestaltig sie nach Inhalt und Form ausfallen, spiegeln die folgenden beiden Abbildungen wider.

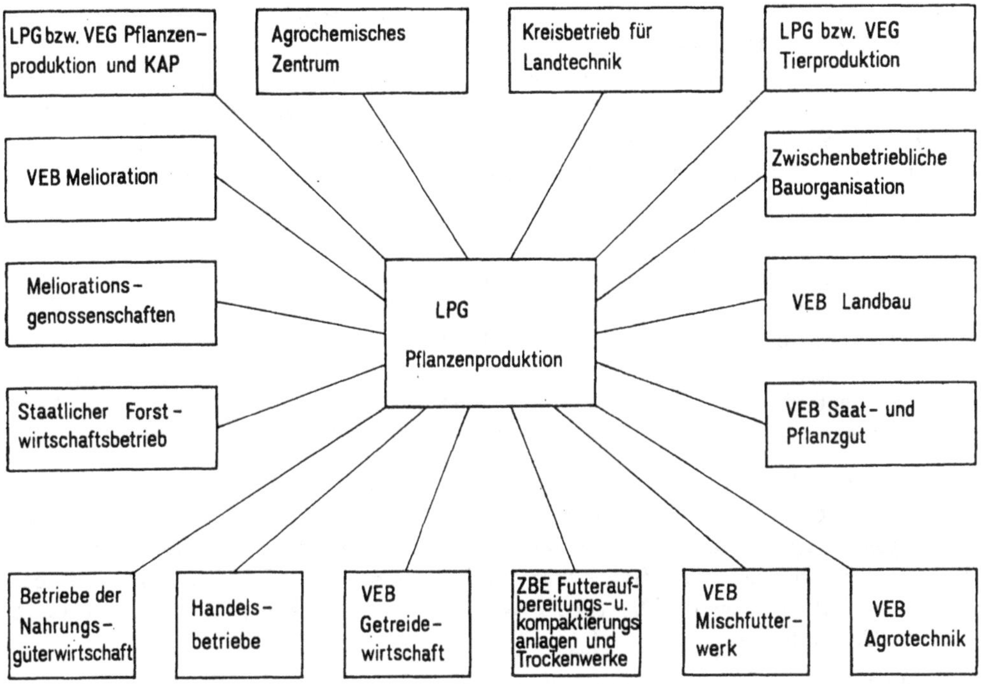

Quelle: ANWENDUNG... 1976, S.14

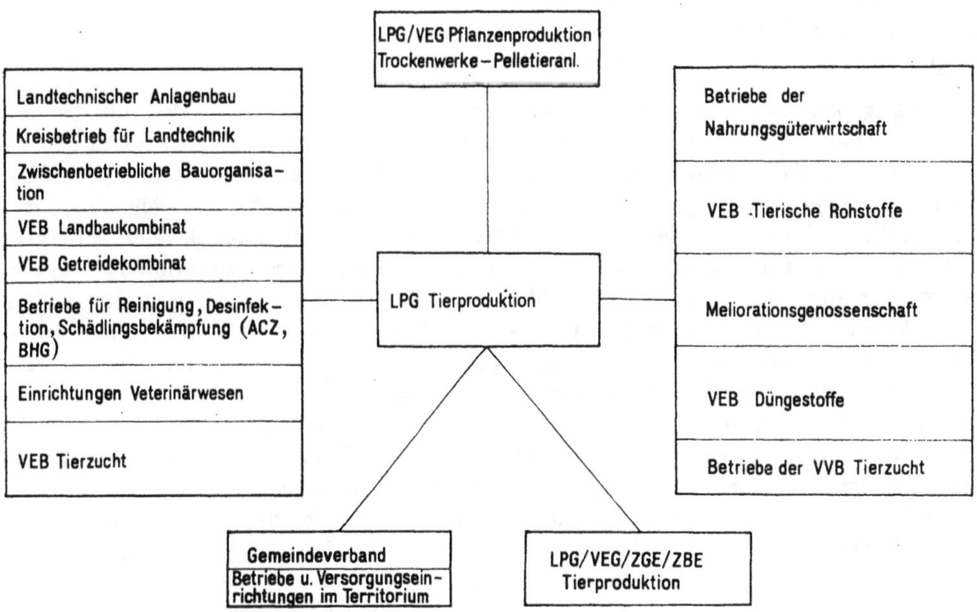

Quelle: ANWENDUNG... 1978, S.1/17

Kooperationsbeziehungen der LPG Pflanzenproduktion (oben) bzw. Tierproduktion (unten)

Die räumliche Organisation der sich gegenwärtig entwickelnden Standortsysteme weist beträchtliche Unterschiede auf. Einige Produktionsrichtungen tendieren zu punktförmiger Konzentration, andere zu Großflächeneinheiten und einheitlich geleiteter Bewirtschaftung ausgedehnter Territorien, wieder andere zu Vernetzung bzw. Vermaschung. Bei den Zweigen der *Tierproduktion* überwiegt der erstgenannte Fall.

Mitte der 70er Jahre wurde bei industriemäßigen Anlagen von folgenden *Kapazitäten* (nach Kaulitzki und Hagedorn 1975, S. 184; vgl. auch Manke 1974, S. 313) ausgegangen:

Kälberaufzuchtanlage	3200	Plätze
Jungrinderaufzuchtanlage	4480	Plätze
Rindermastanlage	16000	Plätze
Milchviehanlage	1930	Plätze
Schweinezuchtanlage	5600	Plätze
Schweinemastanlage	25000 (bis 100000)	Plätze.

Diese Größenordnungen sind auch heute noch aktuell (vgl. Bauersfeld u. a. 1979, S. 951; Ilgner u. a. 1978, S. 448/449).

Der gegenwärtige Stand des *Konzentrationsgrades in* der *Tierproduktion* weist nicht durchgängig industriemäßige Grundzüge auf. Der überwiegende Teil der Tiere wird noch in älteren Ställen unter *traditionellen Produktionsbedingungen* gehalten (nach Hasert 1979, S. 323), d. h. bei

Schlachtrindern	etwa	90%
Küken	mehr als	85%
Kälbern und Jungrindern	mehr als	80%
Mastschweinen, Sauen	etwa	80%
Legehennen	mehr als	60%.

Diese Angaben gewinnen noch an Gewicht, wenn die Anzahl von Ställen mit der der landwirtschaftlichen Betriebe in Beziehung gesetzt wird. Nach Zacharias (1979, S. 414) zeigt sich dabei, daß gegenwärtig in der DDR die Anzahl der Ställe der Rinder- und Schweineproduktion je LPG Tierproduktion etwa bei 34 liegt und demzufolge ca. 115 bis 123 Kühe, Jungrinder oder produktive Sauen bzw. 475 Mastschweine auf einen Stall entfallen. Eine rasche, durchgängige Veränderung dieser Situation ist — wie Zacharias ausführt — nicht vorhersehbar, so daß — sehr langfristig gesehen — eine grundlegende Neuorganisation der Liefer- und Absatzbeziehungen durch Reduzierung der Anzahl der Ställe nicht zur Diskussion stehen wird. Veränderungen zeichnen sich tendenziell jedoch hinsichtlich der Stufung der Produktionsprozesse bzw. der Gestaltung des Produktionssortimentes je Betrieb ab. Zacharias (1979, S. 414) stellt dazu fest, daß gegenwärtig immerhin noch über 50 Prozent der LPG Tierproduktion mit mehr als 6 Produktionsstufen arbeiten, lediglich 9 Prozent der Betriebe nur 1—2 Stufen aufweisen. Nach Zacharias (ebenda) wird zukünftig für den größten Teil der LPG Tierproduktion eine mehrfache Kombination in Frage kommen, wobei sich gleichzeitig das Erzeugnissortiment je Tierproduktionsbetrieb im Prozeß der weiteren Konzentration und Spezialisierung der Produktion allmählich verringern wird (Nau und Wieczorek 1979, S. 964).

Als Lokalbeispiel für *Produktionsstufen in* ihrer *horizontalen und vertikalen Struktur* soll eine Angabe aus der Schweinefleischerzeugung im Rahmen des Kooperationsverbandes „Fleischschwein Mulde—Saale“ (Kreis Köthen) dienen, wie sie zu Beginn der 70er Jahre bestand. Dort waren folgende Stufen folgenden Betriebstypen zugeordnet:

Stufe I : Zuchtzentrum Görzig (mit Besamungsstation), dazu 2 Stammzuchten
Stufe II : 2 Aufzuchtbetriebe
Stufe III: 7 Produktionsbetriebe für Mastläufer
Stufe IV: 11 Mastbetriebe
Stufe V : Fleischkombinat Dessau als Endproduzent.

Mit welchen *weiteren funktionalen Verflechtungsaspekten* speziell bei Großanlagen industriemäßiger Tierproduktion zu rechnen ist, fassen KAULITZKI und HAGEDORN (1975, S. 184ff.) folgendermaßen zusammen:

— Beziehungen zu den Futterproduktionsflächen bzw. zu den Lagereinrichtungen bei unmittelbarer Futterversorgung,
— Errichtung von Mastanlagen in der Nähe von Mischfutterwerken, standörtliche Verknüpfung von Futtertrockenwerken und Zuckerfabriken,
— Kombination mit weiteren industriemäßigen Anlagen am gleichen Standort,
— Schaffung eigener Dienstleistungseinrichtungen (z. B. Kapazitäten zur Instandhaltung und zur Reparatur) u. ä. m.

Sie alle weisen tendenziell auf eine *standörtliche Konzentration* von Betrieben und Einrichtungen der Produktion und des Vorleistungsbereiches hin. Beispiel eines solchen kompakten agrarischen Standortkomplexes aus dem Sektor Pflanzenproduktion ist der Raum Querfurt (Bez. Halle). Dort wurde ein hoher territorialer Konzentrations- und Kombinationseffekt speziell für Dienstleistungseinrichtungen erreicht. Auf einer Fläche von 800 m mal 500 m entstanden ein ACZ[1]), ein Trockenwerk, ein Obstlagerhaus, Einrichtungen des VEB Getreidewirtschaft, das Kreisversorgungslager, der Kreisbetrieb für Landtechnik, ein 200-kt-Kraftfuttermischwerk und ein 8-kt-Saatgutsilo (Industriemäßige Produktionsmethoden ... 1976, S. 285).

Alles in allem zeigt sich bei diesen Produktionsstätten ein eindeutig der Industrie ähnlicher Standorthabitus, so daß mindestens in diesen Fällen der einmal von SCHERF[2]) vertretenen Ansicht zuzustimmen ist, die Entwicklung der Produktivkräfte in Landwirtschaft und Industrie würde in der DDR ein zunehmendes Zusammengehen von Agrar- und Industriegeographie logisch erscheinen lassen.

Auch in einigen Betrieben der Pflanzenproduktion sind *Tendenzen zu punktartiger Konzentration* nicht zu übersehen. Man braucht dabei nicht allein an moderne Hydroponikanlagen, an Turmgewächshäuser (RUTHNER 1964) oder ähnliche oft noch im Versuchsstadium befindliche Objekte zu denken. Letztlich produziert der gesamte *Gartenbau* unter Glas/Plast mit einem Minimum an Flächenbedarf: 1978 betrug die Anbaufläche in der DDR von Gemüse unter Glas/Plast weniger als ein Prozent der landwirtschaftlichen Nutzfläche insgesamt. Von einem Hektar lassen sich zum Beispiel 2000 bis 3000 dt Gurken ernten und ein Vielfaches an Erlös je Flächeneinheit gegenüber dem Freilandanbau erbringen.

In der Regel bleibt die *Pflanzenproduktion* jedoch an einem relativ *umfangreichen*

[1]) ACZ = Agrochemisches Zentrum.

[2]) Diskussionsbeitrag während der Arbeitstagung „Arbeitsmethoden in der Ökonomischen Geographie“ (Geographische Gesellschaft der DDR/Fachsektion Ökonomische Geographie, 2./3. Mai 1974 in Halle).

Nutzflächenfonds gebunden. 1978 bestanden in der DDR 752 LPG Pflanzenproduktion mit zumeist je 4000 6000 ha Landwirtschaftliche Nutzfläche. Sie bewirtschaften damit etwa 60% der auf dem Staatsterritorium der DDR insgesamt zur Verfügung stehenden Landwirtschaftlichen Nutzfläche. 4000—6000 ha — das sind große zusammenhängende Territorien, die sich durchschnittlich etwa über fünf Gemeinden ausdehnen (vgl. Barthelmann und Marquardt 1976, S. 585), bestimmte Formen bei der Zusammenarbeit zwischen den Betrieben und örtlichen Organen erforderlich machen (Kommunalverträge, Gemeindeverbände, Mitwirkung bei der Verschönerung der Dörfer und Gemeinden, bei der Erweiterung der hauswirtschaftlichen Dienstleistungen für die Wohnbevölkerung u. ä.) und deren Nutzung nach bestimmten Organisationsprinzipien, nach Grundsätzen der sozialistischen Betriebswirtschaft erfolgen muß. Als Struktureinheiten des Arbeitskräftepotentials treten hierbei die *Brigadebereiche* in Erscheinung. Nach Pause und Liesegang (1973) werden im allgemeinen *drei Formen der Brigadebildung* gewählt:

— Brigadebildung nach dem Territorialprinzip (räumlich eindeutig abgrenzbare Zuständigkeitsbereiche),
— Brigadebildung nach der Produktverantwortung,
— Brigadebildung nach der Arbeitsart.

Die *nach dem Territorialprinzip organisierten Brigadebereiche* bilden ideale Studienobjekte für funktionale agrarische Kleinraumverflechtungen; erschwert sind bei dieser Organisationsform jedoch häufig die Spezialisierung und der Komplexeinsatz von Maschinensystemen. Produktverantwortung und Arbeitsart als Kriterium der Brigadeeinheit dagegen erleichtern die Leitung, Abrechnung und Schwerpunktbildung in der Produktion, sie engen hingegen den Spielraum für geographische Funktionsanalysen ein. Freilich bleibt auch hier der Weg zu einer Landnutzungskartierung offen, aus der etwa im Sinne des von Boesch skizzierten Alpentalbeispiels (1966, S. 153) Funktionsräume abzuleiten sind, z. B. Acker-Grünland-Funktionskomplexe oder andere auf Karten zu fixierende Bodennutzungskomplexe (Pflanzenproduktionssysteme).

Ein charakteristisches Bild räumlich-funktionaler Verflechtung ist für solche agrarwirtschaftliche Einrichtungen typisch, die in ihrer Standortverteilung zu *Netz-* bzw. *Maschenstrukturen* tendieren. Es sind überwiegend Betriebe des Dienstleistungssektors für die Agrarproduktion. Als Beispiele können die Kreisbetriebe für Landtechnik mit ihren an administrativen Grenzen angelehnten Bedienungsräumen oder das seit 1966 schrittweise aufgebaute Netz von jetzt rund 250 ACZ angeführt werden, die für die Betreuung von ungefähr 15000 bis 25000 ha LN bei maximalen Transportentfernungen von 25 km ab Lager eingerichtet sind (Meier 1973). Scherf (1970) geht auf agrarische Standortsysteme dieses Typs ausführlich ein, wobei die räumlich-funktionalen Zusammenhänge eine besondere Wertung erfahren.

Als eine spezielle Art agrarwirtschaftlicher Funktionen sind die *räumlichen Konsequenzen* hervorzuheben, die sich aus dem *Arbeitskräfteeinsatz,* für die aktive Rolle des werktätigen Menschen als raumgebundene Hauptproduktivkraft ergeben. Neben den Versorgungsbeziehungen zwischen Produzent und Konsument wird hier also eine weitere wesentliche Seite des Wechselverhältnisses zwischen räumlicher Ordnung der Produktion und Verteilung der Bevölkerung sichtbar.

Die Landwirtschaft und die Nahrungsgüterwirtschaft üben in allen Gebieten der DDR Funktionen als Nutzer des *territorialen Arbeitskräftefonds* aus. Dabei ist zu berücksichtigen, daß sie über viele Jahre hinweg durch die Freisetzung von Arbeitskräften den

Arbeitskräftebedarf anderer Volkswirtschaftsbereiche (vor allem der Industrie) decken halfen. Auf genaue Bilanzen über den durch Freisetzung für andere Volkswirtschaftsbereiche resultierenden Arbeitskräfterückgang kann nicht verwiesen werden. Es steht lediglich eine Kennziffer zur Verfügung, die das Phänomen „Arbeitskräfteentwicklung" sachlich nicht abdeckt: die Anzahl der ständig Berufstätigen in der sozialistischen Landwirtschaft in ihrer zeitlichen Veränderung. Zwischen 1960 und 1978 verringerte sie sich in folgender Weise:

1960—1969 ./. 92,6 T Personen
1970—1978 ./. 112,9 T Personen

Welche Ausmaße diese Entwicklung zukünftig annehmen wird, bleibt abzuwarten. Bemerkenswert ist in diesem Zusammenhang jedoch, daß sich 1978 erstmals seit etwa 15 Jahren der Bestand an ständig Berufstätigen gegenüber dem Vorjahr nicht verringert, sondern geringfügig erhöht hat.

Ein Aspekt, der deutlichen Einfluß auf die Fluktuation von Arbeitskräften haben kann, der die betrieblichen Arbeitsbedingungen der in der Landwirtschaft Beschäftigten direkt berührt und Parallelen zu städtischer Lebensweise zuläßt, verlangt mehr und mehr Beachtung: die *Tendenz zu räumlicher Trennung von Arbeitsort und Wohnort*, in deren Folge Agrarstandorte zu Zielpunkten ländlichen Pendlerverkehrs werden. Nach entsprechenden Untersuchungen in 50 Betrieben der sozialistischen Landwirtschaft in den Nordbezirken wohnen nur 10 bis 20 Prozent der Beschäftigten am Arbeitsort, 60 bis 90 Prozent müssen täglich Entfernungen von 3 bis 30 km (!) zurücklegen. Zudem bestehen in der Tierproduktion in der Regel feste Ortsbeziehungen zwischen Wohn- und Arbeitsort, in der Pflanzenproduktion überwiegend wechselnde (nach BARTHELMANN und MARQUARDT 1976, S. 585). Von Interesse dürfte hierbei auch sein, daß eine Arbeitswegezeit von täglich 2 mal 45 Minuten bereits für die Verhältnisse in der Landwirtschaft, speziell in der Pflanzenproduktion, als zumutbar angesehen werden (siehe KESSEL und MAIER 1974 in HEY 1976, S. 386). Das Problem einer aus territorialer und volkswirtschaftlicher Sicht effektiven Personenbeförderung wird damit immer dringender, zumal der jährliche Beförderungsbedarf der Landwirtschaft der DDR zur Zeit bereits schon rund 1519 Mioll. Personenkilometer beträgt (DRESCHER 1978, S. 284).

Die *Funktionen der Umweltgestaltung* und der allgemeinen *Verbesserung der Arbeits- und Lebensbedingungen im Territorium* bezeichnen einen weiteren wichtigen Verknüpfungsaspekt gesellschaftlicher Interessen in Räumen mit landwirtschaftlicher Produktionstätigkeit. Das betrifft beispielsweise landeskulturelle Fragen.

„Es darf ... festgestellt werden, daß es keinen Volkswirtschaftszweig bzw. Nutznießer gibt, der die Landschaft in gleichem Ausmaß und solcher Vielseitigkeit in Anspruch nimmt wie die Landwirtschaft. Es ist daher auch nicht verwunderlich, wenn kaum ein Abschnitt des sozialistischen Landeskulturgesetzes zu finden ist, in dem nicht direkte oder indirekte Beziehungen der Landwirtschaft und im besonderen der Pflanzenproduktion zu den landeskulturellen Forderungen und Maßnahmen nachzuweisen sind" (DÖRTER 1971, S. 132).

Und weiter heißt es dort (S. 133):

„Auch der Landwirt muß sich um eine ökologische Denkweise bemühen. Er sollte bei seinen Eingriffen jeglicher Art neben den gesellschaftlichen Zusammenhängen stets die Gesamtheit des Ökosystems vor Augen haben und seine Aufmerksamkeit nicht nur einem, sondern allen Gliedern der Biozönose schenken ... Alle Maßnahmen der Landwirtschaft werden also mehr denn je auf ihre Gesamtwirkung hin zu prüfen sein, um zu der günstigsten Relation zwischen wirtschaftlicher Notwendigkeit, Landschaftsgestaltung und Schutz der Natur zu kommen."

In Verbindung damit stehen der Schutz der landwirtschaftlichen Nutzflächen, der rationellen Flächennutzung in Abstimmung mit anderen bodennutzenden Wirtschaftszweigen (ROUBITSCHEK 1971).

3. Einige Aufgaben geographischer Funktionsanalysen; zu einem praktischen Versuch einer Funktionsanalyse aus dem Bereich der Obst- und Gemüseversorgung

Die Gesamtheit der territorialen Funktionen auf dem Sektor der Versorgungsleistungen, der Produktionsverflechtung, des Arbeitskräfteeinsatzes und der Verantwortlichkeit der Landwirtschaft für die Gestaltung der Umwelt und der Lebensbedingungen schafft sogenannte *Funktions- und Interferenzfelder*. Ihr territoriales Erscheinungsbild ist mit Mitteln der geographischen Funktions- und Interferenzanalyse und in Verbindung mit der geographischen Strukturanalyse nach Stärke, innerer Differenzierung, Veränderlichkeit und Beeinflußbarkeit bestimmbar (NEEF 1972). Solche Untersuchungen garantieren Erkenntnisgewinne vor allem bei der Aufdeckung von vielschichtig gelagerten Problemsituationen territorialer Relevanz.

Als Anwendungsbereiche bieten sich vor allem Fragen an, die bei der Standortfindung von Investitionsobjekten auftreten, die zum Erkennen beeinträchtigender Nebenprozesse oder Nebenerscheinungen dominanter (Haupt-) Funktionen geographischer Objekte verhelfen, die zur Klärung über die Notwendigkeit von eventuell zusätzlich erforderlichen Aufwendungen (Geldmittel, Baukapazitäten usw.) führen, die zum Abbau von direkten Störfunktionen beitragen u. ä. m. Sie alle erweisen sich dabei als *wichtig für* die *komplexe Gestaltung der Territorialstruktur* insgesamt. Zugleich kann auch ein Beitrag zur Untersuchung territorialer Produktionskomplexe (TPK, vgl. SEMEVSKIJ 1964, S. 37ff.; KOLOSOVSKIJ 1969, S. 142ff.; SAUŠKIN 1973, S. 431ff.), zur ökonomisch-geographischen Bilanzierung, Gebietstypologie und Rayonierung geleistet werden.

Um die *Einsatzmöglichkeiten geographischer Funktionsanalysen* in all ihren Varianten voll erfassen und umsetzen zu können, besteht die Notwendigkeit, die theoretischen Grundlagen dafür weiterzuentwickeln. Auf einen breiten Erfahrungsschatz kann dabei zur Zeit nicht zurückgegriffen werden. Wir bleiben sogar noch die Antwort auf die Frage schuldig, mit welchen theoretischen Zwängen und Konsequenzen die volle Ausschöpfung der realen Möglichkeiten funktionaler Betrachtungen verbunden sind, wenn wir uns vor Augen führen, daß wir dabei von der dreidimensional gebundenen Lageanalyse zu einer vierdimensionalen Raumuntersuchung überwechseln. *Von* der *Lage- zur Raumanalyse* vorstoßen zu können, hob z. B. SAUŠKIN (1973, S. 144/145) bei einer Besprechung der Arbeit von MINC und PREOBRAŽENSKIJ „Die Funktion eines Ortes (Standortes) und seine Veränderung“ (1970) als das eigentliche Wesensmerkmal funktionaler Betrachtungen hervor. Mit gleichem Gewicht hat sich jedoch die Aufmerksamkeit auch auf Probleme der praktischen Realisierung solcher Untersuchungen und vor allem auf die Einbringung dieser Ergebnisse in Leitung und Planung territorialer Prozesse zu richten — ein Erfordernis, das zu den Grundanliegen der Geographie zu rechnen ist. LEHMANN (1967, S. 4) bezeichnet deshalb die Ökonomische Geographie schon von ihrer Definition her als „angewandte“ Geographie.[1])

---

[1]) Damit wendet sich LEHMANN zugleich gegen eine verselbständigte „Angewandte Geographie“; und es ist nicht uninteressant, daß ein dem großen französischen Mediziner und Naturforscher

Ein *Beispiel einer Funktionsanalyse* wurde Mitte der 70er Jahre am Institut für Geographie und Geoökologie die Akademie der Wissenschaften der DDR abgeschlossen (WOLLKOPF 1976). Als allgemeine Rahmenbedingung war damals festgelegt worden, dafür ein geeignetes Teilsachgebiet aus der Land- und Nahrungsgüterwirtschaft auszuwählen und das gesamte Staatsterritorium der DDR flächendeckend einzubeziehen. Das Untersuchungsziel dieser Analyse bestand darin, Typen der Versorgungsfunktionalität von einzelnen Gebieten, also territorialen Einheiten, für Frischobst und Frischgemüse zu bestimmen. Damit war ein Thema angesprochen, das zugleich auch für die territoriale Versorgungsplanung von Wichtigkeit ist. Dieses Vorhaben hatte sich aus der langfristigen Forschungsorientierung des Instituts ergeben (vgl. LÜDEMANN 1973, 1974 a, 1974 b).

Die Bestimmung der *Versorgungsfunktionalität* war in diesem Fall mit einigen Besonderheiten verbunden. Es handelt sich bei Frischobst und Frischgemüse um sogenannte agrare Frischprodukte. Darunter werden Agrarerzeugnisse verstanden, die weitestgehend frisch, also unverarbeitet dem Verbraucher zugeführt werden und die durch ihre besonderen Gebrauchseigenschaften, wie Verderbgefährdung und Transportempfindlichkeit, im allgemeinen zum kurzen Warenweg zwischen Produzent und Konsument tendieren. Weitere Produkte dieser Kategorie wären auch Hühnereier, Milch, Schlachtrind, Schlachtschwein. Zum anderen wurde hier die *Versorgungsfunktionalität* als eine *Aufkommen-Konsum-Relation* interpretiert. Im Kern hat sie für eine bestimmte territoriale Einheit die mengenmäßige Differenz zwischen Aufkommen und Verbrauch auszuweisen, sie für verschiedene territoriale Einheiten untereinander in Beziehung zu setzen und zu bilanzieren. Dabei sind auch Zuliefer- und Absatzbeziehungen zu berücksichtigen, ohne die eine solche Bilanz nicht die tatsächlich existierenden Gegebenheiten in Versorgungsfragen widerspiegeln würde.

Als *Basiswerte* zur Bestimmung jener Aufkommen-Konsum-Relation, also der Versorgungsfunktionalität, konnten für die entsprechende territoriale Untersuchungseinheit folgende Teilmengen in die Bilanz eingebracht werden: das Marktaufkommen; Mengen, die der Bevölkerung zum Verbrauch und der obst- und gemüseverarbeitenden Industrie zur weiteren Verarbeitung zur Verfügung gestellt wurden; Mengen, die eine Untersuchungseinheit empfängt bzw. abgibt; Importe. Entsprechende statistische Unterlagen stellte der Großhandel zur Verfügung. Die Bearbeitung erfolgte kreisweise für die gesamte Republik zum Stichjahr 1972. (Eine detailliertere Erfassung etwa auf der Basis der einzelnen Aufkommensstandorte und Produktionsbetriebe und Verbraucherstandorte nach Gemeinden gestattet die derzeitige Territorialstatistik leider noch nicht. Die Ausgangsdaten ließen ebenfalls eine Trennung in Stadt- und Landkreise nicht zu.) Bei der Verarbeitung der Daten wurde typologisch gearbeitet (s. o.).

Dieser Untersuchung ging ein vorbereitender Arbeitsschritt voraus, der die allgemeinen territorialen Rahmenbedingungen der Versorgung der Bevölkerung mit den genannten sechs Frischprodukten generell aufhellen sollte. Dazu waren die *funktionellen Beziehungen zwischen* der *territorialen Aufkommensverteilung der Frischprodukte und* der *Lage der Konzentrationsgebiete* des *Bedarfs der Verbraucher* vor dem Hintergrund sogenannter sozialökonomischer und natürlicher Lokalisationsfaktoren zusammenfassend anzusprechen.

LOUIS PASTEUR zugeschriebenes Zitat grundsätzlich in die gleiche Richtung weist: „Il n'y a pas de science appliqué, mais seulement des applications de science".

Als praktikabel erwies sich hier der Einsatz einer *Korrelations-/Regressionsanalyse auf Kreisbasis* für das gesamte Territorium der DDR. 15 Merkmale gingen ein: das Marktaufkommen von Obst und Gemüse (kt), Hühnereier (Mioll. Stück), Milch, Schlachtrind, Schlachtschwein (jeweils in kt); die Anzahl der Einwohner der (im Kreis arbeitenden) wirtschaftlich Tätigen, der ständig Berufstätigen in der Landwirtschaft; der Ferienunterkünfte der Erwachsenenerholung; die durchschnittliche Höhenlage (der Kreise) über NN (m), die mittlere Niederschlagsmenge von April bis September (mm), die mittlere Dauer eines Tagesmittels von 5 °C und mehr (in Tagen) und die durchschnittliche Ackerzahl. Auf die Darstellung methodischer Einzelheiten soll hier verzichtet werden (vgl. ebenda S. 31ff.).

Als Hauptergebnis stellte sich heraus, daß von den genannten sechs Frischprodukten speziell bei *Obst, Gemüse* und *Hühnereiern* eine *weitestgehende Übereinstimmung zwischen Aufkommens- und Verbrauchsgebieten* (hohe signifikante Korrelationskoeffizienten zwischen Marktaufkommen und Einwohnerzahl) vorliegt und daß zu den natürlichen Lokalisationsfaktoren die lockersten Verknüpfungen bei der Eierproduktion bestehen. Dies ist Ausdruck einer bereits besonders *starken verbraucherorientierten Aufkommensverteilung mit direktem Lagekontakt zu Konsumzentren* eines überwiegend bereits auf der Basis modernster Technologien wetterunabhängig organisierten Produktionsprozesses (Mehretagen-Käfighaltung in KIM-Betrieben). Damit ergeben sich bei diesen drei Erzeugnissen andere territoriale Rahmenbedingungen der Versorgung als etwa bei Milch und Schlachtvieh. Hier läßt sich ein relatives Aufkommensübergewicht der dünn besiedelten Nordbezirke an hohen Korrelationskoeffizienten zwischen dem Aufkommen an diesen Erzeugnissen und dem Bestand an ständig Berufstätigen in der Landwirtschaft ablesen.

Die Versorgungsfunktionalität schließlich ergab sich aus der Summe zweier Bilanzvarianten je Kreis (Bilanzvariante I: Aufkommen/Bezug und Bilanzvariante II: Verbrauch/Absatz) mit — in der Regel — vier Bilanzposten:

Bilanzvariante I

(Aufkommen/Bezug)

1. Marktaufkommen des betreffenden Kreises
2. Bezüge von Kreisen innerhalb des betreffenden Bezirkes
3. Fernbezüge aus Gebieten außerhalb des betreffenden Bezirks
4. bezogene Mengen aus Importen

Bilanzvariante II

(Verbrauch/Absatz)

1. Mengen, die für die eigene Versorgung eines Kreises zur Verfügung stehen
2. Mengen, mit denen andere Kreise innerhalb des eigenen Bezirkes versorgt werden
3. Mengen, mit denen Gebiete über die Bezirksgrenzen hinweg beliefert werden
4. Mengen, die die obst- und gemüseverarbeitende Industrie aus einem Kreis bezieht.

Die rechnerische Verarbeitung dieser insgesamt acht Bilanzposten erfolgte derart, daß *für jede Bilanzvariante* ein bzw. zwei (s. u.) *Bilanzposten nach ihrer relativen Dominanz gegenüber den übrigen* verbleibenden *bestimmt* und daraus je 5 Typen für beide Bilanzvarianten abgeleitet wurden. Die Gewinnung der Ausgangsdaten erfolgte über den jeweiligen prozentualen Anteil der je vier Bilanzposten an der gleich 100 Prozent gesetzten, für Versorgungszwecke zur Verfügung stehenden Gesamtmenge (dieser zusätzliche Bilanzposten stimmte etwa mit der Summe der in Bilanzvariante I bzw. II aufgegliederten Mengen überein).

Die Leitfunktion entsprach der jeweils höchsten Prozentangabe, eine Begleitfunktion der nächst niedrigeren. Beide mußten mindestens durch eine Zehner-Schwelle getrennt sein, wobei die Begleitfunktion ohnehin nur Werte annehmen konnte, die weniger als 10 Prozent ausmachen durften. Mischfunktionen entstanden dann, wenn die beiden höchsten Prozentzahlen innerhalb einer Zehner-Stufe lagen; auf den Nachweis von Begleitfunktionen wurde in diesen speziellen Fällen verzichtet.

Für die zwei Bilanzvarianten ergaben sich folgende *Versorgungstypen* unter Beachtung der Leitfunktion (die möglichen jeweiligen Begleitfunktionen sollen im folgenden unbeachtet bleiben):

Versorgungstypen

Bilanzvariante I	*Bilanzvariante II*
Eigenaufkommen	Eigenversorgung
Nahbezug	Nahversorgung
Fernbezug	Fernversorgung
Außenbezug	Industrieversorgung
Mischformen	Mischformen

Die Berechnung und kartographische Umsetzung erbrachte hinsichtlich Häufigkeitsverteilung und territorialer Lage der Typen überraschend eindeutige Ergebnisse:

Bilanzvariante I (Aufkommen/Bezug)

Obst: Es dominierten die Kreise mit den Funktionen „Eigenaufkommen" (etwa 50% der Kreise der Republik) und „Außenbezug" (ca. 40% der Kreise). Auf „Nahbezug", „Fernbezug" und die Mischformen entfielen nur insgesamt 18 Kreise, deren Verteilung nicht ohne weitere Recherchen zu begründen ist. Die Kreise, die mit den Leitfunktionen „Eigenaufkommen" und „Außenbezug" belegt wurden, fügen sich zu zwei kompakten Gebieten zusammen. Die Funktion „Eigenaufkommen" herrschte dabei vor in allen den Kreisen, die durch die Linie Kreis Mühlhausen (Bez. Erfurt) — Kreis Meißen (Bez. Dresden) — Kreis Bad Doberan (Bez. Rostock) — Staatsgrenze zur Bundesrepublik Deutschland umschlossen wurden. In dieser Region fällt das Marktaufkommen der Kreise höher aus als bei den übrigen. Es beträgt etwa 15 kg/Einwohner, das entspricht etwa dem Landesdurchschnitt des Jahres 1972.

Gemüse: Hier überragt die Funktion „Eigenaufkommen" in fast 80% der Fälle. Lediglich die Kreise der Bezirke Suhl, Karl-Marx-Stadt und der Südteil des Bezirkes Gera waren auf „Fernbezug" ausgerichtet. Die Ursachen sind ebenfalls in der territorialen Anordnung der Gemüse-Aufkommensgebiete zu sehen. In den Fernbezugsregionen erreicht die lokale Gemüseproduktion auf Grund der relativ ungünstigen natürlichen Bedingungen nur äußerst niedrige Werte.

Bilanzvariante II (Verbrauch/Absatz)

Obst: In 70% der Kreise fungierte die Eigenversorgung als primäre Funktion. Sie lagen südlich bzw. östlich der Linie Kreis Mühlhausen (Bez. Erfurt) — Kreis Meißen (Bez. Dresden) — Kreis Gadebusch (Bez. Schwerin). Diese (Rand-) Zone umschloß eine Region (den Süden des Bezirkes Schwerin, den Bezirk Magdeburg, den Norden des Bezirkes Erfurt, den Westen des Bezirkes Halle und den Osten des Bezirkes Leipzig), in der sich die Funktionen „Industrieversorgung", „Fernversorgung" und Mischformen mit je etwa 8—10% Anteil an der Kreissumme der Republik konzentrierten. Dies ist die Zone, die die bedeutendsten Obst-Aufkommensgebiete und Standorte der obstverarbeitenden Industrie auf sich vereinigt.

Gemüse: Die Proportionen zwischen der Anzahl der Kreise mit dominierender „Eigenversorgung“, „Industrieversorgung“, „Fernversorgung“ und Mischfunktionen fielen ähnlich aus wie bei der Versorgung mit Obst; die Verteilung der Kreistypen mit Eigenversorgung stimmte — bei nur geringen Abweichungen — ebenfalls mit der im Falle von Obst vorherrschenden überein. Die Kreise mit dominanter Fern- und Industrieversorgung erstreckten sich bandförmig zwischen den Kreisen Osterburg (Bez. Magdeburg) und Kreis Guben (Bez. Cottbus) sowie Kreis Oschersleben (Bez. Magdeburg) und Kreis Dippoldiswalde (Bez. Dresden), schlossen außerdem inselförmige Regionen ein, wie etwa das Thüringer Becken, den Süden des Bezirkes Halle, die Insel Rügen.

Anhand dieser Einzelangaben war es möglich, das DDR-Territorium nach *Gebieten von Kombinationsformen* beider Bilanzvarianten (jeweils Leitfunktion) großmaßstäbig zu gliedern:

Obst

Außenbezug und *Eigenversorgung*

südlich der Linie Kreis Eisenach (Bez. Erfurt) — Kreis Meißen (Bez. Dresden) und östlich der Tangente Kreis Sebnitz (Bezirk Dresden) — Kreis Bad Doberan (Bez. Rostock)

Eigenaufkommen und *Eigenversorgung*

nördlich der Linie Kreis Eisenach — Kreis Meißen und westlich der Linie Kreis Pirna (Bez. Dresden) — Kreis Bad Doberan.

Eigenaufkommen und *Fernversorgung*

Kreise Hagenow, Ludwigslust, Perleberg (Bez. Schwerin), Kreise Potsdam-Stadt und -Land, Kreis Bernau (Bez. Frankfurt), Kreis Wanzleben (Bez. Magdeburg), Kreis Döbeln (Bez. Leipzig), Kreise Sangerhausen, Eisleben, Artern, Querfurt, Nebra (Bez. Halle).

Eigenaufkommen und *Industrieversorgung*

alle Kreise des Bezirkes Magdeburg mit Ausnahme des zentralen Teils (Kreis Oschersleben bis Kreis Genthin).

Gemüse

Eigenaufkommen und *Eigenversorgung*

nördlich der Linie Kreis Perleberg (Bez. Schwerin) — Kreis Eberswalde (Bez. Frankfurt); der durch das Dreieck Kreis Halberstadt (Bez. Magdeburg) — Kreis Wurzen (Bez. Leipzig) — Kreis Heiligenstadt (Bez. Erfurt) umgrenzte Raum, südliche Kreise des Bezirkes Cottbus.

Eigenaufkommen und *Fernversorgung*

Linie Kreis Kyritz (Bez. Potsdam) — Kreis Guben (Bez. Cottbus), nördliche Kreise des Bezirkes Halle, die westlichen des Bezirkes Dresden, außerdem die Kreise Erfurt-Stadt und -Land, die Kreise Seelow und Bad Freienwalde (Bez. Frankfurt) und Kreis Bergen (Bez. Rostock).

Eigenaufkommen und *Industrieversorgung*

Nordraum des Bezirkes Magdeburg, Linie Kreis Mühlhausen (Bez. Erfurt) — Kreis Weißenfels (Bez. Halle), Linie Kreis Zossen (Bez. Potsdam) — Kreis Calau (Bez. Cottbus).

Fernbezug und *Eigenversorgung*

die Kreise der Bezirke Suhl und Karl-Marx-Stadt sowie die südlichen des Bezirkes Gera.

Diese Ergebnisse machen deutlich, daß die Kreise der Deutschen Demokratischen Republik territorial differenziert wirkenden Versorgungsbedingungen unterliegen. Die räumlichen Distanzen, auf denen es zum Dominantenwechsel von einzelnen Versorgungsfunktionen kommt, fallen unterschiedlich groß aus. Sie sind relativ gering in den Kreisen der *Ballungsbezirke* (mit Ausnahme vom Bezirk Karl-Marx-Stadt), dort herrscht eine *weitestgehende polyfunktionale Ausrichtung* vor. *Monofunktional* sind dagegen *große Gebiete in* den *Nordbezirken* und *Südwestbezirken* Gera, Suhl und auch im Bezirk Karl-Marx-Stadt orientiert. Aus diesen Angaben kann abgeschätzt werden, welche versorgungsorganisatorischen Konsequenzen an lokale über- bzw. unterproportionale Aufkommensleistungen gebunden sind.

Weitere, vertiefte Detailuntersuchungen für ausgewählte Gebiete und für einzelne Obst- und Gemüsearten müßten sich anschließen, um diese Funktionsanalyse inhaltlich voll ausschöpfen zu können. Gerade die Aufgliederung in gesonderte Obst- und Gemüsearten würde den eigentlichen Erkenntnisgewinn für weitere versorgungsplanerische Überlegungen erbringen. Transporteignung und Bindung an spezielle natürliche Anbaubedingungen — um zwei der wichtigsten Faktoren zu nennen — schaffen dabei unumstößliche Eck- und Zwangspunkte.

Zusammenfassend kann festgestellt werden, daß dieser Versuch einer Funktionsanalyse insgesamt gelungen ist, insbesondere von seiner rein sachlichen Aussagegenauigkeit her. Nicht befriedigen konnte die hier eingeflossene Typen-/Typisierungsproblematik. Es gelang nicht, die Bestimmung der Typen von der Erkenntnistheorie her aufzubauen, sie also inhaltlich weiter und komplexer zu fassen, als dies eine Parallelisierung mit „Merkmalskopplungen" (Terton 1973, S. 256) oder „Kollektivmerkmalen" (Neef 1967, S. 77) zugelassen hatte (vgl. Wollkopf 1976, S. 138ff.). Damit wäre ein weiterer Ansatz für die theoretische Durchdringung von Funktionsanalysen genannt. Auch andere ließen sich noch anfügen; so etwa die Einbeziehung der Feldtheorie.

Es ist abzusehen, daß es künftig angesichts der fortlaufenden Veränderung der territorialen Struktur der Landwirtschaft und Nahrungsgüterwirtschaft vielseitiger geographischer *Funktionsanalysen bis zur Ebene der einzelnen Produktionsstandorte* hinab bedarf. Den Produktionsstandorten kommt bei der aktiven Erforschung der ländlichen Territorialstruktur ein besonderer Stellenwert zu, der seine Wurzeln letztlich in den industriemäßigen Produktionsmethoden hat, deren immer weitere Durchsetzung auch maßgebliche Auswirkungen auf das territoriale Funktionsbild einzelner Standorte (Gemeinde/Betriebe) und ganzer Gebiete haben wird.

Entsprechend den Grundsätzen aktueller sozialistischer Betriebswirtschaft erfolgt mit dem Ausbau der vielfältigen Kooperationsbeziehungen schrittweise nicht nur eine zunehmende ökonomische und technologische, sondern auch organisatorische Verflechtung aller an der Produktion pflanzlicher und tierischer Erzeugnisse beteiligten Betriebe und Einrichtungen von Landwirtschaft und Lebensmittelindustrie sowie produktionsmittelliefernder Industrie. Ein Teil dieser Verflechtungen basiert auf *langfristigen*, verbindlich *geregelten Ware-Geld-Beziehungen* — also auf Verflechtungsbeziehungen, die für die Erstellung von solchen Funktionsanalysen, die als Äquivalent etwa für Pendlerbeziehungen in Frage kämen, *geeignetes Grundlagenmaterial* darstellen würden und außerdem auch noch relativ leicht beschaffbar bzw. erfragbar wären. Die für die Erarbeitung von komplexen territorialen Systemen erforderliche Datenbreite wird in der gewünschten Struktur jedoch nur bedingt zu erheben und — was weit schwieriger ist — zu vereinheitlichen sein. Von Vorteil für die zukünftige Entwicklung der Ökonomischen Geographie in der DDR wäre es sicherlich, wenn auch der ländliche Raum in geeigneter Weise stärker zum Gegenstandsbereich aktueller ökonomisch-geographischer Forschung gemacht werden könnte. Die Einbeziehung von Funktionsanalysen verspricht dabei Hilfe in inhaltlicher und auch in methodischer Hinsicht.

Резюме

Некоторые аспекты пространственно-функциональных связей в сельском хозяйстве и пищевой промышленности ГДР

Сельское хозяйство и пищевая промышленность ГДР находятся в периоде глубокого структурного изменения, которое поставило географов перед своеобразным актуальным положением вещей. Географические исследования находят при инвентаризации этих положений многочисленные подходы. Функциональное рассмотрение аграрных районов как один из возможных подходов, открывает широкий спектр аналитических возможностей. Основным подходом функционального рассмотрения аграрных районов служит категоризация функций, которые содержит определённый аграрный район:

1. функции обеспечения населения сельскохозяйственными продуктами
2. функции при организации и ходе основанного на разделении труда производственного процесса сельского хозяйства и пищевой промышленности
3. функции по отношению к использованию территориального фонда рабочей силы
4. функции при преобразовании окружающей среды, развитии поселенческой сети и общего улучшения условий труда и отдыха на территории.

Эти четыре функции были доказаны на основе актуального положения вещей в сельском хозяйстве и пищевой промышленности ГДР.

Вторая часть посвящена специальному примеру географического анализа функций. В ней рассматривается территориальная организация и обеспечение свежими фруктами и овощами в ГДР и определяется для каждого [административного] района доминирующая снабженческая функция [состояние на 1972 г.]. К комплексному изображению иропорциональности и относительному [преобладанию] снабженских функций на территории [самоснабжение данного района, близкое снабжение внутри данного округа, дальние снабжения, выходящие за границы округа, снабжение овощеобрабатывающей промышленности] ведуться типологические иследования. Для каждого продукта можно выделить 10 типов районов с функциями снабжения. Типизация районов базируется на балансовых исчислениях следующих отдельных признаков:

— товарность продукции района,
— предоставленные в районе для населения и обрабатывающей промышленности имеющиеся в распоряжении количества,

— внутри- и межокружной ввоз и вывоз, который округ получает или отправляет,
— импорт.

Анализ кончается описанием территориального распределения типов районов по территории ГДР.

Summary

Some aspects of spatial relations within agriculture and food industries in the GDR

Agriculture and food industries in the GDR are changing rapidly; especially the structural changes produce new regional phenomena. Consequently several approaches of geographical research projects concentrate on taking inventories of those phenomena. One possible approach of investigation is the functional reflection of places of agricultural production because it provides a great variety of analyses. This functional approach is based on a catalogue of functions places of agricultural production may have:

1. the function of food supply for the population
2. the function of organizing agricultural and food production as regards the location of the productive forces
3. functions concerning the exploitation of labour within a region
4. functions of shaping the natural environment and settlement network and the function of a general improvement of the living and working conditions in a region.

Those four complexes of functions are the abjective of the paper. The author's opinion is supported by instructive empirical data from GDR agriculture and food industries.

The second part of the paper presents a geographical-functional analysis of regional varieties in the supply situation of fruit and vegetables in the GDR. It determines the dominating function of supply for each Kreis (in 1972). The proportiones and the relative dominances of supply functions in a region have been assessed and standardized; important parameters are: 'home supply' of a Kreis, short- and long-distance supply within a Bezirk, long distance supply beyond the boundaries of a Bezirk, supplying fruit industries and trinning factories. There are 10 types of Kreises as regards the function of 'supplying fruit and vegetables'.

The standardization of the Kreises is mainly based on a balance of the following phenomena:

— bargain of the Kreis
— quantities of fruit and vegetables supplied for private and industrial use
— import and export rates of the Kreis
— imports from abroad.

The data have been used for a description of the distribution of the corresponding Kreis types all over the GDR.

Literatur

Adomeit, H.: Zu einigen Problemen der Entwicklung der Fleischindustrie im Fünfjahrplan bis 1975. Fleisch, **25** (1971) 11, S. 233–235.

Anučin, V. A.: Teoretičeskie osnovy geografii. Moskva 1972.

Anwendung der sozialistischen Betriebswirtschaft in der LPG Pflanzenproduktion. Hrsg.: Hochschule für LPG beim Ministerium für Land-, Forst- und Nahrungsgüterwirtschaft der DDR und Landwirtschaftsausstellung der DDR. Leipzig 1976.

Anwendung der sozialistischen Betriebswirtschaft in der LPG Tierproduktion. Hrsg.: Hochschule für LPG beim Ministerium für Land-, Forst- und Nahrungsgüterwirtschaft der DDR und Landwirtschaftsausstellung der DDR. Leipzig 1978.

Barthelmann, R. und H. Marquardt: Zur Qualifizierung der sozialistischen Leitungstätigkeit. Industriemäßige Produktion und sozialistische Lebensweise unter territorialem Aspekt. Kooperation, **10** (1976) 12, S. 585–587.

Bauersfeld, G., Heinrich, R. und G. Krause: Zu einigen theoretischen Aspekten der wesentlichen Unterschiede zwischen Stadt und Land und zu Ergebnissen ihrer allmählichen Überwindung in der DDR. Wirtschaftswissenschaft, **27** (1979) 8, S. 940–1955.

Bernhard, H.: Die Agrargeographie als wissenschaftliche Disziplin. Peterm. Geogr. Mitteilungen, **61** (1915) 1, S. 12–18; H. 3, S. 99–103; H. 5, S. 179–183; H. 6, S. 212–214.

Boesch, H.: Weltwirtschaftsgeographie. Braunschweig—Berlin—Hamburg—München—Kiel—Darmstadt, 1. Auflage, 1966.

Boesch, H.: Weltwirtschaftsgeographie. Braunschweig, 2. Auflage, 1969.

Breuer, S.: Die räumlichen Beziehungen bei der Gemüse- und Obstversorgung eines Ballungsgebietes am Beispiel Dresdens. Peterm. Geogr. Mitteilungen, **116** (1972) 1, S. 35–44.

Dörter, K.: Aufgaben der Pflanzenproduktion in der DDR in ihren Wechselbeziehungen zur sozialistischen Landeskultur. Symposium Sozialistische Landeskultur und Pflanzenproduktion, Oktober 1970; Kühn-Archiv, **85** (1971) 2, S. 131–146.

Drescher, E.: Zur Planung und Durchführung der Personenbeförderung. Kooperation, **12** (1978) 6, S. 284–286.

Gasson, R.: The Changing Location of Intensive Crops in England and Wales. Journal of the Geographical Association, Volume II, **51** (1966), S. 16–28.

Gochman, W. M.: Theoretische Geographie. Gesellschaftswissenschaften, 2 (1976), S. 74–89

Gräfe, H.-K. und H. E. Schmidt: Ein Beitrag zur Darstellung der Ernährungssituation in größeren geographischen Räumen. Ernährungsforschung, 8 (1963), S. 328–335; **9** (1964), S. 7–15, 422–434, 518–530.

Gräfe, H.-K. und H. E. Schmidt: Ernährungsatlas der Deutschen Demokratischen Republik. Berlin 1967.

Grüneberg, G.: Die weitere Verwirklichung der Beschlüsse des VIII. Parteitages der SED in der Pflanzenproduktion. Kooperation, **9** (1975) 3, S. 97–112.

Grüneberg, R.: Der IX. Parteitag der SED über die Aufgaben der Land- und Nahrungsgüterwirtschaft sowie die weitere gesellschaftliche Entwicklung auf dem Lande. Berlin 1976.

Harvey, D.: Explanation in Geography (gekürzte russische Ausgabe: Naučnoe Ob''jasnenie v geografii). Moskva 1974.

Hasert, G.: Sozialistische Rationalisierung und WAO — eine untrennbare Einheit. Kooperation, **13** (1979) 7, S. 323–325.

Heinrich, R.: Zur Herausbildung des volkswirtschaftlichen Agrar-Industrie-Komplexes. Wirtschaftswissenschaft, **23** (1975) 2, S. 161–176.

Hey, W.: Personenbeförderung in der Landwirtschaft. Wesentlicher Bestandteil zur Verbesserung der Arbeits- und Lebensbedingungen. Kooperation, **10** (1976) 8, S. 384–386.

Ilgner, J., Meier R., Franz, W. und D. Tack: Standortanforderungen für Anlagen der Rinder- und Schweineproduktion. Kooperation, **12** (1978) 10, S. 446–449.

ILLGEN, K.: Geographie und territoriale Organisation des Binnenhandels. Gotha/Leipzig 1970.

Industriemäßige Produktionsmethoden in der sozialistischen Landwirtschaft der DDR — Entwicklung der gesellschaftlichen Organisation der Produktion und der Arbeitsteilung. Berlin 1967.

KAULITZKI, G. und H. HAGEDORN: Einige Probleme der langfristigen Planung der sozialistischen Landwirtschaft. Wirtschaftswissenschaft, **23** (1975) 2, S. 177—194.

KESSEL, R. und P. MAIER: Untersuchungen und Vorschläge zur Organisation der Personenbeförderung in Produktionseinheiten der industriemäßigen Pflanzenproduktion. Universität Rostock, Forsch.-Abschlußbericht 1974.

KNOBLOCH, G.: Bedürfnisbefriedigung — Produktionsstruktur — Grundproportionen. In: Forschungsbericht d. Zentralinstituts für Wirtschaftswiss. d. Akad. d. Wiss. d. DDR, Berlin 10 (1974).

KOLOSOVSKIJ, N. N.: Teorija ėkonomičeskogo rajonirovanija. Moskva 1969.

LEHMANN, E.: Geographie als angewandte Wissenschaft. Sitzungsberichte d. Dt. Akad. d. Wiss. zu Berlin; Klasse für Chemie, Geologie und Biologie, Nr. 1 (1967).

LEHMANN, E.: Historische Prinzipien in der geographischen Raumforschung. Peterm. Geogr. Mitteilungen, Ergänzungsheft 271 „Landschaftsforschung" 1968, S. 10—37.

LEHMANN, E.: Zur theoretischen Grundlegung des Begriffes Region. Geogr. Berichte, **18** (1973a) 1, S. 41—48.

LEHMANN, E.: Wandlungen im Gegenstand und in der Methode der Geographie in Beziehung zur Entwicklung des Geographischen Instituts der Akademie der Wissenschaften der DDR. Akad. d. Wiss. d. DDR, Veröff. d. Forschungsbereiches Kosmische Physik; hrsg. von H.-J. Treder, Berlin 1973 (b), H. 2, S. 5—21.

LÜDEMANN, H.: Aufgaben und Ziele des Geographischen Instituts der Akademie der Wissenschaften der DDR im Lichte zukünftiger Entwicklungstendenzen der geographischen Forschung in der DDR. Akad. d. Wiss. d. DDR, Veröff. d. Forschungsbereiches Kosmische Physik; hrsg. v. H.-J. Treder, Berlin 1973, H. 2, S. 23—32.

LÜDEMANN, H.: Der Beitrag der geographischen Forschung zur Gestaltung der entwickelten sozialistischen Gesellschaft in der DDR. Z. f. d. Erdkundeunterricht, **26** (1974a) 8/9, S. 301—312.

LÜDEMANN, H.: Aufgaben und Forschungsergebnisse des Geographischen Instituts der Akademie der Wissenschaften der DDR. Geogr. Berichte, **19** (1974b) 2, S. 214—226.

MANKE, J.: Rekonstruktion von Tierproduktionsanlagen. Kooperation, 8 (1974) 7, S. 312—315.

MEIER, B.: Die Entwicklung der Agrochemischen Zentren in der DDR. Intern. Z. f. Landwirtschaft 4 (1973), S. 390—393.

MEUER, A. und W. ROUBITSCHEK: 30 Jahre DDR — erfolgreiche Entwicklung der sozialistischen Landwirtschaft. Z. f. d. Erdkundeunterricht, **31** (1979) 8/9, S. 305—318.

MINEEV, W. A.: Ėkonomičeskie osnovy prigorodnogo sel'skogo chozjajstvo. Moskva 1962.

MÜLLER, J.: Grundlagen der Systematischen Heuristik. Schriften zur sozialistischen Wirtschaftsführung, Berlin 1970.

NAU, H. und S. WIECZOREK: Die Betriebe der Tierproduktion — Herausbildung, Stand und Entwicklung im Hinblick auf die fortschreitende Konzentration und Spezialisierung der Produktion. Wirtschaftswissenschaft, **27** (1979) 8, S. 959—964.

NEEF, E.: Studien zur Landwirtschaftsgeographie von Sachsen. Mitt. d. Vereins f. Erdkunde zu Dresden, Jahrheft 1934/35, N. F. 1935, S. 1—101.

NEEF, E.: Die Interferenzanalyse als Grundlage territorialer Entscheidungen. Wiss. Abh. d. Geogr. Ges. d. DDR, **9**, (1972) S. 171—182.

OTREMBA, E.: Stand und Aufgaben der deutschen Agrargeographie. Z. f. Erdkunde, **6** (1938) 6, S. 209—229.

OTREMBA, E.: Allgemeine Agrar- und Industriegeographie. In: Erde und Weltwirtschaft, hrsg. von Lütgens, Bd. 3, Stuttgart 1960.

Pause, J. und D. Liesegang: Erfahrungen bei der Organisation ständiger Kollektive beim Übergang zur industriemäßigen Pflanzenproduktion. Kooperation, 7 (1973) 12, S. 537–541.

Rakitnikov, A. N.: Geografija sel'skogo chozjajstva. Moskva 1970.

Riedel, H.: Unser Ziel – industriemäßige Gemüseproduktion in konzentrierten Anbaugebieten. Gartenbau, **22** (1975) 2, S. 33–37.

Roubitschek, W.: Aufgaben und Ergebnisse der Agrargeographie in der DDR (dargestellt am Beispiel der Untersuchung der regionalen Struktur der landwirtschaftlichen Beschäftigten). Wiss. Beiträge der Univ. Halle, 18 (1966) A 3, S. 309–325.

Roubitschek, W.: Standortkräfte in der Landwirtschaft. Gotha/Leipzig 1969.

Roubitschek, W.: Landeskultur und agrare Flächennutzung. Symposium Sozialistische Landeskultur und Pflanzenproduktion, Oktober 1970. In: Kühn-Archiv, **85** (1971) 2, S. 147–156.

Rübensam, E.: Wege und Möglichkeiten zur Erhöhung des Ertrags- und Leistungspotentials und seiner Ausnutzung in der Pflanzen- und Tierproduktion. Kooperation, **13** (1979) 9, S. 402–406 (Beilage).

Ruthner, O.: Wege zur industriellen Pflanzenproduktion. Die Bodenkultur, **15** (1964) 4, S. 301 bis 310.

Saučkin, J. G.: Ėkonomičeskaja geografija – istorija, teorija, metody, praktika. Moskva 1973.

Saučkin, Ju. G.: Zametki na poljach knigi Davida Harveya. Izvestija Vsesojuzn. Geogr. Obščestva, Leningrad, **107** (1975) 1, S. 13–21.

Scherf, K.: Territoriale Auswirkungen der wissenschaftlich-technischen Revolution und der fortschreitenden gesellschaftlichen Arbeitsteilung in der Land- und Nahrungsgüterwirtschaft auf die ökonomisch-geographische Struktur in den Agrargebieten der Deutschen Demokratischen Republik. Diss. (B), Päd. Hochschule Potsdam 1970.

Schmidt, W.: Der Konsum in der Wirtschaftsgeographie. Geogr. Zeitschrift, **35** (1929) 2, S. 65–86.

Scholz, D.: Die wirtschaftsräumliche Struktur der DDR. Geogr. Berichte, **16** (1971) 2, S. 83–101.

Seidel, E. und H. Schulte: Welche Bedeutung hat der Aufbau eines Gemüsegürtels zur Versorgung eines Verbraucherzentrums – dargestellt an der Entwicklung der Gemüseversorgung der Hauptstadt der DDR, Berlin. Kooperation, 8 (1974) 3, S. 119–122.

Semevskij, B. N.: Voprosy teorii ėkonomičeskoj geografii. Leningrad 1964.

Weisser, E. und H.-J. Schütte: Stabile Brigaden – Grundlage für hohe Leistungen und Effektivität. Kooperation, **13** (1979) 3, S. 120/22.

Wollkopf, M.: Territoriale Aspekte der Versorgung der Bevölkerung in der DDR mit ausgewählten agraren Frischprodukten – eine ökonomisch-geographische Untersuchung unter besonderer Berücksichtigung der Obst- und Gemüsewirtschaft. Diss. (A), Ernst-Moritz-Arndt-Univ. Greifswald, 1976.

Zacharias, M.: Betriebswirtschaftliche Probleme und Aufgaben zur besseren Ausnutzung des Ertrags- und Leistungspotentials in der Pflanzen- und Tierproduktion. Kooperation, **13** (1979) 9, S. 413–416.

Dr. rer. nat. Meike Wollkopf, Akademie der Wissenschaften der DDR, Institut für Geographie und Geoökologie, 7010 Leipzig, Dimitroffplatz 1

www.ingramcontent.com/pod-product-compliance
Lightning Source LLC
LaVergne TN
LVHW060625300926
849162LV00008B/1718